注册监理工程师继续教育培训选修课教材

市 政 公 用 工 程

（第二版）

中国建设监理协会　组织编写

中国建筑工业出版社

图书在版编目（CIP）数据

市政公用工程/中国建设监理协会组织编写. —2 版.
北京：中国建筑工业出版社，2012.11
注册监理工程师继续教育培训选修课教材
ISBN 978-7-112-14774-8

Ⅰ.①市… Ⅱ.①中… Ⅲ.①市政工程-工程施工-工
程师-继续教育-教材 Ⅳ.①TU99

中国版本图书馆 CIP 数据核字（2012）第 243685 号

责任编辑：郦锁林 周方圆
责任设计：李志立
责任校对：姜小莲 刘梦然

注册监理工程师继续教育培训选修课教材
市政公用工程
（第二版）
中国建设监理协会 组织编写

*

中国建筑工业出版社出版、发行（北京西郊百万庄）
各地新华书店、建筑书店经销
北京红光制版公司制版
北京中科印刷有限公司印刷

开本：787×1092 毫米 1/16 印张：27 字数：654 千字
2012 年 11 月第二版 2015 年 10 月第九次印刷
定价：**70.00 元**
ISBN 978-7-112-14774-8
（22849）

本 书 编 委 会

主　　编：周崇浩
主　　审：黄文杰　刘伊生
委　　员：王振峰　李家培　庄洪亮　卢洪宇　谷秋志
　　　　　李海骢　赵文宏　刘　凯　郑大明　李清立
　　　　　郑立鑫　唐北非　许梦博　谭晓宇　王道江
　　　　　唐淑清　梁玉梅　张在勤　边茂义　陈召忠
　　　　　王丽艳　贾　磊　尹静蓓　张　政　韦小云
　　　　　李　兵　温　健　姜树青　郭丹阳
参编单位：
　　　　　天津市建设监理协会
　　　　　天津华北工程监理公司
　　　　　天津市路驰建设工程监理有限公司
　　　　　天津市园林建设工程监理有限公司
　　　　　天津华地公用工程建设监理公司
　　　　　北京交通大学
　　　　　北海鑫诚建设监理有限责任公司

第 二 版 前 言

近年来，随着我国经济快速发展，城市基础设施、公共交通、园林绿化建设的大量投入，国家对市政工程质量要求越来越高，标准法规也在不断更新和完善。为了更好地落实监理行业"十二五"人才发展规划，加快建设一支数量充足、结构合理、素质过硬的高端人才队伍，满足建设工程监理行业的发展需求，本着立足当前、着眼未来、瞄准前沿、求真务实的原则，中国建设监理协会委托天津市建设监理协会组织部分企业和高校的专家编写注册监理工程师继续教育选修课教材——市政公用工程。

本书与 2008 年第一版相比，增加了市政公用工程领域最新的标准规范，列出了更具权威性的强制性条文，并且引入了近年来该领域的一些新技术、新工艺等前沿知识，涵盖的工程范围及内容更加全面系统，要点突出，既可作为广大市政公用工程监理人员的继续教育教材，也可对现场监理人员的工作予以指导。

本书共由七篇二十七章内容组成。第一篇城市道路工程和第二篇城市桥梁工程，由天津市路驰建设工程监理有限公司、北海鑫诚建设监理有限责任公司编写。第一章由卢洪宇（高级工程师）、谷秋志（工程师）编写；第二章由李家培（正高级工程师）、卢洪宇、谷秋志、李海骢（高级工程师）、刘凯（高级工程师）编写；第三章由赵文宏（正高级工程师）、郑大明（高级工程师）、李清立（副教授）编写；第四章由卢洪宇、谷秋志编写；第五章由李家培、卢洪宇、谷秋志、王振峰（高级工程师）、庄洪亮（高级工程师）编写；第六章由赵文宏编写。

第三篇给水排水工程，由天津华北工程监理公司、北海鑫诚建设监理有限责任公司编写，第七章由许梦博编写（工程师），第八章由唐北非（高级工程师）编写；第九章由郑立鑫（正高级工程师）编写，第十章由郑大明、李清立编写。

第四篇燃气热力工程，第十一、十二章由谭晓宇（天津华北工程监理公司中级工程师）编写；第十三章由边茂义（天津华地公用工程建设监理公司高级工程师）、王道江（天津华北工程监理公司高级工程师）编写；第十四章由梁玉梅（天津华地公用工程建设监理公司高级工程师）、王道江编写；第十五章由张在勤（天津华地公用工程建设监理公司正高级工程师）、王道江编写；第十六章由唐北非、梁玉梅编写。

第五篇垃圾处理工程，由天津华北工程监理公司、北京五环国际工程管理有限公司编写，第十七章由许梦博编写，第十八、十九章由唐淑清（工程师）编写，第二十章由唐北非编写，第二十一章由李兵编写。

第六篇园林绿化工程，由天津市园林建设工程监理有限公司编写，第二十二章由陈召忠（高级工程师）、尹静蓓（工程师）编写；第二十三章由陈召忠、王丽艳（高级工程师）、张政（工程师）、韦小云（工程师）、尹静蓓编写；第二十四章由贾磊（高级工程师）编写。

第七篇地铁工程，由刘伊生（北京交通大学教授）、温健（中国建设监理协会副秘书长）、姜树青（中国建设监理协会培训部主任）编写。

本书在编写过程中参考了相关规范、规程、文献和技术标准，并从中摘录符合学习要求的内容进行汇编，在此向原编著者表示感谢。

本书在编写过程中得到了有关领导的关心和指导，以及许多同仁的大力支持，在此表示诚挚的谢意。限于编写者水平，本书不足、疏漏之处，敬请读者批评指正，并多提宝贵意见。

目　录

第一篇 城市道路工程

城市道路是在城市范围内，供车辆及行人通行的具备一定技术条件和设施的道路，是城市总体规划的主要组成部分，是城市生存发展的主动脉，它始终与社会经济发展相互依存并适度超前，其内涵也随着城市现代化的加速日益扩大。

在过去的数年里，我国城市道路工程建设的发展随着经济技术的进步、人们物质文化水平的提高，取得了极其优异的成绩，建成了许多通行能力高、承载能力大、整体线形优美、绿色环保的道路。道路施工技术也正在向自动化、标准化和工厂化发展，其主要表现在以下几个方面：

（1）在道路施工方案的拟订和选择方面，充分利用电子计算机及其他现代先进手段，综合考虑材料、机具、工期、造价等因素，进行方案优化，以获取最大的经济与社会效益。

（2）在施工工艺方面，土石方综合爆破，稳定（加固）土，旧有沥青及水泥混凝土再生，工业废料筑路及水泥、沥青、土壤外加剂等工艺有了一定进展。

（3）在施工检测技术方面，将广泛使用能自动连续量测动、静两种荷载作用下的路基、路面弯沉仪和曲率半径仪，研究使用冲击波、超声波测定道路结构的强度和弹性模量，并研究使用雷达波、同位素方法等测定密实度和厚度，以及使用电脑自动连续量测路面抗滑性能和平整度的仪器等。

（4）在施工作业方面，将大量使用预制结构，使路基路面施工，特别是人工构造物的施工实现标准化和工厂化。

（5）在特殊路基的处理方面，将充分应用生化技术，最大限度地利用当地材料。

（6）各种环保和交通工程的实施，如声屏障、减噪路面及绿化工程等的施工技术也提高到一个新的水平。

（7）施工技术的发展将更好地满足设计要求，设计与施工的结合将更密切。

第一章 城市道路工程相关技术标准

良好的施工质量是设计功能实现的关键，是道路满足人们使用要求的重要保证。施工质量合格与否，需要一定的判定依据，而工程建设标准正是规定设计标准、规范施工行为、检验质量是否满足要求的依据，我国城市道路工程建设标准随着"新技术、新设备、新工艺、新材料"的不断涌现和广泛应用，城市道路工程各项技术的不断成熟，施工控制及检测手段的日臻完善，也在不断地修订、更新和完善，以适应城市道路工程建设的需要，也有力地保证了工程质量，加快了施工进度。

城市道路工程建设涉及勘察、设计、施工、验收的技术要求和方法很多，面也很广，相应的主要材料、构配件标准、施工技术规范、试验检测规程、质量验收规范等内容数不胜数，这里不一一赘述。现仅将城市道路工程建设施工阶段监理依据的行业标准《城镇道路工程施工与质量验收规范》和《城市道路照明工程施工及验收规程》强制性条文及释义列举如下。

第一节 《城镇道路工程施工与质量验收规范》
CJJ 1—2008 强制性条文及条文说明

《城镇道路工程施工与质量验收规范》，编号为 CJJ 1—2008，自 2008 年 9 月 1 日起施行。其中，第 3.0.7、3.0.9、6.3.3、6.3.10、8.1.2、8.2.20、10.7.6、11.1.9、17.3.8 条为强制性条文，必须严格执行。

3.0.7 施工中必须建立安全技术交底制度，并对作业人员进行相关的安全技术教育与培训。作业前主管施工技术人员必须向作业人员进行详尽的安全技术交底，并形成文件。

［条文说明］：本条是施工技术安全、质量管理方面的主要要求，是落实操作人员实现技术要求、生产优质产品、保证安全生产的重要施工管理措施。安全技术教育与培训是企业对作业层人员教育的基本内容，在施工前进行有针对性的技术安全教育，对安全生产具有重要的现实意义。作业前由主管技术人员向作业人员进行详尽的安全技术交底是落实安全生产的重要措施，同时明确了责任。故列为强制性条文。

3.0.9 施工中，前一分项工程未经验收合格严禁进行后一分项工程施工。

6.3.3 人机配合土方作业，必须设专人指挥。机械作业时，配合作业人员严禁处在机械作业和走行范围内。配合人员在机械走行范围内作业时，机械必须停止作业。

［条文说明］：本条是关于机械配合土方作业的技术安全要点，从文字上看本条为双向控制，是禁令性条文。列为强制性条文。

6.3.10 挖方施工应符合下列规定：

1. 挖土时应自上向下分层开挖，严禁掏洞开挖。作业中断或作业后，开挖面应做成稳定边坡。

2. 机械开挖作业时，必须避开构筑物、管线，在距管道边 1m 范围内应采用人工开挖；在距直埋缆线 2m 范围内必须采用人工开挖。

3. 严禁挖掘机等机械在电力架空线路下作业。需在其一侧作业时，垂直及水平安全距离应符合表 6.3.10 的规定。

表 6.3.10 挖掘机、起重机（含吊物、载物）等机械与电力架空线路的最小安全距离

电压（kV）		<1	10	35	110	220	330	500
安全距离（m）	沿垂直方向	1.5	3.0	4.0	5.0	6.0	7.0	8.5
	沿水平方向	1.5	2.0	3.5	4.0	6.0	7.0	8.5

［条文说明］：本条是保证开挖施工安全、施工质量的施工技术规定。不按条文规定要

求作业极易造成安全事故，列为强制性条文。

8.1.2 沥青混合料面层不得在雨、雪天气及环境最高温度低于 **5℃** 时施工。

［条文说明］：沥青混合料施工需要保证一定的环境条件，为保证质量，将此条列为强制性条文。

8.2.20 热拌沥青混合料路面应待摊铺层自然降温至表面温度低于 **50℃** 后，方可开放交通。

10.7.6 在面层混凝土弯拉强度达到设计强度，且填缝完成前，不得开放交通。

［条文说明］：在水泥混凝土面层铺筑成品质量中，通过养护，保证混凝土弯拉强度达到质量要求是关键。将此条列为强制性条文。

11.1.9 铺砌面层完成后，必须封闭交通，并应湿润养护，当水泥砂浆达到设计强度后，方可开放交通。

［条文说明］：铺砌料石面层，必须在基层砂浆达到设计强度后，开放交通，方能保证工程质量，列为强制性条文。

17.3.8 当面层混凝土弯拉强度未达到 **1MPa** 或抗压强度未达到 **5MPa** 时，必须采取防止混凝土受冻的措施，严禁混凝土受冻。

第二节 《城市道路照明工程施工及验收规程》CJJ 89—2001 强制性条文及条文说明

《城市道路照明工程施工及验收规程》，编号为 CJJ89－2001，自 2001 年 11 月 1 日起实施。其中，第 2.2.6、2.2.10、2.3.8、2.3.17、2.3.18、3.1.2、3.2.3、3.2.13、5.3.5、6.1.2、6.1.3、6.2.3、6.3.5、7.4.6 条为强制性条文，必须严格执行。

2.2.6 承力拉线应与线路方向的中心线对正；分角拉线应与线路分角线方向对正；防风拉线应与线路方向垂直。

［条文说明］：拉线要安装在线路的受力点上，位置和方向不能有偏差，否则会造成线路歪斜，甚至造成设备事故。

2.2.10 拉线穿越带电线路时，应在拉线上加装绝缘子，拉线绝缘子自然悬垂时距地面不能小于 **2.5m**。

［条文说明］：拉线加装绝缘子，是防止拉线蹭到高压线时，烧毁设备或发生人身触电事故。

2.3.8 不同金属、不同规格、不同绞制方向的导线严禁在挡距内连接。

［条文说明］：不同金属、不同规格、不同绞制方向的导线在挡距内连接，因受条件限制，不易连接紧密、牢固，由于受物理和化学因素的影响，接头处易腐蚀，结果会造成严重的线路缺陷。

2.3.17 引流线、引下线与相邻的引流线、引下线或导线之间的距离，高压不应小于 **300mm**，低压不应小于 **150mm**。

2.3.18 线路的导线与拉线、电杆或架构之间的距离，高压不应小于 **200mm**，低压不应小于 **100mm**。

［条文说明］：2.3.17、2.3.18 条文中的线间距离，导线对拉线、电杆及架构之间的

距离是根据不同电压的放电距离和最大风偏时的线间距离确定的，是直接关系着设备和人身安全的重要规定。

3.1.2 电缆直埋或在保护管中不得有接头。

［条文说明］：电缆直埋或在管中均无宽松的空间，电缆接头极易受到挤压而变形，造成烧断电缆的事故。

3.2.3 直埋敷设的电缆穿越铁路、道路、道口等机动车通行的地段时应穿管敷设。

［条文说明］：路灯低压电缆多为无铠装电缆，直埋敷设时没有任何保护，在穿越铁路、道路等处，过往车辆的压力会损坏电缆，造成烧毁电缆的事故。

3.2.13 交流单相电缆单根穿管时，不得用钢管或铁管。

［条文说明］：运行经验表明，交流单相电缆以单根穿入钢（铁）管时，由于电磁感应会造成金属管发热而将管内电缆烧坏。

5.3.5 配电柜（箱、盘）内两导体间、导电体与裸露的不带电的导体间允许最小电气间隙及爬电距离应符合表 5.3.5 的规定。屏顶上小母线不同相或不同级的裸露载流部分之间、裸露载流部分与未经绝缘的金属体之间电气间隙不得小于 **12mm**，爬电距离不得小于 **20mm**。

表 5.3.5　允许最小电气间隙及爬电距离（mm）

额定电压（V）	带电间隙		爬电距离	
	额定工作电流		额定工作电流	
	≤63A	>63A	≤63A	>63A
$U \leqslant 60$	3.0	5.0	3.0	5.0
$60 < U \leqslant 300$	5.0	6.0	6.0	8.0
$300 < U \leqslant 500$	8.0	10.0	10.0	12.0

［条文说明］：本条是根据现行国家标准《电气装置工程盘、柜及二次回路结线施工及验收规范》（GB 50171—92）而编写的，施工时必须执行，以免造成运行事故。

6.1.2 电气装置的下列金属部分，均应接零或接地：

1. 变压器、配电柜（箱、盘）等的金属底座或外壳；

2. 室内外配电装置的金属构架及靠近带电部分的金属遮拦和金属门；

3. 电力电缆的金属护套、接线盒和保护管；

4. 配电和路灯的金属杆塔；

5. 其他因绝缘破坏可能使其带电的外露导体。

［条文说明］：本条提到的电气装置的金属部分采取接零或接地保护后，可以有效地防止在电气装置的绝缘部分损坏时造成人身触电事故。

6.1.3 不得利用蛇皮管、裸铝导线以及电缆金属护套层做接地线。接地线不得兼做他用。

［条文说明］：接地线是保护人身和设备安全的重要装置，必须具备足够的导电截面和一定的机械强度。因此本条对接地线的使用做了具体规定，必须严格执行。

6.2.3 采用接零保护时，单相开关应装在相线上，保护接零上严禁装设开关或熔断器。

［条文说明］：单相开关如装在零线上，断开开关时，设备上仍然有电，因此，本条规定了单相开关应装在相线上。保护零线如装设开关或熔断器，则保护零线随时可能断开，造成人身触电事故。

6.3.5 接地装置的导体截面应符合热稳定和机械强度的要求；当使用圆钢时，直径不得小于 10mm，扁钢不得小于 4×25mm，角钢厚度不得小于 4mm。

［条文说明］：本条是根据《电气装置安装工程接地装置施工及验收规范》（GB 50169—92）的规定制定的，是电气装置安全保护的重要规定，应严格执行。

7.4.6 引下线严禁从高压线间穿过。

［条文说明］：引下线穿过高压线可能会造成引下线搭接在高压线上烧毁路灯设备。因此，本条规定严禁引下线穿过高压线。

第二章　城市道路工程监理实务

道路工程施工质量，直接影响城市的各项经济建设。畅通的道路、快捷的交通，作为一座城市的窗口，直接反映了城市的管理水平。随着监理单位直接参加工程管理，城市道路工程项目管理的组织得以健全，道路工程建设管理逐步实现了专业化、社会化、科学化，极大地提高了城市道路工程建设管理的水平。

一、城市道路工程施工的特点

（1）道路工程施工线路长，工程量大，露天作业，季节性强，遇到不可预见的问题多，所以施工前必须充分做好准备工作，包括施工管理和组织计划工作；施工中实行流水作业，严格施工管理，健全岗位责任制，加强质量保障体系工作，每道工序要严格把关，一环扣一环，前一工序未经验收不得进行下道工序。

（2）道路工程施工耗费筑路材料多，每千米达数千吨，单方造价中材料费用一般占50％以上。我国幅员辽阔，各地可供修筑道路的材料很多，所以要认真做好调查研究，充分利用当地材料和工业废渣，以求修建经济而适用的道路。

（3）城市道路工程施工无论是新建、改造或扩建，都不同程度地存在着三多一少的特点：

1）城市交通拥挤、车辆及行人多，所以尽可能不断路施工，务必做好交通疏导工作，协商安排车辆绕道行驶的路线和落实交通管理措施。为了减少扰民和保证车辆正常行驶，必要时也可在夜间组织连续作业，快速施工。

2）施工障碍多。无论是沿线房屋拆迁，还是地上立体交叉的各种架空线杆或是地下纵横交错的各种管网和设施或古墓文物，这些影响施工的障碍物的解决都有很大的工作量，也极其繁杂，必须引起高度重视，务必进行妥善规划、细致实施。

3）施工涉及面广。道路施工除了面对众多的沿线居民外，还涉及规划、公安、公交、供电、通信、供水、供热、燃气、消防、环保、环卫、路灯、绿化和街道及有关企事业等单位，所以必须加强协作、配合工作，以取得各单位各部门的支持和谅解，使施工得以顺利进行，避免出现大量人力、物力和时间的"扯皮"现象。

4）施工用地少。城市土地极其珍贵，道路改建更是"寸土寸金"，所以施工平面布置必须"窄打窄用"，乃至"见缝插针"，有条件要在郊外建造拌合站等基地或采购成品料。

二、城市道路工程施工阶段监理控制要点

针对城市道路工程的特点，监理在道路工程施工过程中，应控制以下要点：

（一）进场材料、半成品、成品的监理控制要点

城市道路工程的质量，与使用的材料密切相关，材料的性能在很大程度上决定着工程的使用和寿命。道路及其附属构造物不仅要承受较大的荷载，而且常年暴露在大气环境

下，经受各种环境条件复杂变化的影响，对其使用的原材料，应给予充分的重视。

监理对工程材料的监控，贯穿于城市道路工程建设的全过程，所有材料在工程验收之前，监理工程师都有权进行检查、抽样测试和复试，对于不符合标准的材料，应要求清退出场。

在工程材料检查验收工作中，监理工程师要严格控制材料的供应来源，加强对材料的抽检工作，以保证进场材料的质量。

1. 填方用土

对于道路工程路基填筑、给水排水管道沟槽回填等，均需要选择合适的材料进行回填，并对压实度进行严格控制，以保证回填土有足够的强度和稳定性。因此，对填筑用土的质量监理就显得十分重要，重点就是选择土料，对路基土进行天然含水量、液限、塑限、标准击实、CBR试验，必要时应做颗粒分析及有机质含量、易溶盐含量、冻膨胀和膨胀量等试验。

2. 基层材料

基层使用原材料的质量监理，是指控制水泥、石灰、土、碎石、粉煤灰等的质量。此外，混合料的质量监理，如石灰稳定土、石灰粉煤灰稳定砂砾、石灰粉煤灰钢渣稳定土、水泥稳定土、级配砂砾及级配砾石等的配合比、级配、最大干密度、最佳含水量、压实度、7d无侧限抗压强度的测定等，需要现场取样测定。

3. 沥青混合料

由于沥青具有良好的黏性、塑性和防水性，因而被广泛用于道路工程，沥青混合料被用作道路面层的材料，如沥青混凝土、沥青碎石等路面，质量监理的重点就是在施工过程中，确保使用的原材料（粗集料、细集料、矿粉、沥青）、混合料的配合比及其性质、油石比等符合规范和设计的要求。

4. 水泥混凝土

水泥混凝土用作道路面层的材料，具有强度高、耐磨耗、稳定性好、耐久性好等优点。其材料控制是使水泥、砂、碎石、外加剂、混合料配合比、坍落度等质量符合规范和设计的要求。

（二）加大质量预控

道路工程开工前，监理工程师应加大质量预控力度，控制重点主要是审核施工方申报的各项施工准备工作：

（1）施工组织设计及方案，工序质量标准，质保体系；

（2）工人、技术人员数量；

（3）主要机具设备品种数量；

（4）施工场地准备情况；

（5）原材料组织情况、主要材料试验报告等。

对于沟槽开挖、排水管安装、路基回填、地基处理等关键工序，施工方要编制有针对性并且合理可行的施工方案，报监理工程师审核批准后，用于指导现场施工。

（三）施工放线测量的监理控制要点

监理人员在熟悉设计文件和图纸的基础上，会同承包人、设计单位或勘测单位在现场交接控制桩和水准点，指示和检查承包单位对所有测量控制桩和水准点进行有效保护，直到工程竣工验收结束。督促、检查施工单位做好测量控制网与相邻道路、桥梁控制网的联系，做好起点、终点、转折点、道路相交点及其他重要设施的位置、方向的控制及校核，施工中及时完成中线桩的恢复与校测。监理工程师应审核和检查施工单位提交的施工放样报验单及测量资料，经检查合格的，书面认可；发现有差错的，通知承包方复测，合格后书面认可。

（四）地下管线、人行地道等的监理控制要点

城市道路工程的施工顺序是先地下后地上，即城镇道路施工范围内的新建地下管线（如给水、排水、供热、燃气、电力、电信等）、人行地道等地下构筑物宜先行施工，以避免出现"挖了又填，填了又挖"的情况。因此，道路工程开工前，应确保地下埋设的管道工程施工完成，以保证路面结构的完整。

（五）路基工程的监理控制要点

路基是城市道路路面的基础，是结构层的重要组成部分，其强度和稳定性的好坏，直接影响道路的整体质量。

道路施工多采用机械化施工或综合机械化施工法，所采用的机械设备必须满足路基施工的要求，特别是压实设备合理配备，是保证路基强度的关键。监理工程师应按照已审批的施工组织设计或方案对进场机械设备进行严格审查。此外，路基工程施工过程中，监理工程师应按照程序，要求施工单位严格检查各道工序施工质量，切实做到上道工序未经检查合格，不得进入下道工序的施工。

（六）道路基层的监理控制要点

道路基层处在结构层的中间，承受了比路基更大的垂直压应力，面层越薄，所要承受的剪力就越大。因此，监理工程师对道路基层的施工质量进行监理时，要严格掌握其强度、刚性和整体性。

（七）道路面层的监理控制要点

道路面层是结构层最上一层，是确保整个道路工程质量目标实现的关键。监理质量控制要点如下：

（1）检查各种测桩是否齐备，控制道路中心线、边线、路面高程及平整度；

（2）检测到场沥青混合料或水泥混凝土的质量，对不合格的拒绝卸料；

（3）检查摊铺、压实等各道工序及施工工艺流程；

（4）检查路面成型后的外观质量是否符合要求；

（5）检查接槎、接缝、边缘处的施工质量；

（6）检查道路通行前的成品保护。

（八）道路附属工程及设施的监理控制要点

道路附属工程及设施包括：侧石、缘石、平石、人行道、检查井、隔离带、港湾车站、挡土墙、道路照明、标志标线等，是城市道路不可或缺的部分，其施工质量均应满足规范规定和设计要求，其中检查井周围回填是一项重要控制工作。已通行道路，使用一段时间后，井周围往往会出现塌陷现象，这是由于井周围回填土不密实所致。因此，对地下管线井周围一定范围内，必须根据设计要求回填夯实。监理要加强此部位的质量控制，在井位周围做压实度试验，加大抽检频率，用以检验施工质量，从而减少这一质量通病的发生。

第一节　特殊土路基监理控制要点

黄土、湿黏土、膨胀土、软土、盐渍土、冻土等均为特殊土。特殊土地区施工路基时，应根据具体工程环境条件、路基土特点因地制宜地制定施工方案。关键是对工程地质、水文地质资料、特殊土分布状况的充分掌握；掌握土的室内试验和现场试验的成果；布设好监控系统，对检测数据及时收集与分析验证；做好工程排水；把握施工时机，对特殊土采取针对性治理。

一、特殊土路基施工前监理应要求施工单位做好的准备工作

（1）进行详细的现场调查，依据工程地质勘察报告核查特殊土的分布范围、埋置深度和地表水、地下水状况，根据设计文件、水文地质资料编制专项施工方案。

（2）做好路基施工范围内的地面、地下排水设施，并保证排水通畅。

（3）根据现场调查情况，对路基所使用的特殊土进行土工试验，确定施工技术参数。

（4）根据特殊土类型，选择适宜的季节对特殊土路基进行加固处理施工：

1）湖泊、池塘、沼泽等地的软土路基宜在枯水期施工；

2）膨胀土路基宜在少雨季节施工；

3）强盐渍土路基应在春季施工；黏性盐渍土路基宜在夏季施工；砂性盐渍土路基宜在春季和夏初施工。

二、特殊土路基施工方法及要求

（一）软土路基施工

1. 概述

软土是主要由天然含水量大、压缩性高、承载能力低的淤泥沉积物及少量腐殖质所组成的土。软土在我国滨海平原、河口三角洲、湖盆地周围及山涧谷地均有广泛分布，其主要工程特性为：天然含水量高、孔隙比大、透水性差、压缩性高、灵敏度高、抗剪强度低、流变性显著。所以，在软土路基施工处理过程中，监理工程师必须了解和掌握软土的性质和土层特征（特别是软土的强度和变形动态变化规律），以便审核施工组织设计或方案是否采取了合适的工程措施，以保证软土路基在施工期间的稳定并控制道路的工后沉降。软土路基施工常用处理方法见表 2-1。

软土地区路基施工常用处理方法　　　　　　　　　　　　　　　表 2-1

序号	方　法	示例简图	主要特点	适用范围
1	置换土		挖除泥炭、软土，使路堤填筑于基底或尽量置换渗水性填料	软土厚度小于 2m 时

序号	方　法	示例简图	主要特点	适用范围
2	抛石挤淤		在路基中线向两侧抛投一定数量的片石，将淤泥挤出路基范围，以提高路基强度。一般采用不易风化、尺寸不小于 0.3m 的大石块	软土厚度小于 3m，表层无硬壳、呈流动状态淤泥、排水困难、石块易于取得条件下可用
3	砂垫层		砂垫层厚度一般为 0.6~1.0m，可使软土顶面增加一个排水面，有利于促进基底排水固结，提高路基强度和稳定性	软土地区路堤高度小于两倍极限高度时
4	反压护道		通过反压护道，使路堤下淤泥趋于稳定，护道一般采用单级形式，其高度为路堤高的 0.3~0.5 倍	当路堤高度超过其极限高度的 1.5~2.0 倍以内时
5	垫隔土工布		垫隔土工布可加强路基刚度，有利于排水，在软基上隔垫可使荷载均布。高填土路堤，可适当分层垫隔	地下水位较高、松软土基路堤
6	垫隔、覆盖土工布		基底铺垫土工布，并折向沿边坡以至覆盖摊铺，既提高基底刚度，也使边坡受到维护，利于排水，并因地基应力再分配，增加路基的稳定性	软土、沼泽地区、地基湿软、地下水位高
7	袋装砂井		砂井或袋装砂井配合砂垫层并结合加载预压，使用效果较好，主要促进排水沉降固结，可呈矩形、梅花形平面布置	当泥沼或软土层厚度超过 5m，且路堤高度超过天然地基承载力很多时

序号	方法	示例简图	主要特点	适用范围
8	塑料排水板		利用塑料排水芯板竖向排水，与土工布横向排水结合，加快路堤固结沉降，提高路基强度	泥炭饱和淤泥地段或土基松软、地下水位高
9	粉喷桩（砂桩、碎石桩）		用打入砂桩、碎石桩、粉喷桩的办法，使桩与软基共同承担负荷形成复合地基，其中大部分荷载由桩体承受，土改善不多	软土深层处理，打穿软土层，沉降较少；未打穿软土层沉降缓慢，稳定时间较长

软土路基施工应列入地基固结期。应按设计要求进行预压，预压期内除补填因加固沉降引起的补方外，严禁其他作业。施工前应修筑路基处理试验路段，获取各种施工参数。

软土地基路堤施工实行动态观测，常用的观测仪器有沉降板、边桩和测斜管。在施工期间位移观测应按设计要求跟踪观测，观测频率应与沉降、稳定的变形速率相适应。每填筑一层土至少观测一次；如果两次填筑时间间隔较长，间隔期间每 3d 至少观测一次。路堤填筑完成后，堆载预压期间观测应视地基稳定情况而定，一般半月或每月观测一次。直至沉降、位移稳定，符合设计要求。

施工填筑速率常采用控制边桩位移速率和控制地面沉降速率的方法，其控制标准为：路堤中心线地面沉降速率每昼夜不大于 10mm，坡脚水平位移速率每昼夜不大于 5mm，并结合沉降和位移发展趋势进行综合分析。填筑速率控制应以水平控制为主，如超过此限应立即停止填筑。

施工中，施工单位应按设计与规范、规定要求记录各项控制观测数值，并与设计单位、监理单位及时沟通反馈有关工程信息以指导施工。路堤完工后，应观测沉降值与位移至符合设计规定并稳定后，方可进行后续施工。

2. 软土路基施工要求

（1）置换土施工应符合下列要求：

1）填筑前，应排除地表水，清除腐殖土、淤泥。

2）填料宜采用透水性土。处于常水位以下部分的填土，不得使用非透水性土壤。

3）填土应由路中心向两侧按要求分层填筑并压实，层厚宜为 15cm。

4）分段填筑时，接槎应按分层做成台阶形状，台阶宽不宜小于 2m。

（2）当软土层厚度小于 3.0m，且位于水下或为含水量极高的淤泥时，可使用抛石挤淤，并应符合下列要求：

1）应使用不易风化石料，石料中尺寸小于 30cm 粒径的含量不得超过 20%。

2）抛填方向应根据道路横断面下卧软土地层坡度而定。坡度平坦时自地基中部渐次向两侧扩展；坡度陡于 1∶10 时，自高侧向低侧抛填，并在低侧边部多抛投，使低侧边部约有 2m 宽的平台顶面。

  3）抛石露出水面或软土面后，应用较小石块填平、碾压密实，再铺设反滤层填土压实。

  （3）采用砂垫层置换时，砂垫层应宽出路基边脚 0.5～1.0m，两侧以片石护砌。

  （4）采用反压护道时，护道宜与路基同时填筑。当分别填筑时，必须在路基达到临界高度前将反压护道施工完成。压实度应符合设计规定，且不应低于最大干密度的 90%。

  （5）采用土工材料处理软土路基应符合下列要求：

  1）土工材料应由耐高温、耐腐蚀、抗老化、不易断裂的聚合物材料制成。其抗拉强度、顶破强度、负荷延伸率等均应符合设计及有关产品质量标准的要求。

  2）土工材料铺设前，应对基面压实整平。宜在原地基上铺设一层 30～50cm 厚的砂垫层。铺设土工材料后，运铺料等施工机具不得在其上直接行走。

  3）每压实层的压实度、平整度经检验合格后，方可于其上铺设土工材料。土工材料应完好，发生破损应及时修补或更换。

  4）铺设土工材料时，应将其沿垂直于路轴线展开，并视填土层厚度选用符合要求的锚固钉固定、拉直，不得出现扭曲、折皱等现象。土工材料纵向搭接宽度不应小于 30cm，采用锚接其搭接宽度不得小于 15cm，采用胶结时胶接宽度不得小于 5cm，胶结强度不得低于土工材料的抗拉强度。相邻土工材料横向搭接宽度不应小于 30cm。

  5）路基边坡留置的回卷土工材料，其长度不应小于 2m。

  6）土工材料铺设完后，应立即铺筑上层填料，其间隔时间不应超过 48h。

  7）双层土工材料上、下层接缝应错开，错缝距离不应小于 50cm。

  （6）采用袋装砂井排水应符合下列要求：

  1）宜采用含泥量小于 3% 的粗砂或中砂做填料。砂袋的渗透系数应大于所用砂的渗透系数。

  2）砂袋存放使用中不应长期暴晒。

  3）砂袋安装应垂直入井，不得扭曲、缩颈、断裂或磨损，砂袋在孔口外的长度应能顺直伸入砂垫层不小于 30cm。

  4）袋装砂井的井距、井深、井径等应符合设计要求。

  （7）采用塑料排水板应符合下列要求：

  1）塑料排水板应具有耐腐性、柔韧性，其强度与排水性能应符合设计要求。

  2）塑料排水板贮存与使用中不得长期暴晒，并应采取保护滤膜措施。

  3）塑料排水板敷设应直顺，深度符合设计规定，超过孔口长度应伸入砂垫层不小于 50cm。

  （8）采用砂桩处理软土地基应符合下列要求：

  1）砂宜采用含泥量小于 3% 的粗砂或中砂。

  2）应根据成桩方法选定填砂的含水量。

  3）砂桩应砂体连续、密实。

  4）桩长、桩距、桩径、填砂量应符合设计规定。

  （9）采用碎石桩处理软土地基应符合下列要求：

1）宜选用含泥沙量小于 10％、粒径 19～63mm 的碎石或砾石作桩料。

2）应进行成桩试验，确定控制水压、电流和振冲器的振留时间等参数。

3）应分层加入碎石（砾石）料，观察振实挤密效果，防止断桩、缩颈。

4）桩距、桩长、灌石量等应符合设计规定。

（10）采用粉喷桩加固处理软土地基应符合下列要求：

1）石灰应采用磨细Ⅰ级钙质石灰（最大粒径小于 2.36mm、氧化钙含量大于 80％），宜选用 SiO_2 和 Al_2O_3 含量大于 70％，烧失量小于 10％ 的粉煤灰、普通或矿渣硅酸盐水泥。

2）工艺性成桩试验桩数不宜少于 5 根，以获取钻进速度、提升速度、搅拌、喷气压力与单位时间喷入量等参数。

3）柱距、桩长、桩径、承载力等应符合设计规定。

（二）湿陷性黄土路基施工

黄土的湿陷性，应按室内压缩试验在一定压力下测定的湿陷系数 δ_s 值判定，当湿陷系数 δ_s 值小于 0.015 时，应判定为非湿陷性黄土；当湿陷系数值等于或大于 0.015 时，应判定为湿陷性黄土。湿陷性黄土地基的湿陷等级，应根据基底下各土层累计的总湿陷量和计算自重湿陷量的大小等因素确定。监理应根据工程实际情况审核施工单位的施工组织设计或方案，使其满足规范规定的对湿陷性黄土路基施工的要求，并监督其实施。

1. 湿陷性黄土路基施工要求

（1）施工前应做好施工期拦截、排除地表水的措施，且宜与设计规定的拦截、排除、防止地表水下渗的设施结合。

（2）路基内的地下排水构筑物与地面排水沟渠必须采取防渗措施。

（3）施工中应详探道路范围内的陷穴，当发现设计有遗漏时，应及时报建设单位、设计单位，进行补充设计。

（4）用换填法处理路基时应符合下列要求：

1）换填材料可选用黄土、其他黏性土或石灰土，其填筑压实要求同土方路基。若采用石灰土换填时，消石灰与土的质量配合比，宜为石灰：土等于 9：91（二八灰土）或 12：88（三七灰土）。石灰应符合规范中有关石灰稳定土类对原材料的规定。

2）换填宽度应宽出路基坡脚 0.5～1.0m。

3）填筑用土中大于 10cm 的土块必须打碎，并应在接近土的最佳含水量时碾压密实。

（5）强夯处理路基时应符合下列要求：

1）夯实施工前，必须查明场地范围内的地下管线等构筑物的位置及标高，严禁在其上方采用强夯施工，靠近其施工必须采取保护措施。

2）施工前应按设计要求在现场选点进行试夯，通过试夯确定施工参数，如夯锤质量、落距、夯点布置、夯击次数和夯击遍数等。

3）地基处理范围不宜小于路基坡脚外 3m。

4）应划定作业区，并应设专人指挥施工。

5）施工过程中，应设专人对夯击参数进行监测和记录。当参数变异时，应及时采取措施处理。

（6）路堤边坡应整平夯实，并应采取防止路面水冲刷措施。

2. 黄土陷穴的处理

（1）黄土陷穴具有很大的危害性，应在施工前调查清楚，根据不同情况采取相应的技术措施进行处理。对通过路基路床的陷穴，要向上游追踪至发源地点，在发源地点把陷穴进口封填好，并引排周围地表水，使其不再向陷穴进口流入。

（2）对已有的陷穴、暗穴，可采用灌砂、灌浆、开挖回填等措施，开挖的方法可采用导洞、竖井和明挖等，见表 2-2。

湿陷性黄土陷穴开挖处理方法

表 2-2

序号	措施名称	适 用 范 围	处理方法、要求
1	灌浆法	小而直的陷穴	干砂灌入整个洞穴捣插密实
		洞身不大，但洞壁起伏曲折较大，并离路基中线较远的小陷穴	先将陷穴出口用土袋堵塞，再在陷穴顶部每隔 4～5m 钻孔，作为灌浆孔。待灌好的土浆收缩后，再在各孔补浆 2～3 次，为有利于封闭水道，有时可灌水泥砂浆
2	开挖回填夯实法	适用于各种形状的陷穴	填料一般用就地黄土分层夯实
3	导洞和竖井法	适用于较大较深的洞穴	由洞内向外逐步回填夯实，在回填前应将洞穴内虚土和杂物彻底清除，当接近地面 0.5m 时，应用老黄土或新黄土加 10% 的石灰拌匀回填夯实

（3）处理好的陷穴，其土层表面均应采用 3∶7 灰土填筑夯实或铺填老黄土等不透水材料加以改善，其厚度应按设计要求执行。如原设计未做明确规定时，其厚度不宜小于 30cm，并将流向陷穴附近的地面水引离，防止形成地表积水及水流集中产生冲刷。

（4）黄土陷穴的处理范围，应视具体情况而定，一般在路基填方或挖方边坡外，上侧 50m，下侧 10～20m，若陷穴倾向路基，虽在 50m 以外，仍应作适当处理，对串珠状陷穴应彻底进行处理。

（三）盐渍土路基施工

盐渍土中，土和盐状况随着季节不断变化，因此在盐渍土地区筑路，应尽可能地考虑盐渍土的土盐状况特点，力求在土含水量接近于最佳含水量时期，在既不发生冻结、也不积水的枯水季节进行施工。过盐渍土、强盐渍土不得作路基材料。其分类见表 2-3、表 2-4。

盐渍土按含盐性质分类

表 2-3

盐渍土名称	离子含量比值	
	Cl^-/SO_4^{2-}	$CO_3^{2-}+HCO_3^-/Cl^-+SO_4^{2-}$
氯盐渍土	>2	—
亚氯盐渍土	1～2	—
亚硫酸盐渍土	0.3～1.0	—
硫酸盐渍土	<0.3	—
碳酸盐渍土	—	>0.3

注：离子含量以 1kg 土中离子的毫摩尔数计（mmol/kg）。

盐渍土按盐渍化程度分类 表 2-4

盐渍土名称	细粒土 土层的平均含盐量 （质量百分率）		粗粒土 通过 10mm 筛孔土的平均含盐量 （质量百分率）	
	氯盐渍土及 亚氯盐渍土	硫酸盐渍土及 亚硫酸盐渍土	氯盐渍土及 亚氯盐渍土	硫酸盐渍土及 亚硫酸盐渍土
弱盐渍土	0.3～1.0	0.3～0.5	2.0～5.0	0.5～1.5
中盐渍土	1.0～5.0	0.5～2.0	5.0～8.0	1.5～3.0
强盐渍土	5.0～8.0	2.0～5.0	8.0～10.0	3.0～6.0
过盐渍土	>8.0	>5.0	>10.0	>6.0

注：离子含量以 100g 干土内的含盐量计。

1. 盐渍土路基施工要求

（1）过盐渍土、强盐渍土不应作路基填料。弱盐渍土可用于城市快速路、主干路路床 1.5m 以下范围填土，也可用于次干路及其他道路路床 0.8m 以下填土。

（2）施工中应对填料的含盐量及其均匀性加强监控，路床以下每 1000m³ 填料、路床部分每 500m³ 填料至少应作一组试件（每组取 3 个土样），不足上列数量时，也应做一组试件。

（3）用石膏土做填料时，应先破坏其蜂窝状结构。石膏含量可不限制，但应控制压实度。

（4）地表为过盐渍土、强盐渍土时，路基填筑前应按设计要求将其挖除，土层过厚时，应设隔离层，并宜设在距路床下 0.8m 处。

（5）盐渍土路基应分层填筑、夯实，每层虚铺厚度不宜大于 20cm。

（6）盐渍土路堤施工前应测定其基底（包括护坡道）表土的含盐量、含水量和地下水位，分别按设计规定进行处理。

2. 隔离层的设置

（1）盐渍土路基宜采用路堤形式，路床顶面至地下水位最小高度应参见有关规定。若达不到规定时，应设置隔离层，防止含盐的毛细水上升。

（2）在内陆盆地干旱地区或路面设计为高级或次高级路面地段，应在路堤下部设置封闭性防水隔离层。隔离层可采用不透水材料如沥青砂、防渗薄膜、聚丙烯淋膜编织布等，以隔断气态水、毛细水上升。

（3）隔离层铺设前应清除植物根茎，将基底做成 2％的横坡，整平压实，沿横坡均匀铺平。

（4）在强盐渍化细粒料黏性土或粉性土地区，为截断路堤下部的含盐毛细水、气态水而设置的封闭性隔离层，宜在路床顶以下 80cm 深度处。如有盐胀问题存在，则隔离层应设在产生盐胀的深度以下。在采用塑料薄膜作隔离层时，为防止薄膜被压破，宜在隔离层上下分别各铺一层 10～15cm 厚的砂或黏土保护层。

3. 排水与防水

施工过程中应及时合理地布置好排水系统，不应使路基及其附近有积水现象。排水困难地段或取土坑有被淹没可能时，应在路基一侧或两侧取土坑外设置高 0.4～0.5m、顶宽 1m 的纵向防水堰。

（四）膨胀土路基施工

1. 概述

具有下列工程地质特征，且自由膨胀率大于或等于 40% 的土，应判定为膨胀土：

（1）裂隙发育，常有光滑面和擦痕，有的裂隙中充满着灰白、灰绿色黏土。在自然条件下呈坚硬或硬塑状态；

（2）多出露于二级或二级以上阶地、山前和盆地边缘丘陵地带，地形平缓，无明显自然陡坎；

（3）常见浅层素性滑坡、地裂、新开挖坑（槽）壁易发生坍塌等；

（4）建筑物裂隙随气候变化而张开和闭合。

按照土的自由膨胀率（F_s）可以对膨胀土进行划分。

弱膨胀土　　　　$40\% \leqslant F_s < 65\%$；

中等膨胀土　　　$65\% \leqslant F_s < 90\%$；

强膨胀土　　　　$F_s \geqslant 90\%$。

对中、弱膨胀土进行掺加石灰等外加剂进行改性后，可以作道路基层，但是改性用石灰的掺量与掺加方法应该经试验确定。

膨胀土路堑施工，一般应采取"先做排水，后开挖边坡，及时防护，及时支挡"的原则，以防边坡土体暴露后产生湿胀干缩效应与风化破坏。目前常用在膨胀土路堑坡面防护加固的措施有：植被防护、三合土抹面、混凝土预制块封闭、骨架护坡、片石护坡、挡土墙等，可根据道路等级、边坡高度结合当地具体条件确定。

膨胀土路基填方施工前要做试验段，是由于压实是膨胀土路基施工的一个难题，也是影响膨胀土地区路基、基层、面层稳定的一个突出问题。实践证明，将膨胀土含水量降到重型击实标准的最佳含水量十分困难，即使按重型压实标准达到一定的压实度，也不可能保持长久。在施工期间选择适宜的压实机具，进行路基处理，非常关键。

2. 膨胀土路基施工要求

（1）施工应避开雨期，且保持良好的路基排水条件。

（2）应采取分段施工。各道工序应紧密衔接，连续施工，逐段完成。

（3）路堑开挖应符合下列要求：

1）边坡应预留 30～50cm 厚土层，路堑挖完后应立即按设计要求进行削坡与封闭边坡。

2）路床应比设计标高超挖 30cm，并应及时采用粒料或非膨胀土等换填、压实。

（4）路基填方应符合下列要求：

1）施工前应按规定做试验段。

2）路床顶面 30cm 范围内应换填非膨胀土或经改性处理的膨胀土。当填方路基填土高度小于 1m 时，应对原地表 30cm 内的膨胀土挖除，进行换填。

3）强膨胀土不得做路基填料。中等膨胀土应经改性处理方可使用，但膨胀总率不得超过 0.7%。

4）施工中应根据膨胀土自由膨胀率，选用适宜的碾压机具，碾压时应保持最佳含水量；压实土层松铺厚度不得大于30cm；土块粒径不得大于5cm，且粒径大于2.5cm的土块量应小于40%。

（5）在路堤与路堑交界地段，应采用台阶方式搭接，每阶宽度不得小于2m，并碾压密实。压实度标准应符合规范规定和设计要求。

（6）路基完成施工后应及时进行基层施工。

（五）冻土路基施工

冻土路基施工要求：

（1）路基范围内的各种地下管线基础应设置于冻土层以下。

（2）填方地段路堤应预留沉降量，在修筑路面结构之前，路基沉降应基本趋于稳定。

（3）路基受冰冻影响部位，应选用水稳定性和抗冻稳定性均较好的粗粒土，碾压时的含水量偏差应控制在最佳含水量±2%范围内。

（4）当路基位于永久冻土的富冰冻土、饱冰冻土或含冰层地段时，必须保持路基及周围的冻土处于冻结状态，且应避免施工时破坏土基热流平衡。排水沟与路基坡脚距离不得小于2m。

（5）冻土区土层为冻融活动层，设计无地基处理要求时，应报请设计部门进行补充设计。

三、特殊土路基施工监理控制要点

（一）路堤填料监理控制要点

路堤填筑材料必须是经过严格试验，各项技术指标达到要求，且具有规定的强度能被压实到规定的压实度，能形成稳定的结构层，并经监理工程师批准的适用材料。

（1）填方材料的强度（CBR）值应符合设计要求，其最小强度应符合表2-5规定。不得使用淤泥、沼泽土、泥炭土、冻土、有机土以及含生活垃圾的土做路基填料。对液限大于50、塑性指数大于26、可溶盐含量大于5%、700℃有机质烧失量大于8%的土，未经技术处理不得作路基填料。

路基填料的最小强度　　　　　　　　　　　　　　表2-5

填方类型	路床顶面以下深度（cm）	最小强度（CBR%）	
		城市快速路、主干路	其他等级道路
路床	0~30	8.0	6.0
路基	30~80	5.0	4.0
路基	80~150	4.0	3.0
路基	>150	3.0	2.0

（2）对于盐渍土、膨胀土及含水率超过规定的土，不得直接作为路堤填料，需在采取图纸要求的技术措施或其他可行的技术措施，并经监理工程师批准后方可使用。

（3）特殊土路基处理所用材料的技术质量指标应符合设计要求，并按规范规定的检查数量，按进场批次进行检查和抽检，检查方法包括检查检验报告和进场复检。

（二）特殊土路基施工监理控制要点

（1）路基施工准备阶段，监理工程师应要求承包人认真研究地质部门的勘察报告，对路基进行现场查勘，遇有不良土质要进行处理。

（2）特殊土路基处理施工前，监理工程师应要求承包人编制详细的施工方案，方案应包括一切材料的说明、试验报告和机械设备情况及施工工艺、技术措施、达到的质量标准等内容，并报监理工程师审批。

（3）在施工前，监理工程师应要求承包人将拟用的所有材料的样品附以产品的说明、出厂合格证、出厂检验报告及自检报告上报监理工程师，监理工程师抽样检验合格后方可使用。所有材料应妥善保管，严禁材料被污染或混合堆放，过期产品严禁使用。

（4）不同类型的路基处理开工前，应先铺筑试验路或进行成桩试验，监理工程师应全过程旁站，并要求上报成果总结，审批后方可进行规模施工。

（5）施工前应做好临时排水工作，确保路基范围内不积水，若施工受地下水影响时，应采用开挖沟槽的方法将水引出，从而降低地下水位，使基底保持干燥。

（6）路基填筑时应做好必要的沉降和稳定观测。沉降观测的目的是为了调整填土速率、预测沉降趋势、确定预压卸载时间和结构物及路面施工时间，并为施工期间沉降土方量的计量提供依据。稳定（位移）观测的目的是控制水平位移及地面隆起情况，确保路堤施工的安全和稳定，施工中严格控制加载速度，每填一层应进行一次观测，并要求承包人在每次观测后及时整理、汇总测量结果并报监理工程师，监理工程师也应做好抽检工作。路堤填筑完成后，应留有足够的沉降期，设计无要求时，一般不少于6个月，路面铺筑前必须使路基沉降基本趋于稳定，地基固结度能满足设计要求，设计无要求时应达到90％以上。

（7）路堤填筑施工，上料前根据运输车的体积及松铺厚度计算摊铺面积并打出网格。每层填筑完成后承包人应认真自检，并将结果上报监理工程师，监理工程师检验合格后才能进行上一层填筑施工。

（8）每填筑一层监理工程师应要求承包人恢复中线，测量高程，计算设计宽度，确保填筑宽度及中线满足要求，监理工程师应不少于三层独立抽检一次，压实度应每层抽检。

第二节　无机结合料稳定类基层监理控制要点

道路基层是指设在面层以下的结构层。主要承受由面层传递的车辆荷载，并将荷载分布到垫层或土基上。当基层分为多层时，其最下面的一层称底基层。

基层可分为无机结合料稳定类和粒料类。无机结合料是具有胶结性能的无机化合物。在道路工程中，主要是指水泥、石灰等材料。无机结合料稳定类又称为半刚性型或整体型，常包括水泥稳定类、石灰稳定类和综合稳定类。

半刚性基层材料的显著特点是：整体性强、承载力高、刚度大、水稳定性好，但它的抗变能力差，易产生温度和干缩裂缝。当沥青面层较薄时，易形成反射裂缝，进而严重影响路面的使用性能。

半刚性基层材料的收缩分为温缩与干缩两种。研究表明：若以最佳含水量状态下各种半刚性基层按温缩系数的大小排列顺序是石灰土＞石灰砂砾＞二灰＞水泥砂砾＞二灰砂砾；按其干缩系数的大小排列顺序是石灰土＞石灰砂砾＞二灰＞二灰砂砾＞水泥砂砾。半刚性基层的收缩开裂，对于含土较多的材料以干缩为主；对于含集料较多的材料以温缩为主。半刚性基层的干缩主要发生在竣工后初期阶段，当基层上铺筑沥青面层以后，基层的含水量一般变化不大，此时半刚性基层的收缩转化以温缩为主。

半刚性基层材料的抗裂性能是以温缩抗裂系数与干缩抗裂系数来评价的。抗裂系数愈大，表明材料的抗裂性能愈强，在同样条件下，能承受较大的温度或湿度的变化而不裂。按半刚性材料的温缩抗裂系数的大小（均按最佳状态）排序为二灰砂砾>二灰>石灰砂砾>水泥砂砾>石灰土。按干缩抗裂系数的大小排序为二灰>二灰砂砾>水泥砂砾>石灰砂砾>石灰土。

半刚性基层的类型与配合比的选择，应根据当地的自然条件与基层所处的环境来确定。在条件可能时，应优先用二灰稳定类基层，二灰砂砾类集料含量约75%时，抗干缩与温缩能力均较强，可适用于不同地区，主要是解决早强不足的问题。水泥砂砾类，水泥含量约为5%时，具有较强的抗干缩能力，适用于温差不大的地区。石灰砂砾类，其干缩和湿缩能力都较差，宜采用水泥石灰综合稳定，以部分水泥代替部分石灰，提高其抗干缩能力，减轻缩裂。

一、石灰稳定土类基层监理控制要点

（一）概述

在粉碎的或原来松散的土（包括各种粗、中、细粒土）中，掺入足量的石灰和水，经拌合、压实及养生后得到的混合料，当其抗压强度符合规定的要求时，称为石灰稳定土。

用石灰稳定细粒土得到的强度符合要求的混合料，称为石灰土。用石灰稳定中粒土和粗粒土得到的强度符合要求的混合料，视所用原材料而定，原材料为天然砂砾土或级配砂砾时，称为石灰砂砾土；原材料为碎石土或级配碎石时，称为石灰碎石土。

影响石灰稳定土类基层强度与稳定性的主要因素有：土质、石灰的质量与剂量、养护条件与龄期等。

石灰剂量以石灰质量占全部粗细土颗粒干质量的百分率计。石灰稳定土具有良好的力学性能，并有较好的水稳定性和一定程度的抗冻性。它的初期强度和水稳定性较低，后期强度较高，由于干缩、冷缩易产生裂缝。石灰稳定土适用于各类路面基层和高级路面的底基层。

养护温度对石灰土的抗压强度有明显影响，养护温度高，其抗压强度增长快，当温度低于5℃时，石灰土的强度几乎没有增长。所以石灰稳定土应在春末和夏季组织施工。施工期的日最低气温应在5℃以上，并应在冬期开始前30~45d完成施工。当石灰土经常处于过分潮湿状态，也不易形成较高强度的板体。多雨地区，应避免在雨季进行石灰土结构层的施工。在冰冻地区，当石灰土用于潮湿路段时，冬季石灰土层中可能产生聚冰现象，从而使石灰土的结构遭受破坏，导致路面产生过早破坏。

在城区内为了避免污染空气，宜采用厂拌石灰土。人工在现场可少量拌合石灰土。路拌石灰土宜在已成活的路基上拌合石灰土，每次石灰土的拌合量应满足一个摊铺段虚铺厚度的用量。

石灰稳定土层施工时，必须遵守以下规定：

（1）细粒土应尽可能粉碎；

（2）配料必须准确；

（3）石灰必须摊铺均匀（路拌法）；

（4）洒水、拌合必须均匀；

（5）严格掌握基层厚度和高程，其路拱横坡应与面层一致；

（6）应在混合料处于最佳含水量或略小于最佳含水量（1%～2%）时碾压，直到密实度达到要求；

（7）应用 12t 以上的压路机碾压。用 12～15t 三轮压路机碾压时，每层的压实厚度不应超过 15cm；用 18～20t 三轮压路机碾压和振动压路机碾压时，每层的压实厚度不应超过 20cm；

（8）石灰稳定土层宜在当天碾压完成，碾压完成后必须保湿养生，不使稳定土层表面干燥，也不应过分潮湿；

（9）石灰稳定土层上未铺封层或面层时，禁止开放交通；当施工中断，临时开放交通时，应采取保护措施，不使基层表面遭破坏。

（二）石灰稳定土类基层监理控制要点

1. 原材料

（1）土应符合下列要求：

1）宜采用塑性指数 10～15 的亚黏土、黏土。塑性指数大于 4 的砂性土亦可使用。

2）土中的有机物含量宜小于 10%。

3）使用旧路的级配砾石、砂石或杂填土等应先进行试验。级配砾石、砂石等材料的最大粒径不宜超过分层厚度的 60%，且不应大于 10cm。土中欲掺入碎砖等粒料时，粒料掺入含量应经试验确定。

（2）石灰应符合下列要求：

1）宜用 1～3 级的新灰，石灰的技术指标应符合表 2-6 的规定。

石灰技术指标   表 2-6

项 目 \ 类 别	钙质生石灰			镁质生石灰			钙质消石灰			镁质消石灰		
	等 级											
	Ⅰ	Ⅱ	Ⅲ	Ⅰ	Ⅱ	Ⅲ	Ⅰ	Ⅱ	Ⅲ	Ⅰ	Ⅱ	Ⅲ
有效钙加氧化镁含量（%）	≥85	≥80	≥70	≥80	≥75	≥65	≥65	≥60	≥55	≥60	≥55	≥50
未消化残渣含 5mm 圆孔筛的筛余（%）	≤7	≤11	≤17	≤10	≤14	≤20	—	—	—	—	—	—
含水量（%）	—	—	—	—	—	—	≤4	≤4	≤4	≤4	≤4	≤4
细度 0.71mm 方孔筛的筛余（%）	—	—	—	—	—	—	0	≤1	≤1	0	≤1	≤1
细度 0.125mm 方孔筛的筛余（%）	—	—	—	—	—	—	≤13	≤20	—	≤13	≤20	—
钙镁石灰的分类筛，氧化镁含量（%）	≤5			＞5			≤4			＞4		

注：硅、铝、镁氧化物含量之和大于 5% 的生石灰，有效钙加氧化镁含量指标，Ⅰ 等 ≥75%，Ⅱ 等 ≥70%，Ⅲ 等 ≥60%。

2）磨细生石灰，可不经消解直接使用；块灰应在使用前 2～3d 完成消解，未能消解的生石灰块应筛除，消解石灰的粒径不得大于 10mm。

3）对储存较久或经过雨期的消解石灰应先经过试验，根据活性氧化物的含量决定能否使用和使用办法。

（3）水应符合国家现行标准《混凝土用水标准》JGJ 63 的规定。宜使用饮用水及不含油类等杂质的清洁中性水，pH 值宜为 6～8。

2. 石灰土配合比

（1）每种土应按 5 种石灰掺量进行试配，试配石灰用量宜按表 2-7 选取。

石灰土试配石灰用量 表 2-7

土壤类别	结构部位	石灰掺量（%）				
		1	2	3	4	5
塑性指数≤12 的黏性土	基层	10	12	13	14	16
	底基层	8	10	11	12	14
塑性指数＞12 的黏性土	基层	5	7	9	11	13
	底基层	5	7	8	9	11
砂砾土、碎石土	基层	3	4	5	6	7

（2）确定混合料的最佳含水量和最大干密度，应做最小、中间和最大 3 个石灰剂量混合料的击实试验，其余两个石灰剂量混合料的最佳含水量和最大干密度用内插法确定。

（3）按规定的压实度，分别计算不同石灰剂量的试块应有的干密度。

（4）强度试验的平行试验最少试件数量，不得小于表 2-8 的规定。如试验结果的偏差系数大于表中规定值，应重做试验。如不能降低偏差系数，则应增加试件数量。

最少试件数量 表 2-8

土壤类别	偏差系数 <10%	10%～15%	15%～20%
细粒土	6	9	—
中粒土	6	9	13
粗粒土	—	9	13

（5）试件在规定温度下应按国家现行标准《公路工程无机结合料稳定材料试验规程》JTJ 057 有关要求制作、养护，进行无侧限抗压强度试验。

（6）石灰剂量应根据设计要求强度值选定。试件试验结果的平均抗压强度 $\overline{R}$ 应符合下式要求：

$$\overline{R} \geqslant R_d/(1 - Z_a C_v) \tag{2-1}$$

式中　R_d——设计抗压强度；

　　　C_v——试验结果的偏差系数（以小数计）；

　　　Z_a——标准正态分布表中随保证率（试置信度 α）而改变的系数，城市快速路和城市主干路应取保证率 95%，即 $Z_a = 1.645$；其他道路应取保证率 90%，即 $Z_a = 1.282$。

（7）实际采用的石灰剂量应比室内试验确定的剂量增加0.5%～1.0%。采用集中厂拌时可增加0.5%。

3. 厂拌石灰土

在城镇人口密集区，应使用厂拌石灰土，不得使用路拌石灰土。

（1）石灰土搅拌前，应先筛除集料中不符合要求的颗粒，使集料的级配和最大粒径符合要求。

（2）宜用强制式搅拌机进行搅拌。配合比应准确，搅拌应均匀；含水量宜略大于最佳值；石灰土应过筛（20mm方孔）。

（3）应根据土和石灰的含水量变化、集料的颗粒组成变化，及时调整搅拌用水量。

（4）拌成的石灰土应及时运送到铺筑现场。运输中应采取防止水分蒸发和防扬尘措施。

（5）搅拌厂应向现场提供石灰土配合比，R7强度标准值及石灰中活性氧化物含量的资料。

4. 人工搅拌石灰土

（1）所用土壤应预先打碎、过筛（20mm方孔）、集中堆放。

（2）应按需要量将土和石灰按配合比要求，进行掺配。掺配时土应保持适宜的含水量，掺配后过筛（20mm方孔），至颜色均匀一致为止。

（3）作业人员应佩戴劳动保护用品，现场应采取防扬尘措施。

5. 厂拌石灰土摊铺

（1）路床应湿润。

（2）压实系数应经试验确定。现场人工摊铺，压实系数宜为1.65～1.70。

（3）石灰土宜采用机械摊铺。每次摊铺长度宜为一个碾压段。

（4）摊铺掺有粗集料的石灰土时，粗集料应均匀。

6. 碾压

（1）铺好的石灰土应当天碾压成活。

（2）碾压时的含水量宜在最佳含水量的±2%范围内。

（3）直线和不设超高的平曲线段，应由两侧向中心碾压；设超高的平曲线段，应由内侧向外侧碾压。

（4）初压时，碾速以1.5～1.7km/h为宜，灰土初步稳定后，以2.0～2.5km/h为宜。

（5）人工摊铺时，宜先用6～8t压路机碾压，灰土初步稳定，找补整形后，方可用重型压路机碾压。

（6）当采用碎石嵌丁封层时，嵌丁石料应在石灰土底层压实度达到85%时撒铺，然后继续碾压，使其嵌入底层，并保持表面有棱角外露。

7. 纵、横接缝均应设直茬

接缝应符合下列规定：

（1）纵向接缝宜设在路中线处。接缝应做成阶梯形，梯级宽不得小于1/2层厚。

（2）横向接缝应尽量减少。

8. 养护及交通管制

（1）石灰稳定土成活后应立即洒水（或覆盖）养护，保持湿润。养生期间应始终保持一定的湿度，但不应过湿或忽干忽湿，直至上部结构施工为止。养生期不宜少于7d。

（2）石灰土碾压成活后可采取喷洒沥青透层油养护，宜在其含水量为10%左右时进行。

（3）石灰土养护期应封闭交通。

（4）石灰稳定土分层施工时，下层石灰稳定土碾压完成后，可以立即铺筑上一层石灰稳定土，不需专门的养生期。

（三）石灰土施工中常见问题的监理控制要点

1. 碾压时拥包

（1）原因：底层砂土未扫净，亦未洒水湿润，或有松动薄层在水平力作用下拥动而起包。

（2）防治方法：

1）扫净底层松散砂土，除掉松动层，然后再洒水湿润，呈反潮状即妥。

2）拥包发生的面积，一般不大。若为扎根包，压完铲平便可；若是浮包，待压完后挖除粉碎，调水重铺，用夯夯实，用锹修平，或于碾压中略停车，将包挖除、粉碎、洒水重铺，用夯夯实后再压，两者均可。

2. 碾压过程表面脱皮

（1）原因：

1）土灰拌合不匀，含水率不均（底层大、上层小），一经碾压常出现脱皮。

2）人踏、车压痕迹，不经刨松顶面再用灰土扒平，经碾压后也易发生脱皮。

3）用粉质土壤拌合的石灰土，常易发生脱皮，这主要是因为土壤颗粒相互间黏聚力弱，上部已压成一个硬薄层，含水率也随时风干减少，在水平力的作用下分离，被车轮碾碎而脱皮。

4）压路机的吨位不当，会形成纵向的脱皮。由于第一遍就用12t重型压路机碾压，松方沉度大，松方土壁站不住，随着车轮前进松土向已压过一轮的轮迹边缘地方滑倒，第二次又被车轮压实而形成先后两层，造成脱皮。

（2）防治方法：

1）由于上述1）、2）原因产生脱皮时，可按矩形或方形垂直下挖，最小深度不小于8cm，然后打碎拌合，如水少再洒些，铺筑整型，先夯实后碾压。

2）若因上述3）的原因产生脱皮，一般都超出了平整度容许误差范围，皮厚面积也大，坑槽也较深，除挖起打碎外，应掺入足量的黏性土和石灰，混拌铺筑，夯实后再碾压。

3）必须先用轻型压路机压一遍，然后再用12t重型压路机碾压，便不致发生如4）的脱皮现象。若无轻碾仅有重碾时，可先夯一遍，或将压路机引导轮调到前进方向，全轮压一遍，然后再按重轮（后轮）二分之一错轮压至要求为止。这样做就相当于先用轻碾压了一遍。也可用水刮板将落到碾压轮迹上的松灰土刮回到未压的一边来，使松方边缘保持不大于45°的坡度。

3. 纵横向接头处出现不是一边高一边低，就是重皮

这主要是松方厚度掌握不一，铺接方法未找到规律所致。对这种情况的处治，一是铲

高修正拱度、平整度；二是挖开打碎重铺，先夯实然后再压。在预防上，如为半幅先铺的，碾压时可在纵向接缝处留下 20～40cm 宽暂且不压，如为全幅小段铺筑，则可将横向接头处留下 2～4m 长不压，以便与后铺的半幅或小段松方衔接，厚度易于控制。

4. 雨后行车损坏

在石灰土还没有发挥强度作用的初期，一经雨水便被浸软，行车后不是将表层 2～3cm 碾成泥浆，就是压出车辙，造成坑槽连片，对此，只有铲平重铺。在其表面铺一层油砂层〔石灰土完工后，在其上洒一层焦油（用量 0.8～1.0kg/m² 或用乳化沥青）再于油层上撒砂（0.5cm 厚）扫匀后，用 8t 两轮压路机压 1～2 遍〕作为保护层，效果良好（油砂层越压越坚实光亮），不仅保持了良好的平整度、稳定性，也保证了雨后车辆畅通。

5. 皱纹

常发生在碾压起、终点和碾压段的中途，由于灰土水分不足，车速较快，起车停车时的冲击力和制动力较大，因而将石灰土拉出密密麻麻的横向细纹。采用加大石灰土的水分使之大于最佳含水率的 2% 左右，时速控制在 1.5km，轻起慢停的方法可以有效解决此问题。

6. 裂缝

（1）原因：

1）石灰土成型后未及时做好养生；

2）土的塑性指数较高、黏性大，石灰土的收缩裂缝随土的塑性指数的增高而增多、加宽；

3）拌合不均匀，石灰剂量越高，越容易出现裂缝；

4）含水量未控制好；

5）工程所在地温差大，一般情况下，土的温缩系数比干缩系数大 4～5 倍，所以进入晚秋、初冬之后，温度收缩裂缝尤为加剧。

（2）防治方法：

1）石灰土成型后应及时洒水或覆盖塑料薄膜养生，或铺上一层素土覆盖；

2）选用塑性指数合适的土，或适量掺入砂性土、粉煤灰和其他粒料，改善施工用土的土质；

3）加强剂量控制，使石灰剂量正确，保证拌合遍数和石灰土的均匀性；

4）控制压实含水量，在较大含水量下压实的石灰土，具有较大的干裂，应在最佳含水量时压实。

二、水泥稳定土类基层监理控制要点

（一）概述

在经过粉碎的或原来松散的土中，掺入足量的水泥和水，经拌合得到的混合料在压实和养生后，当其抗压强度符合规定的要求时，称为水泥稳定土。用水泥稳定细粒土得到的强度符合要求的混合料，视所用的土类而定，可简称为水泥土、水泥砂或水泥石屑。用水泥稳定中粒土和粗粒土得到的强度符合要求的混合料，视所用原材料而定，可简称为水泥碎石、水泥砂砾。

影响水泥稳定土强度与稳定性的主要因素有土质、水泥成分与剂量、水等。

土的类别和性质是影响水泥稳定土强度的重要因素之一。土的矿物成分对水泥稳定土的性质有重要影响。除有机质或硫酸盐含量高的土外，各种砂砾土、砂土、粉土和黏土均可用水泥稳定。就土的粒度而言，适宜于用水泥稳定的土的范围相当广泛。但要达到规定的强度，水泥剂量随粉粒和黏粒含量的增加而增高。因此，稳定重黏土水泥用量过高而不经济，且重黏土难于粉碎和拌合。实践证明用水泥稳定级配良好的土，既可节约水泥，又能取得满意的稳定效果。

水泥的成分和剂量对水泥稳定土的强度有重要影响。通常认为，各种类型的水泥都可用于稳定土。实践证明，对于同一种土，水泥矿物成分是决定水泥稳定土强度的主导因素。一般情况下，硅酸盐水泥的稳定效果较好，而铝酸盐水泥的稳定效果则较差。水泥稳定土的强度随水泥剂量的增加而增加，但考虑水泥稳定土的抗温缩、抗干缩以及经济性，应有一个合理的水泥用量范围。

含水量对水泥稳定土的强度有重大影响。当混合料中含水量不足时，水泥就要与土争水，若土对水有较大的亲和力，就不能保证水泥完成水化和水解作用。水泥稳定土需要湿法养护，以满足水泥水化的需要。水泥剂量大，养护温度高时，其强度增长速率大。水泥稳定土的强度随龄期的增长而增大。

（二）水泥稳定土类基层监理控制要点

1. 原材料

（1）水泥应符合下列要求：

1）应选用初凝时间大于 3h、终凝时间不小于 6h 的 32.5 级、42.5 级普通硅酸盐水泥、矿渣硅酸盐、火山灰硅酸盐水泥。水泥应有出厂合格证与生产日期，复验合格方可使用；

2）水泥贮存期超过 3 个月或受潮，应进行性能试验，合格后方可使用。

（2）土应符合下列要求：

1）土的均匀系数不得小于 5，宜大于 10，塑性指数宜为 10～17；

2）土中小于 0.6mm 颗粒的含量应小于 30%；

3）宜选用粗粒土、中粒土。

（3）粒料应符合下列要求：

1）级配碎石、砂砾、未筛分碎石、碎石土、砾石和煤矸石、粒状矿渣等材料均可做粒料源材；

2）当作基层时，粒料最大粒径不宜超过 37.5mm；

3）当作底基层时，粒料最大粒径：对城市快速路、主干路不得超过 37.5mm；对次干路及以下道路不得超过 53mm；

4）各种粒料，应按其自然级配状况，经人工调整使其符合相关规范的规定；

5）碎石、砾石、煤矸石等的压碎值：对城市快速路、主干路基层与底基层不得大于 30%；对其他道路基层不得大于 30%，对底基层不得大于 35%；

6）集料中有机质含量不得超过 2%；

7）集料中硫酸盐含量不得超过 0.25%；

8）钢渣尚应符合国家标准、规范的有关规定。

（4）水应符合国家现行标准《混凝土用水标准》JGJ 63 的规定。宜使用饮用水及不含油类等杂质的清洁中性水，pH 值宜为 6～8。

2. 水泥稳定土的颗粒范围和技术指标

水泥稳定土的颗粒范围和技术指标应符合表 2-9 的规定。

水泥稳定土的颗粒范围和技术指标 表 2-9

项　目		质量百分率（%）			
		底基层		基层	
		次干路	城市快速路、主干路	次干路	城市快速路、主干路
筛孔尺寸（mm）	53	—	—	—	—
	37.5	100	—	100	—
	31.5	—	90～100	90～100	100
	26.5	—	—	—	90～100
	19	—	67～90	67～90	72～89
	9.5	—	—	45～68	47～67
	4.75	50～100	50～100	29～50	29～49
	2.36	—	—	18～38	17～35
	1.18	—	—	—	—
	0.60	17～100	17～100	8～22	8～22
	0.075	0～50	0～30②	0～7	0～7①
	0.002	0～30	—	—	—
液限（%）		—	—	—	＜28
塑性指数		—	—	—	＜9

① 集料中 0.5mm 以下细料土有塑性指数时，小于 0.075mm 的颗粒含量不得超过 5%；细粒土无塑性指数时，小于 0.075mm 的颗粒含量不得超过 7%；

② 当用中粒土、粗粒土作城市快速路、主干路底基层时，颗粒组成范围宜采用作次干路基层的组成。

3. 水泥稳定土类材料的配合比

（1）当采用厂拌法生产时，水泥掺量应比试验剂量加 0.5%，水泥最小掺量粗粒土、中粒土应为 3%，细粒土为 4%。

（2）水泥稳定土类材料 7d 抗压强度：对城市快速路、主干路基层为 3～4MPa，对底基层为 1.5～2.5MPa；对其他等级道路基层为 2.5～3MPa，底基层为 1.5～2.0MPa。

4. 集中拌制

城镇道路中使用水泥稳定土类材料，宜集中拌制。

集中搅拌水泥稳定土类材料应符合下列规定：

（1）集料应过筛，级配符合设计要求。

（2）混合料配合比符合要求，计量准确，含水量符合施工要求，搅拌均匀。

（3）搅拌厂应向现场提供产品合格证及水泥用量、粒料级配、混合料配合比、R7 强度标准值。

（4）水泥稳定土类材料运输时，应采取措施防止水分损失。

5. 摊铺

（1）施工前应通过试验确定压实系数。水泥土的压实系数宜为 1.53～1.58；水泥稳定砂砾的压实系数宜为 1.30～1.35。

（2）宜采用专用摊铺机械摊铺。

（3）水泥稳定土类材料自搅拌至摊铺完成，不得超过 3h。应按当班施工长度计算用料量。

（4）分层摊铺时，应在下层养护 7d 后，方可摊铺上层材料。

6. 碾压

（1）应在含水量等于或略大于最佳含水量时进行。

（2）宜用 12～18t 压路机作初步稳定碾压，混合料初步稳定后用大于 18t 的压路机碾压，至表面平整、无明显轮迹，且达到要求的压实度。

（3）水泥稳定土类材料，宜在水泥初凝时间到达前碾压成活。

（4）当使用振动压路机时，应符合环境保护和周围建筑物及地下管线、构筑物的安全要求。

7. 接缝

接缝同石灰稳定土基层规定：

（1）纵向接缝宜设在路中线处。接缝应做成阶梯形，梯级宽不得小于 1/2 层厚。

（2）横向接缝应尽量减少。

8. 养护

（1）基层宜采用洒水养护，保持湿润。采用乳化沥青养护，应在其上撒布适量石屑。

（2）养护期间应封闭交通。

（3）常温下成活后应经 7d 养护，方可在其上铺路面层。

（三）水泥稳定碎石（砂砾）基层施工中常见问题的监理控制要点

水泥稳定碎石（砂砾），简称水泥碎石（砂砾），是以水泥、碎石（砂砾）为原料，以适当的级配和配比进行拌合摊铺、碾压形成的道路基层结构。

施工中除了注意选材得当、配比计量准确、拌合均匀、碾压密实等外，还要注意以下几点：

（1）注意控制延迟时间在规范要求 3h 之内。从加水拌合到完成压实的延续时间，称为水泥稳定基层的延迟时间。此时间的长短，对水泥稳定碎石所能达到的密实度和强度有很大影响，通常延迟时间越长，水泥稳定碎石的密实度及强度降低越多。由于水泥稳定基层的凝结时间短，混合料从加水拌合至碾压终了，一般应控制在 3h 之内，必须延长时，不应超过水泥的终凝时间。所以碾压作业段的长度不宜过长，而必须按规范要求的延迟时间来界定从试验路中测定的每道工序占用时间（或从首车加水搅拌开始计时至最后碾压成活计时为止）。

施工作业段连续摊铺的长度不宜过长是为了便于迅速碾压，以缩短水泥稳定基层的延迟时间。并使碾压密实后至水泥混合料凝结前有一段充裕时间，进行高程及平整度的复测检查，若有不合格处，可进行处理。反之若作业段的长度过大，即延迟时间长，这不仅对水泥稳定基层的强度形成负面影响，还由于水泥混合料已开始凝结（不能扰动），若有高程、平整度不合格处，已无充裕时间进行处理。

（2）注意妥善养护，保证水泥稳定碎石强度正常增长。

水泥在水化过程中，必须有足够的水分，尤其在水泥稳定碎石硬化初期，必须使其经常处于湿润状态。所谓妥善养护包含养护及时，养护方式、方法得当几层意思。

1) 及时养护：每段水泥稳定碎石碾压完成后应立即进行洒水养护。若未及时洒水，其中时间间隔越长，表面水分蒸发越多，从而对早期强度形成越不利。

2) 洒水量不能太多而冲走水泥浆，否则表层由于水泥含量流失而松散不能形成板体。因此洒水方式要讲究，最好能用洒水车呈雾状喷洒，洒水量一般控制在 3～5kg/m²，达到结构层表面有水而不流动，水泥浆液不被冲走又能形成一层水膜的湿润状态。如此在 7d 养护期内，实行全封闭养护，禁止除洒水车外其他车辆的通行。洒水车行驶速度不得超过 20km/h。

(3) 注意对水泥稳定碎石基层的缺陷处理。

水泥稳定碎石基层碾压过程中，有时个别处呈现脱皮、开裂等现象，其原因通常是混合料中的水分未控制恰当（一般比最佳含水量大 0.5%～1%），如拌合时加水计量不准，拌合不匀，造成混合料水分过少；或气温高、风速大、施工延迟时间长，混合料表面水分蒸发过多。在这种情况下碾压，局部易出现脱皮、开裂现象。遇此情况，应对过干的混合料，适当增加水分，并必须重新拌匀，或用水将压路机轮湿润后进行碾压。

三、综合稳定类材料监理控制要点

采用石灰粉煤灰综合稳定砂性土的效果显著高于单纯用石灰稳定砂性土的效果。由于粉煤灰系空心球体，所以掺入粉煤灰后，石灰土的最大含水量增大、最大干密度减少。尽管如此，其强度、刚度及稳定性均有不同程度的提高，尤其是抗冻性有较显著的改善，其温度收缩系数比石灰土有所减少，这对抗裂有重要意义。粉煤灰是一种缓凝物质，难以在水中溶解，导致二灰混合料体系中火山灰反应相当缓慢，这是二灰稳定类后期强度高，早期强度低的根本原因。

石灰是水泥稳定土中最常用的添加剂之一。在水泥稳定之前，先往土中掺入少量的石灰，使之与土粒之间进行离子交换和化学反应，为水泥在土中的水解和硬化创造良好的条件，从而加速水泥的硬化过程，并可减少水泥用量。掺加石灰还可扩大水泥稳定土的适用范围。一些不适于单独用水泥稳定的土（如酸性黏土、重粉质黏土等），若先用石灰处理，可加速水泥土结构的形成。此外，由于石灰可吸收部分水分并改变土的塑性性质，故用水泥稳定过湿土（比最佳水量高 4%～6%）时，先用石灰处理，能获得良好的稳定效果。

（一）石灰、粉煤灰稳定砂砾基层监理控制要点

石灰、粉煤灰砂砾混合料是一定数量的石灰和粉煤灰与砂砾集料相配合，加入适量的水（通常加至最佳含水量），经拌合、压实及养护后得到的混合料。它具有良好的力学性、板体性、水稳性和一定的抗冻性，可适用于各种交通类别道路的基层。当其上层为薄沥青面层时，应按"宁高勿低"和"宁刮勿补"的原则施工，严禁用薄层贴补的办法进行找平，以免"脱壳"。施工时必须遵守以下规定：原材料必须合格，配料必须准确；石灰必须摊铺均匀，洒水、拌合必须均匀；严格掌握基层厚度，其路拱横坡应与面层一致；应在混合料处于或略大于最佳含水量时进行碾压。用 12～15t 三轮压路机碾压时，每层压实厚度不得超过 15cm；用 18～20t 的三轮压路机碾压时，每层压实厚度不得超过 20cm。压实厚度超过上述规定时，应分层铺筑，每层的最小压实厚度为 10cm。必须保湿养护，避免该层表面干燥。当上层未铺筑面层时，不应开放交通，以保护表层不遭受破坏。当施工中

断，临时开放交通时，也应采取保护措施。

石灰、粉煤灰稳定砂砾基层监理控制要点：

1. 原材料

（1）石灰应符合石灰稳定土类基层的规定。

（2）粉煤灰应符合下列规定：

1）粉煤灰化学成分的 SiO_2、Al_2O_3 和 Fe_2O_3 总量宜大于 70%；在温度为 700℃的烧失量宜小于或等于 10%。

2）当烧失量大于 10%时，应经试验确认混合料强度符合要求时，方可采用。

3）细度应满足 90%通过 0.3mm 筛孔，70%通过 0.075mm 筛孔，比表面积宜大于 2500cm²/g。

（3）砂砾应经破碎、筛分，级配宜符合表 2-10 的规定，破碎砂砾中最大粒径不得大于 37.5mm。

砂砾、碎石级配 表 2-10

筛孔尺寸 （mm）	通过质量百分率（%）			
	级配砂砾		级配碎石	
	次干路及以下道路	城市快速路、主干路	次干路及以下道路	城市快速路、主干路
37.5	100	—	100	—
31.5	85～100	100	90～100	100
19.0	65～85	85～100	72～90	81～98
9.50	50～70	55～75	48～68	52～70
4.75	35～55	39～59	30～50	30～50
2.36	25～45	27～47	18～38	18～38
1.18	17～35	17～35	10～27	10～27
0.60	10～27	10～25	6～20	8～20
0.075	0～15	8～10	0～7	0～7

（4）水应符合石灰稳定土类基层的规定。

2. 石灰、粉煤灰、砂砾（碎石）配合比

石灰、粉煤灰、砂砾（碎石）配合比设计应符合石灰稳定土类基层的有关规定。

3. 混合料

混合料应由搅拌厂集中拌制且应符合下列规定：

（1）宜采用强制式搅拌机拌制，并应符合下列要求：

1）搅拌时应先将石灰、粉煤灰搅拌均匀，再加入砂砾（碎石）和水搅拌均匀。混合料含水量宜略大于最佳含水量。

2）拌制石灰粉煤灰砂砾均应做延迟时间试验，确定合料在贮存场存放时间及现场完成作业时间。

3）混合料含水量应视气候条件适当调整。

（2）搅拌厂应向现场提供产品合格证及石灰活性氧化物含量、粒料级配、混合料配合比及 R7 强度标准值的资料。

（3）运送混合料应加覆盖，防止遗撒、扬尘。

4. 摊铺

摊铺除遵守石灰稳定土类基层的有关规定外，尚应符合下列规定：

（1）混合料在摊铺前其含水量宜为最佳含水量的±2%。

（2）混合料每层最大压实厚度为 20cm，且不宜小于 10cm。

（3）摊铺中发生粗、细集料离析时，应及时翻拌。

5. 碾压

碾压应符合石灰稳定土类基层的有关规定。

6. 养护

（1）混合料基层，应在潮湿状态下养护。养护期视季节而定，常温下不宜少于 7d。

（2）采用洒水养护时，应及时洒水，保持混合料湿润；采用喷洒沥青乳液养护时，应及时在乳液面撒嵌丁料。

（3）养护期间宜封闭交通。需通行的机动车辆应限速，严禁履带车辆通行。

（二）石灰、粉煤灰、钢渣稳定土类基层监理控制要点

石灰、粉煤灰、钢渣，在最佳含水量条件下，以一定的配合比拌合均匀的混合料，称为石灰粉煤灰钢渣混合料，经碾压成型叫做石灰粉煤灰钢渣基层。其强度、承载力、板体性、回弹模量值、稳定性均优于石灰粉煤灰砂砾基层。可以在最低气温 5℃ 以上时施工。

石灰、粉煤灰、钢渣稳定土类基层监理控制要点：

1. 原材料

（1）石灰、粉煤灰应符合石灰、粉煤灰稳定砂砾基层的有关规定。

（2）钢渣破碎后堆存时间不应少于半年，且达到稳定状态，游离氧化钙（fCaO）含量应小于 3%；粉化率不得超过 5%。钢渣最大粒径不得大于 37.5mm，压碎值不得大于 30%，且应清洁，不含废镁砖及其他有害物质；钢渣质量密度应以实际测试值为准。钢渣颗粒组成应符合表 2-11 的规定。

钢渣混合料中钢渣颗粒组成　　　　　　　　　　表 2-11

通过下列筛孔（mm，方孔）的质量（%）								
37.5	26.5	16	9.5	4.75	2.36	1.18	0.60	0.075
100	95～100	60～85	50～70	40～60	27～47	20～40	10～30	0～15

（3）土应符合下列要求：

1）当采用石灰粉煤灰稳定土时，土的塑性指数宜为 12～20。

2）当采用石灰与钢渣稳定土时，其土的塑性指数宜为 7～17，不得小于 6，且不得大于 30。

（4）水应符合石灰、粉煤灰稳定砂砾基层的有关规定。

2. 石灰、粉煤灰、钢渣稳定土类混合料配合比

石灰、粉煤灰、钢渣稳定土类混合料配合比设计步骤应依据石灰稳定土类基层的有关

规定。根据试件的平均抗压强度（R）和设计抗压强度（R_d），选定配合比。配合比可按表2-12进行初选。

石灰、粉煤灰、钢渣稳定土类混合料常用配合比 表2-12

混合料种类	钢渣	石灰	粉煤灰	土
石灰、粉煤灰、钢渣	60～70	10～7	30～23	—
石灰、钢渣土	50～60	10～8	—	40～32
石灰、钢渣	90～95	10～5	—	—

3. 混合料

混合料应由搅拌厂集中拌制，且应符合石灰、粉煤灰稳定砂砾基层的有关规定。

4. 摊铺、碾压、养护

混合料摊铺、碾压、养护应符合石灰、级配碎石基层的有关规定。

第三节 沥青混合料面层监理控制要点

一、概述

（一）沥青路面的特点

沥青路面是以沥青作为粘结料与一定级配的矿料相混合经碾压而成的一种路面结构。它与水泥混凝土路面相比，具有表面平整无接缝、振动小、噪声低、行车舒适、施工期短、养护维修简便并能较快地开放交通等优点，目前我国的道路建设中，无论是高等级道路还是一般道路，新建道路还是旧路改造，都大量采用沥青路面。沥青路面的不足之处在于沥青因受汽车荷载、自然温度、日照、大气等作用，随着时间的延长，沥青的轻质油分挥发、化学性质改变而导致路面老化，使其使用寿命受到影响。

（二）沥青路面的质量要求

沥青路面在直接承受汽车车轮荷载作用的同时，还受阳光、温度、雨水、大气等自然因素的影响，因此沥青路面必须满足以下质量要求。

1. 强度

沥青路面应满足设计年限内累计标准轴次的通过，因沥青路面的损坏往往是由拉裂或滑移开始，逐渐扩展形成的。因此，必须具有较高的抗压强度、抗剪强度和抗弯拉强度。

2. 温度稳定性

沥青路面的强度和抗变形能力具有随温度变化而改变的特点。温度升高时，沥青黏滞度降低，矿料之间粘力变小，路面强度降低。沥青路面如抗高温稳定性不够，遇夏季高温时，在车辆重复荷载作用下，将产生较大的剪切变形，出现车辙。沥青路面在低温时，强度虽然得到提高，但其弹性变形能力减小，当冬季低温时，沥青路面受基层约束而不能收缩，产生温度应力，若累计温度应力超过了沥青路面的抗拉强度，路面将产生开裂。所以沥青路面应同时具有一定的抗高温变形及抗低温开裂的温度稳定性。

3. 疲劳耐久性

沥青路面的变形与破坏，不仅与汽车荷载的应力有关，还与汽车荷载的作用次数有关。路面在低于极限抗拉强度下，经受汽车重复荷载的一定次数作用，最终导致破坏，称为疲劳破坏。显然，沥青路面必须在相当长的时间（设计使用年限）内应具有满足预测的标准累计轴次的抗疲劳耐久性，但允许在该期限内进行一次恢复路面功能的维修（罩面）。

4. 水稳定性

水对沥青路面的影响主要来自大气降水。夏季降雨，当雨水渗入路面内，由于气温升高及行车荷载的共同作用产生高温动水压力，破坏了沥青与矿料间的粘结力，路面强度下降，出现松散与变形。冬季降雪，由积雪形成冰冻，冻胀使路面产生裂缝。春融时，造成地表水渗透，水渗入路面中，破坏了沥青混合料的结构稳定。水再沿缝隙渗入基层与土基，使之变软，弹性模量下降，导致路面的基础失去稳定。由于水的这些影响加上与气温的共同作用，危害严重时，经过一个冬春的冻融，可使新修沥青路面大面积破坏。因此沥青路面必须具有良好的水稳定性。

5. 平整度

车辆在公路上高速行驶时，要使乘客感到平稳、舒适，使汽车运输显示出快速、节能、节时、机械磨耗小、安全等的经济效益与社会效益，沥青路面必须有较高的平整度。

6. 抗滑性能

当汽车在高速行驶时，如轮胎与路面间的抗滑力很小，特别是在路面潮湿与积水时，轮胎与路面间形成水膜，使路面抗滑性能大为降低，最易发生车辆滑溜事故。为保证高速行车的安全，沥青路面应具有良好的抗滑性能。路面的抗滑性能通常是以汽车轮胎与路面之间的摩擦系数来表示。此外，由于路面构造深度是影响高速行车产生水漂和溅水的重要因素，同时还会影响行车安全和驾驶员视线，因此对路面抗滑性能要求满足构造深度的要求。

二、沥青混合料面层施工控制要求

（1）沥青混合料面层施工中应根据面层厚度和沥青混合料的种类、组成、施工季节，确定铺筑层次及各分层厚度。

（2）沥青混合料面层不得在雨、雪天气及环境最高温度低于5℃时施工。

（3）城镇道路不宜使用煤沥青。需使用时，应制定保护施工人员防止吸入煤沥青蒸汽或皮肤直接接触煤沥青的措施。

（4）当采用旧沥青路面作为基层加铺沥青混合料面层时，其施工工艺应符合现行的路面设计规范和施工技术规范的规定。新的面层施工前应对作基层的旧路面进行检查，当质量符合要求后方可修筑新沥青面层。旧沥青路面应符合下列要求：

1）强度、刚度、干燥收缩和温度收缩变形、高程符合要求。

2）具有稳定性。

3）表面应平整、密实；拱度与面层的拱度一致。

旧沥青路面的质量若不符合以上要求时，应对原有路面进行处理、整平或补强，以满足设计要求，并应符合下列规定：

① 符合设计强度、基本无损坏的旧沥青路面经整平后可作基层使用。

② 旧路面有明显损坏，但强度能达到设计要求的，应对损坏部分进行处理。

③ 填补旧沥青路面，凹坑应按高程控制、分层铺筑，每层最大厚度不宜超过 10cm。

（5）旧路面整治处理中铣刨产生的废旧沥青混合料应集中回收，再生利用。

（6）当旧水泥混凝土路面作为基层加铺沥青混合料面层时，应对原水泥混凝土路面进行处理、整平或补强，符合设计要求，并应符合下列规定：

1）对原混凝土路面应作弯沉试验，符合设计要求，经表面处理后，可作基层使用。

2）对原混凝土路面层与基层间的空隙，应填充处理。

3）对局部破损的原混凝土面层应剔除，并修补完好。

4）对混凝土面层的胀缝、缩缝、裂缝应清理干净，并应采取防反射裂缝措施。

（7）原材料

沥青质量受制于原油品种，且与炼油工艺关系密切，为防止因沥青质量影响混合料产品质量，沥青均应附有出厂质量检验单，使用单位在购货后应进行试验确认。当沥青标号不符合使用要求时，可掺配使用，但掺配后的质量指标不得降低。我国道路所用的沥青基本上不分上下层均采用同一标号，考虑上层对抗车辙能力要求较高，下层对抗弯拉能力要求较高，故可采用上稠下稀的掺配方式。

1）沥青应符合下列要求：

① 优先采用 A 级沥青作为道路面层使用。B 级沥青可作为次干路及其以下道路面层使用。当缺乏所需标号的沥青时，可采用不同标号沥青掺配，掺配比应经试验确定。道路石油沥青的主要技术指标应符合《城镇道路工程施工与质量验收规范》CJJ 1—2008 的相关规定。

② 乳化沥青的质量应符合《城镇道路工程施工与质量验收规范》CJJ 1—2008 的规定。在高温条件下宜采用黏度较大的乳化沥青，寒冷条件下宜使用黏度较小的乳化沥青。

③ 用于透层、粘层、封层及拌制冷拌沥青混合料的液体石油沥青的技术要求应符合《城镇道路工程施工与质量验收规范》CJJ 1—2008 的规定。

④ 当使用改性沥青时，改性沥青的基质沥青应与改性剂有良好的配伍性。聚合物改性沥青主要技术要求应符合《城镇道路工程施工与质量验收规范》CJJ 1—2008 的规定。

⑤ 改性乳化沥青技术要求应符合《城镇道路工程施工与质量验收规范》CJJ 1—2008 的规定。

2）粗集料应符合下列要求：

① 粗集料应符合工程设计规定的级配范围。

② 骨料对沥青的粘附性要求：城市快速路、主干路应大于或等于 4 级；次干路及以下道路应大于或等于 3 级。集料具有一定的破碎面颗粒含量，具有 1 个破碎面宜大于 90%，2 个及以上的宜大于 80%。

③粗集料的质量技术要求应符合表 2-13 的规定。

沥青混合料用粗集料质量技术要求　　　　表 2-13

指　标	单位	城市快速路、主干路		其他等级道路	试验方法
		表面层	其他层次		
石料压碎值，不大于	%	26	28	30	T0316
洛杉矶磨耗损失，不大于	%	28	30	35	T0317
表观相对密度，不小于	—	2.60	2.5	2.45	T0304

指　　标	单位	城市快速路、主干路		其他等级道路	试验方法
		表面层	其他层次		
吸水率，不大于	%	2.0	3.0	3.0	T0304
坚固性，不大于	%	12	12	—	T0314
针片状颗粒含量（混合料），不大于	%	15	18	20	T0312
其中粒径大于 9.5mm，不大于	%	12	15	—	
其中粒径小于 9.5mm，不大于	%	18	20	—	
水洗法<0.075mm 颗粒含量，不大于	%	1	1	1	T0310
软石含量，不大于	%	3	5	5	T0320

注：1. 固性试验可根据需要进行；

2. 用于城市快速路、主干路时，多孔玄武岩的视密度可放宽至 2.45t/m³，吸水率可放宽至 3%，但必须得到建设单位的批准，且不得用于 SMA 路面；

3. 对 S14 即 3～5mm 规格的粗集料，针片状颗粒含量可不予要求，小于 0.075mm 含量可放宽到 3%。

④ 粗集料的粒径规格应按表 2-14 的规定生产和使用。

沥青混合料用粗集料规格　　　　　　　　表 2-14

规格名称	公称粒径 (mm)	通过下列筛孔（mm）的质量百分率（%）												
		106	75	63	53	37.5	31.5	26.5	19.0	13.2	9.5	4.75	2.36	0.6
S1	40～75	100	90～100	—	—	0～15		0～5						
S2	40～60		100	90～100	—	0～15		0～5						
S3	30～60		100	90～100	—		0～15		0～5					
S4	25～50			100	90～100	—	0～15		—	0～5				
S5	20～40				100	90～100	—	0～15		—	0～5			
S6	15～30					100	90～100		0～15	—	0～5			
S7	10～30					100	90～100		0～15	0～5				
S8	10～25						100	90～100	0～15	—	0～5			
S9	10～20							100	90～100	0～15	0～5			
S10	10～15								100	90～100	0～15	0～5		
S11	5～15								100	90～100	40～70	0～15	0～5	
S12	5～10									100	90～100	0～15	0～5	
S13	3～10									100	90～100	40～70	0～20	0～5
S14	3～5										100	90～100	0～15	0～3

3）细集料应符合下列要求：

①含泥量，对城市快速路、主干路不得大于 3%；对次干路及其以下道路不得大于 5%。

②与沥青的粘附性小于 4 级的砂，不得用于城市快速路和主干路。

③细集料的质量要求应符合表 2-15 的规定。

细集料质量要求 表 2-15

项目	单位	城市快速路、主干路	其他等级道路	试验方法
表现相对密度，不小于	—	2.50	2.45	T0328
坚固性（>0.3mm 部分），不小于	%	12	—	T0340
含泥量（小于 0.075mm 的含量），不大于	%	3	5	T0333
砂当量，不小于	%	60	50	T0334
亚甲蓝值，不大于	g/kg	25	—	T0346
棱角性（流动时间），不小于	S	30	—	T0345

注：坚固性试验可根据需要进行。

④沥青混合料用天然砂规格见表 2-16。

沥青混合料用天然砂规格 表 2-16

筛孔尺寸（mm）	通过各孔筛的质量百分率（%）		
	粗砂	中砂	细砂
9.5	100	100	100
4.75	90～100	90～100	90～100
2.36	65～95	75～90	85～100
1.18	35～65	50～90	75～100
0.6	15～30	30～60	60～84
0.3	5～20	8～30	15～45
0.15	0～10	0～10	0～10
0.075	0～5	0～5	0～5

⑤沥青混合料用机制砂或石屑规格见表 2-17。

沥青混合料用机制石屑规格 表 2-17

规格	公称粒径（mm）	水洗法通过各筛孔的质量百分数（%）							
		9.5	4.75	2.36	1.18	0.6	0.3	0.15	0.075
S15	0～5	100	90～100	60～90	40～75	20～55	7～40	2～20	0～10
S16	0～3	—	100	80～100	50～80	25～60	8～45	0～25	0～15

注：当生产石屑采用喷水抑制扬尘工艺时，应特别注意含粉量不得超过表中要求。

4）矿粉应用石灰岩等憎水性石料磨制。当用粉煤灰作填料时，其用量不得超过填料总量 50%。沥青混合料用矿粉质量要求应符合表 2-18 的规定。

沥青混合料用矿粉质量要求   表 2-18

项　目	单位	城市快速路、主干路	其他等级道路	试验方法
表观密度，不小于	t/m³	2.50	2.45	T0352
含水量，不小于	%	1	1	T0103 烘干法
粒度范围<0.6mm	%	100	100	
＜0.15mm	%	90～100	90～100	T0351
＜0.075mm	%	75～100	70～100	
外观	—	无团粒结块		
亲水系数	—	＜1		T0353
塑性指数	%	＜4		T0354
加热安定性	—	实测记录		T0355

5）纤维稳定剂应在 250℃条件下不变质。不宜使用石棉纤维。木质纤维素技术要求应符合表 2-19 的规定。

木质纤维素技术要求   表 2-19

项　目	单　位	指　标	试验方法
纤维长度，不大于	mm	6	水溶液用显微镜观测
灰分含量	%	18±5	高温 590～600℃燃烧后测定残留物
pH 值	—	7.5±1.0	水溶液用 pH 试纸或 pH 计测定
吸油率，不小于	—	纤维质量的 5 倍	用煤油浸泡后放在筛上经振敲后称量
含水率（以质量计），不大于	%	5	105℃烘箱烘 2h 后的冷却称量

（8）不同料源、品种、规格的原材料应分别存放，不得混存。

（9）沥青混合料配合比设计应符合国家现行标准《公路沥青路面施工技术规范》JT-GF40 的要求，并应遵守下列规定：

1）各地区应根据气候条件、道路等级、路面结构等情况，通过试验，确定适宜的沥青混合料技术指标。

2）开工前，应对当地同类道路的沥青混合料配合比及其使用情况进行调研，借鉴成功经验。

3）各地区应结合当地自然条件，充分利用当地资源，选择合格的材料。

（10）基层施工透层油或下封层后，应及时铺筑面层。

三、热拌沥青混合料面层施工控制要求

（一）概述

热拌沥青混合料面层是沥青与矿料在热态下拌制、铺筑施工成型的沥青路面，其种类按集料公称最大粒径、矿料级配、空隙率划分。热拌沥青混合料种类如表 2-20 所示。

热拌沥青混合料种类 表 2-20

混合料类型	密级配			开级配		半开级配	公称最大粒径 (mm)	最大粒径 (mm)
	连续级配		间断级配	间断级配		沥青碎石		
	沥青混凝土	沥青稳定碎石	沥青玛蹄脂碎石	排水式沥青磨耗层	排水式沥青碎石基层			
特粗式	—	ATB-40	—	—	ATPB-40	—	37.5	53.0
粗粒式	—	ATB-30	—	—	ATPB-30	—	31.5	37.5
	AC-25	ATB-25	—	—	ATPB-25	—	26.5	31.5
中粒式	AC-20	—	SMA-20	—		AM-20	19.0	26.5
	AC-16	—	SMA-16	OGFC-16	—	AM-16	16.0	19.0
细粒式	AC-13	—	SMA-13	OGFC-13	—	AM-13	13.2	16.0
	AC-10	—	SMA-10	OGFC-10	—	AM-10	9.5	13.2
砂粒式	AC-5						4.75	9.5
设计空隙率（%）	3～5	3～6	3～4	>18	>18	6～12	—	—

注：设计空隙率可按配合比设计要求适当调整。

沥青混凝土含有较多的细料，特别是含有一定数量的矿粉，使集料同沥青相互作用的表面积大大增加，因而混合料的粘结力大为提高，在沥青混凝土的强度构成中占有主要地位。需注意的是，粘结力受温度的影响大，特别是我国目前大量生产的石蜡基原油沥青热稳定性差，如配料失当，尤其是沥青用量过多，易导致热季沥青混凝土的强度和稳定性大幅度下降，故在高等级道路中强调使用含蜡量低的优质沥青。

沥青碎石由于细料用量少、空隙较大、矿料相互紧密接触，基本上属于嵌挤型结构，故热稳定性较好。沥青碎石的沥青用量较少，对石料要求的范围较宽。缺点是透水性大，强度和耐久性都不如沥青混凝土。

热拌沥青混合料适用于各种等级道路的沥青面层。高等级道路沥青面层的上面层、中面层及下面层应采用沥青混凝土混合料铺筑；沥青碎石混合料仅适用于过渡及整平层。一般道路的沥青面层的上面层宜采用沥青混凝土混合料铺筑。沥青路面各层的混合料类型应根据道路等级及所处的层次按表 2-21 确定。

沥青混合料面层的类型 表 2-21

筛孔系列	结构层次	城市快速路、主干路		次干路及以下道路	
		三层式沥青混凝土	两层式沥青混凝土	沥青混凝土	沥青碎石
方孔筛系列	上面层	AC-13/SMA-13 AC-16/SMA-16 AC-20/SMA-20	AC-13 AC-16 —	AC-5 AC-10 AC-13	AM-5 AM-10
	中面层	AC-20 AC-25	—	—	—
	下面层	AC-25 AC-30	AC-20 AC-25 AC-30	AC-25 AC-30 AM-25 AM-30	AM-25 AM-30 AM-40

（二）热拌沥青混合料面层控制要求

（1）沥青混合料面层集料的最大粒径应与分层压实层厚度相匹配。密级配沥青混合料，每层的压实厚度不宜小于集料公称最大粒径的 2.5～3 倍；对 SMA 和 OGFC 等嵌挤型混合料不宜小于公称最大粒径的 2～2.5 倍。

（2）热拌沥青混合料铺筑前，应复核基层和附属构筑物高程，确认符合要求，并对施工机具设备进行检查，确认处于良好状态。

（3）沥青混合料搅拌及施工温度应根据沥青标号及黏度、气候条件、铺装层的厚度、下卧层温度确定。

1）普通沥青混合料搅拌及压实温度宜通过在 135～175℃ 条件下测定的黏度-温度曲线，按表 2-22 确定。缺乏黏温曲线数据时，可参照表 2-23 的规定，结合实际情况确定混合料的搅拌及施工温度。

沥青混合料搅拌及压实时适宜温度相应的黏度　　　　　表 2-22

黏度	适宜于搅拌的沥青混合料黏度	适宜于压实的沥青混合料黏度	测定方法
表观黏度	(0.17 ± 0.02)Pa·s	(0.28 ± 0.03)Pa·s	T0625
运动黏度	(170 ± 20)mm²/s	(280 ± 30)mm²/s	T0619
赛波特黏度	(85 ± 10)s	(140 ± 15)s	T0623

热拌沥青混合料的搅拌及施工温度（℃）　　　　　表 2-23

施工工序		石油沥青的标号			
		50 号	70 号	90 号	110 号
沥青加热温度		160～170	155～165	150～160	145～155
矿料加热温度	间隙式搅拌机	集料加热温度比沥青温度高 10～30			
	连续式搅拌机	矿料加热温度比沥青温度高 5～10			
沥青混合料出料温度①		150～170	145～165	140～160	135～155
混合料贮料仓贮存温度		贮料过程中温度降低不超过 10			
混合料废弃温度，高于		200	195	190	185
运输到现场温度①		145～165	140～155	135～145	130～140
混合料摊铺温度，不低于①		140～160	135～150	130～140	125～135
开始碾压的混合料内部温度，不低于①		135～150	130～145	125～135	120～130
碾压终了的表面温度，不低于②		75～85	70～80	65～75	55～70
		75	70	60	55
开放交通的路表面温度，不高于		50	50	50	45

①常温下宜用低值，低温下宜用高值。

②视压路机类型而定。轮胎压路机取高值，振动压路机取低值。

注：1. 沥青混合料的施工温度采用具有金属探测针的插入式数显温度计测量。表面温度可采用表面接触式温度计测定。当红外线温度计测量表面温度时，应进行标定；

　　2. 表中未列入的 130 号、160 号及 30 号沥青的施工温度由试验确定。

2）聚合物改性沥青混合料搅拌及施工温度应根据实践经验经试验确定。通常宜较普通沥青混合料温度提高 10～20℃。

3）SMA 混合料的施工温度应经试验确定。

（4）热拌沥青混合料应由有资质的沥青混合料集中搅拌站供应。

（5）自行设置集中搅拌站应符合下列规定：

1）搅拌站的设置必须符合国家有关环境保护、消防、安全等规定。

2）搅拌站与工地现场距离应满足混合料运抵现场时，施工对温度的要求，且混合料不离析。

3）搅拌站贮料场及场内道路应做硬化处理，具有完备的排水设施。

4）各种集料（含外掺剂、混合料成品）必须分仓贮存，并有防雨设施。

5）搅拌机必须设二级除尘装置。矿粉料仓应配置振动卸料装置。

6）采用连续式搅拌机搅拌时，使用的集料料源应稳定不变。

7）采用间歇式搅拌机搅拌时，搅拌能力应满足施工进度要求。冷料仓的数量应满足配合比需要，通常不少于 5～6 个。

8）沥青混合料搅拌设备的各种传感器必须按规定周期检定。

9）集料与沥青混合料取样应符合现行试验规程的要求。

（6）搅拌机应配备计算机控制系统。生产过程中应逐盘采集材料用量和沥青混合料搅拌量、搅拌温度等各种参数指导生产。

沥青混合料搅拌厂应对搅拌均匀性、搅拌温度、出厂温度及各个料仓的用量进行检查，并应取样进行马歇尔试验，检测混合料的矿料级配和沥青用量，这是加强施工过程中质量控制、管理与检查的重要保证。检查数量应符合规范规定。

（7）沥青混合料搅拌时间应经试拌确定，以沥青均匀裹覆集料为度。间歇式搅拌机每盘的搅拌周期不宜少于 45s，其中干拌时间不宜少于 5～10s。改性沥青和 SMA 混合料的搅拌时间应适当延长。

（8）用成品仓贮存沥青混合料，贮存期混合料降温不得大于 10℃。贮存时间普通沥青混合料不得超过 72h；改性沥青混合料不得超过 24h；SMA 混合料限当日使用；OGFC 应随拌随用。

（9）生产添加纤维的沥青混合料时，搅拌机应配备同步添加投料装置，搅拌时间宜延长 5s 以上。

（10）沥青混合料出厂时，应逐车检测沥青混合料的质量和温度，并附带载有出厂时间的运料单。不合格品不得出厂。

（11）热拌沥青混合料的运输应符合下列规定：

1）热拌沥青混合料宜采用与摊铺机匹配的自卸汽车运输。摊铺机前方有卸料车等候是保证摊铺机连续摊铺的条件。根据实际施工情况，必须确保开始摊铺时等候的卸料车的数量满足需要。

2）运料车装料时，应防止粗细集料离析。

3）运料车应具有保温、防雨、防混合料遗撒与沥青滴漏等功能。

4）沥青混合料运输车辆的总运力应比搅拌能力或摊铺能力有所富余。

5）沥青混合料运至摊铺地点，应对搅拌质量与温度进行检查。合格后方可使用。

（12）热拌沥青混合料的摊铺应符合下列规定：

1）热拌沥青混合料应采用机械摊铺。摊铺温度应符合规范的规定。城市快速路、主干路宜采用两台以上摊铺机联合摊铺。每台机器的摊铺宽度宜小于6m。表面层宜采用多机全幅摊铺，减少施工接缝。

2）摊铺机应具有自动或半自动方式调节摊铺厚度及找平的装置、可加热的振动熨平板或初步振动压实装置、摊铺宽度可调整等功能，且受料斗斗容应能保证更换运料车时连续摊铺。

3）采用自动调平摊铺机摊铺最下层沥青混合料时，应使用钢丝或路缘石、平石控制高程与摊铺厚度，以上各层可用导梁引导高程控制，或采用声纳平衡梁控制方式。经摊铺机初步压实的摊铺层应符合平整度、横坡的要求。

4）沥青混合料的最低摊铺温度应根据气温、下卧层表面温度、摊铺层厚度与沥青混合料种类经试验确定。城市快速路、主干路不宜在气温低于10℃条件下施工。

5）沥青混合料的松铺系数应根据混合料类型、施工机械和施工工艺等应通过试验段确定，试验段长不宜小于100m。松铺系数可按照表2-24进行初选。

沥青混合料的松铺系数　　　　　　　　　　　　　　　　表2-24

种　类	机械摊铺	人工摊铺
沥青混凝土混合料	1.15～1.35	1.25～1.50
沥青碎石混合料	1.15～1.30	1.20～1.45

6）摊铺沥青混合料应均匀、连续不间断，不得随意变换摊铺速度或中途停顿。摊铺速度宜为2～6m/min。摊铺时螺旋送料器应不停顿地转动，两侧应保持有不少于送料器高度2/3的混合料，并保证在摊铺机全宽度断面上不发生离析。熨平板按所需厚度固定后不得随意调整。

7）摊铺层发生缺陷应找补，并停机检查，排除故障。

8）路面狭窄部分、平曲线半径过小的匝道、小规模工程可采用人工摊铺。

（13）热拌沥青混合料的压实应符合下列规定：

1）应选择合理的压路机组合方式及碾压步骤，以达到最佳碾压结果。沥青混合料压实宜采用钢筒式静态压路机与轮胎压路机或振动压路机组合的方式压实。

2）压实应按初压、复压、终压（包括成形）三个阶段进行，复压最为重要。目前用于复压的压路机有轮胎压路机、振动压路机、钢筒式压路机，一般都能达到要求，但从实际效果看，用轮胎压路机更容易掌握，效果更好，为此应优先采用轮胎压路机。压路机应以慢而均匀的速度碾压，压路机的碾压速度宜符合表2-25的规定。

压路机碾压速度（km/h）　　　　　　　　　　　　　　　　表2-25

压路机类型	初　压		复　压		终　压	
	适宜	最大	适宜	最大	适宜	最大
钢筒式压路机	1.5～2	3	2.5～3.5	5	2.5～3.5	5
轮胎压路机	—	—	3.5～4.5	6	4～6	8
振动压路机	1.5～2（静压）	5（静压）	1.5～2（振动）	1.5～2（振动）	2～3（静压）	5（静压）

3）初压应符合下列要求：

①初压温度应符合规范的有关规定，以能稳定混合料，且不产生推移、发裂为度。

②碾压应从外侧向中心碾压，碾速稳定均匀。

③初压应采用轻型钢筒式压路机碾压1～2遍。初压后应检查平整度、路拱，必要时应修整。

4）复压应紧跟初压连续进行，并应符合下列要求：

①复压应连续进行。碾压段长度宜为60～80m。当采用不同型号的压路机组合碾压时，每一台压路机均应做全幅碾压。

②密级配沥青混凝土宜优先采用重型的轮胎压路机进行碾压，碾压到要求的压实度为止。

③对大粒径沥青稳定碎石类的基层，宜优先采用振动压路机复压。厚度小于30mm的沥青碎石基层不宜采用振动压路机碾压。相邻碾压带重叠宽度宜为10～20cm。振动压路机折返时应先停止振动。

④用三轮钢筒式压路机时，总质量不宜小于12t。

⑤大型压路机难于碾压的部位，宜采用小型压实工具进行压实。

5）终压温度应符合规范的有关规定。终压宜选用双轮钢筒式压路机，碾压至无明显轮迹为止。

（14）SMA混合料的压实应符合下列规定：

1）SMA混合料宜采用振动压路机或钢筒式压路机碾压。

2）SMA混合料不宜采用轮胎压路机碾压。

3）OGFC混合料宜用12t以上的钢筒式压路机碾压。

对于沥青玛蹄脂碎石混合料（SMA）及开级配沥青面层（OGFC）不得采用轮胎压路机。采用振动压路机时，其振动频率和振幅应该随压实进行调整，不能保持一成不变。振动压路机应遵循"紧跟、慢压、高频、低幅"的原则。

（15）碾压过程中碾压轮应保持清洁，可对钢轮涂刷隔离剂或防粘剂，严禁刷柴油。当采用向碾压轮喷水（可添加少量表面活性剂）的方式时，必须严格控制喷水量成雾状，不得漫流。

（16）压路机不得在未碾压成形路段上转向、调头、加水或停留。在当天成形的路面上，不得停放各种机械设备或车辆，不得散落矿料、油料等杂物。

（17）接缝应符合下列规定：

1）沥青混合料面层的施工接缝应紧密、平顺。

2）上、下层的纵向热接缝应错开15cm；冷接缝应错开30～40cm。相邻两幅及上、下层的横向接缝均应错开1m以上。

3）表面层接缝应采用直茬，以下各层可采用斜接茬，层较厚时也可做阶梯形接茬。

4）对冷接茬施作前，应对接茬面涂少量沥青并预热。

（18）热拌沥青混合料路面应待摊铺层自然降温至表面温度低于50℃后，方可开放交通。

（19）沥青混合料面层完成后应加强保护、控制交通，不得在面层上堆土或拌制砂浆。

四、冷拌沥青混合料面层施工控制要求

冷拌沥青混合料适用于支路及其以下道路的面层、支路的表面层，以及各级道路沥青路面的基层、连接层或整平层。冷拌改性沥青混合料可用于沥青路面的坑槽冷补。冷拌沥青混合料面层施工在常温条件下，除搅拌与热拌沥青混合料不同外，其他与热拌沥青混合料无太大差别，主要是乳化沥青混合料有一个乳液破乳、水分蒸发的过程，摊铺必须在破乳前完成。而压实又不可能在水分蒸发前完成。所以冷拌沥青混合料摊铺后必须用轻碾碾压，使其初步压实，待水分蒸发后再做补充碾压。在完全压实前不能开放交通，且应做上封层。

冷拌沥青混合料面层控制要求：

（1）冷拌沥青混合料宜采用乳化沥青或液体沥青拌制，也可采用改性乳化沥青。各原材料类型及规格应符合沥青混合料面层的有关规定。

（2）冷拌沥青混合料宜采用密级配，当采用半开级配的冷拌沥青碎石混合料路面时，应铺筑上封层。

（3）冷拌沥青混合料宜采用厂拌，机械摊铺时，应采取防止混合料离析措施。

（4）当采用阳离子乳化沥青搅拌时，宜先用水湿润集料。若湿润后仍难与乳液搅拌均匀时，应改用破乳速度更慢的乳液或用氯化钙水溶液。

（5）混合料的搅拌时间应通过试拌确定。机械搅拌时间不宜超过 30s，人工搅拌时间不宜超过 60s。

（6）已拌好的混合料应立即运至现场摊铺，并在乳液破乳前结束。在搅拌与摊铺过程中已破乳的混合料，应予废弃。

（7）冷拌沥青混合料摊铺后宜采用 6t 压路机初压，初步稳定，再用中型压路机碾压。当乳化沥青开始破乳，混合料由褐色转变成黑色时，改用 12～15t 轮胎压路机复压，将水分挤出后暂停碾压，待水分基本蒸发后继续碾压至轮迹小于 5mm，表面平整，压实度符合要求为止。

（8）冷拌沥青混合料路面的上封层应在混合料压实成型，且水分完全蒸发后施工。

（9）冷沥青混合料路面施工结束后宜封闭交通 2～6h，并应做好早期养护。开放交通初期车速不得超过 20km/h，不得在其上刹车或掉头。

五、沥青混合料面层监理控制要点

沥青混合料面层监理控制要点包括以下几方面：基层质量检查、材料质量检查、施工质量控制与检查和路面外观检查等。

（一）基层质量的检查控制要点

沥青路面面层施工之前，应对基层或旧路面的厚度、密实度、平整度、路拱进行检查。已修建的基层达到规定的标准要求之后，方可在其上修筑面层。基层质量必须满足设计要求及规范规定。

（二）材料质量检查控制要点

1. 原材料检查

（1）沥青材料检查。施工前取样检查沥青材料的各项技术要求，在施工过程中还应抽

样检验。对掺配后使用的沥青材料，着重检查掺配后的技术要求。

（2）矿料质量检查。检查砂石材料的规格、形状、等级、级配组成、含水量、与沥青材料的粘附性等。矿粉应检查其颗粒组成、比重、含水量和亲水系数等。

2. 沥青混合料的检查与卸料

沥青混合料的检查与卸料应符合下列要求：

沥青混合料运至工地后，试验人员应立即测量混合料的温度（深 10cm 处），温度过低不符合要求时不得卸料。

检查混合料的外观，混合料中沥青含量多则发亮；沥青含量少则发散；沥青温度过高则混合料呈焦红色；搅拌不匀有花白石子离析；不符合要求时停止使用。

施工时应取样检查沥青混合料中矿料的级配组成、沥青用量、拌合温度、马歇尔稳定度、流值和剩余空隙率，并检查沥青混合料的外观特征（颜色、拌合的均匀度等）。

（三）施工质量控制与检查要点

对洒铺类和路拌沥青路面应检查：在每层中，矿料铺撒的数量；沥青材料的各次洒布量；沥青材料的洒布温度和洒布均匀程度；沥青材料的贯入深度；碾压程度等。

对厂拌类沥青面层应检查：沥青混合料运到施工现场后的温度；摊铺时的温度；摊铺的厚度和平整度；碾压时的温度；碾压密实度；接缝的处理情况等。

沥青路面施工中必须按设计及规范要求做好质量检测，在施工中做好预检和记录，作为质量控制依据。铺筑沥青混合料面层为多层时，中、下层和联结层应逐层作隐蔽工程验收。

施工中质量检验项目，先由施工单位在施工中质量自检并填写申报表，再由监理对自检结果进行复检认证（抽测记录）。沥青混合料的自检工作由沥青拌合厂进行，施工单位要向厂方索取资料，汇总于施工自检资料中。

施工单位将自检结果，报送监理单位，监理应对施工单位质量检验结果审核是否符合要求并会同施工单位按随机选段方法抽样复测。

厚度、压实度和弯沉值按规范规定的检查数量和方法进行检验，必须满足设计要求及规范规定。

（四）监理应审查的施工单位申报技术、试验资料

1. 沥青混合料原材料试验报告

（1）沥青试验报告。

（2）粗集料（石子）试验报告。

（3）细集料（砂）试验报告。

（4）填料（石粉或水泥）试验报告。

2. 沥青混合料目标配合比设计（含马歇尔试验结果）。

3. 沥青混合料生产配合比设计（含马歇尔试验结果）。

4. 报送路面施工方案

施工单位应向监理报送路面施工方案，沥青路面专项施工方案包括以下主要内容：施工部署和进度安排；施工的人、机组合，主要机具设备一览表；技术操作要点；保证质量措施；成品保护措施等。

(五) 沥青混合料面层外观检查监理控制要点

1. 热拌沥青混合料面层外观检查监理控制要点

表面应平整、坚实，接缝紧密，无枯焦；不得有明显轮迹、推挤裂缝、脱落、烂边、油斑、掉渣等现象，不得污染其他构筑物。面层与路缘石、平石及其他构筑物应接顺，不得有积水现象。

热拌沥青混合料面层允许偏差应符合表 2-26 的规定。

热拌沥青混合料面层允许偏差 表 2-26

项 目			允许偏差		检验频率			检验方法
					范围	点数		
纵断高程(mm)			±15		20m	1		用水准仪测量
中线偏位(mm)			≤20		100m	1		用经纬仪测量
平整度 (mm)	标准差 σ值	快速路、主干路	1.5		100m	路宽 (m)	9	1	用测平仪检测，见注1
							9～15	2	
		次干路、支路	2.4				15	3	
	最大间隙	次干路、支路	5		20m	路宽 (m)	9	1	用3m直尺和塞尺连续量取两尺，取最大值
							9～15	2	
							15	3	
宽度(mm)			不小于设计值		40m	1		用钢尺量
横坡			±0.3%且不反坡		20m	路宽 (m)	9	2	用水准仪测量
							9～15	4	
							15	6	
井框与路面高差 (mm)			≤5		每座	1		十字法，用直尺、塞尺量取最大值
抗滑	摩擦系数		符合设计要求		200m	1		摆式仪
						全线连续		横向力系数车
	构造深度		符合设计要求		200m	1		砂铺法、 激光构造深度仪

注：1. 测平仪为全线每车道连续检测每100m计算标准差σ；无测平仪时可采用3m直尺检测；表中检验频率点数为测线数；

2. 平整度、抗滑性能也可采用自动检测设备进行检测；

3. 底基层表面、下面层应按设计规定用量撒泼透层油、粘层油；

4. 中面层、底面层仅进行中线偏位、平整度、宽度、横坡的检测；

5. 改性(再生)沥青混凝土路面可采用此表进行检验；

6. 十字法检查井框与路面高差，每座检查井均应检查。十字法检查中，以平行于道路中线、过检查井盖中心的直线做基线，另一条线与基线垂直，构成检查用十字线。

2. 冷拌沥青混合料面层外观检查监理控制要点

表面应平整、坚实，接缝紧密，不得有明显轮迹、粗细骨料集中、推挤、裂缝、脱落等现象。

冷拌沥青混合料面层允许偏差应符合表 2-27 的规定。

冷拌沥青混合料面层允许偏差 表 2-27

项 目		允许偏差	检验频率			检验方法
			范围	点数		
纵断高程(mm)		±20	20m	1		用水准仪测量
中线偏位(mm)		≤20	100m	1		用经纬仪测量
平整度(mm)		≤10	20m	路宽 (m)	<9	1	用 3m 直尺、塞尺连续量两尺取较大值
					9～15	2	
					>15	3	
宽度(mm)		不小于设计值	40m	1		用钢尺量
横坡		±0.3% 且不反坡	20m	路宽 (m)	<9	2	用水准仪测量
					9～15	4	
					>15	6	
井框与路面高差 (mm)		≤5	每座	1		十字法,用直尺、塞尺量取最大值
抗滑	摩擦系数	符合设计要求	200m	1		摆式仪
				全线连续		横向力系数车
	构造深度	符合设计要求	200m	1		砂铺法
						激光构造深度仪

第三章 城市道路工程监理案例

第一节 工 程 概 况

一、工程简介

本道路工程为新建工程，全长约2047.54m，宽60.0m，包括：道路工程、桥涵工程、排水工程、交通工程及照明工程施工阶段监理及保修阶段服务。合同工期306d（日历日）。

二、监理工作范围

监理服务的工程范围：项目监理机构所辖××西路（××道-××）道路、排水工程内承包人承担的全部工程项目，包括招标文件和设计图纸规定范围内的道路、排水工程全部工程项目以及业主与承包人签约新增的其他涉及本工程的项目。监理服务的工作范围：在业主及其派出机构的指导下，对所辖施工标段的全部工程进行质量控制、进度控制、费用控制、合同管理、安全管理、信息与工程资料管理和施工中问题的协调工作；同时继续完成缺陷责任期的监理工作。

三、监理实施目标

监理始终坚持"守法、诚信、公正、科学"的原则，树立全局观念，通过科学的管理、策划和部署，对工程进行有效的组织、协调和控制，根据建设单位和施工承包单位签订的《施工合同》约定，全面履行《委托监理合同》承诺，为实现各项《施工合同》预定目标，为业主提供优质服务。监理工作目标分解为质量控制目标、进度控制目标、投资控制目标、项目风险管理目标、安全、文明与环保施工控制目标、服务与协作目标，进行工程监理工作。

本工程监理质量目标为合格工程，监理单位将根据设计文件、施工及验收规范和工程检验与评定标准进行工序、部位、单位工程质量目标的分解与控制，以工序工程质量保证部位工程质量，从而保证工程质量目标的实现。

第二节 项目监理人员配备与职责

一、项目监理机构的人员配备计划

本工程的监理组织按照直线形式运作，建立项目监理机构，实行总监理工程师负责制。项目监理机构设：

（1）总监理工程师，全面负责项目监理机构的监理工作，对内向公司负责，对外向业主负责。

（2）总监理工程师代表，协助总监理工程师进行监理工作。

（3）材料试验工程师，负责材料审批，材料质量控制，控制重要外购成品构件或半成品构件、道路、排水及挡墙工程施工用的材料的质量。特别加强进场重要建筑材料的质量，以及施工单位的试验室管理，项目监理机构内部试验、有见证取样送检管理等。

（4）测量、检测工程师，负责监理测量、检测管理及协助现场计量工作。

（5）合约计量工程师，负责合同管理和费用控制，主要工作有清单核算、计量、支付、变更费用评估、延期评估、索赔评估、履约检查、造价统计。

（6）道路监理工程师，主要负责道路工程的质量、道路工程技术方案的初审工作及装配式挡墙工程施工的质量控制，施工方案的落实工作，对与道路、挡墙工程相关的施工承担协调责任。

（7）市政管线监理工程师，负责本项目雨水管线施工的质量控制，施工方案的落实工作，对可能有的其他管线的施工承担协调责任。

（8）安全监理工程师，负责本工程项目监理应承担的安全监理的具体工作，协调各专业工程监理工程师在实施各专业工程安全监理方面的各项工作。

（9）现场监理员兼资料员，负责本工程项目监理旁站及日常巡视等具体监理工作的实施。

（10）监理综合实力

本项目所配备的监理人员共9人，配备国家级、省部级专业监理工程师、试验检测、造价监理工程师共6人，占项目监理机构总人数81.8%，工程师（包括高级工程师）职称的共9人，占项目监理机构总人员的100%。

本工程拟派主要监理人员均有城市市政建设及城市道路施工监理经历。

本项目监理机构道路、市政等专业工程监理工程师及其他监理人员，均本着具备相应专业工作经验和资质条件的原则进行配备，详细的资质和资历情况见表3-1。

监理主要人员   表3-1

序号	姓　名	专　业	职　　务	职　　　称
1	×××	市政工程	总监理工程师	高级工程师 国家级注册监理工程师
2	×××	市政工程	总监代表	高级工程师
3	×××	道路工程	道路工程专业监理工程师	工程师
4	×××	排水工程	排水工程专业监理员	助工
5	×××	道桥工程	道桥工程专业监理员	助工

序号	姓 名	专 业	职 务	职 称
6	×××	排水工程	安装专业监理工程师	工程师
7	×××	电气	安装专业监理工程师	工程师
8	×××	测量	专业监理工程师	测量工程师
9	×××	文档	资料员	

（11）根据监理人员配备的情况和本工程建设进度的安排，监理人员配备计划如表3-2：

监理人员配备计划　　　　　　　　　　　　　　　　表 3-2

时　间		3 月	4 月	……	×月	12 月
监理工程师	市政工程	×人	×人	×人	×人	×人
	测量、试验	×人	×人	×人	×人	×人
监理员	市政工程	×人	×人	×人	×人	×人
	测量、试验	×人	×人	×人	×人	×人
文秘、资料		×人	×人	×人	×人	×人

二、项目监理机构的人员岗位职责

在监理工作中，项目监理部的全体监理人员，从总监理工程师至监理工程师、资料员都严格按各自的岗位职责进行工作，监理项目部岗位职责如下：

（一）总监理工程师岗位职责

（1）项目监理部实行总监理工程师负责制，总监理工程师负责全面履行项目监理合同义务；

（2）负责质量体系在本项目的实施，负责××××工程建设工程现场项目监理部的日常工作，代表现场项目监理部与业主和承包单位进行监理业务联系；

（3）根据工程的监理任务组建××××工程建设工程项目监理部，确定项目监理部人员的分工和岗位职责，根据不同的施工阶段安排不同专业的监理人员进驻现场工作，负责本项目全体监理人员的考核和奖惩工作，确定奖金分配原则，更换不称职的监理人员；

（4）组织协调专家咨询组人员定期到施工现场了解施工进展情况，并参与解决施工过程中的一些疑难问题；

（5）保持与业主的密切联系，经常听取业主对监理方的意见和设想，及时调整监理工作中出现的一些问题；

（6）主持编写项目监理规划，审批监理实施细则，主持监理工作会议，签发项目监理部的文件和指令，主持整理工程项目的监理资料，组织编写监理月报、监理工作阶段报告、专题报告和项目监理总结；

（7）审查分包单位资质，并提出审查意见，组织各专业监理人员，认真审查各自有关的施工组织设计，汇总对施工组织设计的审查意见，同时与承包单位磋商施工组织设计的审查意见；

（8）组织各专业监理人员严格按照有关规范和设计要求，认真做好施工质量的检查和验收工作，协调处理土建和设备安装等相关部位及工序之间施工质量的检查和验收问题，主持或参与工程质量事故的调查，组织处理工程中发生的质量事故；

（9）审核签认分部工程和单位工程的质量评定资料，审查承包单位的竣工申请，组织监理人员对待验收的工程项目进行质量检查，参与工程项目的竣工验收；

（10）负责建立项目部的合同管理体系，严格履行合同管理任务；

（11）审查并签署工程施工开工令、停工令和复工令等现场监理项目部对外发出的文件。

（二）总监理工程师代表岗位职责

（1）负责总监理工程师指定或交办的监理工作；

（2）按总监理工程师的授权，行使总监理工程师的部分职责和权利。

（三）专业监理工程师岗位职责

（1）负责编写本专业的监理实施细则，深入消化设计图纸设计总说明，参加审查施工组织设计，摸清工程项目的特点和施工进度及质量要求，对工程关键部位和施工难点做到心中有数；

（2）负责本专业监理工作的具体实施；

（3）组织指导、检查和督促本专业监理员的工作，当人员需要调整时，向总监理工程师提出建议；

（4）审查承包单位提交的涉及本专业的计划、方案、申请、变更并向总监理工程师提出报告；

（5）负责本专业分项工程验收及隐蔽工程验收；

（6）根据本专业监理工作实施情况作好监理日记；

（7）负责本专业监理资料的收集、汇总及整理，参与编写监理月报；

（8）核查进场材料、设备、构配件的原始凭证，检测报告等质量证明文件及其质量情况，根据实际情况认为有必要时对进场材料、设备、构配件进行平行检验，合格时予以签认。

（四）监理员岗位职责

（1）在专业监理工程师的指导下开展现场监理工作；

（2）检查承包单位投放工程项目的人力、材料、主要设备及其使用、运行状况，并做好检查记录；

（3）复核或从施工现场直接获取工程计量的有关数据，并签署原始凭证；

（4）按设计图及有关标准，对承包单位的工艺过程或施工工序进行检查和记录，对加工制作及工序施工质量检查结果进行记录；

（5）担任旁站工作，发现问题及时指出，并向专业监理工程师报告；

（6）做好监理日记和有关的监理记录。

（五）资料员岗位职责

（1）负责图纸资料保管及技术档案的管理，制定收发文件编号及存档办法；

（2）负责各专业性的设计图纸、材质保证书、试块报告、技术核定单、隐蔽工程验收单、施工记录等有关资料的编号整理及登记工作；

（3）记录每天的现场天气情况及人员考勤；

（4）登记监理工作台账。

（六）见证取样员职责

（1）所监项目材料取样时，见证人员必须在现场进行见证；

（2）见证人员必须对试样进行监护；

（3）见证人员必须和施工人员一起将试样送至监测单位；

（4）有专用送样工具的工地，见证人员必须亲自封样；

（5）见证人员必须在检验委托单上签字，并出示"见证人员证书"；

（6）见证人员对试样的代表性和真实性负责。

（七）工程信息管理员职责

（1）在工程总监的领导下，负责合同、信息、资料的收集、分发、管理工作；

（2）熟悉监理合同、施工合同、国家和地方的法律、法规、规定，公司内部的文件资料管理制度、档案管理制度、《质量手册》；

（3）主动收集所监项目的所有合同、信息、资料、并建立监理台账，将收集的合同、信息、资料分类编号、复制、分发、立卷、归档；

（4）负责制作工程现场照相、摄像工作；

（5）负责项目监理部的保密工作，注意保守在监项目的商务机密，妥善管理所有图纸、文件、资料等。

第三节　监理工作程序

一、监理工作总程序

施工阶段监理工作总程序见图 3-1。

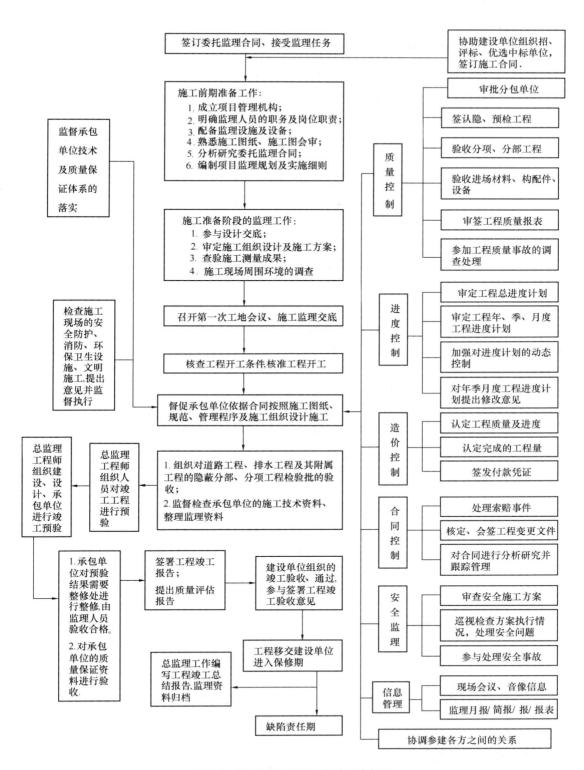

图 3-1　施工阶段监理工作总程序框图

二、监理审核工作程序

施工组织设计（施工方案）审核工作程序见图3-2。

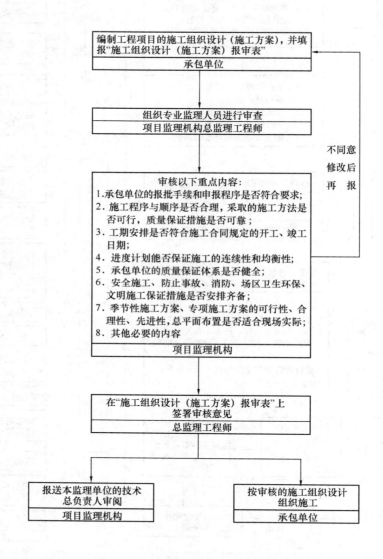

图 3-2　施工组织设计审核工作程序

三、开工报告审核监理工作程序

开工报告审核监理工作程序见图3-3。

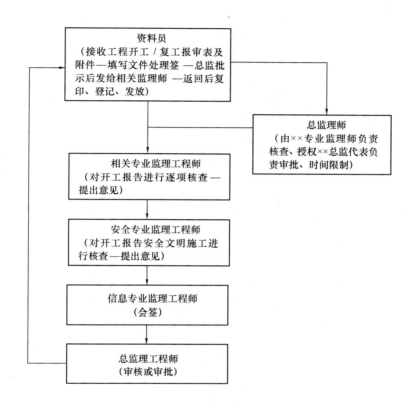

图 3-3　开工报告审核监理工作程序

四、分包单位资格审核监理工作程序

分包单位资格审核监理工作程序见图 3-4。

五、建筑材料审核监理工作程序

建筑材料审核监理工作程序见图 3-5。

六、工程洽商监理工作程序

工程洽商监理工作程序见图 3-6。

七、图纸会审与工程设计变更监理工作程序

图纸会审与工程设计变更监理工作程序见图 3-7。

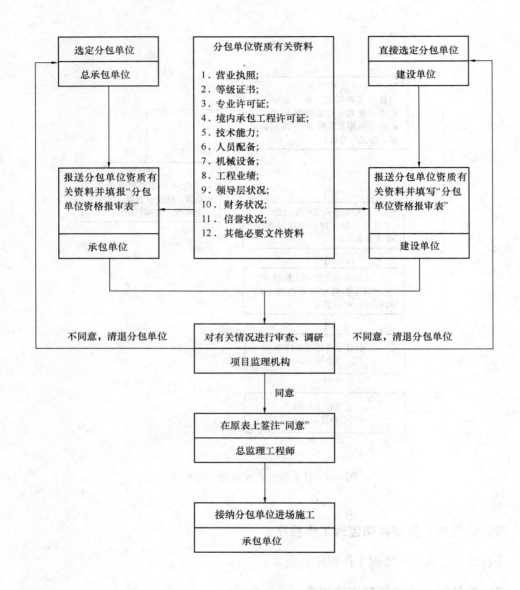

图 3-4　分包单位资格审核监理工作程序

八、隐蔽工程验收监理工作程序

隐蔽工程验收监理工作程序见图 3-8。

九、分项、分部工程验收监理工作程序

分项、分部工程验收监理工作程序见图 3-9。

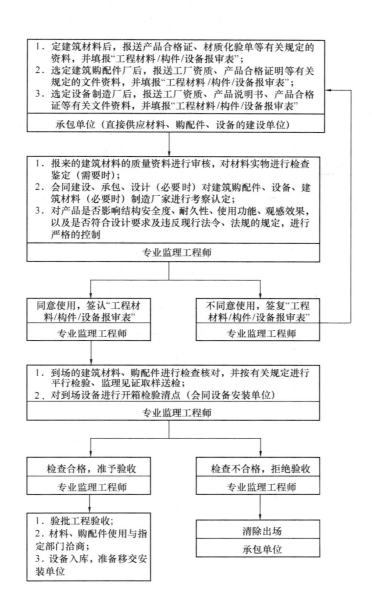

图 3-5 建筑材料审核监理工作程序

十、工程暂停复工管理基本程序

工程暂停复工管理基本程序见图 3-10。

十一、单位（子单位）工程验收监理工作程序

单位（子单位）工程验收监理工作程序见图 3-11。

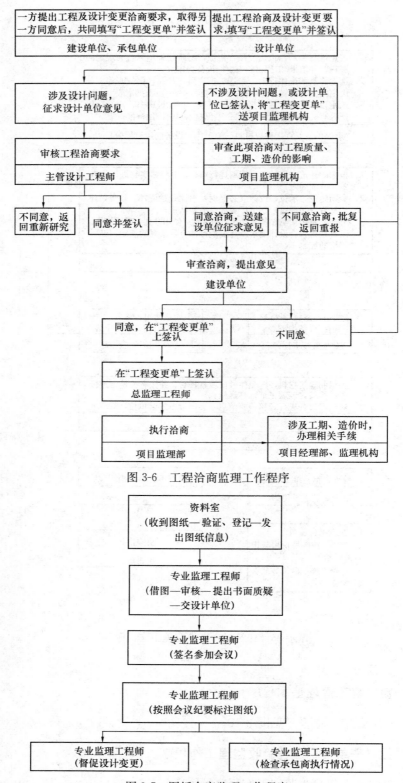

图 3-6　工程洽商监理工作程序

图 3-7　图纸会审监理工作程序

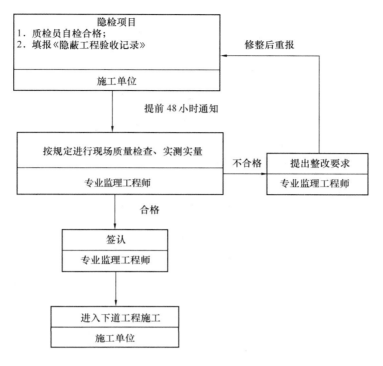

图 3-8 隐蔽工程验收监理工作程序

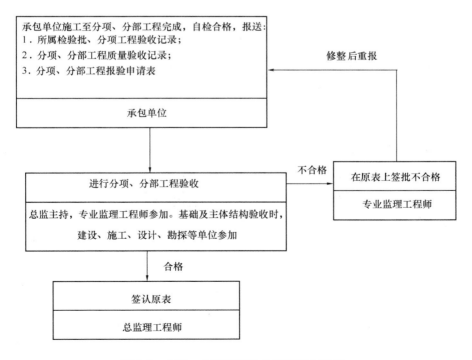

图 3-9 分项、分部工程验收监理工作程序

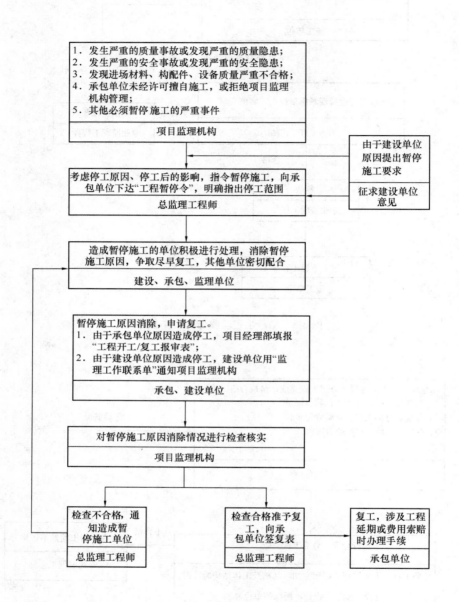

1. 发生严重的质量事故或发现严重的质量隐患；
2. 发生严重的安全事故或发现严重的安全隐患；
3. 发现进场材料、构配件、设备质量严重不合格；
4. 承包单位未经许可擅自施工，或拒绝项目监理机构管理；
5. 其他必须暂停施工的严重事件

项目监理机构

由于建设单位原因提出暂停施工要求

考虑停工原因、停工后的影响，指令暂停施工，向承包单位下达"工程暂停令"，明确指出停工范围

总监理工程师

征求建设单位意见

造成暂停施工的单位积极进行处理，消除暂停施工原因，争取尽早复工，其他单位密切配合

建设、承包、监理单位

暂停施工原因消除，申请复工。
1. 由于承包单位原因造成停工，项目经理部填报"工程开工/复工报审表"；
2. 由于建设单位原因造成停工，建设单位用"监理工作联系单"通知项目监理机构

承包、建设单位

对暂停施工原因消除情况进行检查核实

项目监理机构

检查不合格，通知造成暂停施工单位

总监理工程师

检查合格准予复工，向承包单位签复表

总监理工程师

复工，涉及工程延期或费用索赔时办理手续

承包单位

图 3-10　工程暂停复工管理基本程序

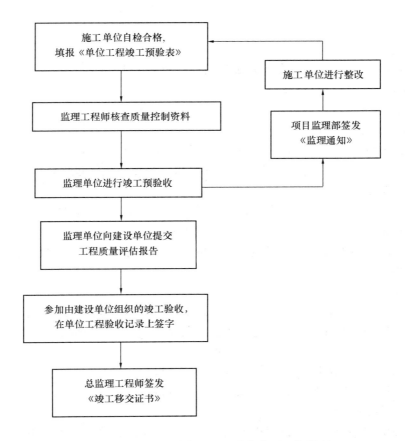

图 3-11　单位（子单位）工程验收监理工作程序

第四节　监理工作对策及控制要点

一、主要工程施工监理方案及控制要点

（一）道路基础部分施工方案

1. 施工放线

（1）路基开工前应全面复核规划中线，并固定路线主要控制桩有关水准点及规划桩位等均由甲方负责提供，并按设计线位进行放线。

（2）施工前请与甲方及有关部门联系并了解现状地下各种管线及障碍物的规格、位置等并予以现场刨验，以免损坏管线。

2. 填方路基

（1）施工前应对原地面的草皮、树根、杂物等全部清除干净，本工程要求清除表土30cm厚，并大致找平压实。路基施工应注意保护生态环境，清除的杂物应妥善处理，不能倾倒于河流水域中。

（2）路基填土应选用塑性指数 12～26 的土质，不能使用液限大于 50％，塑性指数大于 26 的黏质土以及淤泥、沼泽土、含草皮土、生活垃圾和腐殖填筑路基。以下土质必须禁止使用：

　　1）沼泽土、泥炭及淤泥；

　　2）含有树根、树桩、易腐朽物质或有机质含量大于 4% 的土；

　　3）氯盐含量大于 3% 的土；

　　4）碳酸盐含量大于 0.5% 的土；

　　5）硫酸盐含量大于 1% 的土。

　　（3）路基要分层填筑碾压。每层最大压实厚度不超过 20cm，含水量应控制在压实最佳含水量 ±2% 之内。分别达到上表的压实度要求。如填土土源过湿，碾压有困难时可将土翻晒或戗石灰处理。

　　（4）路堤填筑宽度每侧应宽出填筑层设计宽度 30cm，压实宽度不小于设计宽度。路堤外侧为绿化带填土，也需分层碾压，压实度要求 ≥85%。

　　（5）路基填土应按要求压实度填至设计标高后，达到要求的压实度时方可开挖路槽，然后施作路面。

　　3. 土方开挖

　　采用机械开槽，配备挖掘机与运土汽车，由专人指挥挖掘机及运土汽车，随出随运。

　　（1）施工现场内存在积水、水池、水坑、明渠等，在施工前负责修筑围堰将水排净。

　　（2）土方开挖，自上而下进行，不乱挖超挖。

　　3）土方开挖中，遇土质变化需修改施工方案时，及时报批。

　　（4）挖方路基的施工标高，应考虑压实的下沉量。

　　4. 一般路段路基处理

　　一般路段的路基处理采取设置土工格栅加碎石垫层的方法。由于本路修筑范围内杂草丛生，考虑场地内按 30cm 厚清除表土，整平后铺筑土工格栅及 30cm 厚的级配碎石垫层。垫层施工应结合清草皮、场地开挖同时进行，铺筑土工格栅后，填筑碎石垫层。

　　5. 鱼塘段路基处理

　　（1）鱼塘清淤原则上应将淤泥清除至见原状土，并保证道路范围内地面平整，铺土工格栅后，回填 50cm 混碴，混碴表面保证平整。

　　（2）鱼塘清淤后如不能保证道路范围内大面积底面平整，高差深度在 30cm 以内，回填混碴，然后再铺土工格栅，回填 50cm 混碴，混碴表面保证平整。

　　（3）顺路方向的鱼塘清淤后出现高差超过 30cm 的地段，不同底面可采用分段开蹬找平，分别铺设土工格栅，土工格栅铺设应在开蹬接茬处超铺 2m 宽，上面再回填 50cm 混碴，混碴表面保证平整。

　　6. 材料要求

　　（1）混碴：最大粒径为 30cm。其通过 0.075mm 筛孔的部分应不大于 10%。

　　（2）碎石垫层：应选用水稳定好，具有经干湿循环式水浸泡不易分解的特征的石料，其最大粒径不宜大于 15cm。

　　（3）土工格栅：路基处理中采用聚丙烯材料的双向土工格栅，拉伸强度 ≥25kN，延伸率 ≤13%，铺筑于水泥稳定碎石上的玻纤土工格栅。拉伸强度 ≥50kN，延伸率 ≤4%。

　　7. 路基压实

　　（1）每一压实层均检验压实度，合格后方填筑其上一层。

（2）采用机械压实，压实机械的选择根据工程规模、场地大小、填料种类、压实度要求、气候条件、压实机械效率等因素综合考虑确定。

（3）碾压前对填土层的松铺厚度和控制压实遍数进行。不合格处进行补压后再做检验，一直达到合格为止。

（4）各种压路机的碾压行驶速度开始时宜用慢速，最大速度不宜超过 4km/h，碾压时直线段由两边向中间，小半径曲线段由内侧向外侧，纵向进退式进行，横向接头对振动压路机一般重叠 0.4～0.5m。对三轮压路机一般重叠后轮宽的 1/2，前后相邻两区段宜纵向重叠 1～1.5m。应达到无漏压、无死角、确保碾压均匀。

8. 排水

沿线设置排水沟及时排除地面积水。

9. 碾压

路基分层填筑碾压，每层压实厚度不超高 30cm。土质路基压实采用重型击实标准。

10. 施工方法

（1）集料装车时控制每车料的数量基本相等。

（2）在同一料场的路段内，宜由远到近卸置集料。卸料距离应严格掌握，避免料不够或过多。

（3）料堆每隔一定距离应留一缺口。

（4）集料在下承层上的堆置时间不应过长，运送集料较摊铺集料工序宜提前数天。

（5）事先通过试验确定集料的松铺系数。

（6）用平地机进行拌合，宜翻拌 5～6 遍，使石屑均匀分布在碎石料中。

（7）拌合结束时，混合料的含水量应均匀，并较最佳含水量大 1% 左右，同时没有粗细颗粒离析现象。

（8）整形后，当混合料在最佳含水量时，立即用 12t 以上三轮压路机、振动压路机或轮胎压路机进行碾压。直线和不设超高的平曲线段，由两侧路肩向路中心碾压，在设超高的平曲线段，由内侧路肩开始向外侧路肩碾压。碾压时，后轮应重叠 1/2 轮宽，后轮必须超过两段的接缝处，后轮压完路面全宽时，即为一遍。碾压一直进行到要求的压实度为止。一般需碾压 6～8 遍，使表面无明显轮迹。压路机的碾压速度，头两遍以采用 1.5～1.7km/h 为宜，以后用 2～2.5km/h。路面的两侧多压 2～3 遍。严禁压路机在已完成的或正在碾压的路面上调头或急刹车。

（9）两作业段的衔接处，搭接拌合，第一段拌合后，留 5～8m 不进行碾压，第二段施工时，前段留下未压部分与第二段拌合整平后进行碾压。

11. 土工格栅施工

（1）土工格栅铺设应垂直于路堤轴线方向。

（2）土工格栅之间的联结应牢固，在受力方向联结处的强度不得低于材料设计抗力强度，且其叠合长度不小于 15cm。

（3）在距土工格栅 8cm 以内的路堤填料最大粒径不得大于 6cm（清淤换填处土工格栅除外）。

（4）土工格栅摊铺以后应及时填筑填料，避免其受到阳光过长时间暴晒，间隔时间不应超过 48h。

（5）土工格栅上的一层填料应采用轻型推土机或前置式装载机，一切车辆、施工机械只容许沿路堤轴线方向行使。

（二）400mm 厚 8％灰土施工

材料要求：灰土混合料中石灰的技术指标应满足市政工程规定的Ⅲ级钙质或镁质石灰，施工前 1 周应充分消解，不易过干以免分扬或过湿以免成团。

第一层 8％灰土采用路外预拌混合料，拌合前根据实验室实验的最大干密度和最佳含水量，把工程土、石灰按照体积比分别堆放进行拌合，混合料拌合后要求色调一致，含水量略大于最佳含水量 2％左右以免因运输、摊铺水分流失，碾压时偏干。用运行车拉至碎石垫层上。

下承层准备：拉运灰土前在碎石垫层上按照设计的路线和路基宽度弹洒白灰边线和中线打成方格。

根据运行车的吨位和铺摊厚度确定方格内灰土量，设专人指挥分段分块顺次卸料，推土机推平测量人员跟踪平地机随时在灰土上纵向 10m。横向 3m 给点，平地机操作人员根据给点进行挂平，全程范围内，宁刮勿补，先粗平后精平，直到纵、横坡度满足设计要求。

碾压工作一律使用 12t 以上压路机由路边向中央隔离带进行碾压，从路外 30cm 开始前两遍原轴去原轴回，以后按常规后轮轴叠 1/2 的轮宽，碾压速度控制在一挡，切忌开快车、压花轴。并保障当天碾压、当天成活，注意灰土养护。

碾压发现因水分偏大等原因造成弹软的地方应及时换灰土，对检查井周围和地下设施覆土过浅不能碾压的地方应用冲击夯进行夯实。

进行第二层 8％灰土施工时，本着降低工程成本，提高机械效率。工程素土用运输机械运至现场，用推土机按松铺厚度均匀摊铺、排压。人工洒布石灰靠近路边 50cm 范围内应增加 1cm 石灰厚度。用灰土拌合机进行拌合，拌合完成后，测量人员随时将横断面各点高程给至松铺素土上，推土机手根据给点进行初平，初平后用平地机将找平段全部排压一遍，再进行细平工作，测量人员根据图纸要求纵向 5m 一点，横向 3m 一点给出精确的高程，工人清除现场的草根，外露石块、砖头等杂物。司机根据给点进行刮平，要宁刮勿补，确保素土层整体性。碾压时采用三轮压路机进行碾压，碾压由两侧向中心碾压，从路边外 30cm 开始，前两遍原轴去原轴回，以后按常规后轮重叠 1/2 的轮宽，碾压速度控制在一档，切忌开快车、压花轴，当外轮内侧边缘压至中心线时为一遍，碾压至少三遍，碾压达到要求的密实度为止。然后再进行下一步工序施工。

（三）石灰粉煤灰土施工

（1）材料要求：

1）水：

不含泥质和非酸性的水，均可用于消解石灰，拌制石灰粉煤灰混合料和养生。

2）石灰：

石灰要尽量缩短石灰的存放时间，如存放较久，经试验有效钙及氧化镁含量低于Ⅲ级标准时，应按有效成分适当提高石灰计量。

3）粉煤灰：

煤灰中 SiO_2、Al_2O_3 和 Fe_2O_3 的总含量应大于 70％，烧失量不宜大于 20％，比表面积宜大于 2500cm^2/g。

（2）拌合采取宝马拌合机，在现场拌合，考虑3km运距。

（3）二灰土的施工顺序：1）运输和摊铺集料；2）运输和摊铺粉煤灰；3）拌合和洒水；4）运输；5）摊铺；6）碾压；7）接缝和调头处的处理；8）养护。

（4）消解石灰时佩戴眼镜，穿胶靴与劳动保护用品，防止石灰烧伤。为防止大堆石灰的底部消解不透或压实影响石灰消解过程中的膨胀，存灰点堆存石灰的高度不宜超过3～4m。加水时控制水量适当，第一遍注水为初步消解，间隔半天至一天进行第二遍注水，水管深插至灰堆底部，加水至少两遍，若留有消解不透处加第三遍水消解，一般含水量在35％～40％之间，以不使消石灰成膏成团又不粘锨为好。如是镁石灰和高镁石灰应充分消解10d以上方可使用。

（5）运到现场的石灰，防止扬尘。场地集中堆放的石灰，应予覆盖，避免雨淋过分潮湿。

（6）根据各路段二灰土的宽度、厚度及预定的密度，计算各路段需要的干混合料质量，根据混合料的配合比、材料的含水量以及所用运料车辆的吨位，计算各种材料每车料的堆放距离。

（7）运输和摊铺：

1）材料装车时，控制每车料的数量基本相等。

2）先将石灰运到现场，在同一料场供料的路段内，由远到近将料按要求计算的距离卸置于下承层上，卸料距离均匀。

3）料堆每隔一定距离应留一缺口，材料在下承层上的堆置时间不应过长。

4）通过试验确定各种材料及混合料的松铺系数。

5）每种材料摊铺均匀后，先用两轮压路机碾压1～2遍，然后再运送并摊铺下一种材料。摊铺每层材料时力求平整，并具有规定的路拱。集料应较湿润，必要时先洒少量水。

（8）拌合：采用拌合机拌合，拌合深度直到稳定层底，并宜侵入下承层5～10mm，以加强上下层粘结，设专人跟随拌合机，随时检查拌合深度并配合拌合机操作员调整拌合深度。拌合时注意各种材料的用量，并严格注意含水量适宜，应先将石灰均匀的摊铺在集料层上，再一起进行拌合，拌合过程中及时检查拌合深度，使石灰土层全都拌合均匀。拌合完成的标准是：混合料色泽一致，没有灰条、灰团，没有粗细颗粒"窝"或"带"，且水分合适均匀。

（9）摊铺找平：

混合料拌好后，立即运送到铺筑现场，减少水分损失。然后采用平地机摊铺。整幅路进行铺筑，只留横茬，不留纵茬。

（10）碾压：

1）根据路宽、压路机的轮宽和轮距的不同，制订碾压方案，应使各部分碾压到的次数尽量相同，路面的两侧多压2～3遍。

2）整形后，二灰土处于最佳含水量时，立即用轻型压路机并配合12t以上压路机在结构层全宽内进行碾压。直线和不设超高的平曲线段，由两侧路肩向路中心碾压，设超高的平曲线段，由内侧路肩向外侧路肩进行碾压。碾压时重叠1/2轮宽，后轮必须超过两段的接缝处，后轮压完路面全宽时，即为一遍。一般需碾压6～8遍。压路机的碾压速度，头两遍以采用1.5～1.7km/h为宜，以后宜采用2～2.5km/h。

3）严禁压路机在已完成的或正在碾压的路段上调头或急刹车，保证二灰土层表面不受破坏。

4）碾压过程中，二灰土表面始终保持湿润，如水分蒸发过快，及时补洒少量的水，严禁洒大水碾压。

5）在规定的时间内完成碾压，并达到要求的密实度，同时没有明显的轮迹。

6）在碾压结束之前，用平地机终平一次，使其纵向顺适，路拱和超高符合设计要求。终平仔细进行，必须将局部高出部分刮除并扫出路外。

（11）接缝和调头处的处理：

1）同日施工的两工作段的衔接处，采用搭接。前一段拌合整形后，留 5～8m 不进行碾压，后一段施工时，前段留下未压部分，与后一段一起碾压。

2）注意每天最后一段末端缝的处理。处理如下：

在已碾压完成的二灰土层末端，挖一条横贯铺筑层全宽的宽约 30cm 的槽，直挖到下承层的顶面。此槽与路的中心线垂直，靠二灰土的一面切成垂直面，并放两根与压实厚度等厚，长为全宽一半的方木紧贴其垂直面。

用原挖出的素土回填槽内其余部分。

如机械必须到已压实的二灰土层上调头，采取措施保护调头作业区。一般在准备用于调头的约 8～10m 长石灰土层上先覆盖一张厚塑料布或油毡纸，然后铺上约 10cm 厚的土、砂或砂砾。

第二天，邻接作业段混合料运来后，除去方木，用混合料回填。整平时，接缝处二灰土较已完成断面高出约 5cm，以利形成一个平顺的接缝。

整平后，用平地机将塑料布上大部分土除去，然后人工除去余下的土，并收起塑料布。

在新混合料碾压过程中，将接缝修整平顺。

3）纵缝的处理：

在前一幅施工时，在靠中央一侧用方木或钢模板做支撑，方木和钢模板的高度与石灰土的压实厚度相同。

养生结束后，在铺筑另一幅之前，拆除支撑木，再铺另一侧。

（12）养生：

石灰土基层采用洒水养护，养护期为 7d，养生期间，除洒水车外，封闭交通。

（四）石灰粉煤灰碎石的施工

1. 水

不含泥质和非酸性的水，均可用以水解石灰，拌制石灰粉煤灰混合料和养生。

2. 石灰

石灰质量符合《公路路面基层施工技术规范》JTJ 2000 规定的Ⅲ级以上消石灰或生石灰的技术指标。

3. 粉煤灰

粉煤灰中 SiO_2、Al_2O_3 和 Fe_2O_3 的总含量大于 70%，烧矢量不宜大于 20%，比表面积宜大于 $2500cm^2/g$。

4. 碎石

集料压碎值≤30%。

集料的泥土含量（冲洗法）小于1%，有机质含量不超过2.0%，硫酸盐含量不超过0.25%，集料颗粒组成符合表3-3。

集料颗粒组成　　　　　　　　　　　　　　　　表3-3

层 位	通过下列方筛孔(mm)的质量百分比(%)							
	31.5	19.0	9.50	4.75	2.36	1.18	0.6	0.075
基层	100	81～98	52～70	30～50	18～38	10～27	6～20	0～7

5. 操作规程

石灰粉煤灰碎石基层施工整幅路进行铺筑，只留横茬，不留纵茬。混合料摊铺整形后，进行碾压，头两遍采用振动压路机，第一遍不加振动，第二遍中振碾压。碾压时自横坡度低的一侧向高的一侧进行，碾压范围较基层边缘宽出30cm，碾压时重叠1/3轮宽碾压速度1.5～1.7km/h。再用振动压路机，以碾压速度2～2.5km/h进行碾压，碾压顺序同头两遍，亦可采用14～18T钢轮压路机，以碾速2挡进行碾压，碾压时后轮重叠1/2轮宽。

最后用8T钢轮平碾以碾压速度2.0～7.5km/h碾压1～2遍，压实度应≥97%。

外观要求，表面平整、坚实、无坑洼、积水、起皮和轮迹现象。石灰养生。养护期间保持一定湿度，洒水采用喷雾式洒水车，不可用水管冲洗每次洒水以表面不形成流动水模为度，养生为7d，7d龄期的无侧限抗压强度上基层应达到0.8MPa以上（7d龄期按20℃条件下湿养6d，浸水1d）。

（五）水泥稳定碎石的施工

水泥稳定级配碎石混合料，应采用厂拌方法进行拌合现场铺筑，水泥稳定级配碎石基层施工时应遵守下列规定：

1. 材料要求

（1）水泥稳定碎石中碎石采用级配碎石，级配碎石最大粒径不应超过40mm（指方孔筛如为圆孔可达50mm），级配碎石压碎值应不大于30%。级配碎石的泥土杂物含量（冲洗法）小于1%。有机质含量不超过2.0%。硫酸盐含量不超过0.25%。集料颗粒组成应符合表3-4。

集料颗粒组成　　　　　　　　　　　　　　　　表3-4

孔尺寸(mm)	通过百分率(%)(按重量计)	孔尺寸(mm)	通过百分率(%)(按重量计)
40	—	4.75	29～49
31.5	100	2.36	17～35
19	88～99	0.6	8～22
9.5	57～77	0.075	0～7

（2）水泥：

硅酸盐水泥、普通硅酸水泥、矿渣水泥或火山灰质水泥都可用于稳定碎石，但应选择初凝时间长的水泥，已受潮变质的水泥不得使用，宜采用强度等级较低的水泥。

进场使用的水泥，应有厂方合格证及各种实验报告，超过3个月的水泥应重新取样实验，报监理工程师批准后方可使用。

（3）水：

采用饮用水，使用非饮用水时应化验，并应符合下列要求：

1）硫酸盐含量（按 SO_4 计）不得超过 2700mg/L；

2）含盐量不得超过 5000mg/L；

3）pH 值不得小于 4。

2. 水泥稳定碎石的工艺流程

施工准备→施工放样→备料→设置搅拌站→混合料拌合→运输→卸料→摊铺→整形→碾压→接缝和调头处的处理→养生。

3. 混合料的组成设计

一般规定：

在水泥稳定级配碎石基层施工前将拟用的材料样品送交相关部门确认的合格试验室进行混合料组成设计。

水泥稳定级配碎石混合料的水泥剂量宜在 2.5%～5% 的范围内。

混合料设计步骤与要求：

（1）制备同一种级配碎石，不同水泥剂量的水泥级配碎石混合料。

（2）确定各种混合料的最佳含水量、最大干密度。

（3）按工地预定达到的压实度，分别计算不同水泥剂量时试件应有的干密度。

（4）按最佳含水量和计算得到干密度制备试件，作为平行实验的试件数量 9 个，实验结果的偏差系数为 10%～15%，如偏差系数大于 15%，则重作实验并找出原因。

（5）试件在规定温度下保湿养生 6d，浸水 1d 后，进行无侧限抗压强度实验，计算实验结果的平均值和偏差系数。

（6）水泥稳定级配碎石混合料 7d 浸水抗压强度标准规定为 3.0MPa。

4. 拌合

拌合前要检查拌合料的含水量，使混合料控制在最佳含水量，得到最大干容量，偏干或偏湿均应进行相应处理，拌合均匀的混合料中，不得含有大于 25mm 的石灰团粒。

水泥稳定碎石采用拌合机拌合，水泥稳定碎石的水泥含量为 5%，不同粒径的碎石分别堆放，在正式拌制混合料前，先调试所用的设备，使混合料的颗粒组成和含水量都达到规定的要求。原集料的颗粒组成发生变化时，应重新调试设备。拌合时，根据集料的混合料含水量的大小，及时调整加水量。拌合机与摊铺机摊铺的生产能力相匹配，以保证摊铺机摊铺的连续性。

5. 混合料运输

混合料采用自卸汽车运输，汽车首次装料前，将车厢清扫干净，装运混合料时防止离析，装料后用湿麻袋片或苫布盖严，防止在运输途中水分蒸发，出现"白眼"现象。

6. 摊铺

拌合均匀的混合料，在摊铺整形前，其含水量应为最佳量±2%，将拌好的混合料按设计断面和松铺厚度均匀摊铺于路槽内，其松铺厚度为压实厚度乘以压实系数，压实系数一般取用（机械拌合、机械摊铺）1.4～1.7（不含粗粒料的混合料）和 1.2～1.4（含粗粒料的混合料）。在摊铺上层混合料前，应将下层表面洒水润湿，并注意不能发生离析现象。

水泥稳定级配碎石基层施工应整幅路进行铺筑，只留横茬，不宜留纵茬，在接茬表面涂刷水泥浆以利新老混合料结合。

7. 碾压

混合料摊铺整形后，应进行碾压，头两遍采用重型振动压路机（第一遍不加振动，第二遍中振碾压）碾压。碾压时自横坡度底的侧向高的一侧进行，碾压范围应较基层边缘宽出 10cm，如有路缘护帮时 20cm，碾压时应重叠 1/3 轮宽。碾压速度 1.5～1.7km/h。

再用振动压路机，以碾压速度 2～2.5km/h 进行碾压，碾压顺序同头两遍，亦可采用 14～18t 钢轮压路机。

以碾压 2 档进行碾压，碾压时后轮重叠 1/2。

最后用 8t 钢轮平碾以碾压速度 2.0～7.5km/h 碾压 1～2 遍，至无轮迹为止。

外观要求，表面平整、坚实、无坑洼、积水、松散、起皮和轮迹现象。

碾压应在最佳含水量下进行，并应随时检查被碾压路面基层的密实度。如发现局部"翻浆"或"弹软"应立即停止碾压，待翻松晾干再压；出现松散推移现象，则洒水翻拌再压。结构层的平整度和标高均应符合规定要求，切不可贴薄层找平。

8. 横缝处理

用摊铺机摊铺混合料时，不宜中断，如因故中断时间超过 2h，应设置横向接缝，摊铺机驶离混合料末端。

人工将末端含水量合适的混合料弄整齐，紧靠混合料放两根方木，方木的高度应与混合料的压实厚度相同，整平紧靠方木的混合料。

方木的另一侧用碎石或砂砾回填约 3m 长，其高度应高出方木几厘米。

将混合料碾压密实。

在重新开始摊铺混合料之前，将砂砾或碎石和方木除去，并将下承层顶面清扫干净。

摊铺机返回到已压实的末端，重新开始摊铺混合料。

如摊铺中断后，未按上述方法处理横向接缝，而中断时间已超过 2h，则将摊铺机附近及其下面未经压实的混合料铲除，并将已碾压密实且高程和平整度符合要求的末端挖成与路中心线垂直并垂直向下的断面，然后再摊铺新的混合料。

9. 养护

水泥稳定碎石碾压密实后，立即用洒水车洒水进行养护，整个养护期间保持一定湿度，洒水时以喷洒为宜，不可用水管冲水，每次洒水以表面不形成流动水膜为度，养生不少于 7d。

10. 在施工中应注意

（1）水泥稳定级配碎石基层施工应整幅路进行铺筑，只留横茬，不宜留纵茬，在接茬表面涂刷水泥浆以利新老混合料结合。

（2）外观要求，表面平整、坚实、无坑洼、积水、松散、起皮现象。

（六）侧石

（1）测量放线：按图纸要求定出侧石位置，直线部分 10m 桩，曲线部分 5～10m 桩，路口处圆弧 1～5m 桩。

（2）刨槽：按桩的位置拉小线或打白灰线为准。按设计宽度进行刨槽。

（3）安装侧石：安装侧石前先按桩橛线及顶高测出高程，拉线绷紧，按线码砌筑。事先算好路口间的侧石块数，切忌中间用断侧石加楔，相邻侧石间缝隙用 0.8cm 厚木条或塑料条掌握。侧石安装后线顺直、圆滑，无凹进凸出、前后高低错牙等现象。

（4）道路工程中使用的侧石要求抗压强度≥40MPa，耐腐蚀，八字处必需定制弧形侧石，侧石采用对缝施工，后背抹缝处理。

（5）混凝土靠背：按图纸尺寸现浇 C10 混凝土靠背，现场拌合混凝土。

（七）沥青混凝土面层施工

1. 压实度

沥青混凝土的压实度当以马歇尔实验标准密度时，应不小于96%。

2. 施工设备

沥青拌合厂在其设计、协调配合和操作方面，都能使生产的沥青混合料符合工地配合比设计要求。运料设备采用有金属底板的自卸槽斗车辆，车槽内在未装料前保持清洁，不得沾有杂物。沥青混合料摊铺设备采用二台 ABG-423 摊铺机，摊铺沥青混合料时，摊铺机的摊铺速度根据拌合机产量、施工机械配套情况及摊铺层厚度、宽度确定。压实设备配有钢轮式、轮胎式和振动压路机，并按合理的压实工艺组合压实。

3. 沥青混合料的拌合

粗、细集料分类堆放和供料，取自不同料源的集料分开堆放。每个料源的材料进行抽样试验。

拌合前，对拌合站进行彻底的检修与维护，同时对所有计量设备进行检查。拌合时，每种规格的集料、矿粉和沥青都按批准的生产配合比准确计量，其误差控制在规定的范围内。

沥青的加热温度、矿料加热温度、沥青混合料的出厂温度，保证运到施工现场的温度均符合要求。

实验人员按规定抽样频率取样检验并密切观察拌制混合料的质量。

4. 沥青混合料的运送

运输车辆提前清洗干净，防止泥土杂物掉落在摊铺施工范围内。连续摊铺过程中，运料车在摊铺机前 10～30m 处停住，不得撞击摊铺机，卸料过程中运料车挂空挡，靠摊铺机推动前进。

已经离析或结成团块或在运料车辆卸料时滞留于车上的混合料，以及低于规定铺筑温度或被雨水淋湿的混合料均废弃。运至铺筑现场的混合料，在当天或当班完成压实。

运输到现场的温度不低于 120～150℃。

5. 沥青混合料的摊铺

摊铺沥青混合料前，基层表面尘土、杂物清扫干净。

铺筑沥青混凝土前将各种井子调整好，井盖标高、纵横坡度与设计一致，井体坚固并能承受各种车辆荷载。到达现场的沥青混凝土温度不低于 130℃。铺下层时挂基准线，支撑桩单距 10m，桩牢固，线平顺，绷紧，坡度符合设计要求。

摊铺机启动摊铺的 3～5m 路面最容易出现波浪，因此加强人工找平，摊铺工作连续进行，摊铺速度 6m/min 以下，保持连续作业，来料中断或当天收工前纵茬找齐或压实不留纵茬。

6. 碾压

轮胎压路机重叠碾压，双轮压路机每次重叠 30cm，三轮压路机后轮每次重叠半轮。碾压速度，钢轮压路机不超过 2～3km/h，轮胎压路机以 6～10km/h 为宜。初压用 8t 双轮、6~10t 钢轮碾压 2 遍，并检验平整度。复压用 10~12t 三轮压路机、10t 振动压路机或轮胎压路机碾压至密实。终压采用双钢轮振动压路机（不挂振）、轮胎压路机或钢胶轮组合振动压路机，以消除表面轮迹。

7. 接茬

专人负责接茬，纵向接茬一律采用"毛茬热接，错茬搭接"的施工办法。横向接茬在当天铺筑完毕后，用直尺画线趁油面未凉时切出立茬，并加挡板保护。

8. 检测

严格检查沥青混合料到达现场温度及拌合质量，检查颜色是否均匀，严防油多发亮，油少发散，过火炒焦等毛病，并指定专人测温。

9. 透层油

（1）基层与下面层之间应浇洒透层沥青。透层宜紧接在基层施工结束表面稍干后浇洒。当基层完工后时间较长，表面过分干燥时，应对基层进行清扫，在基层表面少量洒水，并待表面稍干后浇洒透层沥青。

（2）透层沥青浇洒后应不致流淌，渗透入基层一定深度，不得在表面形成油膜。

（3）按设计用量一次浇洒均匀，如有遗漏，应采用人工补洒。

（4）气温低于 10℃ 或遇大风、降雨时应禁止浇洒透层沥青。

（5）透层沥青采用中、慢凝液体石油沥青，规格为 AL(M)-1、AL(M)-2、AL(S)-1 或 AL(S)-2；用量为：1.2~1.6L/m²。

（6）透层沥青浇洒完毕后，禁止车辆、行人通过，并应立即撒布用量为 2~3m³/1000m² 的中、粗砂，轻压后扫掉。

10. 粘层油

沥青混凝土不同面层之间不连续铺筑时应浇洒粘层沥青，粘层沥青应均匀撒布，浇洒过量处应予以刮除。

粘层沥青浇洒完毕后，禁止车辆、行人通过。

气温低于 10℃ 或潮湿时应禁止浇洒粘层沥青。

粘层沥青采用快、中凝液体石油沥青，规格为 AL(R)-1、AL(R)-2、AL(M)-1 或 AL(M)-2；用量为：0.2~0.4L/m²。

11. 玻璃纤维土工格栅的铺筑

在水泥稳定碎石层与沥青面层之间加铺玻璃纤维网，可以减少面层底部剪应力，有效地减少半刚性基层对沥青面层的反射裂缝，具体施工方法如下：

（1）玻璃纤维土工格栅铺筑时，应将一端用固定器固定，然后用机械或人工拉紧，并用固定器固定另一端，中间每隔 100cm 加一个固定器，固定器包括固定钉及固定铁皮，固定钉可用 8~10cm 射钉。固定铁皮尺寸为 30mm×30mm×1mm。

（2）玻璃纤维土工格栅横向应搭接 8~10cm，并根据摊铺放向，将后一端压在前一端部之下；纵向应搭接 5~8cm。横向搭接处采用固定器固定，纵向搭接处可采用尼龙绳或铅丝绑扎固定，固定间距不应大于 1.5cm。

（3）玻璃纤维土工格栅铺筑时必须保证平整顺直，决不能出现拥鼓现象，以防止铺设失效及路面施工后发生推挤、拥包现象。

（4）玻璃纤维土工格栅铺设完成后，再洒布透层油，透层油规格为 PC-2，透层油用量约 0.7～1.1L/m²。

12. 钢筋混凝土挡墙施工

（1）挡墙基础开挖前应做好排水防止地表水、地下水流入基坑，基坑两侧应较挡土墙底板宽出≥0.5m。

（2）挡土墙与U形槽连接处应设沉降缝，挡墙本身每隔10cm设一道沉降缝，每段挡墙应一次浇筑，沉降缝采用2cm厚侵沥青木板作填缝。

（3）基础夯实，达到90%以上密实度后方可施工挡墙，若达不到标准应在碎石垫层下施做40～50cm厚8%灰土处理。

（4）挡墙施工前应做20cm碎石垫层，宽度两侧各大出挡墙底板20cm。其上再做10cm C10混凝土找平层。

（5）挡土墙顶面线需与U形槽对齐，保证其上防撞栏杆外露高度一致。

（6）钢筋混凝土挡土墙墙身混凝土强度达到80%后方可进行墙背后土填筑，填料压实标准同路基压实标准。

二、本工程其他重点工程监理控制要点

（一）工程测量定位的控制

工程测量定位工作十分重要，必须严格按规范控制。首先，本工程定位所用基准点、控制点、工程控制网均必须经承包人施测、监理复核和审批，未经批准不得使用。其次，重要部位的放线必须经监理复核无误后才能进行下道工序施工。这些部位包括道路中线、边线和标高，雨水管线以及拟同步施工的污水或其他市政公用工程管线的中心线，高程控制线等。监理对施工放线的监督复核工作，是在承包人按规范要求对施工放线进行测量复核后进行，监督承包人必须要自己保证工程定位质量。

控制要点是：由于本路是在原有道路上加铺，施工前应对全线地形进行复测，尤其是相交路口处高程点需加密，可作为加铺路面的控制高程。

1. 组织措施

（1）落实专职测量监理工程师岗位职责，明确岗位制度。

（2）组织专职测量监理工程师及时进场，人选与投标所报相符。

（3）审查施工单位专职测量员人员到位情况及持证上岗情况。

（4）检查施工单位工程测量工作制度。

（5）在施工过程中发现施工单位专职测量员技术水平低下或工作责任心极差，以致影响到工程质量，由总监理工程师发出书面通知，要求施工单位予以更换。

（6）施工过程中发现测量误差，且测量监理工程师口头指令得不到有效执行时，由总监理工程师组织召开专题会或下发《监理工程师通知单》，仍无显著效果时，汇报建设单位后采取局部暂停措施，避免酿成质量事故。

2. 技术措施

（1）测量监理工程师认真熟悉工程施工图纸，并深入施工现场掌握具体情况。

（2）编制《工程测量监理实施细则》，列明本工程测量控制重点内容。

（3）审查《工程测量专项施工方案》，重点：测量仪器选用、测量仪器精度、测量方法方案、测量依据、判定标准。

（4）监理组配备满足本工程测量精度需要的测量仪器，并按国家测量规范要求做好仪器的检验校正工作，测量仪器具备由国家计量局授权的上海地区测量仪器鉴定单位出具的计量检定报告，并将仪器检定报告报建设单位备案。

（5）审查施工单位测量仪器和工具，测量仪器的精度必须满足本工程需要，测量仪器和工具必须有经过标定的合格证和经国家认可单位检测的检测单、检验报告，经监理确认后方可使用。

（6）配合建设单位做好交桩工作，对建设单位提供的原始基准点、基准线和基准高程，进行100％的复核。

（7）对施工单位的定向控制测量和加密控制点进行复测、检查和认可。在工程开工之前，测量监理工程师对施工单位的施工放线测量进行检查和认可，进行100％的复测，合格后方可投入使用。

（8）施工过程中，测量监理工程师督促承包人对测放的施工控制点、水准点，定期进行复测。测量监理工程师同时对建设单位提供的控制桩每月进行复测，发现异常情况及时向建设单位反映并协同建设单位做好下一步处理工作。

（9）在各工序施工过程中，测量监理工程师对控制工程的位置、高程、尺寸及其线形的准确性进行及时认真的监督、检查和认可，对施工放样进行100％的复测，发现差错，及时进行原因分析，并督促施工单位认真采取整改措施，避免将错就错，酿成质量事故，造成更大的损失。若经复测发现存在较大的误差时，及时报告建设单位，并由总监组织相关人员进行事故分析，督促施工单位拿出整改方案，经监理组审查通过后，由施工单位认真进行实施，监理组负责进行监督和整改效果验证。

（10）测量监理工程师随时掌握设计变更情况，变更设计要在测量上得到及时反映，避免仍按原图进行施工。

（11）测量监理工程师对施工单位在本工程邻近的地表、建筑物、路面、管线设立的监测点定期进行抽检测量。

（12）测量监理工程师监督施工单位认真做好建筑物沉降观测，并分析观测资料，是否符合设计要求、是否出现异常情况。

（13）认真做好测量监理资料控制，及时认真地审查施工单位的测量成果和资料，确保资料真实、数据可靠，坚决杜绝弄虚作假、事后补报。在工程中间交工和竣工验收时，监理工程师及时进行测量检查，汇总并提出各项工程的测量成果资料。

3. 经济措施

（1）在组织（管理）措施得不到明显效果时，测量监理工程师汇报总监理工程师，由投资控制监理采取暂缓工程计量签认或不予计量等措施实施控制。

（2）必要时，书面报告建设单位，建议对施工单位采取经济处罚。

4. 合同措施

（1）督促施工单位认真履行《施工承包合同》，切实做好工程测量工作。

（2）因施工单位原因工程测量出现重大差错造成质量事故的，其损失由施工单位自行负担，不符合合同规定质量标准的工程量拒付工程款。并根据合同追究施工单位质量责任。

（3）监理工程师复核施工单位的沟槽开挖中线、开挖后的槽底高程，检查水井的位置。

（二）土方回填

本工程的土方回填重点是道路范围内的所有市政管线，检查井周边的土方回填。主要控制措施有：

（1）所有管线回填均纳入道路监理统一管理。

（2）管线回填必须保证路基填筑要求，按监理办与业主共同颁发的统一要求标准执行。

（3）管线回填要划小段落单独申请，符合规范和监理要求后批准回填。回填部位必须竖立回填施工责任牌，标明施工、监理责任人。承包人现场质量责任人必须到位。

（4）严格控制管线开挖断面，不允许超挖。

（5）严格控制回填用土质量，各项技术指标均应符合规范要求。重点控制击实标准、天然含水量和监理复试。回填前要进行清槽验收。回填应按规定虚铺层厚分层夯实或碾压，横向开台阶，管顶50cm以上部位原则上必须上压路机械碾压成活。监理人员旁站监理、层层验收，不达标准，不得进行下层回填，监理检验工程师将进行随机检查。

（6）对于各种检查井的回填施工，项目监理机构将制定技术及管理措施，以保证填筑质量。

（三）混凝土工程

混凝土工程的控制重点是配合比、坍落度、强度、外观、养生和工地试验室。

监理将对混凝土配合比进行严格控制，审查水泥、碎石、砂、外掺剂合格证明资料和自检资料，按规定频率进行监理复试，作为审批依据。承包人要提交配合比设计计算书、28天试配强度和3d、7d、14d、28d强度关系曲线。监理工程师在审批混凝土的配合比时，特别要注意必须满足本工程过街天桥混凝土结构的耐久性要求，配合比未经批准不得使用。

施工过程中，凡是主要结构部位，如排水方沟、挡墙基础、挡墙墙身及道路工程涉及的所有混凝土工程的混凝土施工，监理都将旁站，抽查混凝土质量，制作监理试件，发现问题，及时处理。

混凝土配合比应具有不低于95％的保证率，严格控制碱含量、和易性、坍落度、水灰比、最小水泥用量。使强度、和易性、耐久性符合设计和规范的要求。

监理将及时掌握混凝土强度结果，包括承包人自检强度、有见证取样送检强度和监理抽检强度，发现问题，及时处理。

外露混凝土模板必须符合业主对混凝土外观的要求，重要部位的模板必须单独审批模板设计。

监理在巡视过程中，将严格检查混凝土养生质量。在混凝土工程开工前，监理要对承包人的工地试验室建设和人员资质进行检查，不符合业主和监理要求的，不批准开工。

（四）预制构件

预制构件按分包管理进行。监理重点控制好分包审批、承包人对分包商管理、分包人的材料管理、构件验收、过程检查和成品验收。预应力构件分包还需报业主批准。监理重点审查分包资质、分包合同和承包人对分包商的管理，未经批准，不得分包。监理要严格查验分包工程材料质量，严防不合格材料用于本工程；严格控制构件验收，每周至少进行一次过程检查。构件出厂前，承包人在构件分包商提交全套质量证明资料的前提下，严格进行出厂前的成品验收，不合格的构件不得运抵工程现场。承包人要对构件分包明确专门的质量控制人员，制定控制措施报监理审批后实施。对大型构件承包人的质量控制员要在现场监督生产过程。对国家有承载能力检测要求的构件，应按国家规定的频率进行检验，控制其内在质量符合规范要求。在进行小构件安装前，应进行试拼装，以确保安装质量。

（五）承包人施工资料管理

资料是质量的最终反映。资料管理在质量管理中占有重要的位置，通过多年的分析和总结，我们认为要通过管资料来管质量。这里说的质量，一方面是工程质量，另一方面是施工单位和监理工程师的工作质量。

在开工之初，按照施工图纸和质量检验评定标准的要求，划分工程部位及工序。针对每个分项工程，依据技术规范和质量检验评定标准的有关要求，建立分项工程质量资料控制清单。在施工过程中，根据分项工程质量资料控制清单，不定期随机抽查质量资料的全面性、及时性、合规性，做到"不漏项、频率足、填写规范"。过程中发现的纯资料问题，通过资料管理体系，及时予以纠正；发现的工程实体质量可能存在的问题，通过监理办与承包人共同解决。施工过程的另外一项工作就是质量评定，要做到工程完、评定完、不积压。交工验收阶段，一方面要汇总整理竣工资料，另一方面要汇总评定总体工程质量，为监理质量评估报告提供数据。

第五节　主要监理工作制度

一、施工组织设计和施工方案审批

由承包单位编制，并报其技术负责人审核批准，于施工前二周报监理部，总监理工程师组织审查，专业监理工程师配合，监理部从收到之日起二周内审查完。

二、开工报告

由承包单位编制并审查批准，然后由总监理工程师审批，并由承包单位报有关业务部门。

三、主要建筑材料及设备监理

（1）材料申报。

承包单位在材料进场时，应向监理工程师报送进场申报单并附有出厂合格证、试验报告，经监理工程师核定后方可用于工程。

（2）材料复验。

由监理工程师核定出厂合格证、试验报告，如发现疑问时，承包单位应作出负责的解释，在监理认为确有必要进行复验时，由专业工程师填写材料复验单，经项目监理总监理工程师审批后，到指定的试验单位复验。另外，监理部还要不定期的抽样检查。

（3）设备监理。

主要设备订货前，承包单位应向监理工程师申报，经监理、设计、业主三方同意后方可订货。设备到货后应及时向监理工程师报送出厂合格证及有关设备技术资料，经监理核定符合设计要求后方可用于工程。

四、核定有关"施工试验报告"

承包单位应及时向专业监理工程师报送施工部位相应的"施工试验报告"，专业监理工程师负责核定。如发现问题，应及时向承包单位提出，予以纠正。对已造成事实者，按质量问题处理程序办理。

五、施工记录

（1）基坑验槽。

由承包单位填报，自查复核通过后由勘探、设计、业主、监理工程师共同现场检查签字。

（2）隐蔽工程记录及中间验收。

分包单位自检合格后，由总承包单位复检，在隐蔽和中间验收48小时前，将自检资料报送项目监理部，专业监理工程师收到自检资料后，在一般情况下，隐蔽工程24小时、中间验收48小时内进行抽检，合格后方可进入下道工序，对于特殊情况，专业监理工程师将及时验收。

（3）试压记录。

由承包单位组织试压，并做好记录，专业监理工程师参加并签字认证。

（4）调试记录。

由承包单位填写，报专业监理工程师审核签字。

六、设计变更及工地洽商

（1）设计变更。

总监理工程师（包括总监代表）、监理工程师从控制工程质量、进度、投资角度，会同业主进行会签，然后交承包单位施工。

（2）工地洽商单。

承包单位提出的工地洽商单，必须经监理工程师及总监理工程师审查同意后，再由承包单位提交设计办理。

七、质量问题监控

（1）质量问题通知单。

监理工程师在施工过程中发现一般质量通病，应随时口头通知承建单位有关人员及时进行整改，并做好整改记录。较大质量问题或工程隐患，由专业监理工程师及时填写质量问题通知单，经总监审批后及时发往有关单位，事后专业监理工程师要检查落实整改情况。

（2）质量问题处理。

由责任方提出处理方案，一般质量问题由监理部组织承建单位、设计单位、业主讨论后签发，重大质量问题由总监理工程师组织上述单位讨论签发，并对处理过程及结果进行督促验收，做好记录，另对重大质量问题，亦可以监理、质监站双重名义进行处理。

（3）工程质量鉴定、推荐优质工程。

分部、分项工程质量是由分包单位进行检查评定，总承包单位复核，专业监理工程师抽检认证，单位工程由承包单位在工程竣工后组织综合鉴定，监理工程师、质量监督站进行一次核定，在此基础上推荐优质工程。

（4）关于测量放线。

承包单位用业主指定的控制点放线并填写放线及复核记录，报监理复核，复测确认后方可施工。

八、旁站监理

监理人员在施工期间，对工程的重点部位、关键工序实施全过程连续监督检查，发现问题及时通知承包商整改，旁站检查项目在监理规划和监理实施细则中作出明确规定，并留下旁站记录。

（1）旁站总监的职责：

总监要对旁站的监理员和监理师进行内部技术交底，对旁站记录进行定期审核，对旁站工作要定期检查、考核。

（2）旁站监理人员的主要职责：

1）检查特殊工种上岗证和质检人员到岗，以及建材、施工机械准备情况；

2）在要求实施旁站监理的关键部位，关键工序进行现场跟班监督，监督承包单位严格按照技术标准、规范、规程和设计文件及经批准的施工组织设计进行施工，特别是检查工程建设强制性标准执行情况；

3）核查现场建材、建筑构配件、设备的质量检验报告等，并进行见证取样复验；

4）按规定的内容和范围实施旁站监理的同时，作好旁站监理记录和监理日记。旁站监理的范围和内容如表 3-5。

旁站监理的范围和内容 表 3-5

旁站监理的范围		旁站监理的内容
基础工程	桩基：静压桩	是否按照技术标准、规范、规程和批准的设计文件、施工组织设计施工； 是否使用合格的材料、构配件和设备； 承包单位有关现场管理人员、质检人员是否在岗； 施工操作人员的技术水平、操作条件是否满足施工工艺要求，特殊操作人员是否持证上岗； 施工过程是否存在质量和安全隐患，对施工过程中出现的较大质量问题或质量隐患，旁站人员应采用照相手段予以记录
	桩基检测	
	土方回填	
	地下防水	
	混凝土基础	
结构工程	混凝土施工	
	后浇带施工	
	劲心柱吊装	
隐蔽工程的隐蔽过程		全过程跟踪监督
建筑材料的见证取样		全过程跟踪监督
新技术、新工艺、新材料、新设备实验过程		全过程跟踪监督
定位放线、沉降观测		监理人员在承包单位测量成果基础上进行独立测量复核

其他需要旁站的部位和过程：水电安装中接地电阻、绝缘电阻的测试、通水通球试验等；首层二结构砌筑、铝窗现场喷淋；首层装修；合同规定和设计要求的其他应旁站的部位和过程。

旁站监理的方式：采用现场监督、检查的方式。

九、竣工验收及技术档案

（1）单项工程竣工验收：

由承包单位填报《竣工报告单》并组织复核，总监理工程师组织各专业监理工程师检查后签字，然后由总监组织初验并签署单项工程竣工验收证书。

（2）技术档案：

工程竣工后三周内承包单位负责将项目交工资料（含竣工图）汇编装订成册，经监理工程师审核，总监理工程师批准后向业主移交，在此之前，监理工程师随时可对项目工程技术资料的整理情况进行抽检。

（3）经济档案：

项目监理按月审查承包单位上报的建筑、安装价款，审查设备价款、建立单项工程各类费用台账，督促承包单位在工程交工后一个月内完成竣工结算。

十、监理通知

监理工程师利用口头或书面通知，对任何事项发出指示，并督促承包商严格遵守和执行监理工程师的指示。

（1）口头通知：

对一般工程质量问题或工程事项，口头通知承包商整改或执行。

监理通知单：监理工程师在巡视旁站等各种检查发出的问题，用监理通知单书面通知承包商，并要求承包商整改后再报监理工程师复查。

（2）工程停工通知单：

对承包商违规施工监理工程师预见到会发生重大隐患，应及时下达全部或局部停工通知单（一般情况下宜事先与业主沟通）。

第六节　对质量通病的预防控制

一、高填方路基的下沉

（1）选择优质填料进行填筑，不同性质的填料要分别分层填筑，不得混填，以免内部形成水或薄弱面，影响路堤稳定；要改变填料种类时，应作斜面衔接，且将透水性好的填料置于斜面的上面；

（2）严格控制填筑质量，选用良好的机械设备，施工过程中认真按规范要求进行，控制松铺厚度，碾压时行驶速度不宜过快，先压边缘，后压中间；

（3）路堤基底属软弱地基时，应进行基础处治；

（4）施工前先做好截水沟、排水沟等排水设施，施工过程中不断完善临时排水设施。

二、软土地基沉陷

软基处理一般采用塑料排水板、土工布、土工格栅、粉喷桩、置换填土、抛石挤淤等方法，其中塑料排水板是较常见的方法，此方法施工应注意的问题如下：

（1）塑料排水板的间距和长度应根据设计图纸的要求、工程地质条件、路堤高度等来确定，施工时要严格按设计和规范控制塑料排水板插入的长度和间距；

（2）塑料排水板的平面布置要求排列紧凑均匀，保证地下水能够顺利排出；

（3）在塑料排水板顶部要铺设 30～50cm 的砂垫层，塑料排水板的外露部分埋设在该层内以保证排水效果，砂层上最好铺设土工布和土工格栅，减少不均匀沉降。

三、路基、沟槽回填土沉陷

路基的强度和稳定性是保证路面强度和稳定性的基本条件，由于城市道路的地下部分铺设了各种不同的管线，因此，其沟槽回填的密实度对道路路基的影响很大，道路路基施工中，路堤填筑和管线沟槽回填是路基施工的关键部位。

回填土压实的质量通病为超厚回填、倾斜碾压、填土不符合要求，这些均会造成回填土达不到标准要求的密实度，从而导致路基和路面结构沉陷，管体上部破裂，无筋管还可能被压扁。其中倾斜碾压会使得碾轮不能发挥最大的压实功能，坡度越大损失的压实功就越大；填土中如夹带块状物，妨碍土颗粒间相互挤紧，达不到整体密实效果，另一方面块状物支垫碾轮，产生叠砌现象，使块状物周围留下空隙，日后发生沉陷；如果回填的土层其含水量是处于饱和状态的，不可能夯实，当地下水位下降，饱和水下渗后，将造成填土下陷，从而危及路基的安全。

治理方法：

（1）施工单位向操作者作好技术交底，使路基填方及沟槽回填土的虚铺厚度按照压路机要求而不超过有关规定。

（2）在路基总宽度内，应采用水平分层方法填筑。

（3）路基地面的横坡或纵坡陡于 1：5 时应做成台阶。

（4）回填沟槽分段填土时，应分层倒退留出台阶，台阶高等于压实厚度，台阶宽≥1m，对填土中的大石块要取出，严格控制山场土夹石的含石量和石块粒径。

（5）路基、沟槽回填土沉陷，可能与路基位移、失稳有关，应建议增加路基宽度、高度反压护坡维护路基稳定性。

四、路面的平整度控制

（1）施工设备要先进、配套、完好，机械手的经验丰富，责任心较强和操作水平较高；

（2）精心施工，严格控制好路基顶面、路面各结构层的标高、平整度和横坡度；

（3）充分利用有利季节进行施工；

（4）要严格控制水准点和施工放样的精度，保证路面平整度；

（5）在沥青路面上的基层顶面设置透层和下封层，保证路面使用后期的平整度。

五、沥青路面早期破坏的预防

（1）加强对原材料的检验工作，材料的质量是沥青路面质量的保证；

（2）严格掌握和控制沥青混合料的配合比；

（3）半刚性基层碾压完成，压实度检查合格后应立即开始养生，不允许基层开裂的现象发生；

（4）沥青透层或下封层完成后，应尽快铺筑沥青路面；

（5）加强沥青路面养护，保持路面清洁，疏通排水系统。

六、桥头跳车

（1）对桥头路堤的地基进行加固；

（2）选用优质填料，如选透水性好、易压实、沉降完成快、后期变形不大的材料；

（3）严格控制桥头路堤的压实度，用小型振动压路机分层碾压，每层碾压厚度不超过150mm，压实度均大于96%；

（4）桥头设置过渡段，可采用路面类型过渡或搭板过渡，以减小桥头路堤与桥梁本身沉降差；

（5）对桥头路堤进行防护；

（6）设置完善的排水设施。

七、排水系统

（一）管道渗水，闭水试验不合格

1. 原因

（1）管道基础条件不良导致管道和基础出现不均匀沉陷，造成局部积水，严重时会出现管道断裂或接口开裂。

（2）管材质量差，管道在外力作用下产生破损或接口开裂。

（3）管道接口及施工质量差，存在裂缝或局部松散，抗渗能力差，容易产生漏水。

（4）检查井施工质量差，井壁和与其连接管的结合处渗漏。

（5）闭水封口不密实，又因其井内而常被忽视。

2. 防治

（1）认真按设计要求施工，确保管道基础的强度和稳定性，当地基地质水文条件不良时，应进行换土改良处理，以提高基槽底部的承载力。如果槽底土壤被扰动或受水浸泡，应先挖松软土层、后用砂或碎石等稳定性的材料回填实密实，地下水位以下开挖土方时，应采取有效措施做好坑槽底部排水降水工作，确保开挖，必要时可在槽底预留20cm厚土层，待后续工序施工时随挖随封闭。

（2）所用管材要有质量部门提供合格证和力学试验报告等资料，管材外观质量要求表面无蜂窝麻面现象。

（3）选用质量较好的接口填料并按试验配合比和合理的施工工艺组织施工，接口缝内要洁净，对水泥类填料接口还要预先湿润，而对油性的则预先干燥后刷冷底子油，再按照施工操作规程认真施工。

（4）检查井砌筑砂浆要饱满，勾缝全面不遗漏，抹面前清洁和湿润表面，及时压光收浆并养护。遇有地下水时，抹面和勾缝应随砌筑及时完成，不可在回填以后现进行内抹面或内勾缝。与检查井连接的管道表面应先湿润且均匀刷一层水泥原浆，等管道就位后再做好内外抹面，以防渗漏。

（5）砌堵前应把管口 0.5m 左右范围内的管内壁清洗干净，涂刷水泥原浆，同时把所用的砖块润湿备用。砌堵砂浆强度等级应不低于 M7.5，且具良好的稠度，勾缝和抹面用的水泥砂浆强度等级不低于 M15。管径较大时应内外双面勾缝，较小时只做单面勾缝或抹面，抹面应按防水的 5 层施工法施工。

（6）条件允许时可在检查井砌筑之前进行封砌，有利于保证质量，预设排水孔在管内底处以便排干和试验时检查。

（二）检查井与路面的接缝处出现塌陷

大多数雨水井都设在行车道上，还有不少排水干管及其检查井也设在行车道上，当其井背宽度较小时，回填夯实十分困难，压实度检查也难以进行。施工中经常发生的疏忽或监控不严，必然使工程出现质量问题，导致常见的雨水井及其检查井与路面接缝处出现塌落缺陷，检查井变形和下沉，造成行车中出现跳车现象。井盖质量和安装质量差，铁爬梯安装随意性太大，影响外观及其使用质量。

防治措施如下：

（1）认真做好检查井的基层和垫层，防止井体下沉。

（2）检查井砌筑质量应控制好井室和井口中心位置及其高度，防止井体变形。

（3）检查井，井盖与座要配套，安装时坐浆要饱满，轻重型号和面底不错用，铁爬安装要控制好上、下第一步的位置，偏差不要太大，平面位置准确。

八、辅助性设施

（1）盲道口道板安装不牢，易脱落。

由于盲道口在通往人行横道处是下坡，造成了此处的道板需切割、且突出人行道路面。一旦安装质量稍微出现一些问题，极易产生道板脱落现象。这也是市政道路工程中经常产生的质量缺陷。

施工单位应在施工前的技术交底中，应向施工队伍提出特别要求，在施工中应特别注意此处的施工质量，注意砂浆强度等级、干湿度及砂浆的饱满度，必要时可要求用于此处的砂浆强度等级提高一个等级。

（2）人行道上的路灯、检查井、盖板与道面高差超标，易产生绊脚现象。

在人行道施工中，由于检查井盖板大，安装较难，极易出现检查井盖板与路面高差超标现象，交付使用后，可能发生绊脚现象。施工单位需要逐个进行检查验收，不合格的坚决要求整修，直到达到要求为止。

第二篇　城市桥梁工程

　　桥梁工程作为市政行业的一个重要组成部分，在城市交通中起着极其重要的作用。我国桥梁工程事业发展较晚，早期和国际水平距离较大，但二十余年来，我国的桥梁建设事业经历了一个辉煌的发展时期，建成了一大批结构新颖、技术复杂、设计和施工难度大、现代化品位和科技含量高的大跨径桥梁，积累了丰富的桥梁设计和施工经验。它们的修建，不仅缓解了城市交通的拥挤、堵塞现象，同时又为城市建设的面貌增添了风采。总体而言，我国桥梁建设水平已跻身国际先进行列。

　　面对新技术的革新，未来桥梁将向长、大、柔以及新型结构、新型材料、智能化方向发展。为此，未来桥梁必须具备科学性、经济性、功能性、安全性以及多功能性的综合要求。从过去依靠技术与经验造桥转向依靠科学技术造桥。未来桥梁总的发展趋势主要有以下几个方面：

　　(1) 大跨度桥梁向更长、更大、更柔的方向发展，引发了对各种杂交组合体系、协作体系以及三向组合结构和混合结构等创新结构体系的研究，以充分发挥不同材料和体系各自的优点，并最终获得高经济指标、可靠的结构连接以及安全方便的施工工艺。

　　(2) 轻质高性能、耐久材料的研制和应用。新材料应具有高强、高弹模、轻质的特点，玻璃纤维和碳纤维增强塑料从最初作为加固补强材料，向最终替代传统的钢材和混凝土两种基本建筑材料方向发展，从而引发桥梁工程材料的革命性转变。在这一过程中，高性能、轻骨料混凝土，超强度钢材和预应力钢材及其防腐工艺的进步也不会停止。

　　(3) 在理论分析方面，计算机和非线性数值方法的不断进步，使力学模型日益精细化，仿真度提高，可以在设计阶段逼真地描述大桥在地震、强风、海浪等恶劣自然条件下施工和运营的全过程，为决策提供动态的虚拟现实图像。

　　(4) 大型工厂化预制节段和大型施工设备的整体化安装将成为桥梁施工方法的主流，计算机远程控制的建筑机器人将逐渐代替目前工地浇筑或分割成小型块件的拼装施工。在运用新技术的桥梁工程精细化施工中，工期的可操控性大大加强，操作人员可大批量减少，而且施工安全性也容易得到保证；材料、构件尺寸及质量等的可控性得到加强，使工程质量得到整体提高；同时有条件采用抗腐蚀性能良好的材料及采用标准化方法对结构进行防护性涂装，以提高材料和结构的耐久性，延长桥梁的使用寿命。

　　(5) 大型深水基础工程。目前世界桥梁基础尚未超过 100m 深海基础工程，下一步需进行 100～300m 深海基础的实践。

　　(6) 桥梁的健康监测和旧桥加固。随着桥梁的长大化、轻柔化和行车速度的提高，大跨度桥梁在运行阶段可能出现结构振动过大以及构件的疲劳、应力过大、老化失效、开裂等问题，并由此危及桥梁的正常使用和安全。这就需要建立完善的健康监测系统，对容易发生损伤的部位及时做出诊断和警报，对桥梁结构的健康状况进行评定，并向养护部门提供维修或加固的决策，以保证桥梁的使用寿命。同时，我国在经历了二十几年交通事业的迅速发展时期之后，现有桥梁存在的荷载等级不足、年久失修等问题逐渐显现出来，旧桥检测和加固的问题也迫在眉睫。通过正确评估旧桥的现有承载能力，以及研究发展旧桥的加固方法，可以延长桥梁结构的使用寿命，更好地保障交通的畅通，获得更大的经济效益。

（7）重视桥梁美学及环境保护。桥梁是人类最杰出的建筑之一，著名的大桥都是一件件宝贵的空间艺术品，成为陆地、江河、海洋和天空的景观，成为城市标志性建筑。21世纪的桥梁结构必将更加重视建筑艺术造型，重视桥梁美学和景观设计，重视环境保护，达到人文景观同环境景观的完美结合。

（8）大型桥梁工程的营建管理技术。随着工程规模的日益扩大，对管理者的要求也逐渐提高。对大型的复杂工程，各工序的前后衔接安排及工期控制，物力和财力的安排及调度，设计、施工、监理、工程控制等各方的工作关系协调等问题成为制约工程质量的重大因素。通过营建管理技术的研究，培养一批既有工程技术，又有管理经验的高素质工程管理人员，对提高大型桥梁工程的质量至关重要。

（9）中小跨度桥梁方面。虽然中小跨度桥梁看似技术简单，但由于其数量巨大，因此即使是小的技术改进也能带来可观的经济效益。在今后的发展中，要加强标准图设计，节省设计资源；形成规模化、标准化构件预制、拼装，提高施工质量，降低施工费用；应用高强度材料，如高强度等级混凝土、高强度钢材（保证焊接性能）等，减轻结构自重，提高跨越能力。

（10）桥梁设计、施工规范、标准的更新。近年来，桥梁结构的不断翻新，新材料、新工艺的不断推陈出新，新形势、新问题的不断出现，迫切要求加快桥梁规范的更新和修改周期，以适应桥梁各项技术的发展，改变我国桥梁规范滞后于技术发展的被动局面。

第四章　城市桥梁工程相关技术标准

桥梁工程施工是桥梁建设的关键环节，桥梁施工技术水平的高低直接影响到桥梁建设的发展。桥梁工程的施工质量，首先应符合国家现行的关于工程质量的法律、法规、技术标准和规范等的有关规定，尤其是强制性标准的规定。

现仅将城市桥梁工程建设施工阶段监理依据的《城市桥梁工程施工与质量验收规范》、《混凝土结构工程施工质量验收规范》（2011 版）、《混凝土质量控制标准》、《预应力筋用锚具、夹具和连接器应用技术规程》、《钢结构工程施工质量验收规范》强制性条文及条文说明列举如下。

第一节　《城市桥梁工程施工与质量验收规范》
CJJ 2—2008 强制性条文及条文说明

《城市桥梁工程施工与质量验收规范》编号为 CJJ 2—2008，自 2009 年 7 月 1 日起实施。其中，第 2.0.5、2.0.8、5.2.12、6.1.2、6.1.5、8.4.3、10.1.7、13.2.6、13.4.4、14.2.4、

16.3.3、17.4.1、18.1.2条为强制性条文，必须严格执行。

2.0.5 施工单位应按合同规定的或经过审批的设计文件进行施工。发生设计变更及工程洽商应按国家现行有关规定程序办理设计变更与工程洽商手续，并形成文件。严禁按未经批准的设计变更进行施工。

〔条文说明〕：本条为强制性条文，强调施工单位必须遵守的规定，应严格执行。在施工过程中，当发生设计变更，为了保证对设计意图的理解不产生偏差，以确保满足原结构设计的要求，办理设计变更文件。

2.0.8 施工中必须建立技术与安全交底制度。作业前主管施工技术人员必须向作业人员进行安全与技术交底，并形成文件。

〔条文说明〕：安全交底与技术交底并列，形成制度，应是今后的方向。

5.2.12 浇筑混凝土和砌筑前，应对模板、支架和拱架进行检查和验收，合格后方可施工。

〔条文说明〕：本条是对混凝土和砌体工程施工过程所使用的模板、支架和拱架提出的基本要求，是确保工程质量和施工安全的强制性条文，因此必须严格执行。

6.1.2 钢筋应按不同钢种、等级、牌号、规格及生产厂家分批验收，确认合格后方可使用。

〔条文说明〕：钢筋是混凝土结构中的主要组成部分，对结构的承载力至关重要，使用的钢筋是否符合标准和设计要求，直接影响建筑物的质量和安全，因此钢筋进场时，必须按批抽取试件作力学性能和工艺性能试验。其质量必须符合现行国家标准的规定和设计要求。

6.1.5 预制构件的吊环必须采用未经冷拉的 HPB235 热轧光圆钢筋制作，不得以其他钢筋代替。

〔条文说明〕：预制构件有多种结构形式，通常设计图纸给出预制构件的吊装形式，应按设计要求制作，吊环材质必须采用未经冷拉的 HPB235 热轧光圆钢筋制作，不得以其他钢筋替代。

8.4.3 预应力筋的张拉控制应力必须符合设计规定。

〔条文说明〕：预应力筋的张拉控制应力对于保证预应力结构物的抗裂性能及承载力至关重要，故必须符合设计要求，并严格执行。

10.1.7 基坑内地基承载力必须满足设计要求。基坑开挖完成后，应会同设计、勘探单位实地验槽，确认地基承载力满足设计要求。

〔条文说明〕：地基承载力对结构的安全和使用寿命至关重要。基坑挖至基底设计高程或已按设计要求加固、处理完毕后，基底检验应及时并形成验收记录。

13.2.6 桥墩两侧梁段悬臂施工应对称、平衡。平衡偏差不得大于设计要求。

13.4.4 桥墩两侧应对称拼装，保持平衡。平衡偏差应满足设计要求。

〔条文说明〕：悬臂浇筑、悬臂拼装对称、平衡是保证施工安全、结构安全及工程质量的前提条件。

14.2.4 高强度螺栓终拧完毕必须当班检查。每栓群应抽查总数的 **5%**，且不得少于 **2** 套。抽查合格率不得小于 **80%**，否则应继续抽查，直至合格率达到 **80%** 以上。对螺栓拧紧度不足者应补拧，对超拧者应更换、重新施拧并检查。

［条文说明］：高强螺栓扭矩值采用螺母松扣、回扣法检查时，先在螺栓与螺母的相对位置划一细直线作为标记，然后将螺母拧松，再用扳手拧回原来位置（画线处重合），读得此时扭矩值；采用紧扣法检查时，读取刚刚紧扣微小转动的扭矩值。上述扭矩值读数分别与规定值比较，超拧值或欠拧值均不大于规定值的10％者为合格。高强螺栓连接是钢梁施工的关键工序，对结构承载力至关重要，必须当班检查。

16.3.3 分段浇筑程序应对称于拱顶进行，且应符合设计要求。

［条文说明］：分段浇筑程序应符合设计要求，应对称于拱顶进行，使拱架变形保持均匀和尽可能的最小，以保证浇筑过程中拱圈变形均匀，不发生开裂。

17.4.1 施工过程中，必须对主梁各个施工阶段的拉索索力、主梁标高、塔梁内力以及索塔位移量等进行监测，并应及时将有关数据反馈给设计单位，分析确定下一施工阶段的拉索张拉量值和主梁线形、高程及索塔位移控制量值等，直至合龙。

［条文说明］：施工控制是斜拉桥主梁与拉索施工阶段设计计算的延伸与完善。斜拉桥属高次超静定结构，其主要特点是施工与设计高度耦合。斜拉桥的施工方法和程序对成桥后主梁线形和结构恒载内力具有决定性的作用，由于设计所采用的材料特性、结构断面、施工荷载数值与分布、主梁梁段自重、主梁预应力张拉值、拉索张拉值等参数不可能与实际情况完全一致，导致施工过程中的主梁线形、拉索索力、塔梁内力、塔索位移偏离设计值，并对后续梁段及合龙段的施工带来不利影响，因此需要对各个工况的实际状况进行分析、处理，并以试验与监测数据作为分析验算的控制参数，经过温度修正和标准化处理并与设计值的偏差作出分析、判断，对偏差超限作出调整对策，由此确定下一工序的控制内容、控制方法与控制值，直至合龙、成桥，从而确保全桥线形符合设计要求、索力与结构内力在安全范围内。

18.1.2 施工过程中，应及时对成桥结构线形及内力进行监控，确保符合设计要求。

［条文说明］：悬索桥的施工精度要求很高，每个环节都不能忽视，随着工程进度要及时做好监控工作，防止施工中出现结构位移与应力过大现象，确保施工质量、结构安全。

第二节　《混凝土结构工程施工质量验收规范》
GB 50204—2002 强制性条文及条文说明

《混凝土结构工程施工质量验收规范》（2011 版）GB 50204—2002，对《混凝土结构工程施工质量验收规范》GB 50204—2002 进行局部修订的条文自 2011 年 8 月 1 日起实施。其中，第 4.1.1、4.1.3、5.1.1、5.2.1、5.2.2、5.5.1、6.2.1、6.3.1、6.4.4、7.2.1、7.2.2、7.4.1、8.2.1、8.3.1、9.1.1 条为强制性条文，必须严格执行。

4.1.1 模板及其支架应根据工程结构形式、荷载大小、地基土类别、施工设备和材料供应等条件进行设计。模板及其支架应具有足够的承载能力、刚度和稳定性，能可靠的承受浇筑混凝土的重量、侧压力以及施工荷载。

［条文说明］：本条提出了对模板及其支架的基本要求，这是保证模板及其支架的安全并对混凝土成型质量起重要作用的项目。多年的工程实践证明，这些要求对保证混凝土结构的施工质量是必需的。本条为强制性条文，应严格执行。

4.1.3 模板及其支架拆除的顺序及安全措施应按施工技术方案执行。

[条文说明]：模板及其支架拆除的顺序及相应的施工安全措施对避免重大工程事故非常重要，在制定施工技术方案时应考虑周全。模板及其支架拆除时，混凝土结构可能尚未形成设计要求的受力体系，必要时应加设临时支撑。后浇带模板的拆除及支顶易被忽视而造成结构缺陷，应特别注意。本条文为强制性条文，应严格执行。

5.1.1 当钢筋的品种、级别或规格需作变更时，应办理设计变更文件。

[条文说明]：在施工过程中，当施工单位缺乏设计所需要的钢筋品种、级别或规格时，可进行钢筋代换。为了保证对设计意图的理解不产生偏差，规定当需要做钢筋代换时应办理设计变更文件，以确保满足原结构设计要求，并明确钢筋代换由设计单位负责。本文为强制性条文，应严格执行。

5.2.1 钢筋进场时，应按国家现行相关标准的规定抽取试件作力学性能和重量偏差检验，检验结果必须符合有关标准的规定。

检验数量： 按进场的批次和产品的抽样检验方案确定。

检验方法： 检查出厂合格证、出厂检验报告和进场复验报告。

[条文说明]：钢筋对混凝土结构的承载能力至关重要，对其质量应从严要求。本次局部修订根据建筑钢筋市场的实际情况，增加了重量偏差作为钢筋进场验收的要求。

与热轧光圆钢筋、热轧带肋钢筋、余热处理钢筋、钢筋焊接网性能及检验相关的国家现行标准有：《钢筋混凝土用钢　第1部分：热轧光圆钢筋》GB 1499.1、《钢筋混凝土用钢　第2部分：热轧带肋钢筋》GB 1499.2、《钢筋混凝土用余热处理钢筋》GB 13014、《钢筋混凝土用钢　第3部分：钢筋焊接网》GB 1499.3。与冷加工钢筋性能及检验相关的国家现行标准有：《冷轧带肋钢筋》GB 13788、《冷轧扭钢筋》JG 90及《冷轧带肋钢筋混凝土结构技术规程》JGJ 95、《冷轧扭钢筋混凝土构件技术规程》JGJ 115、《冷拔低碳钢丝应用技术规程》JGJ 19等。

钢筋进场时，应检查产品合格证和出厂检验报告，并按相关标准的规定进行抽样检验。由于工程量、运输条件和各种钢筋的用量等的差异，很难对钢筋进场的批量大小做出统一规定。实际检查时，若有关标准中对进场检验作了具体规定，应遵照执行；若有关标准中只有对产品出厂检验的规定，则在进场检验时，批量应按下列情况确定：

（1）对同一厂家、同一牌号、同一规格的钢筋，当一次进场的数量大于该产品的出厂检验批量时，应划分为若干个出厂检验批量，按出厂检验的抽样方案执行；

（2）对同一厂家、同一牌号、同一规格的钢筋，当一次进场的数量小于或等于该产品的出厂检验批量时，应作为一个检验批量，然后按出厂检验的抽样方案执行；

（3）对不同进场时间的同批钢筋，当确有可靠依据时，可按一次进场的钢筋处理。

本条的检验方法中，产品合格证、出厂检验报告是对产品质量的证明资料，应列出产品的主要性能指标；当用户有特殊要求时，还应列出某些专门检验数据。有时，产品合格证、出厂检验报告可以合并。进场复验报告是进场抽样检验的结果，并作为材料能否在工程中应用的判断依据。

对于每批钢筋的检验数量，应按相关产品标准执行。国家标准《钢筋混凝土用钢 第1部分：热轧光圆钢筋》GB 1499.1—2008和《钢筋混凝土用钢 第2部分：热轧带肋钢筋》GB 1499.2—2007中规定每批抽取5个试件，先进行重量偏差检验，再抽取其中2个试件进行力学性能检验。

本规范中，涉及原材料进场检查数量和检验方法时，除有明确规定外，均应按以上叙述理解、执行。

本条为强制性条文，应严格执行。

5.2.2 对有抗震设防要求的结构，其纵向受力钢筋的性能应满足设计要求；当设计无具体要求时，对按一、二、三级抗震等级设计的框架和斜撑结构（含梯段）中的纵向受力钢筋应采用 HRB335E、HRB400E、HRB500E、HRBF335E、HRBF400E 或 HRBF500E 钢筋，其强度和最大力下总伸长率的实测值应符合下列规定：

1. 钢筋的抗拉强度实测值与屈服强度实测值的比值不应小于 1.25；

2. 钢筋的屈服强度实测值与屈服强度标准值的比值不应大于 1.30；

3. 钢筋的最大力下总伸长率不应小于 9%。

检查数量：按进场的批次和产品的抽样检验方案确定。

检验方法：检查进场复验报告。

［条文说明］：根据新颁布的国家标准《混凝土结构设计规范》GB 50010、《建筑抗震设计规范》GB 50011 的规定，本条提出了针对部分框架、斜撑构件（含梯段）中纵向受力钢筋强度、伸长率的规定，其目的是保证重要结构构件的抗震性能。本条第 1 款中抗拉强度实测值与屈服强度实测值的比值工程中习惯称为"强屈比"，第 2 款中屈服强度实测值与屈服强度标准值的比值工程中习惯称为"超强比"或"超屈比"，第 3 款中最大力下总伸长率习惯称为"均匀伸长率"。

本条中的框架包括各类混凝土结构中的框架梁、框架柱、框支梁、框支柱及板柱—抗震墙的柱等，其抗震等级应根据国家现行相关标准由设计确定；斜撑构件包括伸臂桁架的斜撑、楼梯的梯段等，相关标准中未对斜撑构件规定抗震等级，所有斜撑构件均应满足本条规定。

牌号带"E"的钢筋是专门为满足本条性能要求生产的钢筋，其表面扎有专用标志。

本条为强制性条文，应严格执行。

5.5.1 钢筋安装时，受力钢筋的品种、级别、规格和数量必须符合设计要求。

检查数量：全数检查。

检查方法：观察，钢尺检查。

［条文说明］：受力钢筋的品种、级别、规格和数量对结构构件的受力性能有重要影响，必须符合设计要求。本条为强制性条文，应严格执行。

6.2.1 预应力钢筋进场时，应按现行国家标准《预应力混凝土用钢绞线》GB/T 5224 等的规定抽取试件作力学性能检验，其质量必须符合有关标准的规定。

检查数量：按进场的批次和产品的抽样检验方案确定。

检验方法：检查产品合格证、出厂检验报告和进场复验报告。

［条文说明］：常用的预应力筋有钢丝、钢绞线、热处理钢筋等，其质量应符合相应的现行国家标准《预应力混凝土用钢丝》GB/T 5223、《预应力混凝土用钢绞线》GB/T 5224、《预应力混凝土用热处理钢筋》GB 4463 等的要求。预应力筋是预应力分项工程中最重要的原材料，进场时应根据进场批次和产品的抽样检验方案确定检验批，进行进场复验。由于各厂家提供的预应力筋产品合格证内容与格式不尽相同，为统一及明确有关内容，要求厂家除了提供产品合格证外，还应提供反映预应力筋主要性能的出厂检验报告，

两者也可合并提供。进场复验可仅做主要的力学性能试验。本章中，涉及原材料进场检查数量和检验方法时，除有明确规定外，都应按本规范第5.2.1条的说明理解、执行。本条为强制性条文，应严格执行。

6.3.1 预应力筋安装时，其品种、级别、规格、数量必须符合设计要求。

检查数量： 全数检查。

检查方法： 观察，钢尺检查。

〔条文说明〕：预应力筋的品种、级别、规格和数量对保证预应力结构构件的抗裂性能及承载力至关重要，故必须符合设计要求。本条为强制性条文，应严格执行。

6.4.4 张拉过程中应避免预应力筋断裂或滑脱；当发生断裂或滑脱时，必须符合下列规定：

1. 对后张法预应力结构构件，断裂或滑脱的数量严禁超过同一截面预应力筋总根数的3%，且每束钢丝不得超过一根；对多跨双向连续板，其同一截面应按每跨计算；

2. 对先张法预应力构件，在浇筑混凝土前发生断裂或滑脱的预应力筋必须予以更换。

检查数量： 全数检查。

检查方法： 观察，检查张拉记录。

〔条文说明〕：由于预应力筋断裂或滑脱对结构构件的受力性能影响极大，故施加预应力过程中，应采取措施加以避免。先张法预应力构件中的预应力筋不允许出现断裂或滑脱，若在浇筑混凝土前出现断裂或者滑脱，相应的预应力筋应予以更换。后张法预应力结构构件中预应力筋断裂或滑脱的数量，不应超过本条的规定。本条为强制性条文，应严格执行。

7.2.1 水泥进场时应对其品种、级别、包装或散装仓号、出厂日期等进行检查，并应对其强度、安定性及其他必要的性能指标进行复验，其质量必须符合现行国家标准《硅酸盐水泥、普通硅酸盐水泥》GB 175 等的规定。

当在使用中对水泥质量有怀疑或水泥出厂超过三个月（快硬硅酸盐水泥超过一个月）时，应进行复验，并按复验结果使用。

钢筋混凝土结构、预应力混凝土结构中，严禁使用含氯化物的水泥。

检查数量： 按同一生产厂家、同一等级、同一品种、同一批号且连续进场的水泥，袋装不超过200t为一批，散装不超过500t为一批，每批抽样不少于一次。

检验方法： 检查产品合格证、出厂检验报告和进场复验报告。

〔条文说明〕：水泥进场时，应根据产品合格证检查其品种、级别等，并有序存放，以免造成混料错批。强度、安定性等是水泥的重要性能指标，进场时应作复验，其质量应符合现行国家标准《硅酸盐水泥、普通硅酸盐水泥》GB 175、《矿渣硅酸盐水泥、火山灰质硅酸盐水泥及粉煤灰硅酸盐水泥》GB 1344、《复合硅酸盐水泥》GB 12958 等的要求。水泥是混凝土的重要组成成分，若其中含有氯化物，可能引起混凝土结构中钢筋的锈蚀，故应严格控制。本条为强制性条文，应严格执行。

7.2.2 混凝土中掺用外加剂的质量及应用技术应符合现行国家标准《混凝土外加剂》GB 8076、《混凝土外加剂应用技术规范》GB 50119 等和有关环境保护的规定。

预应力混凝土结构中，严禁使用含氯化物的外加剂。钢筋混凝土结构中，当使用含氯化物的外加剂时，混凝土中氯化物的总含量应符合现行国家标准《混凝土质量控制标准》

GB 50164 的规定。

检查数量：按进场的批次和产品的抽样检验方案确定。

检查方法：检查产品合格证、出厂检验报告和进场复验报告。

［条文说明］：混凝土外加剂种类较多，且均有相应的质量标准，使用时其质量及应用技术应符合国家现行标准《混凝土外加剂》GB 8076、《混凝土外加剂应用技术规范》GBJ 50119、《混凝土速凝剂》JC 472、《混凝土泵送剂》JC 473、《混凝土防水剂》JC 474、《混凝土防冻剂》JC 475、《混凝土膨胀剂》JC 476 等规定。外加剂的检验项目、方法和批量应符合相应标准的规定。若外加剂中含有氯化物，同样可能引起混凝土结构中钢筋的锈蚀，故应严格控制。本章中，涉及原材料进场检查数量和检验方法时，除有明确规定外，都应按本规范第 5.2.1 条的说明理解、执行。本条为强制性条文，应严格执行。

7.4.1 结构混凝土的强度等级必须符合设计要求。用于检查结构构件混凝土强度的试件，应在混凝土的浇筑地点随机抽取。取样与试件留置应符合下列规定：

1. 每拌制 100 盘且不超过 100m³ 的同配合比的混凝土，取样不得少于一次；

2. 每工作班拌制的同一配合比的混凝土不足 100 盘时，取样不得少于一次；

3. 当一次连续浇筑超过 1000m³ 时，同一配比的混凝土每 200m³ 取样不得少于一次；

4. 每一楼层、同一配合比的混凝土，取样不得少于一次；

5. 每次取样应至少留置一组标准养护试件，同条件养护试件的留置组数应根据实际需要确定；

检验方法：检查施工记录及试件强度试验报告。

［条文说明］：本条针对不同的混凝土生产量，规定了用于检查结构构件混凝土强度试件的取样与留置要求。本条为强制性条文，应严格执行。

应指出的是，同条件养护试件的留置组数除应考虑用于确定施工期间结构构件的混凝土强度外，还应根据本规范第 10 章及附录 D 的规定，考虑用于结构实体混凝土强度的检验。

8.2.1 现浇结构的外观质量不应有严重缺陷。

对已出现的严重缺陷，应由施工单位提出技术处理方案，并经监理（建设）单位认可后进行处理。对经处理的部位，应重新检查验收。

检查数量：全数检查。

检验方法：观察，检查技术处理方案。

［条文说明］：外观质量的严重缺陷通常会影响到结构性能、使用功能或耐久性。对已经出现的严重缺陷，应由施工单位根据缺陷的具体情况提出技术处理方案，经监理（建设）单位认可后进行处理，并重新检查验收。本文为强制性条文，应严格执行。

8.3.1 现浇结构不应有影响结构性能和使用功能的尺寸偏差。混凝土设备基础不应有影响结构性能和设备安装的尺寸偏差。

对超过尺寸允许偏差且影响结构性能和安装、使用功能的部位，应由施工单位提出技术处理方案，并经监理（建设）单位认可后进行处理。对经处理的部位，应重新检查验收。

检查数量：全数检查。

检查方法：量测，检查技术处理方案。

［条文说明］：过大的尺寸偏差可能影响结构构件的受力性能、使用功能，也可能影响设备在基础上的安装、使用。验收时，应根据现浇结构、混凝土设备基础尺寸偏差的具体情况，由监理（建设）单位、施工单位等各方共同确定尺寸偏差对结构性能和安装使用功能的影响程度。对超过尺寸允许偏差且影响结构性能和安装、使用功能的部位，应由施工单位根据尺寸偏差的具体情况提出技术处理方案，经监理（建设）单位认可后进行处理，并重新检查验收。本条为强制性条文，应严格执行。

9.1.1 预制构件应进行结构性能检验。结构性能检验不合格的预制构件不得用于混凝土结构。

［条文说明］：装配式结构的功能性能主要取决于预制构件的结构性能和连接质量。因此，应按本规范第 9.2 节及附录 C 的规定对预制构件进行结构性能检验，合格后方能用于工程。本条为强制性条文，应严格执行。

第三节 《混凝土质量控制标准》GB 50164—2011 强制性条文及条文说明

《混凝土质量控制标准》编号为 GB 50164—2011，自 2012 年 5 月 1 日起实施。其中，第 6.1.2 条为强制性条文，必须严格执行。

6.1.2 混凝土拌合物在运输和浇筑成型过程中严禁加水。

［条文说明］：在生产施工过程中向混凝土拌合物中加水会严重影响混凝土力学性能、长期性能和耐久性能，对混凝土工程质量危害极大，必须严格禁止。

第四节 《预应力筋用锚具、夹具和连接器应用技术规程》 JGJ 85—2010 强制性条文及条文说明

《预应力筋用锚具、夹具和连接器应用技术规程》编号为 JGJ 85—2010，自 2010 年 10 月 1 日起实施。其中，第 3.0.2 条为强制性条文，必须严格执行。

3.0.2 锚具的静载锚固性能，应由预应力筋-锚具组装件静载试验测定的锚具效率系数（η_a）和达到实测极限拉力时组装件中预应力筋的总应变（ε_{apu}）确定。锚具效率系数（η_a）不应小于 0.95，预应力筋总应变（ε_{apu}）不应小于 2.0%。锚具效率系数应根据试验结果并按下式计算确定：

$$\eta_a = F_{apu}/(\eta_p \times F_{pm}) \tag{3.0.2}$$

式中：η_a——由预应力筋-锚具组装件静载试验测定的锚具效率系数；

$\quad F_{apu}$——预应力筋-锚具组装件的实测极限拉力（N）；

$\quad F_{pm}$——预应力筋的实际平均极限抗拉力（N），由预应力筋试件实测破断力平均值计算确定；

$\quad \eta_p$——预应力筋的效率系数，其值应按下列规定取用：预应力筋-锚具组装件中预应力筋为 1～5 根时，$\eta_p = 1$；6～12 根时，$\eta_p = 0.99$；13～19 根时，$\eta_p = 0.98$；20 根及以上时，$\eta_p = 0.97$。

预应力筋-锚具组装件的破坏形式应是预应力筋的破断，锚具零件不应碎裂。夹片式锚具的夹片在预应力筋拉应力未超过 $0.8f_{ptk}$ 时不应出现裂纹。

［条文说明］：本条规定了预应力筋用锚具的最基本的锚固性能指标，对保证锚具的正常使用及预应力工程的质量、安全具有重要意义。锚固性能不合格的锚具，不仅对工程结构的质量产生不利影响，同时，在施工阶段容易造成预应力筋的断裂、滑移，严重影响施工安全。目前，我国锚具年产量已达 1 亿孔以上，其使用范围非常广泛，而施工现场环境往往比较恶劣，对锚具提出严格的性能要求。锚具的性能对工程质量、施工安全均具有重要意义。

本条中 η_a 的定义同《预应力筋用锚具，夹具和连接器》GB/T 14370—2007，主要考虑了每束预应力筋中预应力钢材的质量不均匀性和根数对应力不均匀性的影响。由于进行预应力束拉伸试验时，得到的结果是预应力筋与锚具两者的综合效应，目前尚无法将预应力筋的影响单独区分开来。

第五节　《钢结构工程施工质量验收规范》GB 50205—2001 强制性条文及条文说明

《钢结构工程施工质量验收规范》，编号为 GB 50205—2001，自 2002 年 3 月 1 日起实施。其中，第 4.2.1、4.3.1、4.4.1、5.2.2、5.2.4、6.3.1、8.3.1、10.3.4、11.3.5、12.3.4、14.2.2、14.3.3 条为强制性条文，必须严格执行。

4.2.1　钢材、钢铸件的品种、规格、性能等应符合现行国家产品标准和设计要求。进口钢材产品的质量应符合设计和合同规定标准的要求。

检查数量：全数检查。

检验方法：检查质量合格证明文件、中文标志及检验报告等。

［条文说明］：近些年，钢铸件在钢结构（特别是大跨度空间钢结构）中的应用逐渐增加，故对其规格和质量提出明确规定是完全必要的。另外，各国进口钢材标准不尽相同，所以规定对进口钢材应按设计和合同规定的标准验收。本条为强制性条文。

4.3.1　焊接材料的品种、规格、性能等应符合现行国家产品标准和设计要求。

检查数量：全数检查。

检验方法：检查焊接材料的质量合格证明文件、中文标志及检验报告等。

［条文说明］：焊接材料对焊接质量的影响重大，因此，钢结构工程中所采用的焊接材料应按设计要求选用，同时产品应符合相应的国家现行标准要求。本条为强制性条文。

4.4.1　钢结构连接用高强度大六角头螺栓连接副、扭剪型高强度螺栓连接副、钢网架用高强度螺栓、普通螺栓、铆钉、自攻钉、拉铆钉、射钉、锚栓（机械型和化学试剂型）、地脚锚栓等紧固标准件及螺母、垫圈等标准配件，其品种、规格、性能等应符合现行国家产品标准和设计要求。高强度大六角头螺栓连接副和扭剪型高强度螺栓连接副出厂时应分别随箱带有扭矩系数和紧固轴力（预拉力）的检验报告。

检查数量：全数检查。

检验方法：检查产品的质量合格证明文件、中文标志及检验报告等。

［条文说明］：高强度大六角头螺栓连接副的扭矩系数和扭剪型高强度螺栓连接副的紧

固轴力（预应力）是影响高强度螺栓连接质量最主要的因素，也是施工的重要依据，因此要求生产厂家在出厂前要进行检验，且出具检验报告，施工单位应在使用前及产品质量保证期内及时复验，该复验应为见证取样、送样检验项目。4.4.1条为强制性条文。

5.2.2 焊工必须经考试合格并取得合格证书。持证焊工必须在其考试合格项目及其认可范围内施焊。

检查数量：全数检查。

检验方法：检查焊工合格证及其认可范围、有效期。

［条文说明］：在国家经济建设中，特殊技能操作人员发挥着重要的作用。在钢结构工程施工焊接中，焊工是特殊工种，焊工的操作技能和资格对工程质量起到保证作用，必须充分予以重视。本条所指的焊工包括手工操作焊工、机械操作焊工。从事钢结构工程焊接施工的焊工，应根据所从事钢结构焊接工程的具体类型，按国家现行行业标准《建筑钢结构焊接技术规程》JGJ 81 等技术规程的要求对施焊焊工进行考试并取得相应证书。

5.2.4 设计要求全焊透的一、二级焊缝应采用超声波探伤进行内部缺陷的检验，超声波探伤不能对缺陷作出判断时，应采用射线探伤，其内部缺陷分级及探伤方法应符合现行国家标准《钢焊缝手工超声波探伤方法和探伤结果分级法》GB 11345 或《钢熔化焊对接接头射线照相和质量分级》GB 3323 的规定。

焊接球节点网架焊缝、螺栓球节点网架焊缝及圆管 T、K、Y 形节点相关线焊缝，其内部缺陷分级及探伤方法应分别符合国家现行标准《焊接球节点钢网架焊缝超声波探伤方法及质量分级法》JBJ/T 3034.1、《螺栓球节点钢网架焊缝超声波探伤方法及质量分级法》JBJ/T 3034.2、《建筑钢结构焊接技术规程》JGJ 81 的规定。

一级、二级焊缝的质量等级及缺陷分级应符合表 5.2.4 的规定。

检查数量：全数检查。

检验方法：检查超声波或射线探伤记录。

表 5.2.4 一、二级焊缝质量等级及缺陷分级

焊缝质量等级		一 级	二 级
内部缺陷 超声波探伤	评定等级	Ⅱ	Ⅲ
	检验等级	B 级	B 级
	探伤比例	100%	20%
内部缺陷 射线探伤	评定等级	Ⅱ	Ⅲ
	检验等级	AB 级	AB 级
	探伤比例	100%	20%

注：探伤比例的计数方法应按以下原则确定：（1）对工厂制作焊缝，应按每条焊缝计算百分比，且探伤长度应不小于 200mm，当焊缝长度不足 200mm 时，应对整条焊缝进行探伤；（2）对现场安装焊缝，应按同一类型、同一施焊条件的焊缝条数计算百分比，探伤长度应不小于 200mm，并应不少于 1 条焊缝。

［条文说明］：根据结构的承载情况不同，现行国家标准《钢结构设计规范》GBJ17 中将焊缝的质量分为三个质量等级。内部缺陷的检测一般可用超声波探伤和射线探伤。射

线探伤具有直观性、一致性好的优点，过去人们觉得射线探伤可靠、客观，但是射线探伤成本高、操作程序复杂、检测周期长，尤其是钢结构中大多为 T 形接头和角接头，射线检测的效果差，且射线探伤对裂纹、未熔合等危害性缺陷的检出率低。超声波探伤则正好相反，操作程序简单、快速，对各种接头形式的适应性好，对裂纹、未熔合的检测灵敏度高，因此世界上很多国家对钢结构内部质量的控制采用超声波探伤，一般已不采用射线探伤。

随着大型空间结构应用的不断增加，对于薄壁大曲率 T、K、Y 型相贯接头焊缝探伤，国家现行行业标准《建筑钢结构焊接技术规程》JGJ 81 中给出了相应的超声波探伤方法和缺陷分级。网架结构焊缝探伤应按现行国家标准《焊接球节点钢网架焊缝超声波探伤方法及质量分级法》JBJ/T 3034.1 和《螺栓球节点钢网架焊缝超声波探伤方法及质量分级法》JBJ/T 3034.2 的规定执行。

本规范规定要求全焊透的一级焊缝 100％检验，二级焊缝的局部检验定为抽样检验。钢结构制作一般较长，对每条焊缝按规定的百分比进行探伤，且每处不小于 200mm 的规定，对保证每条焊缝质量是有利的。但钢结构安装焊缝一般都不长，大部分焊缝为梁-柱连接焊缝，每条焊缝的长度大多在 250～300mm，采用焊缝条数计数抽样检测是可行的。

6.3.1 钢结构制作和安装单位应按本规范附录 B 的规定分别进行高强度螺栓连接摩擦面的抗滑移系数试验和复验，现场处理的构件摩擦面应单独进行摩擦面抗滑移系数试验，其结果应符合设计要求。

检查数量：见本规范附录 B。

检验方法：检查摩擦面抗滑移系数试验报告和复验报告。

［条文说明］：抗滑移系数是高强度螺栓连接的主要设计参数之一，直接影响构件的承载力，因此构件摩擦面无论由制造厂处理还是由现场处理，均应对抗滑移系数进行测试，测得的抗滑移系数最小值应符合设计要求。本条是强制性条文。

在安装现场局部采用砂轮打磨摩擦面时，打磨范围不小于螺栓孔径的 4 倍，打磨方向应与构件受力方向垂直。

除设计上采用摩擦系数小于等于 0.3，并明确提出可不进行抗滑移系数试验者外，其余情况在制作时为确定摩擦面的处理方法，必须按本规范附录 B 要求的批量用 3 套同材质、同处理方法的试件，进行复验。同时并附有 3 套同材质、同处理方法的试件供安装前复验。

8.3.1 吊车梁和吊车桁架不应下挠。

检查数量：全数检查。

检验方法：构件直立，在两端支承后，用水准仪和钢尺检查。

［条文说明］：起拱度或不下挠度均指吊车梁安装就位后的状况，因此吊车梁在工厂制作完后，要检验其起拱度或下挠与否，应与安装就位的支承状况基本相同，即将吊车梁立放并在支承点处将梁垫高一点以便检测或消除梁自重对拱度或挠度的影响。

10.3.4 单层钢结构主体结构的整体垂直度和整体平面弯曲的允许偏差应符合表 10.3.4 的规定。

检查数量：对主要立面全部检查。对每个所检查的立面，除两列角柱外，尚应至少选取一列中间柱。

检验方法：采用经纬仪、全站仪等测量。

表 10.3.4　整体垂直度和整体平面弯曲的允许偏差（mm）

项　　目	允　许　偏　差	图　　例
主体结构的整体垂直度	$H/1000$，且不应大于 25.0	
主体结构的整体平面弯曲	$L/1500$，且不应大于 25.0	

11.3.5　多层及高层钢结构主体结构的整体垂直度和整体平面弯曲的允许偏差应符合规范表 **11.3.5** 的规定。

检查数量：对主要立面全部检查。对每个所检查的立面，除两列角柱外，尚应至少选取一列中间柱。

检验方法：对于整体垂直度，可采用激光经纬仪、全站仪测量，也可根据各节柱的垂直度允许偏差累计（代数和）计算。对于整体平面弯曲，可按产生的允许偏差累计（代数和）计算。

表 11.3.5 整体垂直度和整体平面弯曲的允许偏差（mm）

项　　目	允　许　偏　差	图　　例
主体结构的整体垂直度	$（H/2500＋10.0）$，且不应大于 50.0	
主体结构的整体平面弯曲	$L/1500$，且不应大于 25.0	

12.3.4　钢网架结构总拼完成后及屋面工程完成后应分别测量其挠度值，且所测的挠度值不应超过相应设计值的 **1.15** 倍。

检查数量：跨度 **24m** 及以下钢网架结构测量下弦中央一点；跨度 **24m** 以上钢网架结构测量下弦中央一点及各向下弦跨度的四等分点。

检验方法：用钢尺和水准仪实测。

［条文说明］：网架结构理论计算挠度与网架结构安装后的实际挠度有一定的出入，这除了网架结构的计算模型与其实际的情况存在差异之外，还与网架结构的连接节点实际零件的加工精度、安装精度等有着极为密切的联系。对实际工程进行的试验表明，网架安装

完毕后实测的数据都比理论计算值大，约 5%～11%。所以，本条允许比设计值大 15% 是适宜的。

14.2.2 涂料、涂装遍数、涂层厚度均应符合设计要求。当设计对涂层厚度无要求时，涂层干漆膜总厚度：室外应为 150μm，室内应为 125μm，其允许偏差为－25μm。每遍涂层干漆膜厚度的允许偏差为－5μm。

检查数量：按构件数抽查 10%，且同类构件不应少于 3 件。

检验方法：用干漆膜测厚仪检查。每个构件检测 5 处，每处的数值为 3 个相距 50mm 测点涂层干漆膜厚度的平均值。

14.3.3 薄涂型防火涂料的涂层厚度应符合有关耐火极限的设计要求。厚涂型防火涂料涂层的厚度，80% 及以上面积应符合有关耐火极限的设计要求，且最薄处厚度不应低于设计要求的 85%。

检查数量：按同类构件数抽查 10%，且均不应少于 3 件。

检验方法：用涂层厚度测量仪、测针和钢尺检查。测量方法应符合国家现行标准《钢结构防火涂料应用技术规程》CECS 24：90 的规定及本规范附录 F。

第五章　桥梁工程监理实务

桥梁工程由桥面系和其支承体系组成，由于建成后需要承受交通、人群荷载的反复作用，为确保桥梁结构安全、耐久，桥梁工程一般设计成高强的大型墩梁结构体系，具有结构强度高、刚度大的特点。受工程现场地形环境、工程水文地质、设计技术和思路、工程材料品种等各方面因素的影响，桥型变化繁多，使得桥梁工程施工方法和工艺非常多，决定了桥梁工程技术相对复杂、控制难度较大的特点。本章节重点介绍城市桥梁、钢梁、斜拉桥、悬索桥工程监理工作。

第一节　城市桥梁工程监理控制要点

一、桥梁工程的主要特点

（一）结构设计千变万化

桥梁结构类型有简支梁桥、连续梁桥、连续刚构桥、斜腿刚构、拱桥、斜拉桥、悬索桥等主要类型；主梁结构类型有 T 形梁、空心板、箱梁、小箱梁等；基础结构类型主要有桩基础、扩大基础、沉井基础等；桥梁按建筑材料又可分为钢筋混凝土桥、预应力钢筋混凝土桥、钢桥等主要类型。由于各种结构类型相互组合，各部分细节构造复杂，设计方面不断追求创新，加上现场地形、地质、水文条件变化的影响，形成了千变万化的桥梁结构设计。

（二）施工方法、施工设备、施工工艺众多，技术不断创新

每种结构类型都对应若干种不同的施工方法、施工设备和施工工艺。桩基础施工有挖孔桩、钻孔桩、打入桩等不同施工方法；墩台身立模现浇、滑模、爬架翻模、预制安装等不同施工方法；拱桥有支架现浇、预制吊装、转体施工等不同施工方法；主梁有固定支架现浇、移动模架现浇、预制拼装、顶推施工、挂篮施工等不同施工方法；水上、岸上、山区、岩溶、矿区等不同现场施工环境需要采取不同的施工方法和工艺。不同的施工设备、施工方法，其控制措施各不相同，悬索桥、斜拉桥还有许多专用施工设备、施工机械、施工工艺等等。每种施工方法又包含许多更细的划分，例如固定支架现浇方法大致可分为满布式木支架、钢木混合支架、装配式贝雷梁或万能杆件拼装支架、轻型钢支架和墩台自承式支架，移动模架可分为悬臂挂篮、落地式纵移模架、托模式移动支架、挂模式移动支架等不同工艺方法。由此可见桥梁工程施工方法、施工设备和工艺层出不穷，使得桥梁工程施工组织设计、技术管理和计划管理的难度相对较大，对桥梁施工和监理人员的知识面提出了较高的要求。

（三）施工细节复杂、环节控制要求高

每种施工方法、施工工艺均对应比较复杂的施工细节。例如对于混凝土施工质量的控制，包括原材料进场检验，配合比设计，现场施工配合比和坍落度控制，混凝土浇筑顺序和工艺，混凝土振捣、收浆、拉毛、养生等许多细节；又如满堂支架现浇箱梁安全质量的

控制，包括地基支架支承体系设计、模板设计、地基处理质量控制、庞大的支架安装和检查、庞大的钢筋骨架安装和检查、模板结构尺寸控制、模板密封、模板防变形控制、预应力安装、混凝土浇筑顺序和时间控制、标高和平整度控制、混凝土养生、预应力张拉和压浆质量控制等许多施工细节；大跨度拱桥、斜拉桥、悬索桥的施工工艺细节更多等等。由于施工细节多而复杂，稍有疏忽便容易产生不同的质量问题，甚至导致严重后果，对环节控制提出了非常高的要求。例如对于高塔（特别是斜塔）、大跨度桥梁，温度、不同受力状况都会对其线形、标高产生不可忽视的影响，需要进行精确的计算和控制。

（四）安全控制管理要求高

桥梁工程施工环境复杂，高空、深水、山地作业，大型构件施工、大型设备操作等，决定了桥梁工程施工是非常危险的作业，对安全管理提出了非常高的要求。国家各级管理部门都出台了控制安全事故的各种措施，需要现场施工、监理各部门相互配合，完善安全生产管理制度，强化现场检查、监督和管理工作，避免发生施工安全事故。

针对以上桥梁工程特点，搞好桥梁工程监理，对于保质保量按期一次建成优良工程，提高工程的经济效益和社会效益，保障人民财产的安全，提高监理企业的信誉等，具有十分重要的意义。

二、城市桥梁工程施工监理要点

（一）施工准备阶段

1. 对施工队伍施工前的准备工作质量的控制

（1）对施工队伍及人员素质的控制。人是施工的主体，人的素质高低及质量意识强弱直接影响到工程产品的质量。监理工程师的重要任务之一就是把好施工人员质量关，特别是一些专业性强的特殊工种，如吊装、焊接、试验、爆破等人员要持有相应专门机构颁发的上岗资格证书。

监理工程师审查、控制施工单位的重点是一般组织者、管理者的资质与管理水平，以及特殊专业工种和关键的施工工艺或新技术、新工艺、新材料等应用方面的操作者、检验者的素质和能力。

（2）对桥梁工程所需的原材料、半成品、构配件和永久性设备、器材等的质量控制。工程所需的一切材料、设备均应从采购、加工制造、运输、装卸、进场存放、使用等方面进行系统地监督与控制。施工单位要对原材料的质量按规定的频率进行自检，监理试验工程师要进行抽检，对于一些特殊材料的性能指标，如果工地临时试验室做不了试验的，如对于钢材、水泥、水质、钢绞线、支座、锚具等，监承双方要共同取样，送具有相应资质的试验、检测单位进行检验。监理和承包人的工地试验室的仪器、设备要经当地计量部门标定后方可进行试验。

经检验不合格的材料不得用于桥梁工程。

（3）对施工方案、方法和工艺的控制。认真审查施工单位提交的施工组织设计、施工计划以及质量保证措施。重点如下：

1）组织体系特别是质量保证体系是否健全。

2）施工现场总体布置是否合理。

3）认真审查工程地质特征和场区环境状况，以及它们可能在施工中对质量与安全带来的不利影响。

4）主要施工组织技术措施的针对性、有效性、可行性如何，施工方案、程序是否合理。

5）施工机械性能、能力等是否与工程需要相匹配。

（4）做好测量接桩与交桩工作，并对测量基准点、控制网点进行复测，确保放样准确。

2. 监理工程师应做好的事前质量保证工作

（1）做好监控准备工作。建立或完善监理工程师的质量监控体系，做好监控准备工作，使之能适应项目开工准备阶段工程质量控制的需要。针对桥梁工程的分部分项工程的施工及特点拟定监理细则，配备所需的检测仪器设备并使之处于良好的工作状态，保证有关人员熟悉有关的检测方法和有关规程，以保证监控质量。此外，还应督促与协助施工单位建立或健全现场质量管理制度，使之不断完善其质量保证体系，完善工地试验室的建设。

（2）设计交底和图纸会审。在工程施工前，总监理工程师组织监理人员熟悉工程设计文件是项目监理机构实施事前控制的一项重要工作，其目的是通过熟悉工程设计文件，了解工程设计特点、工程关键部位的质量要求，便于项目监理机构按工程设计文件的要求实施监理。有关监理人员应参加图纸会审和设计交底会议，熟悉如下内容：

1）设计主导思想、设计构思、采用的设计规范、各专业设计说明等；

2）工程设计文件对主要工程材料、构配件和设备的要求，对所采用的新材料、新工艺、新技术、新设备的要求，对施工技术的要求以及涉及工程质量、施工安全应特别注意的事项等；

3）设计单位对建设单位、施工单位和工程监理单位提出的意见和建议的答复。

项目监理机构如发现工程设计文件中存在不符合建设工程质量标准或施工合同约定的质量要求时，应通过建设单位向设计单位提出书面意见或建议。

图纸会审和设计交底会议纪要应由建设单位、设计单位、施工单位的代表和总监理工程师共同签认。

（3）严把开工关。桥梁工程的现场各项准备工作，监理工程师检查合格后，方可发布书面开工令。对于已停工程，则需有监理工程师的复工指令方可复工。对于合同中所列工程及工程变更项目或桥梁主要分部分项工程，开工前施工单位必须提交分部分项工程开工报告，经监理工程师审查批准后，施工单位才能开始施工。

（二）施工阶段

1. 桥梁施工测量控制监理要点

桥梁施工前，应对桥梁的平面控制网、水准点、线路中线等进行复测。复测时，监理工程师应按规定比例抽检。

2. 桥梁基础施工监理要点

桥梁基础工程是桥梁监理工作的重点之一。由于其施工条件复杂、地质情况差异大，既是重要部位，又是隐藏工程，一旦发生质量问题或留下质量隐患，处理起来难度很大，将给整个桥梁的安全造成严重的威胁。因此，基础工程是桥梁工程的重中之重，在监理工作中必须给予高度重视。

桥梁基础结构形式比较常用的是明挖基础、钻孔灌注桩基础、沉入桩基础、管柱基础、沉井基础、地下连续墙基础等。

基础施工阶段，监理工程师通常应做好下述工作：

（1）注意地质情况的变化，如果地质情况与设计勘察资料不符，应及时与设计单位会商，采取工程措施，否则可能造成工程后患而难以弥补。

（2）隐蔽工程要严格旁站，基底覆盖前应由专业监理工程师以上的监理工程师到场认可，保证能及时发现地质情况的变化及工程施工的缺陷。要避免断桩等重大质量事故。

3. 桥梁下部结构施工监理要点

桥梁下部结构包括墩、台和基础部分。墩、台大多已进入地面、水面以上，因此，在外观质量和标高控制方面应予以足够的重视。

桥台、墩台施工阶段监理的工作内容如下：

（1）仔细准确地测量定位。桥、墩台完成后，桥梁的平面位置已无法调整，因此，必须保证定位测量按设计或规范要求的精度进行，不能出现差错。

（2）要注意墩台构造物的外形尺寸及混凝土的外观质量。首先要控制好模板的质量，如接桩柱、盖梁、墩台帽等，在混凝土浇筑前应严格检查模板的刚度、光洁度、几何尺寸、拼接缝等，在监理工程师检查认可后方可浇筑混凝土。

混凝土浇筑除其本身的配合比、原材料质量外，现场应注意振捣的施工工艺和措施，尤其是盖梁、墩柱等由于钢筋密度大、间隙小，造成振捣较困难，应注意既不能漏振，也不能过振。同时还应注意选用合适的原材料。如桥梁中相同部位、相同强度等级的混凝土，所使用的砂、石材料要求同一产地、同种颜色，选用的水泥应尽可能是同一厂家、同一品种、同一批次，以避免混凝土外表出现较大的色差。

（3）要注意墩、台帽、盖梁等顶标高的控制。控制好墩、台帽、盖梁的标高是保证桥面铺装层厚度、桥面平整度的关键。对于预应力板、梁桥，其支座顶标高，一般应控制在不高于设计要求。

4. 桥梁上部结构施工监理要点

桥梁上部结构的形式多，施工技术复杂，外观质量要求高，要求监理工程师必须做好施工准备阶段的工作。在开工前，必须对施工技术方案作充分可靠的论证，施工的设备和人员也必须落实。

桥梁工程的外部质量要求较高，一般不允许在结构表面另外做装饰（如喷涂），因此现场监理工程师应做好质量控制工作。在监理工作中应特别注意加强对外观质量的控制，要注意混凝土拌合以及砂、石、水泥等材料选用的情况，保证浇筑振捣质量。模板、施工缝的设置都必须事先做好设计。

监理工程师必须在施工过程中控制每一道工序，对于可能发生重大质量缺陷的一些施工环节应予以特别的重视。

（1）施工阶段监理工作的主要内容：

1）必须仔细、准确地对所有测量桩点进行复测检查和资料复核，以免出现桥梁施工定位的差错，造成巨大的损失。

2）做好施工技术方案及机械设备的审核工作。施工技术方案及施工机械设备能否配套、落实，是施工能否顺利进行的主要条件。

3）做好原材料的选用与控制，避免混凝土外表出现较大的色差。

4）监理工程师应要求施工单位严格按经批准的施工方案进行施工，不得擅自改变施工方法、施工工艺。

5）严格按设计要求进行施工，保证混凝土达到强度要求，预应力张拉要严格旁站，并做好有关记录和验算工作，以确保构件的承载能力。

6）要重视桥面标高的控制。预应力梁的预拱度值、现浇梁的支架沉降、悬臂施工时的梁体变形，都会导致梁体顶面标高的变化，在梁体施工时就应注意及时纠正，否则将导致桥面标高的改变。

7）要注意结构物的外形尺寸及混凝土外观质量的控制。

8）伸缩装置安装施工必须准确、仔细，避免行车跳车和过早损坏的情况发生。伸缩缝应有准确的间隙，不能有异物阻塞。

（2）桥台台背回填质量监理的内容：

①选用压缩性小的透水性土料作为台背回填的材料，以免因桥头引路沉降而导致桥头跳车。

②为了保证尽可能减小桥头回填土的沉降，监理工程师应严格控制压实度，回填土要分层填筑，严格压实，要注意控制回填料的最大颗粒粒径（一般不大于 2cm）和松铺厚度、平整度，监理人员要层层抽检。

（三）桥梁工程质量监理工作流程

桥梁工程质量监理工作流程如图 5-1 所示。

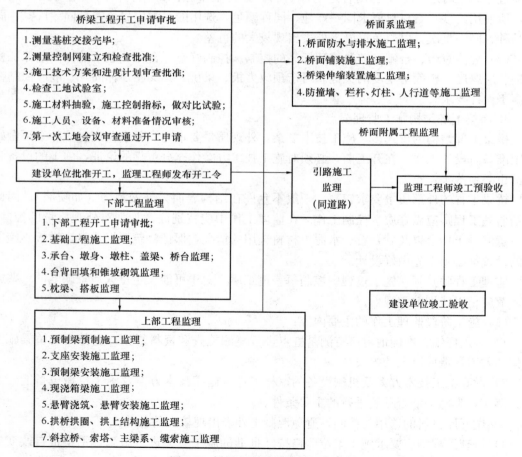

图 5-1 桥梁工程质量监理工作流程

第二节 钢梁施工监理控制要点

钢梁是用钢材作为主要建造材料的桥梁主梁结构。钢梁具有强度高、刚度大的特点，相对于混凝土梁可减小梁高和自重。由于钢材的各向同性、质地均匀及弹性模量大，使桥的工作情况与计算图示假定比较符合，另外钢梁一般采用工厂预制、工地拼接，施工周期短，加工方便且不受季节影响。但钢梁的耐火性、耐腐蚀性差，需要经常检查、维修，养护费用高。

随着强度高、韧性好、抗疲劳和耐腐蚀性能好的钢材的出现，以及用焊接平钢板和用角钢、板钢材等加劲所形成轻而高强的正交异性板桥面的出现，高强度螺栓的应用等，钢梁有了很大发展。钢板梁和箱形钢梁同混凝土相结合的主梁结构，以及把正交异性板桥面同箱形钢梁相结合的主梁结构，在大、中跨径的桥梁上也得到了广泛运用。

以钢梁为主梁结构，常见的桥梁形式有：梁桥（板梁、桁梁、箱梁）、拱桥（系杆拱、下承拱、上承拱、中承拱）、悬索桥和斜拉桥等。按造桥方法，钢梁可分为：铆接梁（工厂制造和工地拼接均为铆接）、栓焊梁（工厂制造为焊接，工地拼接为高强度螺栓连接）和全焊梁（工厂制造和工地拼接均为焊接）。栓焊梁和全焊梁统称为焊接梁。

本节适用于以工厂化制造，在工地以高强螺栓连接或焊缝连接的钢梁施工，在本节没有涉及的内容，监理工程师可根据工程具体情况，灵活运用。

一、钢梁施工准备阶段监理控制要点

（一）审查制作工艺及安装施工组织设计

审查施工组织设计是监理工作事前控制和主动控制的重要内容。钢梁工程要针对制作阶段和运输安装阶段分别编制制作工艺和运输安装施工组织设计，同时要含有安全施工和环境保护的措施内容，其中制作工艺内容应包括制作阶段各分项的质量标准、技术要求及为保证产品质量制订的具体措施。运输与安装施工组织设计内容应包括运输路线的选择及吊装机械的选择等。监理工程师审查重点是钢箱梁制作及安装质量是否有可靠、可行的技术组织措施。

（二）开工前原材料准备阶段监理

监理工程师必须严把材料关，钢桥制造使用的材料必须符合设计文件的要求和现行有关标准的规定，必须有材料质量证明书并进行复验；钢材应按同一炉批、材质、板厚每10个炉（批）号抽验一组试件，焊接与涂装材料应按有关规定抽样复验，复验合格后方可使用。采用进口钢材时，应按合同规定进行商检，应按现行标准检验其化学成分和力学性能；并应按现行有关标准进行抽查复验和与匹配的焊接材料做焊接试验，不符合要求的钢材不得使用。当钢材表面有锈蚀、麻点或划痕等缺陷时，其深度不得大于该钢材厚度允许负偏差值的1/2。

根据规范要求，监理工程师要做见证试验和抽检试验，合格后方可批准施工单位材料进场。进厂后的材料，要求施工单位码放整齐，标志清晰，同材质的钢板按板厚划分，且每个类型的明显处设置标志牌，标明材质，厚度等参数；焊接辅材按类型规格分类存放，要特别注意防水、防潮、防杂质；焰切材料应分类存放，特别注意防火、防热，氧气、乙

炔瓶严禁存放在同一房间。

（三）开工前的技术准备

（1）制定焊接工艺评定任务书，进行焊接工艺评定试验工作，有焊接工艺评定报告与焊接工艺连同施工组织设计，经监理同意报业主审批。

（2）施工图、施工技术、制造加工工艺、组拼胎架设计、质量检验规程已完成，各种检查记录表格齐全，已经主管部门确认合格，并报监理备查。

（3）有质量保证体系，安全保证体系，开工前的各项基础工作已准备就绪。

（四）上岗人员

检查所有上岗人员，包括切割工、焊工、捲板工、铆工、钳工、机床设备操作工、专职检验人员、无损探伤检测人员、试验人员，必须经考试合格取得合格证，具备专业上岗证，等级资格证书（在有效期内），重要（特殊）岗位的上岗人员登记表及上岗合格证复印件须报监理备查。

二、钢梁制作阶段的监理控制要点

监理工程师要充分重视制作阶段的监理工作，要切实搞好事前控制和事中控制。在制作阶段进度控制方面，还要注意制作进度与下部结构施工进度、钢梁安装进度的衔接与协调问题。

（一）放样、下料、矫正

（1）钢板作样和号料应根据施工图和制造工艺文件进行，并按要求预留加工余量和焊接收缩余量及切割、刨边和铣平等加工余量。对于形状复杂的零件，在图中不易确定尺寸的应通过放样核对后确定。

（2）作样号料前必须检查钢板牌号，确认无误后方可下料，构件尺寸超过板材尺寸应先对接后下料。

（3）钢料不平直、锈蚀、有油漆等污物影响号料或切割质量时，应矫正清理后再号料。

（4）号料所有的切割线必须准确清晰、号料尺寸偏差为±1.0mm，号料后应在规定位置打上材质、炉批号、零件代号的钢印。

（5）为使应力方向和轧制方向保持一致，主要杆件下料应根据切割图进行。

（6）剪切与手工切割仅适用于次要零件或边缘进行机加工的零件，边缘应整齐、无毛刺、缺肉等缺陷。下料尺寸允许偏差为2.0mm。

（7）精密（数据、自动、半自动）切割适应边缘不进行机加工零件，切割角硬度不超过HV350，切割面质量应符合表5-1的规定。

精密切割面质量   表 5-1

项　　目	主　要　零　件	次　要　零　件
表面粗糙度	Ra≤25μm	Ra≤50μm
崩坑	不允许	1000mm 长度内允许有一处 1.0mm
塌角	圆角半径小于 0.5mm	
切割面垂直度	≤0.05t，且不大于 2.0mm	

（8）钢板不平直、锈蚀，有油漆等污物影响号料或切割质量时应矫正、清理后再号料；矫正采用冷矫，矫正后的钢材表面不应有明显的凹痕或损伤，采用热矫正，加热温度控制在 600～800℃，温度降至室温前，不得锤击钢材或用水急冷。

（9）零件应磨去边缘的飞刺、挂渣、使断面光滑均顺。零件刨（铣）加工深度不应小于 3mm，当边缘硬度不超过 HV350 时，加工深度不受此限；加工面的粗糙度 Ra 不得低于 25μm；顶紧加工面与板面垂直度偏差应小于 0.01t（板厚），且不得大于 0.3mm。焊缝坡口宜采用机加工，坡口尺寸及允许偏差由焊接工艺评定确定。

（二）钢梁焊接质量监理控制要点

焊接必须有经焊接工艺评定试验后制定的焊接工艺规程与质量检验标准，在确保焊接质量的前提下进行。上岗焊工必须经考试合格并取得合格证（在有效期内）方可上岗施焊。焊接及检验设备齐全，技术状况良好。

检查项目：

焊缝：焊缝的位置、外形尺寸必须符合图纸和焊接工艺要求，焊波均匀、不得有裂纹、未熔合、夹渣、焊瘤、咬边、烧穿、弧坑和针状气孔等缺陷，焊接区无飞溅残留物，焊缝及飞溅物必须打磨光顺，焊缝外观质量符合规范要求。

（1）在工厂或工地首次焊接工作之前或材料、工艺在施工过程中遇有须重新评定的变化，必须分别进行焊接工艺评定试验。

（2）焊接材料应通过焊接工艺评定确定，没有生产厂家质量证明书的材料不得使用。焊剂、焊条必须按产品说明书烘干使用，对储存期较长的焊接材料，使用前应重新按标准检验。CO_2 气体保护焊的气体纯度应大于 99.5%。

（3）对接方法优先采用埋弧自动焊，现场拱肋对接采用手工焊，平杆腹杆相贯线倒坡口与拱肋的角焊缝采用 CO_2 气体保护焊打底，不能用埋弧焊的采用手工焊，工厂与现场对接的钢管坡口、表面处理以及内衬条规格必须符合设计要求。手工焊要求由资质水平高的焊工进行。对接焊缝表面各焊道交界处的凹处最低不得低于钢管表面。

（4）埋弧对接焊缝的两端按规范设置引、熄弧板。焊条、焊丝、焊剂材质必须与母材相匹配。所有焊缝需用砂轮打磨光滑圆顺，外观无焊瘤、夹渣、弧坑和针状气孔、凸点及飞溅残留物，不允许有咬边。发现未熔合时要补焊并打磨光顺。补焊按焊接规范要求进行。

（5）定位焊前必须检查焊脚坡口尺寸，根部间隙必须符合要求，定位焊缝应距设计焊缝端部 30mm 以上，其长度为 50～100mm、间距 400～600mm，焊脚尺寸不得大于设计焊脚尺寸的二分之一，定位焊缝不应有裂纹，夹渣、焊瘤等缺陷，对于开裂的定位焊缝，必须先查明原因，然后再清除开裂的焊缝，并在保证尺寸正确的条件下补充定位焊。

（6）埋弧自动焊必须在距设计焊缝端部 80mm 以外的引板上起、熄弧。焊接过程中，不应断弧，如发生断弧，必须将断弧处刨成 1:5 的斜坡，并搭接 50mm 再引弧施焊，焊缝的搭接处应修磨匀顺。埋弧自动焊在回收焊剂时应从电弧 1m 以外开始。

（7）对接焊缝和熔透角焊缝在焊接背面的第一道焊缝之前要将熔渣清除干净，并进行清根。多道焊时应将前道焊缝的熔渣清除干净，并经检查确认无裂纹等缺陷后方可继续施焊。杆件焊接应按焊接工艺规定的焊接位置，焊接方法，焊接顺序及焊接方向施焊。

（8）主要杆件焊缝，应在规定位置打上焊工钢印号。主要焊件施焊后，应对焊件名称、杆号、焊接参数、焊接日期、环境温度、施焊焊工姓名、质量状况等进行记录，有焊工登记台账，对焊接质量责任有追溯依据。

（9）焊接宜在室内或防风、防晒设施内进行，湿度不宜高于80%。焊接环境温度，低合金高强度结构钢不应低于5℃，普通碳素结构钢不得低于0℃。主要杆件应在组装后24h内焊接。

（10）焊接完毕，所有焊缝必须进行外观检查，不得有裂纹、未熔合、夹渣、未填满弧坑，外观检查合格后，零、部（杆）件的焊缝应在24h后进行无损检验。

（三）钢梁运输与安装阶段的监理控制要点

钢箱梁运输与安装阶段的监理工作应重点抓好以下几个环节：

（1）杆件宜采用预先组拼、栓接或焊接，扩大拼装单元进行安装，对容易变形的构件应进行强度和稳定性验算，必要时应采取加固措施。钢梁吊耳的选择要经过反复计算，防止起吊破坏。

（2）运输路线的选择要满足超长超重车辆的运输要求。

（3）大吨位吊车安装位置地面要硬化处理，防止起吊时吊车腿下沉。

（4）钢梁对接处临时支架的设计要有计算书，防止钢梁对接处沉降变形。安装过程现场监理检查内容如下：钢梁制作完毕出厂前，监理工程师旁站厂内进行试拼装，以免钢箱梁到现场后无法安装就位，此时检查项目有梁高、梁全长、梁宽、跨度、顶板宽、拱度、横断面对角线差等，检查无误后方可出厂；现场吊装就位时，测量监理工程师应配合施工单位测量工程师对墩柱顶标高、箱梁轴线和墩柱轴线进行观测，基本满足规范及设计要求后方可摘勾，就位后对局部高程和位置不符合要求的，要求施工单位用千斤顶或其他工具调整，直到满足规范及设计要求，钢梁工地对接焊焊接后，应加设补强板，对工地安装过程中破坏的漆膜重新补漆。

（四）钢梁工程的试验检测工作监理控制要点

钢梁工程的制作及安装施工的试验检测项目主要有：钢材原材有关项目的检测，焊接工艺评定试验，焊缝无损检测、高强度螺栓扭矩系数或预拉力试验、高强度螺栓连接面抗滑移系数检测等。钢梁工程的试验检测工作监理应注意以下几点：

（1）监督委托有相应资质的检测机构进行；

（2）坚持取样、送检的见证制度，应避免试件与工程不一致现象；

（3）对于部分检测项目，具有相应资质的检测机构较少，路程较远，且费用较高，在这种情况下，监理工程师必须坚持原则，督促承包单位落实这些工作。

（五）钢梁连接件及涂装工程监理控制要点

1. 高强度螺栓连接工程监理控制要点

高强度螺栓连接工程也是钢箱梁工程最重要的分项之一，也是目前施工质量的薄弱环节之一，主要表现在：

（1）高强度螺栓有以次充好现象，所以要求制造高强度螺栓、螺母、垫圈应在专门螺栓厂制造，每批高强度螺栓应有出厂合格证，强度试验方法应按GB/T1231规定，合格后方可使用。

（2）高强度螺栓连接面处理达不到规范规定要求。在工地以高强度螺栓栓接的构件板面（摩擦面）必须进行处理，处理后的抗滑移系数值应符合设计规定；设计未规定时，抗滑移系数出厂时应不小于 0.55，工地安装前的复验值应不小于 0.45。抗滑移系数试件应与杆件和梁段相同材质、同工艺、同批制造，并应在同条件下运输、存放且试件摩擦面不得损伤。

（3）高强度螺栓施拧不按规范规定进行。为保证高强度螺栓连接工程的施工质量，监理工程师必须以高度的责任心，在督促承包单位提高质量意识、加强质量管理、落实质量保证措施的同时，积极采用旁站监督、平行检验等工作方法。施拧高强度螺栓应按一定顺序，从板束刚度大、缝隙大之处开始，对大面积节点板应由中央向外进行施拧，并应在当天终拧完毕。施拧时，不得采用冲击拧紧和间断拧紧。用扭矩法施拧高强度螺栓连接副时，初拧、复拧和终拧应在同一工作日内完成。初拧扭矩应由试验确定，一般为终拧扭矩的 50%。高强度螺栓终拧完毕应按下列规定进行质量检查：

1）检查应由专职质量检查员进行，检查扭矩扳手必须标定，其扭矩误差不得大于使用扭矩的 ±3%，且应进行扭矩抽查。

2）松扣、回扣法检查，先在螺栓与螺母上做标记，然后将螺母退回 30°，再用检查扭矩扳手把螺母重新拧至原来位置测定扭矩，该值不小于规定值的 10% 时为合格。

3）对主桁节点及板梁主体及纵、横梁连接处，每栓群以高强度螺栓连接副总数的 5% 抽检，但不得少于 2 套，其余每个节点不少于 1 套进行终拧扭矩检查。

4）每个栓群或节点检查的螺栓，其不合格者不得超过抽验总数的 20%，如超过此值，则应继续抽验，直至累计总数 80% 的合格率为止。然后对欠拧者补拧，超过者更换后重新补拧。

2. 剪力钉的焊接安装监理控制要点

对剪力钉的安装提出以下要求：

（1）检查剪力钉的出厂报告、材质证明、钢号是否符合图纸要求；

（2）焊接后，剪力钉根部焊角应均匀，余高满足规范要求，焊接立面的局部未熔合等情况的焊角应进行修补；

（3）要求用有资质的第三方检测单位对剪力钉按规定频率做见证试验；

（4）按图纸要求检查剪力钉纵排和横排的排列情况，是否符合图纸要求，竖直度是否满足规范要求。

3. 钢梁除锈及涂装工程监理控制要点

（1）对钢梁的除锈质量按照设计要求的等级进行严格的验收；

（2）检查涂装原材料的出厂质量证明书；

（3）涂装前彻底清除构件表面的泥土、油污等杂物；

（4）涂装施工应在无尘、干燥的环境中进行，且温度对环氧类漆不得低于 10℃，对水性无机富锌防锈底漆、聚氨酯漆和氟碳面漆不得低于 5℃、湿度不高于 80%；底漆、中间漆涂层的最长暴露时间不宜超过 7d，两道面漆的涂装间隔时间亦不宜超过 7d；如果超过，应先用细砂纸将涂层表面打磨成细微毛面，再涂装后一道面漆；

（5）涂刷遍数及涂层厚度要符合设计要求，每涂完一道涂层应检查干膜厚度，出厂前应检查总厚度；

（6）对涂层损坏处要做细致处理，保证该处涂装质量；

（7）认真检查涂层附着力；

（8）涂层表面应平整均匀，不应有漏涂、剥落、起泡、裂纹和气孔等缺陷；金属涂层的表面应均匀一致，不应有起皮、鼓包、大熔滴、松散粒子、裂纹和掉块等缺陷。

（六）钢梁制作安装的安全监理要点

要求承包单位严格按照施工组织设计（方案）施工，监理现场检查内容如下：

（1）临时用电线路是否架设整齐，不得成束架空敷设，也不得沿地面敷设；

（2）手持电动工具的电源线插头和插座必须完好，电动工具的外绝缘要完好，维修和保管有专人负责；

（3）每台电焊机要单独设置开关，电焊机外壳做接地或接零保护，焊把线要求双线到位，不得借用金属管道、轨道及结构钢筋做回路地线，焊把线要求无破损，绝缘良好；

（4）钢箱梁吊装时，要求有资质的人员专人指挥；

（5）特种作业人员必须持证上岗，并按规定配戴个人劳动防护用品；

（6）高处作业时所用物料堆放整齐，不可置放在临边附近；

（7）所有安全防护设施和安全标志等，任何人都不得毁损或擅自移位和拆除，确因施工需要而暂时拆除或移位时，必须报请有关负责人批准后，才能拆除，并在工作完毕后进行复原。

（七）环境保护的监理控制要点

随着近几年监理工作内容的深入和完善，国家把环境保护也纳入监理的范畴，钢梁制作中需要做好：

（1）防止大气污染，具体体现在喷砂除锈、喷漆时选择微风或无风的天气，散装砂子使用后及时苫盖，要求施工单位采用无苯涂料和油漆；

（2）防止噪声污染，要求施工单位施工机械设备采用低噪声设备，合理安排工期，原则上每天 22 时至次日 6 时不得使用噪声大的设备；

（3）防强光污染，要求施工单位施工时，必须加挡光板，防止扰乱临近居民的生活。

第三节　斜拉桥施工监理控制要点

一、斜拉桥概述

斜拉桥以其结构受力性能好、跨越能力大、结构造型多姿多彩、抗震能力强及施工方法成熟等特点，在桥梁工程中得到了越来越多的应用。

斜拉桥由主梁、拉索、索塔及纵横联结系统共同受力而形成多种空间结构体系。

与多变的结构体系相对应，斜拉桥的施工方法也是多种多样的。中、小跨径的斜拉桥，根据桥址处的地形条件和结构本身的特点，采用支架法、顶推法和平转法等施工方法；大跨径斜拉桥，则主要采用悬臂浇筑和悬臂拼装的施工方法。

（一）索塔

索塔是斜拉桥的主要承重构件，不仅承受自身重力，还要考虑通过拉索传递给塔身的主梁桥面系的重量，以及主梁桥面系所承受的竖向和水平荷载，因此主塔不仅要承受巨大轴力，还要承受巨大的弯矩。同时又是斜拉桥整体景观的标志性结构。桥塔一般为空心断面，用钢结构或钢筋混凝土制作，根据需要也可采用预应力混凝土结构。大、中跨径的斜拉索塔从材料上可分为钢筋混凝土索塔和钢索塔两类。国内大多数斜拉桥采用混凝土索塔。

常用的索塔形式有：单柱式、双柱式、门架式、A 字形、倒 Y 字形、花瓶形、钻石形等。

塔柱一般包括上塔柱和下塔柱两部分。下塔柱大部分为钢筋混凝土结构；上塔柱为拉索锚固区，多采用预应力混凝土结构或钢结构。

钢塔一般采用预制拼装的办法施工。混凝土塔的施工则有：搭架现浇、预制拼装、滑升模板浇注、反转模板浇注、爬升模板浇注等多种施工方法。

（二）主梁

主梁按材料不同分为混凝土加劲梁斜拉桥、钢箱梁斜拉桥及结合梁斜拉桥三类。

（三）拉索

斜拉桥上部结构的自重和活载通过斜拉索传递到塔柱上。

斜拉索由钢索和锚具组成。目前主要采用的斜拉索类型有两种——平行钢丝斜拉索和钢绞线斜拉索。

斜拉索的布置，有：单索面、双索面和多索面；有：竖琴形、辐射形、扇形和不对称形。

二、斜拉桥施工监理控制要点

本节主要介绍斜拉桥索塔、拉索、主梁，以及施工监控的监理控制要点。

（一）索塔施工的监理控制要点

索塔是全桥的主要承重构件，具有造型富于变化、建筑高度大、空间结构复杂等特点。

塔柱有垂直的，也有倾斜的或部分倾斜的。塔柱之间一般都有横梁。塔内须设置管道以备斜拉索穿过并锚固。塔顶有塔冠并须设置航空标志灯及避雷设施。沿塔壁须设置检修通道。塔内还有可能设置观光电梯。

索塔要承受巨大的竖向轴力，还要承受部分弯矩。根据斜拉桥的构造要求和受力特点，对成桥后索塔的几何尺寸和轴线位置的准确性要求都很高。索塔的施工必须根据构造要求、施工设备及环境条件统筹兼顾。

塔柱施工过程中受施工偏差、混凝土收缩徐变、基础沉降、风荷载、温度变化等因素影响，其几何尺寸、平面位置可能会发生变化。如果控制不当，则会造成缺陷，不仅影响其外观质量，还会给斜拉索的布置、张拉和调整带来困难，甚至影响桥梁结构的安全性。

（1）索塔一般采用现场浇筑钢筋混凝土结构、部分预应力钢筋混凝土结构和钢结构。钢筋混凝土索塔施工与高桥墩的施工要求基本相同。索塔具体施工时要根据不同的索塔形式及结构采用相应的施工工艺。因索塔高度较高，要着重控制各部位的平面位置、轴线、截面尺寸、倾斜度、应力、线形、预埋件制作及安装的精度和质量，施工测量控制要严格满足有关规范要求。

（2）索塔基础和承台的施工工艺与一般桥梁基础、承台施工工艺基本相同，施工监理要点也类似。应注意的是承台和基础施工要根据现场水文条件采用适宜的筑岛、围堰方式；承台混凝土体积很大，责成承包人做好设备、材料供应及人员的组织工作，按设计要求一次浇筑完成；为防止大体积混凝土水化热高导致混凝土开裂的现象，要求承包人必须按设计要求采取在混凝土中预埋冷凝管道的方法降低混凝土水化热，并可采用矿渣水泥、粉煤灰水泥、掺加缓凝剂等措施。索塔及塔柱实心段施工时，除应控制好平面位置和倾斜度外，尚应采取措施缩短塔座与承台、塔柱与塔座之间浇筑混凝土的间隔时间，间歇期不宜大于 10d。

（3）塔柱起步段的根部是主塔受弯矩最大的部位，又起着塔柱与基础承台的连接作用。施工质量的好坏，直接关系到结构的安全性。

塔柱起步段与承台或塔座施工间隔的时间一般较长，由于混凝土收缩，加上构造等原因，往往会在塔壁上产生裂缝。

塔柱起步段又是拼装塔身模板体系的基础和参考段，其形状和尺寸偏差会给模板的安装造成很大的困难。

（4）索塔横梁施工的关键是模板和支撑系统，支架系统应进行专门设计，要考虑弹性和非弹性变形、支承下沉、温差及日照的影响，必要时应设支承千斤顶调控。体积过大的横梁可分次浇筑，但分次浇筑的时间间隔不宜超过 10d，并应采取措施防止施工缝处产生收缩裂缝。塔柱和横梁可同步施工或异步施工，但异步施工时，塔柱与横梁之间浇筑混凝土的间隔时间不应超过 30d，并应采取措施使塔梁之间的接缝可靠连接，不得产生收缩裂缝。

（5）上塔柱的拉索锚固区段，受力比较复杂，除参与主塔顺桥向、横桥向、竖向、空间的总体功能外，还将拉索锚固的集中力传递到主塔塔壁内。巨大的拉索锚固力直接作用到塔壁上，容易出现开裂。所以在构造上一般布置有锚固钢横梁或者环形预应力。各种构件、预埋件的空间位置和角度必须始终保持准确。由于混凝土强度等级高，施工难度大，要达到充分密实。

（6）安装锚箱中的斜拉索管道时，施工前要认真复核设计单位提供的施工图是否已经进行拉索的垂度修正；安装时，设置稳固的钢筋骨架或劲性钢骨架固定管道，以保证索管空间定位的精度。管道测量定位时，要考虑拉索因自重下垂而导致其端部角位移时的方向、位置、标高的变化，其允许偏差值要符合设计要求。

（7）斜拉桥塔、梁结合的类型主要有固结式（刚构）、连续式和漂浮式三种体系。目前多采用漂浮式体系，即使后两种形式，悬臂施工时也需要临时固结，以抵抗施工中不平衡弯矩和纵向剪力。在主塔和下横梁施工时，需要考虑设置锚固结构、限位结构、支座或临时支座，临时支座还要考虑拆除措施。另外，还要埋置塔区梁段施工临时支架的预埋件等等。

（8）全钢结构的主塔，塔座一般由混凝土浇筑；有些斜拉桥主塔，下塔柱是混凝土结构，上塔柱的拉索锚固区是钢结构。要将两种性能相差很大的结构有效地联结成一个整体，除了设计构造措施，施工工艺的保证非常重要。

（9）索塔施工属于高空作业，施工中要严格遵守有关高空作业安全技术规定。监理工程师要严格检查以下几个方面：

1）设置运输安全设施，如塔吊重量限制器、断索保护器、钢索防扭器、风压脱离开关等。

2）除设置塔吊等起重设备外，还要设置工作电梯及安全通道。

3）事先要制定强风沙、暴雨、寒暑气候施工的技术保证措施，在支架顶端要设置防雷击装置和警示灯。

4）加强安全教育，严格按照安全操作规程施工，防止吊落和作业事故，并制定紧急事故处理方案。

5）塔吊、支架安装、使用和拆除阶段均要责成承包人进行强度、刚度和稳定性验算。

6）支架和操作平台要设置足够的安全护栏、护网，保证施工人员及桥下行人、车辆的安全。

7）当使用竹、木等易燃物时，要配备足够的消防器材。

（二）主梁施工的监理控制要点

1. 混凝土加劲梁斜拉桥监理控制要点

由于斜拉索的水平分力对主梁产生轴向压力，相当于对混凝土主梁施加了预应力，可增强梁的抗裂性，并充分发挥高强钢材和混凝土的材料力学性能。混凝土斜拉桥的塔和梁的外形变化形式较多，容易满足景观方面的多样要求；其质量较大，改善了振动特性；抗震和抗风稳定性好；其恒载比重大，抗变形能力强。因此，目前世界各国都在大力发展混凝土斜拉桥。

混凝土斜拉桥的主梁，可以采用悬臂浇筑法、悬臂拼装法、顶推法或搭架现浇法等方法施工。选择何种施工方法，要根据工期要求、场地情况、施工机具等因素综合考虑。

（1）监理重点控制部位：

1）塔、梁连接处构造复杂，根据结构设计的形式有固结、设置支座以及漂浮方式等不同连接方式，在悬臂施工过程中，为了抵抗可能出现的不平衡弯矩和水平剪力，须将主梁0号块与主塔下横梁临时刚性固结，并能在中跨合龙后顺利解除。

2）拉索锚固区是结构的重点部位。拉索在主梁上的锚固方式与构造，使锚固点和主梁产生局部应力。除了拉索产生的局部应力外，还受有主梁弯曲和剪切力的作用，加上断面形状和锚固方式的不同，锚固区梁段的受力状态十分复杂。另外，拉索锚固端构件的安装定位精度要求也十分严格。

3）跨及中跨合龙段。

4）纵、横、竖向预应力体系。

（2）监理关键环节控制点：

1）施工阶段的划分以及每个阶段施工步骤、顺序的安排十分重要。

2）临时锚固方式的选择和安装质量检查。

3）混凝土斜拉桥的主梁虽然大多采用等截面，但由于梁高较小，且有时腹板常做成倾斜的，在拉索锚固部位处常有凸出部分或横梁存在，因此，施工时对模板材料、构造、内模作业的可能与方便等问题应予以充分考虑。

4）采用悬臂施工时，从有利于索塔和桥墩的受力出发，应将索塔两侧两个对称悬臂节段的混凝土在同一天内浇筑完毕。

5）用泵送混凝土浇筑时，要注意检查混凝土的坍落度、凝结时间和泵送管道的布置。

6）预应力张拉和压浆工艺控制。

7）在主梁节段施工周期之间要穿插进行拉索的安装（有时还要进行索塔的节段施工），在制订实施进度计划时，不应有妨碍拉索架设和索塔施工的地方。

8）拉索从挂篮上临时锚固向主梁上永久锚固的转换（牵索挂篮情况下）。

9）主梁施工时应保证拉索的索力符合设计要求。由于主梁是逐次形成的，在安装完毕后，应使主梁的立面位置符合设计要求，不出现过大的偏差，因此施工中应进行控制与调整。

10）体系转换与合龙段施工方案。

2. 钢箱梁斜拉桥监理控制要点

钢斜拉桥主梁以钢桁梁和钢箱梁为主要结构形式。一般先在工厂加工制作，再运到现场吊装就位，在出厂前须按设计精度进行预拼装。

主梁的常用安装方法有：支架拼装、悬臂拼装、顶推法和平转法等。而最常用的钢箱梁的施工，一般采用支架拼装和悬臂拼装法。悬臂拼装法施工速度快、工期短，钢箱梁块件的工厂制造可与现场墩塔施工同步进行。大跨度斜拉桥钢箱梁一般采用平衡悬臂安装施工。钢箱梁在工厂分段制作，运到桥位通过桥面吊机逐段吊装，节段之间全断面焊接或螺栓连接，跨中合龙。

（1）钢箱梁的存放、运输、吊装监理控制要点：

1）钢箱梁存放监理控制要点：

监理应审查场地支墩处的基础处理，避免不均匀沉降造成钢箱梁的存放变形。监理还应审查支墩间距，保证支承在钢箱的横纵板处。

2）钢箱梁运输监理控制要点：

钢箱梁的运输分为两个阶段：拼装现场内的陆地运输和从拼装现场到桥位吊装指定地点的陆上或水上运输。

3）钢箱梁陆地运输监理控制要点：

梁段运输时，监理应巡查其支承点的位置是否在横、纵隔板处，防止运输变形。

4）钢箱梁水上运输监理控制要点：

① 审查承包人水上运输方案的可行性，特别是钢箱梁的安全能否得到保证；

② 起重设备、吊具的起重能力和设备状况能否满足要求；

③ 钢箱梁在船上的支承和固定要保证不发生变形、滑移和磕碰；

④ 运梁船证件齐全，船员具备规定资格，并在海事部门护航的条件下航行；

⑤ 制定严密的航行和在桥位抛锚定位的安全操作规程和岗位责任制，并监督其严格执行。特别是江心抛锚定位，措施必须切实可靠，应经模拟试验来确定。在有雾和风速度超过 5 级时，应停止航行。

（2）钢箱梁梁段组拼吊装监理控制要点：

1）配合业主成立钢箱梁吊装领导小组，成员应包括：业主、设计、施工（钢箱梁吊装单位、运输单位、钢箱梁制造单位）、监理、监控等有关单位。明确各领导成员职责和权利。钢箱梁吊装期间，每天由业主主持召开工作例会，同时明确下一步工作重点、难点。

2）根据标准梁段重量、体积、大小、要求承包人编制详细的施工组织方案，方案中重点对梁段下水装船以及施工水域抛锚定位、运输线路有明确说明和详细计算，两侧吊具安装到位后，同时开始起吊，起吊要逐级加载，遵从"均衡、对称、同步"的原则。

3）梁段吊装前，提醒承包人及早完成有关施工方案编制及施工进度计划安排，需地方部门配合的事宜，要求承包人提出明确的要求，通过业主协调解决。一般需地方部门配合以下工作：

气象部门：预报钢箱梁吊装当天施工水域气温、风向、风速、风力以及后三天天气情况，便于承包人施工安排。

水文部门：检测施工水域水流方向、流速、水深，便于运梁单位施工作业。

4）承包人施工组织方案上报审批通过后，监理工程师要对有关重点和难点进行落实检查，督促承包人对所有参加施工人员进行详细技术和安全交底，有关监理工程师也参加，并通过业主要求设计、监控、测量、航道、港监等人员参加交底会议，使所有参加施工单位和配合单位人员了解施工工艺，并就施工应注意事项进一步明确。

5）钢箱梁标准段悬拼主要采用桥面吊机两侧对称平衡吊装完成，桥面吊机组拼应在0号钢箱梁组拼完成，1号斜拉索张拉（第一张拉）完成后进行组拼。

6）桥面吊机组拼和安装就位后，监理人员和施工单位技术人员要进行全面细致的检查，检查合格后可进行桥面吊机荷载试验。

7）标准梁段横向体积较宽，单块重量较重，梁段在装船运输及吊装过程中占用航道水域较大，加之桥位处梁段吊装时，抛锚定位和吊装时占用水域时间较长，要求承包人及时通过业主与航道、港监部门取得联系，履行有关报批手续，确保钢箱梁运输，运梁船抛锚定位及梁段吊装施工安全。

8）吊装时，运梁船必须在桥位处施工水域进行试抛锚，检验运梁驳船抛锚定位的锚着力和稳定性。

9）运梁到达指定位置后，监理人员和施工技术人员要对梁段编号和方向编号认真检查，对梁段上吊耳的连接质量查看验收，合格后通知桥面吊机下放吊具至钢箱梁顶面0.5m左右。要求吊具钢丝绳保持垂直。梁段起吊过程中，应特别注意观测桥面吊机与钢箱梁后锚点的受力情况，此处受力较大。

10）梁段吊到位后，及时按设计要求完成梁段临时连接，当遇到大风天气时，应增加临时匹配件的连接，确保安全。

11）根据监控指令，在规定时段内完成梁段精匹配，以及相关的检测工作，钢箱梁安装单位应在要求的时段内完成焊缝施焊和高螺栓初拧及终拧，并进行焊缝探伤检测。

12）挂索并进行斜拉索的第一次张拉，张拉要求两侧同步进行，索力和标高应达到监控指令要求。

13）桥面吊机前移就位，要求两侧同步对称平移，桥面吊机移到位后，及时将前后锚点锁死，斜拉索进行第二次张拉。张拉时两侧要对称进行，并测量和检测规定节段桥面高程、索力、塔顶偏位，相关检测内容必须在规定的时段内完成。

14）全面对吊机进行检测，作好下一节梁段吊装工作。

（3）钢箱梁定位与安装线形控制监理控制要点：

监理工程师在斜拉桥线性控制时应注意以下几个方面：

1）梁施工过程中及成桥状态，结构内力应满足设计要求。

2）成桥线形、斜拉索索力尽可能逼近设计状态。

3）过程控制中，主梁控制和监测精度满足施工控制精度规定要求。

4）主梁主、边跨合龙轴线、两端标高误差、焊缝宽度能保证顺利合龙，误差在允许范围内。

5）主梁控制严格按要求的程序进行吊装、焊接、挂索、索力张拉。

6）主梁施工控制与桥梁设计、施工、监理监控监测单位都有着密切的联系，主梁施工控制是一个数据采集、数据分析处理和数据资料反馈的过程。

（4）钢箱梁合龙施工监理控制要点：

当最后一个钢箱梁节段悬拼完成，或支架上钢箱梁组拼完成后，主梁即开始实施合龙段的施工，合龙段施工应按照以下几个步骤实施。

1）箱梁合龙前施工准备工作监理控制要点：

①全桥进行通测。由于钢箱梁长度、线形对日照及温度变化较为敏感，因此在距离钢箱梁合龙以前选择几个不同的典型气候条件日，全面对主、边跨钢箱梁进行 24 小时测量观测，较准确地掌握梁体长度、线形与气温变化规律，为钢箱梁合龙选择较好的时间和温度。

②合龙温度选择，依据 24 小时观测所得到的温度对钢箱梁长度和线形影响的有关资料分析，应选择一天内气温变化不大、温度变化相对平缓的时段作为合龙温度场。

2）钢箱梁合龙的监理控制要点：

钢箱梁合龙是斜拉桥主梁施工关键性控制工序，施工难度大，精度控制要求高，施工顺序和工艺流程要求严格，如有一个环节控制不严，有可能导致桥梁在运营阶段受力不合理或主梁线形不畅，影响桥梁使用寿命和安全，所以施工必须严格按指令要求执行，每一道工序施工指令必须由现场施工总指挥长发出，监理人员认真监督执行，如有异常情况必须及时反映给现场指挥长。

3. 结合梁斜拉桥监理控制要点

结合梁是指钢主梁的上翼缘与设置其上的混凝土桥面板之间用剪力键结合共同受力的梁体结构。

结合梁一般由钢主梁、钢横梁、小纵梁、钢人行道横梁组成的平面刚构架以及混凝土桥面板组成。钢梁在工厂加工，运到现场吊装，用高强螺栓连接成刚构架。钢筋混凝土桥面板由预制板和现浇缝组成。结合梁的架设方法，有悬臂对称架设，也有边跨支架架设、中跨悬臂架设。

结合梁施工监理控制要点：

（1）结合梁的抗剪连接部位，构造复杂，安装精度要求高，承受很大的荷载，必须长期可靠。

（2）抗剪栓钉在钢梁上的熔焊工艺，若控制不当，会在结合处产生焊接疲劳，要求进行严格的工艺试验和评审。

（3）混凝土桥面板是结合梁的重要部分，其预制安装质量和现浇连接缝混凝土的浇筑质量关系到主梁整体断面的受力性能和桥面的平整度及耐久性。桥面板四周搁置在钢梁上，须与钢梁密贴，对其平整度要求特别高。应采用收缩徐变小的混凝土配合比。

（4）混凝土桥面板与钢梁的连接监理需要检查以下内容：

1）检查钢梁周边橡胶条的安装位置和密贴情况；

2）检查混凝土桥面板的安装偏差；

3）检查钢梁顶面上的抗剪铆钉的焊接质量和位置；

4）检查接缝上纵横向钢筋安装尺寸及与预制板外伸钢筋的连接质量；

5）审查接缝现浇混凝土的配合比，浇筑时要求监理现场旁站。

（5）结合梁体系转换注意在解除临时固结装置后，再进行中跨合龙段桥面板安装，张拉斜拉索，浇筑桥面板接缝混凝土，完成桥的合龙。

（三）拉索施工的监理控制要点

每一根拉索包含钢索和锚具两部分。钢索承受拉力，锚具传递拉力。目前常用的拉索类型主要有平行钢丝斜拉索和钢绞线斜拉索。平行钢丝索股一般由 $\phi5mm$ 或 $\phi7mm$ 高强度镀锌钢丝组成，先排成六角形，由玻璃丝布包扎定型后热挤高密度聚乙烯制成的正圆形截面，再配以镦头冷铸锚，就形成平行钢丝斜拉索。这种索挠曲性能好，可以盘绕，方便长途运输和工厂化生产，缺点是索长度受限制。

钢绞线斜拉索由多股钢绞线平行或轻度扭绞组成。由于其标准强度高，可进一步减轻钢索的重量。钢绞线索的防护形式有两种，即整束防护和单根防护，一般都为柔性防护。

平行钢绞线索在现场制作，可逐根起吊安装。先逐根张拉，建立初应力，然后整索张拉至规定应力，用普通夹片锚具锚固。

半平行钢绞线索在工厂制作好后运至工地，整束起吊安装，整束张拉。一般用夹片锚具，也有配冷铸镦头锚形式。这种索由于可一根一根安装，对于特大跨径斜拉桥，可以降低斜拉索的吊装重量，方便施工。

（1）拉索及锚具要采用专业厂家产品，严格按照国家或部颁的行业标准和规定生产。拉索成品、锚具交货时要检查其产品质量保证书、产品批号、型号、生产日期、数量、长度、重量、产品出厂检验报告等，并按有关规定抽样检验。拉索的运输、堆放应保证无破损、无变形、无腐蚀。锚具的质量应符合有关标准。

（2）拉索安装可根据塔高、布索方式、索长、索径、索的刚柔程度、起重设备和施工现场状况等综合选择架设方法。安装前应根据索长、索重、斜度和风力等因素计算其安装过程中锚头距索管口 2.0m、1.0m、距锚板 0.7m 以及锚头带锚环时的牵引力，综合选择架设方案和设备。

斜拉索放索监理应检查以下几点：

1）斜拉索展开前外观复查；

2）斜拉索的展索要求；

3）检查放索船、放索架，导向架和托辊；

4）放索架的制动系统试运转；

5）检查放索架、导向架、托辊是否处于一条直线；

6）检查导向架和托辊上的三向滚筒能否自由转动；

7）放索前牵引设备的复查；

8）斜拉索在桥面上移动情况检查。

（3）斜拉索的塔端张拉监理控制要点：

1）对称张拉，检查编号，主边跨同时对称张拉，双索面结构同一节段左右索同时对称张拉。

2）张拉前，各项准备工作的检查。

3）张拉吨位及误差控制。

4）挂篮上锚固的连接机构的受力检查，梁端锚头的锚环位置检查。

5）千斤顶和油表的标定。

6）斜拉索的锚固情况。

7）体系转换前锚环与锚垫板受力控制。

8）混凝土浇筑与斜拉索张拉的施工安排。

9）张拉过程中产生动荷载的各种设备须停止工作。

（4）施工中不得损伤索体保护层和索端锚头及螺纹，不得堆压、弯折索体。监理控制要点如下：

1）不得用起重吊钩或易对索体产生集中应力的吊具直接挂扣拉索，宜用带胶垫的管形夹具、尼龙吊带挂扣，或设置多吊点起吊。

2）放索时索体应贴在特制的滚轮上拖拉，并应控制索盘的转速，防止转速突变或倾覆。

3）为防止锚头或索体穿入索管时的偏位和损伤，应在放管处设置调控限位器。

4）安装过程中锚头、螺纹应包裹，及时清除拉索的包护物。拉索防护层和锚头损伤应及时修补并记入有关表格存档，以便跟踪维护。

（5）施工中，拉索抗振的约束环和减振器未安装前，必须确保索管和锚端的防水、防腐和防污染。监理要对此进行检查。

（6）斜拉索张拉监理控制要点：

1）张拉施工的设备和方法应根据设计的索型、锚具、布索方式、塔和梁的构造确定。

2）拉索张拉的顺序、分级、次数和量值均应按设计规定执行。应以振动频率计测定的索力或油压表量值为准，以伸长值作为校核，并应视拉索防振圈以及拉索弯曲刚度的状况对实测值予以修正。

3）拉索张拉可于塔端或梁端进行。平行钢丝拉索宜采用整体张拉，平行钢绞线拉索可采用整体或分索张拉，分索张拉应按"分级"、"等力"的原则进行，整体张拉时应以控制所有钢绞线的伸长量相同为原则。拉索整体张拉完成后，宜对各个锚固单元进行预压，并安装防松装置。

4）索塔顺桥向两侧的拉索（组）和横桥向对称的拉索（组）必须对称同步张拉；同步张拉时索力不同步的差值不得超出设计规定；两侧不对称的或设计拉力不同的拉索，应按设计规定的索力分级同步张拉，各千斤顶不同步差不得大于油表读数的最小分格，索力终值误差小于±2%。

5）拉索锚固时不宜在锚环和承压板间加垫；需要加垫时，其垫圈材料和强度应符合承压要求，并应设成两个密贴带扣的半圆。

6）在全部拉索张拉完成后，或悬臂施工法跨中合拢段施工前后，或在梁体内预应力钢材全部张拉完毕且桥面及附属设备安装完成时，均应采用传感器或振动频率计检测各拉索索力值，同时应视防振圈及拉索的弯曲刚度等状况对测值予以修正。每组及每索的拉力误差超过设计规定时应进行调整，调整时应从超过设计索力最大或最小的拉索开始（放或拉），直至调到设计索力。调索时应对塔和相应梁段进行位移监测，做好存档记录，记录内容要包括日期、时间、环境温度、索力、索伸缩量、桥面荷载状况、塔梁的变位量及主要相关控制断面应力等。

7）拉索的张拉工作全部完成后，应及时对塔、梁两端的锚固区进行最后的组装以及抗震防护与防腐处理。

（7）斜拉索防护监理控制要点：

1）拉索防护绝大多数是在生产制作的过程中完成的，要控制好生产的各个环节、工序，确保防护的质量。

2）承包人在现场施工前必须制定详细的拉索保护措施（可包含在分部工程施工组织设计文件中），报监理工程师批准后严格执行。

3）重视各种临时防护措施及其质量，如镀锌、涂漆、涂油等。

4）在拉索的运输、存放、卷盘、展开、吊装等过程中，注意防止 PE 套管的破裂和钢管的损伤。如出现以上情况，应及时采取措施修补。

5）在拖索、牵引、锚固、张拉及调整的各道工序中，不能碰伤、刮伤拉索。

（四）施工监控监测监理控制要点

斜拉桥施工控制包括两个过程，一是数据采集过程，也称作监测；二是数据处理过程，也称作监控。监测是利用在塔、梁和拉索等关键部位埋设的各种传感器和相关的测试仪器获得各个施工阶段的几何数据和力学数据参数。监控是利用结构理论和计算程序，对数据进行分析处理，确定下一阶段的施工参数。通过两个过程的循环校正，调整控制斜拉桥的内力和线形，使成桥后的线形、索力和梁、塔的应力符合设计要求。施工监控根据设计要求的不同，一般以主梁的应力和拉索应力控制为主，线形控制为辅；也有以线形控制为主，索力控制为辅的。施工监测的主要工作有索力测量、结构控制断面的应力测量、梁体温度测量、梁体线形或塔顶位移测量等。

斜拉桥施工过程与成桥运营状态结构受力不同。施工中，虽然可按一定的方法计算出每一阶段的索力和相应的位移，指导施工，但实际结构的索力和位移与理论值、计算值会存在不可避免的偏差，且这种偏差具有累积性。如不及时加以控制和调整，随着主梁悬臂施工长度的增加，主梁高程最终会显著偏离设计目标，造成合龙困难，并影响成桥后的内力和线形。一般是由业主委托有资质的检测单位进行独立的监控测量，监理工程师应在业主的统一协调下，做好配合工作。

1. 监控测量的目的

（1）为了确保主梁和塔柱在施工过程中受力和变形处于安全范围，成桥后主梁线形符合设计要求，结构恒载作用下受力状态接近设计值，必须在施工过程中进行严格的施工控制，即通过监测手段，得到各施工阶段结构的实际内力和变形，从而完全跟踪施工进程和发展情况。

（2）斜拉桥施工方法及工艺、施工机械、材料特性、斜拉索安装等因素，直接影响成桥的线形与受力，而施工过程与设计的假定总存在差异，这就要求在施工过程中，采集需要的数据，通过分析计算，求得每一施工状态下斜拉索张拉吨位和主梁挠度、塔柱位移等施工控制参数，以指导施工，及时进行调整与控制。

（3）施工监控的最终目标是使斜拉桥高精度合龙，成桥后主梁线形和结构内力满足设计要求。

2. 施工监控的一般工作内容

斜拉桥施工控制是一个"施工—测试—计算—分析—修正—预告"的循环过程，最根本的要求是在确保结构安全施工的前提下，做到主梁线形和内力符合设计规定的允许误差范围。主要包括以下工作内容：

（1）根据斜拉桥的类型和选定的施工方法，对施工的每一阶段进行理论分析，包括：节段施工模拟计算、混凝土收缩徐变效应计算以及温度影响计算等，得出各施工阶段控制参数的理论值，供施工参考使用。

（2）施工过程的现场测量与数据采集。

（3）将施工过程中实测的数据和理论计算数据进行比较分析（参数识别），并选用相应的控制方法在施工中加以控制、调整。

（4）斜拉桥的施工控制，是借助相应的理论和方法，通过施工中的索力和高程调整来实现的。

3. 施工监控监测监理控制要点

（1）斜拉桥施工监控，是建立在每个阶段的施工质量符合相应的规范、标准的前提下，通过施工监控下发指令，监理监督施工单位执行，并进行复核，进行索力测量、内力监测、温度监测、梁体线形及塔顶位移的观测。

（2）在施工荷载、主梁自重、桥面高程、主塔定位、拉索张拉等方面，必须严格控制，将误差减小到最低程度。

（3）严格按监控指令规定的程序进行施工。当出现施工荷载或施工方案有较大变化时，必须根据实际情况重新进行施工计算，并将结果报监控单位和设计单位确认。

（4）严格按监控指令规定的满足设计条件的、最佳的、每日恒定的时间进行施工测量和调整。

影响斜拉桥施工的因素较多，包括：结构刚度、梁段的自重、桥面高程、主塔定位、拉索张拉力、临时荷载、混凝土的收缩徐变、温差及温度应力、预应力对结构的影响等。这些参数的理论假定值为理想状态下的取值，与施工中的实际值有一定的差异。施工中必须对这些参数进行识别和预测，通过优化及时进行调整。目前，斜拉桥施工监控监测，是由业主委托一家或两家有经验的专业单位驻现场专职负责施工监控和监测工作，并由业主、设计、施工、监理、监控监测等联合组成施工控制小组，制定施工控制程序、施工控制工作细则、各阶段施工控制目标，由业主统一领导和协调施工控制工作。通过严格有序的管理，使设计、施工、监理及监控监测单位很好地联合起来，保证施工和控制管理工作有效地开展。

三、斜拉桥施工常见质量问题及监理控制要点

1. 承台和塔座表面裂缝

裂缝沿塔座棱线分布。双柱式塔柱的承台顺桥向中部表面裂缝。

（1）产生原因：

1) 塔座棱线两侧有两个夹角较小的临时空间，混凝土在该处的水分易散失。且因塔座形状接近复斗形，棱线处往往是一些缺少骨料的砂浆，抗裂性差；

2) 双柱式塔柱随着柱身的不断增高，承台两端受压力增大，承台中部受负弯矩作用，上部混凝土受拉开裂；

3) 养生不及时，塔座水分散失过快。大体积承台混凝土水化热高，内外层温差大，表面混凝土受拉开裂。

（2）控制要点：

1) 设计时棱台式塔座应考虑棱线薄弱部分的混凝土抗裂措施，对构成小角度相交部分应在内部布置抗裂钢筋或钢丝网；

2) 设计应考虑双柱式塔柱的承台中间混凝土的抗裂措施；

3) 大体积承台混凝土应降低体内水化热和内外温差；大体积混凝土内部散热降温，如可布置冷却管道通循环水降温，混凝土表面保温保湿，如承台表面可采用蓄水保温等加强养生的措施；

4) 加强混凝土各层面温度的监测与调节。

2. 塔柱混凝土外观缺陷

节段混凝土接缝错台，塔身棱线不顺直。

（1）产生原因：

1) 放样立模不准；

2) 发现已浇筑节段拆模后有误差，而上节混凝土立模调整纠偏不顺直；

3) 有劲性骨架结构的塔身，劲性骨架安装不准确，立模时以它为依托而未作纠正；

4) 浇筑混凝土时跑模，模板及支承刚度不够。

（2）控制要点：

1) 每一节段的混凝土施工前必须复核前一节段混凝土的外形尺寸和坐标、标高；

2) 有劲性骨架结构的塔身混凝土在浇筑前必须复核前一段劲性骨架的轴线、标高，并消除焊接变形；

3) 发现已拆模节段混凝土外形尺寸有误差，应在上节模板的上口调整，如果误差较大，则应增加调节节段，避免在一节中纠正全部偏差造成折线；

4) 加强模板和支承的刚度，尤其对斜塔柱支承（或拉杆）应检查其强度、刚度和稳定性。

3. 施工预埋件外露锈蚀

（1）产生原因：每一节段混凝土浇筑完毕拆模后，废弃的预埋件未及时清理或修补；无法拆除的预埋铁件未作防锈处理。

（2）控制要点：

1) 施工结束后，必须割除塔柱混凝土面上为施工而预埋的所有预埋件，清除时应凿除一定深度的混凝土，将预埋件切断一定长度，然后再用与塔柱混凝土色泽基本一致的水泥砂浆修补。

2) 在立模放置预埋件时，在预埋件周边同时预埋凹龛，便于在施工结束后割除预埋件进行修补，模板拉杆可外套塑料管以利钢材回收与表面修补。

3) 确实不能清除的大件预埋钢板，应在脚手架拆除前完全除锈，并按照钢结构防腐要求涂刷与混凝土色泽相近的防锈涂料。

4. 索孔位置不准确

斜拉索轴线与索孔轴线不一致，致使拉索与孔壁摩擦，索孔内避振圈或填充料安装困难。

（1）产生原因：

1）索塔施工时，索孔坐标放样不准；

2）劲性骨架安装不准确，以劲性骨架作依托的索管预埋件随之变位；

3）索塔混凝土浇筑时，索孔模型位移变动；

4）梁、塔、墩铰接的斜拉桥在施工时临时固结不当，影响索孔定位准确；

5）调索后的最终拉索位置与设计位置误差过大；

6）索孔直径预留过小，施工达不到设计要求的精度。

（2）控制要点：

1）准确复核索孔预埋件的坐标、标高。

2）塔、梁、墩铰接结构在施工时的临时固结装置必须可靠，加强施工过程中的索塔位移观测。

3）准确安装劲性骨架，当索孔预埋件以劲性骨架为依托时，除校核劲性骨架位置外，应独立校核索孔预埋件位置。

4）调索时应使拉索的索力保持在设计允许的范围之内。

5）安装或调索后如发现索与索管壁摩擦，应采取措施予以隔离，避免摩擦，防止拉索磨损。

6）设计时应充分考虑拉索安装的误差及在不同拉力作用下悬链线的空间曲线位置的变化，尤其在索塔混凝土壁较厚、索管较长时应在孔壁与拉索间留有适当间隙。

7）浇筑混凝土时，索孔预埋件必须可靠固定，不得在浇筑混凝土时使预埋件位移。

5. 索塔轴线偏离设计位置

单塔斜拉桥索塔轴线向主跨方向倾斜或双塔斜拉桥两索塔向河跨或两索塔同向倾斜。

（1）产生原因：

1）索塔不均匀下沉，导致塔身倾斜；

2）双塔大跨径斜拉桥，两岸安装、张拉斜拉索及调索工艺不一，索力误差较大，两岸施工进度不同步；一个塔柱或两个塔柱都有较大的初始偏斜而未及时纠正；

3）两岸施工季节（温度）相差过大，结构的非线性形变差别过大而又未及时修正。

（2）控制要点：

1）在施工期间及竣工后两年或更长的时间内坚持进行塔、墩的沉降观测，在施工期间如发现承台（或主塔墩）、索塔有倾斜的趋势，应及时采取措施阻止不均匀沉降造成的继续发展。

2）大跨度双塔斜拉桥施工，两塔柱的施工进度应大致同步，从承台到塔身施工的主要节点和两岸的测量基点进行坐标、标高的联测复核，避免造成单侧的系统误差。

3）安装斜缆索，宜由同一施工单位用基本相同的工艺、机具进行。原则上两岸的安装应同步，进度相差不宜过大。

4）漂浮体系的横向限位装置及纵向滑动摩擦力应基本相同。

第四节 悬索桥施工监理控制要点

一、悬索桥概述

悬索桥也称吊桥，其主要承重结构是悬链线状的缆索。缆索也称主缆，采用粗大的高强钢丝束外加缠绕钢丝组成，并且有刚度很大的下承式加劲梁，使得桥梁整体刚度和稳定性大大增加，车辆通行时无明显晃动感。悬索桥有地锚式悬索桥和自锚式悬索桥。地锚式悬索桥，设计有能够提供巨大反力的锚碇结构，主缆锚固在锚碇上，通过锚碇提供的巨大反力使主缆保持拉伸状态和悬链形状，通过调整主缆张力控制桥梁线形。自锚式悬索桥不需设置锚碇，而将主缆锚固于加劲梁体，通过加劲梁抗压来抵抗主缆水平分力达到自平衡，是一种塔、缆、梁自稳定结构。地锚式悬索桥主要由基础、锚碇、索塔、主缆、索夹和吊索、鞍座、加劲梁及桥面系组成，桥形美观、受力状态好，能充分发挥高强材料的作用、跨越能力大，成为跨越大江大河、海峡港湾等大跨度桥梁的首选桥型之一。自锚式悬索桥由于主梁压杆刚度方面的限制，相对于地锚式悬索桥而言跨越能力小，但由于不需要锚碇，成为许多跨度不大的悬索桥、景观桥的首选桥型。

悬索桥按悬吊的跨数分为单跨悬索桥、多跨悬索桥；按主缆的锚固方式分为地锚式悬索桥和自锚式悬索桥；按吊索形式分为垂直吊索悬索桥、三角形布置的斜吊索悬索桥和混合式悬索桥；按支承结构分为单跨两铰悬索桥、三跨两铰悬索桥和三跨连续悬索桥；按加劲梁结构分为钢箱梁悬索桥、钢桁梁悬索桥和混凝土加劲梁悬索桥。

地锚式悬索桥的施工步骤，首先是索塔和锚碇基础的施工、梁段和锚碇施工，然后转入主缆架设，为使一根一根的索股或钢丝从一端锚碇跨过索塔架设到另一端锚碇并固定，需要在锚碇与索塔间、索塔与索塔间搭设空中施工通道，该通道称为猫道。猫道架设后即可在其上和索塔顶、锚碇区安装架设主缆的牵引系统，通过牵引系统架设主缆，主缆架设完成后在其上安装索夹和吊索，然后将预制好的加劲梁通过主缆上的吊机起吊到位与吊索连接，最后将加劲梁节段连接成整体并进行桥面系施工。

本章以地锚式单跨垂直吊索钢箱梁悬索桥为主介绍锚碇、索塔、主缆、索夹和吊索、鞍座、加劲梁、防腐涂装的监理方法和要点。

二、悬索桥监理控制要点

（一）锚碇

锚碇是地锚式悬索桥的主体结构，其主要作用是为主缆提供巨大反力，使主缆在自重和桥梁组合荷载作用下，仍能处于预定的悬链线状态和线形，保证桥梁的整体线形。

地锚式悬索桥锚碇分为重力式锚碇和岩隧式锚碇两种结构形式。重力式锚碇为一庞大的混凝土结构，依其自重抵抗主缆的垂直分力，由锚碇与地基之间的摩阻力或嵌固力抵抗水平分力；岩隧式锚碇则借助天然坚固的岩体开凿隧洞再浇筑混凝土而成，利用岩体强度对混凝土锚体形成嵌固作用，达到锚固主缆抵抗拉力的目的。锚碇主要由锚碇基础、锚块、主缆锚固系统组成。主缆在锚固前，由整根主缆分散为索股，每根索股分别锚固在固定于锚碇体的锚梁或锚杆上。如主缆不需改变方向，可只设置散索箍，当主缆需要改变方向时，则需设置散索鞍相应的支墩（或支架）以抵抗主缆径向力并控制主缆轨迹，由于地形的限制，主缆在进入锚碇时大都需要改变方向，支墩一般也就成为锚碇的组成部分。自锚式悬索桥一般只需设散箍，将主缆分丝（股）后锚固在加劲梁端横梁上。

锚碇基础有箱格基础、扩大基础和地下连续墙基础。主缆锚固系统有钢构架和预应力钢绞线两种基本形式。钢构架由后锚梁、锚杆和支架系统组成，主缆索股直接锚固在锚杆前端，索股拉力通过锚杆传到后锚梁，再由锚梁传给锚碇体，支架系统起支撑、定位锚梁和锚杆的作用。预应力钢绞线锚固系统由预应力钢绞线和高强钢拉杆组成，预应力钢绞线安装在锚块混凝土内，通过张拉、压浆后与锚块成为受力整体，拉杆安装在预应力锚板上，主缆通过主缆锚头安装在拉杆上，从而将主缆拉力传递到锚固系统。

1. 监理控制要点

锚碇一般为大体积混凝土结构，主要由基础、锚碇体、支墩和主缆锚固系统组成，控制的重点部位和关键环节包括：

（1）基坑开挖的监测。

（2）基础的测量放样。

（3）边坡防护。

（4）锚体大体积混凝土的配合比、材料选择、分层方案、降温措施、温度控制。

（5）锚体各块件之间的连接结构。

（6）锚杆支架的安装。

（7）锚梁位置测量放样和验收。

（8）预应力管道的预留。

（9）管道位置的放样和验收。

（10）预应力材料防腐。

（11）预应力张拉。

（12）散索鞍底座预埋件安装。

（13）底座混凝土标高、位置控制。

2. 锚固系统施工质量控制措施

（1）钢构架锚固系统的锚杆、锚梁和支架均为钢结构，派驻加工现场的监理工程师应检查母材的出厂证明材料，并抽样进行化学成分和力学性能试验，督促承包人制订焊接工艺并进行工艺评审，检查焊缝质量，督促处理缺陷，出厂前做好验收工作。

（2）钢支架安装应注意安装位置的复核，安装完成后对照设计图纸，认真检查并签认验收意见；锚梁、锚杆安装时重点是位置复核；为使主缆拉力通过锚杆传到后锚梁，应检查锚杆隔离层的施工质量。

（3）预应力锚固系统也应认真复核其安装位置，注意支架的稳定性，无缝钢管埋设位置必须准确，焊缝严密，防止漏浆。

（4）锚块混凝土施工过程中，应注意避免造成锚杆或预应力钢绞线无缝钢管的位置偏移，督促承包人做好监测，发现偏位时应及时纠正。

（5）预应力的穿束和张拉压浆控制措施参见相关章节，为防止上端压浆不饱满，应要求承包人采用真空辅助压浆工艺。

（二）主塔施工

悬索桥一般主塔较高，塔身大多采用翻模法分段浇筑，在主塔连接的部位要注意预留钢筋及模板支撑预埋件。对于索鞍孔道顶部的混凝土要在主缆架设完成后浇筑，以方便索鞍及缆索的施工。主塔的施工控制主要是垂直度监控，每段混凝土施工完毕后，在温度相对稳定时，利用全站仪对塔身垂直度进行监控，以便调整塔身混凝土施工，应避免在温度变化剧烈时段进行测试，同时随时观测混凝土质量，及时对混凝土配比进行调整。施工完成后，应测定主塔的倾斜度、塔顶高程及塔的中心线坐标，并做好沉降、变位观测点标记。

（1）注意检查主塔施工中施工单位采用的劲性骨架的刚度与连接可靠性，以确保定位准确。严格控制塔底水平偏位不大于 10mm；严格检查施工模板，要具有足够的强度与刚度，确保结构尺寸偏差在设计要求内。

（2）对塔柱混凝土施工，注意控制浇筑过程中的施工振捣，注意在钢筋密集处换用小尺寸振捣棒作业，在水平方向不留有接口分隔缝；确保混凝土密实，杜绝蜂窝、麻面，塔柱混凝土表面要确保平整洁净、颜色一致；注意施工接缝处理满足施工规范要求。

（3）关于钢筋加工制作，要严格按照设计图纸要求，保证各类钢筋的相应保护层厚度。

（4）严格要求施工单位在主塔施工时，采取有效措施确保各预埋件位置的准确，注意施工监测、健康监测有关预埋件的埋设与保护，确保不遗漏各有关预埋件。对所有预埋件外漏部分，要及时监督施工单位进行防腐处理，以防止锈蚀后影响主塔外观。

（5）主塔混凝土大体积、高强度等级，监理要注意严格审批混凝土配合比设计，严密控制生产过程，监督施工单位采取双向降温、优化浇筑工艺、延缓混凝土凝结龄期、加强养生等综合措施，有效控制混凝土裂缝的产生，以充分保证主塔结构的耐久性。

（三）猫道

猫道是悬索桥主缆架设、索夹和吊索安装、主缆防护等项目的空中临时施工通道。一般由猫道承重索、猫道面网（包括栏杆和扶手索）、抗风系统和横向天桥组成。猫道承重索是猫道的主要受力结构，承受猫道本身自重和施工荷载；猫道面网是设置在猫道承重索上面的作业平台；抗风系统设置于猫道下方，确保猫道的抗风稳定性；横向天桥既是两侧猫道间施工作业的横向通道，又能使两侧猫道建立联系，提高其稳定性。猫道设置于主缆中心下方 1.0～1.8m，在加劲梁吊装前，其线形与主缆空缆线形一致，方便施工操作。加劲梁吊装时，主缆线形会有很大的变化，猫道应能适应主缆线形的变化，此时主缆已形成，因此一般将猫道吊挂在主缆下，放松两端的约束，随主缆线形变化而变化。

猫道架设主要包括先导索架设、承重索架设、猫道面网铺设、横向天桥安装、抗风缆安装等。猫道一般在主缆防护涂装施工完成后拆除。

1. 监理控制要点

猫道设置在中跨和边跨，主要包括承重索、猫道面、栏杆、横梁、门架等，控制的重点部位和关键环节主要有：

（1）猫道承重索预拉；

（2）先导索过江和牵引系统的架设；

（3）承重索的架设和垂度调整；

（4）猫道面的安装；

（5）横梁安装。

2. 猫道架设质量控制

（1）监理工程师在牵引过程中检查承包人是否安排专人监控卷扬机拉力控制器或平衡重情况，有异常时能否通过指挥系统及时停止拽拉，以消除异常原因，防止异常情况下，卷扬机拉力过大发生事故。

（2）检查猫道承重索是否牢固固定在猫道垂度调节杆上。

（3）架设完成后检查线形调整情况，线形调整应考虑当时气温因素。

（4）猫道承重索的架设应跨中、边跨和上、下游对称架设，并做好塔柱的变形观测，防止主塔因过大的不平衡拉力或扭矩而受损。

（5）猫道承重索架设完成并调整线形后，即可进行猫道面网的铺设，猫道面网一般预先加工成卷或成片，吊装到塔顶，猫道承重索上从高处滑到跨中低处，下滑时应检查承重索匹配，下滑时应设置反拉装置，防止面网突然下滑造成安全事故。

（6）猫道侧网的铺设一般预先放在猫道面网上临时固定，与面网一起下滑，待猫道面网滑到跨中后从塔顶高处开始，扶起猫道侧网与扶手绳固定形成栏杆，监理工程师在此项作业时应注意检查承包人的安全措施。

（7）猫道横通道为钢结构，安装前应做好检查验收。

（8）猫道横通道一般随猫道面网的下滑同时安装，安装时应检查横梁上 U 形卡与承重索是否匹配，能否起到导向作用，防止卡紧或松脱。

（9）在猫道面网、横通道安装后，检查 U 形卡是否上紧，使面网、横通道与猫道承重索连成整体。

（10）猫道面网和横向通道的架设也要对称进行，检查架设过程中主塔的偏位监控情况。

（四）索鞍施工

索鞍是支撑主缆的永久性大型钢构件，通过它将主缆中的拉力以垂直力和不平衡水平力的方式均匀地传到塔顶或锚碇支墩上，并使主缆平顺地改变方向。

索鞍可分为主索鞍和散索鞍。主索鞍又称塔顶鞍座，设置在主塔顶部。主索鞍按传力方式分为斜纵肋板直接传力式和纵横肋间接传力式；按制作方式分为全铸式、铸焊式、全焊式；按鞍体的结构组成方式分为整体式和分体式；按主索鞍上、下座板之间的摩擦副形式分为滚动摩擦副和滑动摩擦副。主索鞍由鞍槽、鞍身、上座板、下座板、摩擦副、导向与限位装置等组成。散索鞍又称扩展鞍座，设置在锚碇支墩上。散索鞍按制作方式也分为全铸式、铸焊式、全焊式；按鞍座纵向运动的移动副构造形式分为滚轴式和摆轴式。滚轴式散索鞍的组成与主索鞍类似，而摆轴式散索鞍的底座与主索鞍差别较多，底座是一个长条形凹槽，内镶板式摆轴，鞍座顺桥向摆动时，鞍体在底座弧面摆轴上作相应的摆动。本节以四氟板滑动摩擦副主索鞍和滚轴式散索鞍为例介绍索鞍的质量控制要点和措施。

1. 主、散索鞍格栅或底座安装质量控制措施

（1）检查施工放样，设置辅助线，以便格栅或底座安装时对位，检查预埋件的安装情

况，鞍座的临时固定装置等准备工作。

（2）格栅或底座安装前，应核实其编号，作进一步的外观检查。

（3）吊装过程监理机构的相关主要技术人员应在现场，检查承包人指挥人员、安全员是否到位，吊装过程是否符合有关吊装规定，发现异常及时研究处理。

（4）格栅或底座吊装就位并临时固定，检查安装位置是否准确，精度是否符合设计和规范要求，临时固定措施是否牢靠。

（5）检查符合要求后才能允许填充混凝土或压浆。为保证格栅或底座下混凝土密实，填充混凝土宜采用微膨胀混凝土，施工时应充分振捣。

（6）在填充混凝土浇筑完成或压浆后，对格栅位置应再次复核。

2. 主索鞍安装质量控制措施

（1）主索鞍在出厂前，一般进行过预拼装，否则应在现场进行预拼装，监理对拼装结果进行检查。

（2）检查格栅表面清理情况，检查主索鞍格栅底填充混凝土的强度，达到设计要求后同意主索鞍安装。

（3）主索鞍下承板、上承板、鞍体应按顺序分块吊装，吊装时核实其编号。

（4）吊装过程的检查同格栅和座板，确保其稳定、安全。

（5）检查每个块件、辅助件是否及时安装，位置是否准确，安装是否牢靠。安装过程中应及时清理杂物，做好防腐措施，保证安装面接触良好。安装过程应细致、小心，防止碰撞、损伤。

（6）上承板就位前应检查四氟板表面是否按设计涂润滑层。检查复核上承板安装位置。

（7）鞍座吊装前应充分考虑起吊、横移和就位，准备充分的调整措施，安装就位时底面要尽量水平。鞍身块体吊装就位后，应检查相对位置是否准确，连接螺栓是否上紧，并复核其位置，安装初始安装位置为空缆位置。

（8）隔片安装是在主缆架设时逐步完成的，隔片应严格按编号和位置安装。

（9）主缆索股架设过程中应固定好主索鞍，防止滑动，主缆架设完成后，应及时填塞锌块并上紧鞍槽两侧的拉杆。

3. 散索鞍安装质量控制措施

散索鞍的安装质量控制要点基本同主索鞍，应注意如下不同点：

（1）散索鞍一般为倾斜放置，安装过程应有临时固定措施，并检查其牢固情况。

（2）散索鞍初始安装位置要详细审查其安装工艺，确保准确。

（3）散索鞍安装就位后，在主缆架设过程中应临时固定，防止滑动。

（五）加劲梁

加劲梁是支撑桥面的梁体结构，并直接承受并传递作用于其上的车辆荷载、风荷载、温度荷载和地震荷载。

加劲梁按结构形式分为钢板梁、钢桁梁、钢箱梁、钢筋混凝土箱梁，也有钢桁与箱梁结合的形式；按受力体系分为双铰加劲梁简支体系和连续加劲梁的连续体系。

加劲梁的架设顺序有先从跨中段开始向两侧桥塔方向推进的，也有从主塔附近的节段开始向跨中及桥台推进的。钢箱梁加劲梁的吊装一般采用节段提升法，即先在工厂预制成箱梁节段，然后运输到桥底吊装位置，用安装在主缆上的缆载吊机起吊并与吊索连接，吊装就位的加劲梁相邻节段先用临时连接件连接，再焊接成整体。钢桁梁加劲梁的架设可以单根杆件为单元架设，也可以桁片为单元架设，或以桁架节段为单元架设。

钢箱梁加劲梁节段制作、现场吊装的监理要点和方法与钢梁施工基本相同，本段内容不再赘述。

（六）主缆施工

1. 主缆架设

主缆是悬索桥的主要承重构件，除承受自身恒载外，主缆本身又通过索夹和吊索承受活载和加劲梁（包括桥面）的恒载，以及一部分横向风载，并将这些荷载引起的主缆拉力传递到主塔顶部的主鞍座和锚碇支墩上的散索鞍及锚固系统。一座悬索桥一般设两根主缆，每根主缆由若干平行钢丝组成。主缆施工主要包括索股预制、索股牵引、索股调整、索股入鞍、主缆整圆、紧缆、缠丝和防护涂装等步骤。为方便施工管理和控制，将主缆在全长上分为锚跨、边跨、中跨，主缆锚固面至散索鞍段为锚跨，散索鞍至主索鞍段为边跨，主索鞍之间段为中跨。

根据结构特点，主缆架设可以采取在便桥或已浇筑桥面外侧直接展开，用卷扬机配合长臂汽车吊从主梁的侧面起吊安装就位。

主缆的支撑：为避免形成绞，将成圈索股放在可以旋转的支架上。在桥面每 4～5m，设置索股托辊（或敷设草包等柔性材料），以保证索股纵向移动时不会与桥面直接摩擦造成索股护套损坏。因索股锚端重量较大，在牵引过程中采用小车承载索股锚端。

缆索的牵引：牵引采用卷扬机，为避免牵钢丝绳过长，索股的纵向移动可分段进行。

缆索的起吊：在塔的两侧设置导向滑车，卷扬机固定在引桥桥面上主桥索塔附近，卷扬机配合放索器将索在桥面上展开。主要用吊车起吊，提升时避免索股与桥塔侧面相摩擦。当索股提升到塔尖时将索股吊入索鞍。在主缆安装时，在桥侧配置吊机，即主缆锚固区提升吊机、索塔顶就位吊机和提升倒链。

当缆索锚固端牵引到位时，用锚固区提升吊机安装索股锚具，并一次锚固到设计位置；索塔顶部就位吊机是用于将索股直接吊上塔顶索鞍就位，在吊装过程中为避免索股损伤，索股上吊点采用专用索夹保护；索股在提升到塔顶时，由于主跨的索段比较长，为确保吊机稳定，可在适当的时候用塔上提升倒链协助吊装。

2. 主缆调整

在制作过程中要在主缆上进行准确标记。标记点包括锚固点、索夹、索鞍及跨中位置等。安装前按设计要求核对各项控制值，经设计单位同意后进行调整，按照调整后的控制值进行安装，调整一般在夜间温度比较稳定的时间进行。调整工作包括测定索鞍标高、索鞍预偏量、主缆垂直度标高、索鞍位移量以及外界温度，然后计算出各控制点标高。

先调整主跨跨中主缆的垂直标高，完成索鞍处固定。调整时应参照主缆上的标记以保证索的调整范围。主跨调整完毕后，边跨根据设计提供的索力将主缆张拉到位。主缆索力调整应以设计和施工控制提供的数据为依据，调整量应根据调整装置中测力计的读数和锚头移动量双控确定，实际拉力于设计值的允许误差为设计锚固力的 3%。

主缆的紧缆应分为预紧缆和正式紧缆两阶段进行，预紧缆应在温度稳定的夜间且应将主缆全长分为若干区段分别进行；正式紧缆时，应采用紧缆机将主缆挤压整形成圆形，其作业可在白天进行。紧缆的顺序宜从跨中向两侧方向进行。

3. 索夹

索夹是将主缆与吊索相连的连接件。一般为两个半圆形铸钢结构，由高强度螺栓将其上紧在主缆上，通过其抱紧力将吊索拉力传递到主缆上。

索夹按是否安装吊索分为吊索索夹和无吊索索夹；按吊索与索夹的连接方式分为骑跨式吊索索夹和销接式吊索索夹。

（1）索夹铸造和机加工质量控制措施：

1）索夹铸造工艺方案确定后，应组织铸造工艺方案的评审，确定造型方法、工艺方案和工艺参数，铸件质量控制措施。如部分部件或工序由协作的厂家完成，应进行现场考查，核对资质，检查其生产工艺和质量保证措施。

2）索夹正式批量生产前，应进行试生产，从试生产中总结经验，调整工艺参数，然后投入批量生产。

3）应派驻厂监理，对索夹的生产过程进行过程控制。检查索夹的加工精度是否符合设计图纸及技术规范，并按工序签字认可。索夹各零部件重要加工面加工完成终检时，监理应检查确认。

4）索夹加工时应对于索夹安装位置进行编号，相应的配件应配套生产，对应编号，做好标记，并组装成套后转运施工现场。

（2）索夹安装：

1）索夹安装时，检查是否有损伤情况，复核其编号，对号入座，并对安装位置的主缆进行检查，看是否清除紧缆箍紧钢带、表面清理情况等。

2）安装第一个索夹时，监理应进行全过程旁站，全面检查，包括缆索吊机的安全措施、安装机械和设备是否有损伤主缆的现象或可能、安装情况等，正常后，其他索夹安装过程以现场巡视为主。

3）检查索夹安装位置是否准确，耳板是否竖直，螺栓张拉是否逐级、对称进行，张拉力是否符合设计要求，张拉索夹的对合缝是否均匀。

4）在加劲梁吊装、桥面铺装过程中，监理工程师应检查承包人是否落实复测螺栓紧固力，当下降到设计拉力的70％时，应督促补张拉到设计拉力。

4. 吊索

吊索是连接主缆和加劲梁的构件，它通过索夹把加劲梁悬挂于主缆上，将加劲梁竖向力向主缆传递。吊索按其立面布置分为垂直吊索和斜吊索；按其与索夹的连接方式分为骑跨式和销接式。吊索通常采用镀锌钢丝绳、平行钢丝束制作，表面涂装油漆或包裹高密度聚乙烯防护套。

（1）吊索安装前应查验其合格证明，核对其编号，检查外观是否有损伤等情况。

（2）根据编号，按设计位置安装就位，监理核实并检查插销安装是否到位。

（3）在钢箱梁吊装前采取措施防止下端锚头摆动碰撞而损伤。

（4）与钢箱梁连接时，应检查吊索是否扭转，否则应调整好。

（5）检查长吊索两根吊索之间是否按设计要求安装减振装置。

（七）悬索桥施工监控的必要性

悬索桥是一种以缆索为主要承重构件的柔性桥梁，缆索长度和线形对全桥的几何形状和受力具有决定性影响，因此，悬索桥设计和施工中必须保证缆索长度和线形的准确。悬索桥缆索的长度和线形是通过事先精确计算、制造和安装时严格控制误差来保证的，施工中进行调整的措施非常有限。因此，悬索桥施工监控的计算成为施工中极为重要的环节。另一方面悬索桥在施工过程中存在着各种各样的随机因素，它们都可能影响悬索桥在施工过程中的安全和成桥后线形。通过施工实时监控，掌握实际荷载情况并结合测量得到的结构状态，找出结构产生误差的原因，并通过以后各阶段的各种可能的修正来保证施工过程中结构的安全，使成桥状态最大可能地逼近设计内力和线形。

从设计到施工，由于各种计算或施工误差，悬索桥实际所呈现的线形和内力与设计者当初的意图往往有很大的差距。这种引起误差的因素主要有以下几种：

（1）设计时的计算误差。对于主缆的计算，设计单位和施工监控单位采用的方法不一样，对于一些参数的处理也有较大的差异，而且在设计过程中没有也不可能全面考虑施工中存在的各种因素。因而，施工监控中不能直接采用当初设计时所计算的用于控制施工的各种参数值。

（2）施工中结构定位存在的误差。实际施工中，索塔、锚碇的定位不可避免地存在误差。当索塔或锚碇的实际位置与设计不符时，必然影响到主缆的线形，进而对结构的内力和主梁的线形产生影响，因此必须对施工监控数据进行修正计算。

（3）施工中还存在着其他误差，如材料特性、安装精度、环境温度等，都将影响结构线形和内力。这些误差对大跨径的、结构不对称的悬索桥来说，表现得更为明显，所以必须加以严格控制。施工监控实施过程中，一方面应该根据施工中的实际参数严格按照施工过程进行精确的分析计算，另一方面，必须根据施工中的实际监控数据进行计算参数的识别修正，并且考虑各种意外变异因素的影响，对下阶段发出的施工监控指令做出修正，这样才能保证悬索桥的整体线形和内力最终达到设计者的意图。

（八）防腐涂装

悬索桥因具有跨越能力大、造价经济、桥形美观等特点，成为跨越大江大河、海峡港湾等大跨度桥梁的首选桥型。由于悬索桥大量结构采用钢材，江河海湾周围的大气环境对金属容易造成腐蚀，因此主塔、主缆、钢箱梁、鞍座、锚头、索夹、吊索等一般都需要采取相应的防腐涂装措施，尤其主缆，既是悬索桥的生命线，又有不能更换的特点，因此必须周密防护，确保安全。

混凝土主塔主要进行混凝土表面的密封防护或采用环氧涂层钢筋；主缆防护一般是在主缆架设后，在主缆镀锌钢丝表面涂防腐涂料，然后用直径约 4mm 的软质钢丝缠绕，最后涂刷油漆或其他材料；钢箱梁一般采用重防腐油漆涂装防护，随着技术的发展，也有采用电弧喷涂层防腐，箱内抽湿防腐；钢箱梁外壁各层涂装一般是在箱梁节段制作完成后，吊装之前在钢箱梁节段拼装场内的临时厂房内进行，其最后一道面漆是在钢箱梁整体化焊接成桥后，利用检查车在跨间露天进行的；鞍座、锚头、索夹一般采用油漆涂装防护或镀锌防护；吊索一般采用表面油漆涂装防腐或包裹高密度聚乙烯防护套。

（1）主缆制作前检查镀锌钢丝的镀锌层质量，包括锌层厚度和附着力，主缆运输、架设过程中检查钢丝表面，发现有锌层脱落或损伤的，应及时用防腐涂料防护。

（2）主缆防护体系应专门设计，并通过技术论证，优先选择具有成功经验的方案和材料。

（3）各层涂料必须具有出厂证明，性能符合设计要求；缠绕钢丝力学性能、镀锌层质量抽检符合设计要求。

（4）正式施工前检查各工序准备工作情况，确保正式施工时工序衔接紧密。

（5）检查主缆表面清洗效果，可用干净的白纸抽查，不得有灰尘、油污和水分，清洗后应检查是否临时覆盖。

（6）检查作业顺序是否符合设计要求。检查底漆涂装厚度、均匀性，如发现其他工序作业时破坏涂层，应督促及时补涂。底漆涂装应比缠丝作业超前适当距离，做到当班完成的涂装当班完成缠丝作业。

（7）正式缠丝前检查缠丝拉力是否符合设计要求。

（8）检查缠丝密度是否符合设计要求，否则应督促查明原因并及时纠正。

（9）检查缠丝接头、缠丝与索夹的连接是否符合设计要求，缠丝焊接时避免损伤主缆钢丝。

（10）检查中间层涂料涂装前缠丝表面是否清理干净。

（11）检查中间涂层和面层的涂刷遍数、厚度和均匀情况。

三、悬索桥施工常见质量问题及监理控制要点

（一）主缆钢丝损坏

1. 产生原因

（1）在平行钢丝梳理及锚杯合金浇注过程中，同束钢丝长度存在差异；

（2）施工中主缆放缆、牵缆时导轮刮擦；

（3）在调整标高或调整索力时，与索鞍相互摩擦、刮擦，导致钢丝表面镀锌层脱落，严重时导致钢丝出现较深划痕；

（4）主缆紧缆挤压时，由于各向压力行程、大小不一致，致使局部钢丝挤压受损；

（5）索夹处应力集中，索夹紧固力控制不均匀，出现紧固力过大，致使局部钢丝挤压受损，出现较深压痕，严重时导致钢丝截面变形。

2. 控制要点

（1）在主缆制作过程中要加强现场管理，严格控制合金浇注工艺；

（2）选取较为宽阔的场地进行放缆，采取接触面为橡胶的导轮；

（3）在可能存在较大摩擦处设置塑料薄滑板；

（4）在主缆紧缆、索夹安装前，进行机具检验、维护，确保施工操作正常，出现异常应及时分析处理。

（二）主缆索力不均

1. 产生原因

（1）各索股间相对标高误差大，使得索股间长度差别较大，直接导致索力不均；

（2）各索股张拉力控制不均匀，导致索股安装应力差别；

（3）主缆在紧缆过程中排列不规则，同股钢丝受力不均匀；

（4）索鞍存在较大摩擦，特别是索股相互挤压、摩擦后，导致存在的局部应力无法均匀扩散；

（5）钢丝扭转，导致紧缆后及使用过程中索股间存在极大的摩擦力。

2. 控制要点

（1）对索股基准股标高进行严格控制，并进行连续观察，满足设计、施工规范要求后方可进行一般索股的架设；

（2）在索股架设过程中严格控制每根索股的应力，并检查先期索股应力，进行严格的过程应力控制，严禁最后一次才作调整；

（3）在索股架设过程中及时检查索股排列、扭转等情况，及时进行梳理、整形，严格避免出现局部应力集中的现象；

（4）索鞍应设置引导轮或在可能发生较大摩擦处刷润滑黄油等，防止由于摩擦导致各股间应力不均匀。

第六章 桥梁工程监理案例

一、概述

××大桥是城市主干道一座重要桥梁。桥梁为三跨变截面预应力混凝土连续箱梁桥。其跨度为 30m＋40m＋30m，双幅，每幅梁宽 20.5m，梁高 2.2～1.8m，顶板厚 25cm，底板厚 22cm，腹板厚 40～60cm。

事先监理针对本桥梁工程编制《监理规划》、《监理实施细则》，并按此进行严格监理。已进行了下部结构钻孔灌注桩和承台施工，通过了隐蔽工程验收，本桥梁工程上部结构采用支架法现场浇筑施工。在现场支架搭设后，通过预压和验收进行箱梁浇筑施工。

箱梁分两次浇筑，第一步混凝土浇筑 5 月 16 日 23：00 开始，至 5 月 18 日 4：50 结束，浇筑混凝土 902m³。第二步混凝土浇筑时间 5 月 25 日 22：50 开始，5 月 26 日 16：30 结束，浇筑混凝土 624m³，混凝土采用商品混凝土，由具备资质、且通过监理检验符合条件的商品混凝土搅拌站提供。

在顶板混凝土浇筑过程中发现混凝土在浇筑后 30min 就出现混凝土龟裂，然后马上组织工人进行洒水覆盖，对混凝土进行养护。5 月 26 日至 5 月 29 日期间不停地对梁面进行混凝土养护。5 月 29 日中午在箱梁顶板混凝土强度达到 45.5MPa，开始拆除箱梁内模，拆除过程中发现箱室内顶板也出现了裂缝。

右幅 2～5 号箱梁裂缝主要集中在 3～4 号这一跨 3 个箱室靠近墩柱的顶板上，间隔 50cm 一道，长度为贯穿整个箱室顶板（约 3.6m 长）。人孔位置也出现不规则裂缝。

在 3 号横隔梁左侧箱室及中间两个箱室发现腹板距横梁 50～70cm 范围内有一道微小裂缝，裂缝宽度 0.1mm，长度自顶板向下 20cm。在 4 号中横隔梁小桩号左侧箱室及中偏左箱室发现腹板有一道微小裂缝，裂缝宽度 0.1mm。

在 3 号中横隔梁上中偏右箱室小桩号侧发现有一道半缝，裂缝最宽位置 0.08mm，裂缝上宽下窄，延伸到顶板下 30cm 位置，在大桩号相对箱室未发现裂缝。在 4 号中横隔梁上中偏右箱室小桩号侧发现有一道半缝，裂缝最宽位置 0.1mm，裂缝上宽下窄，延伸到顶板下 30cm 位置，在大桩号相对箱室未发生裂缝。

6 月 3 日上午在顶板、腹板、横隔梁选择有代表性位置贴石膏 5 处，观察裂缝发展情况，6 月 6 日、6 月 8 日对石膏检查，未发现石膏出现裂缝。

二、裂缝的形成原因分析

通过现场检查，总监组织建设、施工各参建单位，并邀请了专家，共同认为：

（1）对箱梁支架系统、模板支撑系统进行分析，支架浇筑混凝土过程中进行了沉降观测，最大累计沉降量 1.5cm，支架纵向 8.29～8.9m 宽作用在现状路段上，12.21～11.6m 作用在处理后地基上。原状路面与绿化带处理后地基存在不均匀沉降。腹板距中横梁 1m

处出现裂缝，横梁作用在墩柱顶，横梁以外腹板作用在支架系统上，支架系统在荷载作用下发生弹性变形，墩顶位置基本不发生弹性变形，二步混凝土浇筑后，第一步混凝土发生变形应力产生裂缝。

（2）混凝土浇筑过程中，未及时对新浇筑混凝土采用塑料薄膜覆盖表面，直接进行收面，导致混凝土表面水分蒸发，收面后立即覆盖土工布洒水养护，而此时混凝土收缩裂缝已产生。后期混凝土养护浇水不足。

（3）顶板混凝土施工时间长，混凝土的初凝时间为 6～8h，在温度较高时混凝土初凝时间减少到 4～6h，前面混凝土已经初凝，后续混凝土仍未浇筑，各部分混凝土收缩时间不同，引起混凝土横向拉应力，产生裂缝。

（4）二步顶板混凝土浇筑与第一步混凝土间隔时间 8d，两步混凝土收缩量不同，第一步混凝土对第二步混凝土收缩造成约束，从而产生均匀应力裂缝。腹板及中横梁裂缝上宽下窄，2 号边横梁模板下方木直接支撑在盖梁上，不存在模板沉降，2 号边横梁裂缝与地基支架没有直接关系。

结论意见：裂缝不属于受力开裂，可尽快进行修复处理。

三、处理方案

（1）先对箱梁裂缝进行灌浆封闭，然后张拉预应力钢绞线。张拉压浆完成后，及时进行桥面铺装层的施工。

1）箱室内裂缝采用低黏度灌缝胶灌注封闭。裂缝封闭后及时张拉预应力。

2）桥面铺装层提高一个抗渗等级，由原设计的 W6 提高到 W8 进行施工。

3）剔除 2cm 厚度顶板混凝土，铺装层由原设计的 8cm 加厚到 10cm，铺装层钢筋网片上铺设单层弹簧钢丝网，规格 Φ3@3cm。

（2）教训和下步工作：

1）箱梁混凝土浇筑选择较适宜气温，尽量避开炎热天气浇筑混凝土，避免混凝土暴晒。

2）在混凝土浇筑后，及时振捣，振捣密实而不离析，及时对板面进行二次抹压以减少收缩量。合理掌握混凝土拉毛时间，拉毛深度不能过大，避免毛刷对混凝土造成扰动。

3）加强混凝土养护，并定时浇水，保证混凝土面始终湿润，以减少混凝土的收缩和徐变，防止梁体出现裂缝。

4）加强对混凝土质量的控制，安排专业试验人员对现场混凝土进行逐车检验，对于不合格的混凝土及时清理出场。

5）混凝土浇筑前合理组织施工人员，对施工人员进行详细的技术交底，施工过程加强控制，对于现场操作出现的问题及时进行纠正。

6）目前采用的 C50 混凝土配合比水泥用量 350kg/m³，矿粉用量为 150kg，胶粉材料总量为 500kg/m³，与《公路工程混凝土结构防腐蚀技术规范》P8 要求的 C40～C50 混凝土最大胶凝材料不宜大于 450kg/m³ 相比，配合比设计过于强调混凝土强度，胶凝材料用量偏于保守，将混凝土配合比进行适当调整。

第三篇 给水排水工程

第七章 给水排水工程相关技术标准

第一节 《给水排水管道工程施工及验收规范》
GB 50268—2008 强制性条文及条文说明

本规范自 2009 年 5 月 1 日起实施。其中，第 1.0.3、3.1.9、3.1.15、3.2.8、9.1.10、9.1.11 条为强制性条文，必须严格执行。原《给水排水管道工程施工及验收规范》GB 50268—97 和《市政排水管渠工程质量检验评定标准》CJJ 3—90 同时废止。

1.0.3 给排水管道工程所用的原材料、半成品、成品等产品的品种、规格、性能必须符合国家有关标准的规定和设计要求；接触饮用水的产品必须符合有关卫生要求。严禁使用国家明令淘汰、禁用的产品。

［条文说明］：生活饮用水管道的卫生性能必须符合国家标准《生活饮用水输配水设备及防护材料的安全性评价标准》GB/T 17219 的规定。

3.1.9 工程所用的管材、管道附件、构（配）件和主要原材料等产品进入施工现场时必须进行进场验收并妥善保管。进场验收时应检查每批产品的订购合同、质量合格证书、性能检验报告、使用说明书、进口产品的商检报告及证件等，并按国家有关标准规定进行复验，验收合格后方可使用。

3.1.15 给排水管道工程施工质量控制应符合下列规定：

1. 各分项工程应按照施工技术标准进行质量控制，每分项工程完成后，必须进行检验；

2. 相关各分项工程之间，必须进行交接检验，所有隐蔽分项工程必须进行隐蔽验收，未经检验或验收不合格不得进行下道分项工程。

［条文说明］：本条要求分项工程完成后，施工单位必须进行自检；而相关各分项工程之间的交接检验（包括隐蔽验收）是指监理参加的互检。

3.2.8 通过返修或加固处理仍不能满足结构安全或使用功能要求的分部（子分部）工程、单位（子单位）工程，严禁验收。

9.1.10 给水管道必须水压试验合格，并网运行前进行冲洗与消毒，经检验水质达到标准后，方可允许并网通水投入运行。

9.1.11 污水、雨污水合流管道及湿陷土、膨胀土、流砂地区的雨水管道，必须经严密性试验合格后方可投入运行。

第二节 《给水排水构筑物工程施工及验收规范》
GB 50141—2008 强制性条文及条文说明

本规范自 2009 年 5 月 1 日起实施。其中，第 1.0.3、3.1.10、3.1.16、3.2.8、6.1.4、7.3.12（4）、8.1.6 条（款）为强制性条文，必须严格执行。原《给水排水构筑物施工及验收规范》GBJ 141—90 同时废止。

1.0.3 给排水构筑物工程所用的原材料、半成品、成品等产品的品种、规格、性能必须符合国家有关标准的规定和设计要求；接触饮用水的产品必须符合有关卫生要求。严禁使用国家明令淘汰、禁用的产品。

3.1.10 工程所用主要原材料、半成品、构（配）件、设备等产品进入施工现场时必须进行进场验收。

进场验收时应检查每批产品的订购合同、质量合格证书、性能检验报告、使用说明书、进口产品的商检报告及证件等，并按国家有关标准规定进行复验，验收合格后方可使用。

混凝土、砂浆、防水涂料等现场配制的材料应经检测合格后使用。

3.1.16 工程施工质量控制应符合下列规定：

1. 各分项工程应按照施工技术标准进行质量控制，分项工程完成后，应进行检验。

2. 相关各分项工程之间，必须进行交接检验；所有隐蔽分项工程应进行隐蔽验收；未经检验或验收不合格不得进行下道分项工程施工。

3. 设备安装前应对有关的设备基础、预埋件、预留孔的位置、高程、尺寸等进行复核。

3.2.8 通过返修或加固处理仍不能满足结构安全和使用功能要求的分部（子分部）工程、单位（子单位）工程，严禁验收。

6.1.4 水处理构筑物施工完毕必须进行满水试验。消化池满水试验合格后，还应进行气密性试验。

7.3.12(4) （排水下沉施工）用抓斗取土时，沉井内严禁站人；对于有底梁或支撑梁的沉井，严禁人员在底梁下穿越。

［条文说明］：本条文是基于近年工程实践经验，屡发安全事故而作出的规定。

8.1.6 施工完毕的贮水调蓄构筑物必须进行满水试验。

第三节 《镇（乡）村给水工程技术规程》
CJJ 123—2008 强制性条文及条文说明

本规范自 2008 年 10 月 1 日起实施。其中，第 5.1.6、7.1.7、9.3.1、9.10.1、9.10.7、9.10.8 条为强制性条文，必须严格执行。

5.1.6 对生活饮用水的水源，必须建立水源保护区。保护区内严禁建设任何可能危害水源水质的设施和一切有碍水源水质的行为。水源保护应符合下列要求：

1 地下水水源保护

1） 地下水水源保护区和井的影响半径范围应根据水地所处的地理位置、水文地质条件、开采方式、开采水量和污染源分布等情况确定，单井保护半径应大于井的影响半径且不小于 50m；

2）在井的影响半径范围内，不应使用工业废水或生活污水灌溉和施用持久性或剧毒的农药，不应修建渗水厕所和污废水渗水坑、堆放废渣和垃圾或铺设污水管道，不得从事破坏深层土层的活动；

3）雨季时应及时疏导地表积水，防止积水入渗和漫溢到井内；

4）渗渠、大口井等受地表水影响的地下水源，其防护措施应遵照本条第 2 款执行。

2 地表水水源保护

1）取水点周围半径 100m 的水域内，严禁可能污染水源的任何活动；并应设置明显的范围标志和严禁事项的告示牌；

2）取水点上游 1000m 至下游 100m 的水域，不应排入工业废水和生活污水；其沿岸防护范围内，不应堆放废渣、垃圾及设立有毒、有害物品的仓库或堆栈；不得从事有可能污染该段水域水质的活动；

3）以水库、湖泊和池塘为供水水源或作预沉池（调蓄池）的天然池塘、输水明渠，应遵照本条第 2 款第 1 项执行。

7.1.7 非生活饮用水管网或自备生活饮用水供水系统，不得与镇（乡）村生活饮用水管网直接连接。

9.3.1 用于生活饮用水处理的混凝剂或助凝剂产品必须符合现行国家标准《饮用水化学处理剂卫生安全性评价》GB/T 17218 的有关规定。

［条文说明］：混凝剂或助凝剂是水处理工艺中添加的化学物质，其成分将直接影响生活饮用水水质。选用的产品必须符合《饮用水化学处理剂卫生安全性评价》GB/T 17218 的要求，保证对人体无毒，对生产用水无害的要求。

聚丙烯酰胺常被用作处理高浊度水的混凝剂或助凝剂。聚丙烯酰胺是由丙烯酰胺聚合而成，其中还剩有少量未聚合的丙烯酰胺的单体，这种单体是有毒的。《水处理剂聚丙烯酰胺》GB 17514 中对饮用水处理用聚丙烯酰胺的单体丙烯酰胺的含量规定在 0.05% 以下。

9.10.1 生活饮用水必须消毒。

［条文说明］：为确保卫生安全，生活饮用水必须消毒。

通过消毒处理的水质不仅要满足国家现行标准《生活饮用水卫生标准》GB 5749 中相关细菌学指标和消毒剂余量要求。同时，由于各种消毒剂消毒时会产生相应的副产物，因此还要满足相关的感官性和毒理学指标，确保居民安全饮用。

9.10.7 采用液氯加氯时，加氯间必须与其他工作间隔离，必须设固定观察窗和直接通向外部并向外开启的门。

9.10.8 采用液氯加氯时，加氯间和氯库的外部应备有防毒面具、抢救设施和工具箱。在直通室外的墙下方应设有通风设备，照明和通风设备应设置室外开关。

第四节 《镇（乡）村排水工程技术规程》CJJ 124—2008 强制性条文及条文说明

本规范自 2008 年 10 月 1 日起实施。其中，第 4.2.3、4.2.7、4.2.10、4.2.11、

4.2.12 条为强制性条文，必须严格执行。

4.2.3　沼气池应设在室外，不得设在室内。

［条文说明］：沼气是甲烷、二氧化碳和硫化氢等的混合气体，对人畜有危害，且遇明火有爆炸危险，故规定沼气池应在室外，不得设在室内，"室内"是指人居住的房间。

4.2.7　沼气池应密封，并应能承受沼气的工作压力。固定盖式沼气池应有防止池内产生负压的措施。

［条文说明］：沼气池是一个有内压的容器，工作时要维持一定气压。固定盖式沼气池在大量排泥时，池内可能产生较大负压，使空气进入池内，危及厌氧消化反应的进行，甚至有爆炸的危险性。故沼气池应有防止负压出现的措施。一般采用的措施为：进料和排泥同时进行；与贮气罐连通等。

4.2.10　沼气池出气管上应安装气体净化器

［条文说明］：沼气中含有硫化氢，使用不当，会发生中毒事故。气体净化器主要功能是脱硫。

4.2.11　沼气池溢流管出口不得放在室内，并必须有水封。沼气池出气管口应设回火防止装置。

4.2.12　沼气池输气管管道必须符合国家现行有关产品标准的规定，不得使用再生塑料管。采用金属管道时必须进行防腐处理，并应符合国家现行有关防腐标准的规定。

第五节　《城镇污水处理厂污泥处理技术规程》CJJ 131—2009 强制性条文及条文说明

本规范自 2009 年 12 月 1 日起实施。其中，第 3.3.6、4.1.11、6.1.10、6.3.3、7.1.6 条为强制性条文，必须严格执行。

3.3.6　污泥处理厂必须按相关标准的规定设置消防、防爆、抗震等设施。

［条文说明］：污泥处理厂存在粉尘和易燃易爆气体，粉尘与空气混合，能形成可燃的混合气体，若遇明火或高温物体，极易着火，顷刻间完成燃烧过程，释放大量热能，使燃烧气体骤然升高，体积猛烈膨胀，引起爆炸，造成人员和财产损失，因此污泥处理厂必须按相关标准的规定设置消防、防爆、抗震等设施。

4.1.11　污泥接收区、快速反应区、熟化区、储存区的地面周边及车行道必须进行防渗处理。

［条文说明］：污泥堆肥过程中会产生大量的渗滤液，渗滤液中的 COD、BOD、氨氮等污染物浓度较高，如果直接进水体，会造成地下水和地表水的污染。因此污泥堆肥工程的地面周边及车行道必须进行防渗处理，设置渗滤液收集系统，防止污染地下水和地表水。

6.1.10　热干化系统必须设置烟气净化处理设施，并应达标排放。

［条文说明］：在直接（对流）干化系统中，湿污泥直接与热交换介质——蒸汽接触，需要大量的气体进行热交换，交换后烟尘中含有大量的臭味和杂质，这些臭味和杂质的直接排放会对周围环境造成严重污染，因此必须处理后排放。可采用二次燃烧、机械式除尘、电除尘、袋式除尘和湿式除尘等控制技术。

6.3.3 当热交换介质为热油时，热油的闪点温度必须大于运行温度。

［条文说明］：导热油是在连续高温条件下使用的，使用温度一般在 160～350℃，为适应这一特殊条件，导热油必须选择热稳定性好的介质。液体蒸发生成的蒸汽与空气的混合物和明火接触时，开始闪火并立即熄灭的温度，称为闪点。闪点是导热油的一个安全指标。由于导热油一旦泄露就会与空气接触，所以导热油的闪点温度应高于运行温度，这样才能保证干化过程的安全进行。

7.1.6 污泥焚烧必须设置烟气净化处理设施，且烟气处理后的排放值应符合现行国家标准《生活垃圾焚烧污染控制标准》GB 18485 的相关规定。

［条文说明］：污泥焚烧产生的烟气中含有烟尘、臭气成分、酸性成分和氮氧化物，直接排放会对环境造成严重的污染，必须进行处理达标排放，烟气净化可采用二次燃烧、机械式除尘、电除尘、袋式除尘和湿式除尘、接触脱臭、碱吸收、脱硝等控制技术。

第六节　《埋地塑料排水管道工程技术规程》CJJ 143—2010 强制性条文及条文说明

本规范自 2010 年 12 月 1 日起实施。其中，第 4.1.8、4.5.2、4.5.4、4.5.5、4.5.9、4.6.3、5.3.6、5.5.11、6.1.1、6.2.1 条为强制性条文，必须严格执行。

4.1.8 塑料排水管道不得采用刚性管基基础，严禁采用刚性桩直接支撑管道。

4.5.2 塑料排水管道在外压荷载作用下，其最大环截面（拉）压应力设计值不应大于抗（拉）压强度设计值。管道环截面强度计算应采用下列极限状态表达式：

$$r_0\sigma \leqslant f \tag{4.5.2}$$

式中：σ——管道最大环向（拉）压应力设计值（MPa），可根据不同管材种类分别按本规程公式（4.5.3-1）、公式（4.5.3-3）计算；

r_0——管道重要性系数，污水管（含合流管）可取 1.0；雨水管道可取 0.9；

f——管道环向弯曲抗（拉）压强度设计值（MPa），可按本规程表 3.1.2-1、表 3.1.2-2 的规定取值。

［条文说明］：计算公式 4.5.3-1、4.5.3-3 请读者查本规程。

4.5.4 塑料排水管道截面压屈稳定性应依据各项作用的不利组合进行计算，各项作用均应采用标准值，且环向稳定性抗力系数 K_s 不得低于 2.0。

4.5.5 在外部压力作用下，塑料排水管道管壁截面的环向稳定性计算应符合下式要求：

$$\frac{F_{cr,k}}{F_{vk}} \geqslant K_s \tag{4.5.5}$$

式中：$F_{cr,k}$——管壁失稳临界压力标准值（kN/m²），应按本规程公式（4.5.7）计算；

F_{vk}——管顶在各项作用下的竖向压力标准值（kN/m²），应按本规程公式（4.5.6）计算；

K_s——管道的环向稳定性抗力系数。

［条文说明］：计算公式 4.5.6、4.5.7 请读者查本规程。

4.5.9 塑料排水管道的抗浮稳定性计算应符合下列要求：

$$F_{\text{G,k}} \geqslant K_{\text{f}} F_{\text{fw,k}} \qquad (4.5.9\text{-}1)$$

$$F_{\text{G,k}} = \Sigma F_{\text{sw,k}} + \Sigma F'_{\text{sw,k}} + G_{\text{p}} \qquad (4.5.9\text{-}2)$$

式中：$F_{\text{G,k}}$——抗浮永久作用标准值（kN）；

$\Sigma F_{\text{sw,k}}$——地下水位以上各层土自重标准值之和（kN）；

$\Sigma F'_{\text{sw,k}}$——地下水位以下至管顶处各竖向作用标准值之和（kN）；

G_{p}——管道自重标准值（kN）；

$F_{\text{fw,k}}$——浮托力标准值，等于管道实际排水体积与地下水密度之积（kN）；

K_{f}——管道的抗浮稳定性抗力系数，取 1.10。

4.6.3 在外压荷载作用下，塑料排水管道竖向直径变形率不应大于管道允许变形率 $[p] = 0.05$，即应满足下式的要求。

$$P = \frac{w_{\text{d}}}{D_0} \leqslant [p] \qquad (4.6.3)$$

式中：P——管道竖向直径变形率；

$[p]$——管道允许竖向直径变形率；

w_{d}——管道在外压作用下的长期竖向挠曲值（mm），可按本规程公式（4.6.2）计算；

D_0——管道计算直径（mm）。

［条文说明］：计算公式（4.6.2）请读者查本规程。

5.3.6 塑料排水管道地基基础应符合设计要求，当管道天然地基的强度不能满足设计要求时，应按设计要求加固。

5.5.11 塑料排水管道管区回填施工应符合下列规定：

1. 管底基础至管顶以上 **0.5m** 范围内，必须采用人工回填，轻型压实设备夯实，不得采用机械推土回填。

2. 回填、夯实应分层对称进行，每层回填土高度不应大于 **200mm**，不得单侧回填、夯实。

3. 管顶 **0.5m** 以上采用机械回填压实时，应从管轴线两侧同时均匀进行，并夯实、碾压。

［条文说明］：塑料排水管道是柔性管道。按柔性管道设计理论，应按管土共同作用原理来承担外部荷载的作用力。管区回填通过管道基础、管道与基础之间的三角区和管道两侧的回填材料及其压实度对管道受力状态和变形大小影响极大，必须严格控制，并按回填工艺要求进行分层回填、压实和压实度检验，使之符合设计要求。

6.1.1 污水、雨污水合流管道及湿陷土、膨胀土地、流砂地区的雨水管道，必须进行密闭性检验，检验合格后，方可投入运行。

［条文说明］：塑料排水管道敷设完毕，投入运行前，进行密闭性检验。对于污水、雨污水合流管道以及湿陷土、膨胀土、流砂地区的雨水管道必须进行密闭性检验，对于一般雨水管道可不做密闭性检验。

6.2.1 当塑料排水管道沟槽回填至设计高程后，应在 **12~24h** 内测量管道竖向直径变形量，并应计算管道变形率。

［条文说明］：埋地塑料管道在施工安装运行过程中有以下三种变形，即施工变形、荷

载变形和滞后变形。其中施工变形、荷载变形分别发生在施工安装阶段和沟槽回填至设计高程阶段；滞后变形是指沟槽胸腔回填土的密实度和天然土的密度随时间的变化而引起荷载重新调整过程产生的变形，这一变形的历时可以是几天到若干年，视土类、铺设条件及初始压实度而定。为了使变形检验尽量减少滞后变形因素的影响，故要求回填至设计高程后的 12～24h 内，即刻测量管道竖向直径变形量，并计算管道初始变形率。

（编者注：测量管道竖向直径变形量，计算管道变形率的方法详见本篇教材第八章第四节柔性管道的变形率中的相关内容）

第八章 给水排水管道工程监理实务

随着近几年给水排水管道工程相关规范标准的修订，本章结合修订的部分内容，从监理工程师应了解和掌握的角度分别介绍，并提出监理质量控制要点。

第一节 给水排水管道工程分项、分部、单位工程划分及质量验收要点

监理工程师应了解和掌握给水排水管道工程新规范标准首次规定的分项、分部、单位工程划分的重要内容。

一、如何划分单位工程、分部工程、分项工程

给水排水管道工程分项、分部、单位工程划分表见表 8-1。

给水排水管道工程分项、分部、单位工程划分 表 8-1

单位工程 （子单位工程）			开（挖）槽施工的管道工程、大型顶管工程、盾构管道工程、浅埋暗挖管道工程、大型沉管工程、大型桥管工程	
分部工程（子分部工程）			分项工程	验收批
土方工程			沟槽土方（沟槽开挖、沟槽支撑、沟槽回填）、基坑土方（基坑开挖、基坑支护、基坑回填）	与下列验收批对应
管道主体工程	预制管开槽施工主体结构	金属类管、混凝土类管、预应力钢筒混凝土管、化学建材管	管道基础、管道接口连接、管道铺设、管道防腐层（管道内防腐层、钢管外防腐层）、钢管阴极保护	可选择下列方式划分： 1. 按流水施工长度； 2. 排水管道按井段； 3. 给水管道按一定长度连续施工段或自然划分段（路段）； 4. 其他便于质量控制方法
	管渠（廊）	现浇钢筋混凝土管渠、装配式混凝土管渠、砌筑管渠	管道基础、现浇钢筋混凝土管渠（钢筋、模板、混凝土、变形缝）、装配式混凝土管渠（预制构件安装、变形缝）、砌筑管渠（砖石砌筑、变形缝）、管道内防腐层、管廊内管道安装	每节管渠（廊）或每个流水施工段管渠（廊）
	不开槽施工主体结构	工作井	工作井围护结构、工作井	每座井
		顶管	管道接口连接、顶管管道（钢筋混凝土、钢管）、管道防腐层（管道内防腐层、钢管外防腐层）、钢管阴极保护、垂直顶升	顶管顶进：每 100m； 垂直顶升：每个顶升管

分部工程（子分部工程）		分项工程	验收批
管道主体工程	不开槽施工主体结构 盾构	管片制作、掘进及管片拼装、二次内衬（钢筋、混凝土）、管道防腐层、垂直顶升	盾构掘进：每 100 环；二次内衬：每施工作业断面；垂直顶升：每个顶升管
	浅埋暗挖	土层开挖、初期衬砌、防水层、二次内衬、管道防腐层、垂直顶升	暗挖：每施工作业断面；垂直顶升：每个顶升管
	定向钻	管道接口连接、定向钻管道、钢管防腐层（内防腐层、外防腐层）、钢管阴极保护	每 100m
	夯管	管道接口连接、夯管管道、钢管防腐层（内防腐层、外防腐层）、钢管阴极保护	每 100m
	沉管 组对拼装沉管	基槽浚挖及管基处理、管道接口连接、管道防腐层、管道沉放、稳管及回填	每 100m（分段拼装按每段，且不大于 100m）
	预制钢筋混凝土沉管	基槽浚挖及管基处理、预制钢筋混凝土管节制作（钢筋、模板、混凝土）管节连品预制加工、管道沉放、稳管及回填	每节预制钢筋混凝土管
	桥管	管道接口连接、管道防腐层（内防腐层、外防腐层）、桥管管道	每跨或每 100m；分段拼装按每跨或每段，且不大于 100m
附属构筑物工程		井室（现浇混凝土结构、砖砌结构、预制拼装结构）、雨水口及支连管、支墩	同一结构类型的附属构筑物不大于 10 个

注：1. 大型顶管工程、大型沉管工程、大型桥管工程及盾构、浅埋暗挖管道工程，可设独立的单位工程；

2. 大型顶管工程：指管道一次顶进长度大于 300m 的管道工程；

3. 大型沉管工程：指预制钢筋混凝土管沉管工程；对于成品管组对拼装的沉管工程，应为多年平均水位水面宽度不小于 200m，或多年平均水位水面宽度 100～200m 之间，且相应水深不小于 5m；

4. 大型桥管工程：总跨长度不小于 300m 或主跨长度不小于 100m；

5. 土方工程中涉及地基处理，基坑支护等，可按现行国家标准《建筑地基基础工程施工质量验收规范》GB 50202、《混凝土结构工程施工质量验收规范》GB 50204、《地下防水工程质量验收规范》GB 50208、《给水排水构筑物工程施工及验收规范》GB 50141 等相关规定执行。

二、质量验收的强制性规定

（1）给水排水管道工程施工质量控制应符合下列规定：

1）各分项工程应按照施工技术标准进行质量控制，每分项工程完成后，必须进行检验；

2）相关各分项工程之间，必须进行交接检验，所有隐蔽分项工程必须进行隐蔽验收，未经检验或验收不合格不得进行下道分项工程。

（2）通过返修或加固处理仍不能满足结构安全或使用功能要求的分部（子分部）工

程、单位（子单位）工程，严禁验收。

以下规定虽然不是强制性规定，但也是监理工程师应该掌握的验收原则。

（3）给水排水管道工程质量验收不合格时，应按下列规定处理：

1）经返工重做或更换管节、管件、管道设备等的验收批，应重新进行验收；

2）经有相应资质的检测单位检测鉴定能够达到设计要求的验收批，应予以验收；

3）经有相应资质的检测单位检测鉴定达不到设计要求，但经原设计单位验算认可，能够满足结构安全和使用功能要求的验收批，可予以验收；

4）经返修或加固处理的分项工程、分部（子分部）工程，改变外形尺寸但仍能满足结构安全和使用功能要求，可按技术处理方案文件和协商文件进行验收。

返修，系指对工程不符合标准的部位采取整修等措施；返工，系指对不符合标准的部位采取的重新制作、重新施工等措施。返工或返修的验收批或分项工程可以重新验收和评定质量合格。在这种情况下，验收结论必须说明原因和附相关单位出具的书面文件资料，并且该单位工程不应评定质量合格，只能写明"通过验收"，责任方应承担相应的经济责任。

第二节　测量放线与工程材料监理控制要点

一、测量放线的检查控制

施工测量应实行施工单位复核制、监理单位复测制，填写相关记录，并符合下列规定：

（1）施工前，建设单位应组织有关单位进行现场交桩，施工单位对所交桩进行复核测量；原测桩有遗失或变位时，应及时补测桩且校正，并应经相应的技术质量管理部门和人员认定；

（2）临时水准点和管道轴线控制桩的设置应便于观测、不易被扰动且必须牢固，并应采取保护措施；开槽铺设管道的沿线临时水准点，每200m不宜少于1个；

（3）临时水准点、管道轴线控制桩、高程桩，必须经过复核方可使用，并应经常校核；

（4）不开槽施工管道，沉管、桥管等工程的临时水准点、管道轴线控制桩，应根据施工方案进行设置，并及时校核；

（5）对既有管道、构（建）筑物与拟建工程衔接的平面位置和高程，开工前必须校核；

（6）施工测量的允许偏差，应符合表8-2的规定。

施工测量的允许偏差　　　　　　　　　　　　　　　　　　表8-2

项　　目		允许偏差
水准测量高程闭合差	平地	$\pm 20\sqrt{L}$（mm）
	山地	$\pm 6\sqrt{n}$（mm）
导线测量方位角闭合差		$40\sqrt{n}$（″）

项 目		允许偏差
导线测量相对闭合差	开槽施工管道	1/1000
	其他方法施工管道	1/3000
直接丈量测距的两次较差		1/5000

注：1. *L* 为水准测量闭合线路和长度（km）；

　　2. *n* 为水准或导线测量的测站数。

二、对工程材料的质量控制要求

工程所用的管材、管道附件、构（配）件和主要原材料等产品进入施工现场时必须进行进场验收并妥善保管。进场验收时应检查每批产品的订购合同、质量合格证书、性能检验报告、使用说明书、进口产品的商检报告及证件等，并按国家有关标准规定进行复验，验收合格后方可使用。这是强制性规定，必须严格执行。

现场配制的混凝土、砂浆、防腐与防水涂料等工程材料应经检测合格后方可使用。所用管节、半成品、构（配）件等在运输、保管和施工过程中，必须采取有效措施防止其损坏、锈蚀或变质。

第三节　沟槽开挖与支护监理控制要点

一、监理工程师审核沟槽开挖与支护专项施工方案的审核要点

（1）沟槽施工平面布置图及开挖断面图；

（2）沟槽形式、开挖方法及堆土要求；

（3）无支护沟槽的边坡要求；有支护沟槽的支撑形式、结构、支拆方法及安全措施；

（4）施工设备机具的型号、数量及作业要求；

（5）不良土质地段沟槽开挖时采取的护坡和防止沟槽坍塌的安全技术措施；

（6）施工安全、文明施工、沿线管线及建（构）筑物的保护要求等。

二、沟槽开挖的质量控制

（1）原状地基土不得扰动，不得受水浸泡或受冻（查看现场，检查施工记录）；

（2）地基承载力满足设计要求（查地基承载力试验报告）；

（3）压实度、厚度满足设计要求（做试验或查检测记录、试验报告）；

（4）沟槽开挖的允许偏差应符合表 8-3 的规定。

沟槽开挖的允许偏差　　　　　　　　　　　　　　表 8-3

序号	检查项目	允许偏差（mm）		检查数量		检查方法
				范围	点数	
1	槽底高程	土方	±20	两井之间	3	用水准仪测量
		石方	+20、−200			

序号	检查项目	允许偏差（mm）	检查数量		检查方法
			范围	点数	
2	槽底中线每侧宽度	不小于规定	两井之间	6	挂中线用钢尺量测，每侧计3点
3	沟槽边坡	不陡于规定	两井之间	6	用坡度尺量测，每侧计3点

三、沟槽支护的质量控制

（1）支撑方式、支撑材料符合设计要求（查看现场，审查施工方案）；

（2）支护结构强度、刚度、稳定性符合设计要求（查看现场，审施工方案，查施工记录）；

（3）支撑构件安装应牢固、安全可靠，位置正确（查看现场）；

（4）支撑后，沟槽中心线每侧的净宽不应小于施工方案设计要求（用钢尺量测）；

（5）钢板桩的轴线位移不得大于50mm；垂直度不得大于1.5%（用小线、垂球量测）。

第四节　沟槽回填监理控制要点

给水、排水管道沟槽回填，首先应分清是刚性管道还是柔性管道。两种管道的回填要求不同。而且两种管道都有压力管道及无压管道之分。压力管道在水压试验前进行，除接口外，管道两侧及管顶以上的回填高度应大于0.5m。水压试验合格后，应及时回填沟槽的其余部分；无压管道在闭水或闭气试验合格后及时进行。

一、刚性管道沟槽回填的控制要点

刚性管道是指主要依靠管材自身强度支撑外力的管道，这种管道在外荷载作用下变形很小。钢筋混凝土管道、预（自）应力混凝土管道和预应力钢筒混凝土管道属于刚性管道。刚性管道沟槽回填的压实作业应符合下列规定：

（1）回填压实应逐层进行，且不得损伤管道；

（2）管道两侧和管顶以上500mm范围内胸腔夯实，应采用轻型压实机具，管道两侧压实面的高差不应超过300mm；

（3）管道基础为土弧基础时，应填实管道支撑角范围内腋角部位；压实时，管道两侧应对称进行，且不得使管道位移或损伤；

（4）同一沟槽中有双排或多排管道的基础底面位于同一高程时，管道之间的回填压实应与管道与槽壁之间的回填压实对称进行；

（5）同一沟槽中有双排或多排管道但基础底面的高程不同时，应先回填基础较低的沟槽；回填至较高基础底面高程后，再按上一款规定回填；

（6）分段回填压实时，相邻段的接茬应呈台阶形，且不得漏夯；

（7）采用轻型压实设备时，应夯夯相连；采用压路机时，碾压的重叠宽度不得小于 200mm；

（8）采用压路机、振动压路机等压实机械压实时，其行驶速度不得超过 2km/h；

（9）接口工作坑回填时底部凹坑应先回填压实至管底，然后与沟槽同步回填。

二、柔性管道沟槽回填的控制要点

柔性管道是指在外荷载作用下变形显著的管道。钢管、化学建材管和柔性接口的球墨铸铁管属于柔性管道。

柔性管道的沟槽回填作业应符合下列规定：

（1）回填前，检查管道有无损伤或变形，有损伤的管道应修复或更换；

（2）管内径大于 800mm 的柔性管道，回填施工时应在管内设有竖向支撑；

（3）管基有效支承角范围应采用中粗砂填充密实，与管壁紧密接触，不得用土或其他材料填充；

（4）管道半径以下回填时应采取防止管道上浮、位移的措施；

（5）管道回填时间宜在一昼夜中气温最低时段，从管道两侧同时回填，同时夯实；

（6）沟槽回填从管底基础部位开始到管顶以上 500mm 范围内，必须采用人工回填；管顶 500mm 以上部位，可用机械从管道轴线两侧同时夯实；每层回填高度应不大于 200mm；

（7）管道位于车行道下，铺设后即修筑路面或管道位于软土地层以及低洼、沼泽、地下水位高地段时，沟槽回填宜先用中、粗砂将管底腋角部位填充密实后，再用中、粗砂分层回填到管顶以上 500mm；

（8）回填作业的现场试验段长度应为一个井段或不少于 50m，因工程因素变化改变回填方式时，应重新进行现场试验。

三、柔性管道变形率的控制要点

（一）柔性管道变形率的概念

柔性管在工程施工过程中允许有一定的变形，但这种变形必须不影响管道的使用安全；其变形指的是管体在垂直方向上直径的变化，称为"管道变形率"。"管道变形率"可分为"安装（初始）变形"和"使用（长期）变形"。"安装（初始）变形"反映了管道铺设的技术质量；"使用（长期）变形"反映了管道的管－土系统对土壤和其他荷载的适应程度，又称为"允许变形"。因此控制管道的长期变形量，首先应控制管道的初始变形量。

管道变形率专指管道的初始变形量；在埋地柔性管道允许的变形范围内，竖向管道直径的减少和横向管道直径的增加大致相等，因此在施工过程中通常检验竖向管道直径的变形量。

（二）柔性管道变形率的质量要求

柔性管道回填至设计高程时，应在 12～24h 内测量并记录管道变形率，管道变形率应符合设计要求；设计无要求时，钢管或球墨铸铁管道变形率应不超过 2%，化学建材管道变形率应不超过 3%。

柔性管道变形率的检查方法：方便时用钢尺量测或钻入管道用钢尺直接量测；不方便时可采用圆度测试板或芯轴仪在管道内拖拉量测；也可采用光学电测法测变形率，光学电测仪或芯轴仪已有定型产品。

计算管道变形率（％）：变形率＝（管内径－垂直方向实际内径）/管内径×100％

（三）柔性管道变形率超标的处理原则

（1）当钢管或球墨铸铁管道变形率超过 2％，但不超过 3％时；化学建材管道变形率超过 3％，但不超过 5％时，应采取下列处理措施：

1）挖出回填材料至露出管径 85％处，管道周围内应人工挖掘以避免损伤管壁；

2）挖出管节局部有损伤时，应进行修复或更换；

3）重新夯实管道底回填材料；

4）选用合适回填材料重新回填施工，直至设计高程；

5）按本条规定重新检测管道变形率。

（2）钢管或球墨铸铁管道的变形率超过 3％时，化学建材管变形率超过 5％时，应挖出管道，并会同设计单位研究处理。

四、沟槽回填质量控制要点

（1）回填材料符合设计要求（查检测报告）；

检查数量：条件相同的回填材料，每铺筑 1000m²，应取样一次，每次取样至少应做两组测试；回填材料条件变化或来源变化时，应分别取样检测。

（2）沟槽不得带水回填，回填应密实（查看现场，查施工记录）；

（3）柔性管道的变形率不得超过设计要求或本节三（2）的规定。管壁不得出现纵向隆起，环向扁平和其他变形情况（方便时用钢尺直接量测，不方便时用圆度测试板或芯轴仪在管内拖拉量测管道变形率；检查记录，检查技术处理资料）；

检查数量：试验段（或初始 50m）不少于 3 处，每 100m 正常作业段（取起点、中间点、终点近处各一点），每处平行测量 3 个断面，取其平均值。

（4）回填土压实度应符合设计要求，设计无要求时，应符合表 8-4、表 8-5 的规定。柔性管道沟槽回填部位与压实度见图 8-1。

（5）回填应达到设计高程，表面应平整（查看现场，有疑问处用水准仪测量）；

（6）回填时管道及附属构筑物无损伤、沉降、位移（有疑问处用水准仪测量）。

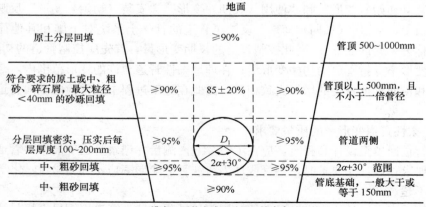

图 8-1　柔性管道沟槽回填部位与压实度示意图

刚性管道沟槽回填土压实度 表 8-4

序号	项 目			最低压实度（%）		检查数量		检查方法
				重型击实标准	轻型击实标准	范围	点数	
1	石灰土类垫层			93	95	100m	每层每侧一组（每组3点）	用环刀法检查或采用现行国家标准《土工试验方法标准》GB/T 50123中其他方法
2	沟槽在路基范围外	胸腔部分	管侧	87	90	两井之间或1000m²		
			管顶以上500mm	87±2（轻型）				
		其余部分		≥90（轻型）或按设计要求				
		农田或绿地范围表层500mm范围内		不宜压实，预留沉降量，表面整平				
3	沟槽在路基范围内	胸腔部分	管侧	87	90	两井之间或1000m²	每层每侧一组（每组3点）	用环刀法检查或采用现行国家标准《土工试验方法标准》GB/T 50123中其他方法
			管顶以上250mm	87±2（轻型）				
	由路槽底算起的深度范围（mm）	≤800	快速路及主干路	95	98			
			次干路	93	95			
			支路	90	92			
		>800~1500	快速路及主干路	93	95			
			次干路	90	92			
			支路	87	90			
		>1500	快速路及主干路	87	90			
			次干路	87	90			
			支路	87	90			

注：表中重型击实标准的压实度和轻型击实标准的压实度，分别以相应的标准击实试验法求得的最大干密度为100%。

柔性管道沟槽回填土压实度 表 8-5

槽内部位		压实度（%）	回填材料	检查数量		检查方法
				范围	点数	
管道基础	管底基础	≥90	中、粗砂	—	—	用环刀法检查或采用现行国家标准《土工试验方法标准》GB/T 50123中其他方法
	管道有效支撑角范围	≥95		每100m	每层每侧一组（每组3点）	
管道两侧		≥95	中、粗砂、碎石屑，最大粒径小于40mm的砂砾或符合要求的原土	两井之间或每1000m²		
管顶	管道两侧	≥90				
管顶以上500mm	管道上部	85±2				
管顶500~1000mm		≥90	原土回填			

注：回填土的压实度，除设计要求用重型击实标准外，其他皆以轻型击实标准试验获得最大干密度为100%。

第五节　开槽施工管道主体结构的监理控制要点

一、管道基础

管道基础分为原状土地基、混凝土基础、砂石基础。不同的基础，监理控制的内容并不相同。

（一）原状土地基

（1）原状土地基局部超挖或扰动时的处理原则：

1）超挖深度不超过 150mm 时，可用挖槽原土回填夯实，其压实度不应低于原地基土的密实度；

2）槽底地基土壤含水量较大，不适于压实时，应采取换填等有效措施；

3）排水不良造成地基土扰动时，扰动深度在 100mm 以内，宜填天然级配砂石或砂砾处理；扰动深度在 300mm 以内，但下部坚硬时，宜填卵石或块石，再用砾石填充空隙并找平表面。

（2）岩石地基局部超挖时，应将基底碎渣全部清理，回填低强度等级混凝土或粒径 10～15mm 的砂石回填夯实；

（3）原状地基为岩石或坚硬土层时，管道下方应铺设砂垫层，其厚度应符合表 8-6 的规定；

砂垫层厚度　　　　　　　　　　　　　　　　　表 8-6

管道种类/管外径	垫层厚度（mm）		
	$D_0 \leqslant 500$	$500 < D_0 \leqslant 1000$	$D_0 > 1000$
柔性管道	$\geqslant 100$	$\geqslant 150$	$\geqslant 200$
柔性接口的刚性管道	150～200		

（4）非永冻土地区，管道不得铺设在冻结的地基上；管道安装过程中，应防止地基冻胀。

（二）混凝土基础

（1）平基与管座的模板，可一次或两次支设，每次支设高度宜略高于混凝土的浇筑高度；

（2）平基、管座的混凝土设计无要求时，宜采用强度等级不低于 C15 的低坍落度混凝土；

（3）管座与平基分层浇筑时，应先将平基凿毛冲洗干净，并将平基与管体相接触的腋角部位，用同强度等级的水泥砂浆填满、捣实后，再浇筑混凝土，使管体与管座混凝土结合严密；

（4）管座与平基采用垫块法一次浇筑时，必须先从一侧灌注混凝土，对侧的混凝土高过管底与灌注侧混凝土高度相同时，两侧再同时浇筑，并保持两侧混凝土高度一致；

（5）管道基础应按设计要求留变形缝，变形缝的位置应与柔性接口相一致；

（6）管道平基与井室基础宜同时浇筑；跌落水井上游接近井基础的一段应砌砖加固，并将平基混凝土浇至井基础边缘；

（7）混凝土浇筑中应防止离析；浇筑后应进行养护，强度低于 1.2MPa 时不得承受荷载。

（三）砂石基础

（1）铺设前应先对槽底进行检查，槽底高程及槽宽须符合设计要求，且不应有积水和软泥；

（2）柔性管道的基础结构设计无要求时，宜铺设厚度不小于 100mm 的中粗砂垫层；软土地基宜铺垫一层厚度不小于 150mm 的砂砾或 5～40mm 粒径碎石，其表面再铺厚度不小于 50mm 的中、粗砂垫层；

（3）柔性接口的刚性管道的基础结构，设计无要求时一般土质地段可铺设砂垫层，亦可铺设 25mm 以下粒径碎石，表面再铺 20mm 厚的砂垫层（中、粗砂），垫层总厚度应符合表 8-7 的规定；

表 8-7

柔性接口刚性管道砂石垫层总厚度

管径（D_0）	垫层总厚度（mm）	管径（D_0）	垫层总厚度（mm）
300～800	150	1350～1500	250
900～1200	200		

（4）管道有效支承角范围必须用中、粗砂填充插捣密实，与管底紧密接触，不得用其他材料填充。

二、钢质管道的安装及阴极保护监理控制要点

钢质管道的焊接、安装，内、外防腐以及球墨铸铁管、钢筋混凝土管、预（自）应力混凝土管、预应力钢筒混凝土管、化学建材管等管道的安装，对于广大的市政公用工程专业的监理工程师来说，已经是很熟悉的内容了。本节教材对上述各类型管道安装的施工要点不再逐一列出，只介绍规范中的新要求、新规定及重要的条款。

（一）钢质管道的焊接

（1）钢质管道的焊接应符合现行国家标准《工业金属管道工程施工规范》GB 50235、《现场设备、工业管道焊接工程施工规范》GB 50236 的规定要求。

（2）焊缝外观质量应符合表 8-8 的规定，焊缝无损检验合格；

表 8-8

焊缝的外观质量

项　　目	技　术　要　求
外观	不得有熔化金属流到焊缝外未熔化的母材上，焊缝和热影响区表面不得有裂纹、气孔、弧坑和灰渣等缺陷；表面光顺、均匀、焊道与母材应平缓过渡
宽度	应焊出坡口边缘 2～3mm
表面余高	应小于或等于 1+0.2 倍坡口边缘宽度，且不大于 4mm

项 目	技 术 要 求
咬边	深度应小于或等于 0.5mm，焊缝两侧咬边总长不得超过焊缝长度的 10%，且连续长不应大于 100mm
错边	应小于或等于 0.2t，且不应大于 2mm
未焊满	不允许

注：t 为壁厚（mm）。

（3）直焊缝卷管管节几何尺寸允许偏差应符合表 8-9 的规定；

直焊缝卷管管节几何尺寸的允许偏差 表 8-9

项 目		允许偏差（mm）
周长	$D_i \leqslant 600$	±2.0
	$D_i > 600$	±0.0035D_i
圆度	管端 0.005D_i 其他部位 0.01D_i	
端面垂直度	0.001D_i，且不大于 1.5	
弧度	用弧长 $\pi D_i/6$ 的弧形板量测于管内壁或外壁纵缝处形成的间隙，其间隙为 0.1t+2，且不大于 4，距管端 200mm 纵缝处的间隙不大于 2	

注：D_i 为管内径（mm），t 为壁厚（mm）。

（4）同一管节允许有两条纵缝，管径大于或等于 600mm 时，纵向焊缝的间距应大于 300mm；管径小于 600mm 时，其间距应大于 100mm；

（5）纵向焊缝应错开，管径小于 600mm 时，错开的间距不得小于 100mm；管径大于或等于 600mm 时，错开的间距不得小于 300mm；

（6）环向焊缝距支架净距离不应小于 100mm；

（7）直管管段两相邻环向焊缝的间距不应小于 200mm，并不应小于管节的外径；

（8）管道任何位置不得有十字形焊缝；

（9）冬期焊接时，应根据环境温度进行预热处理，并应符合表 8-10 的规定。

冬期焊接预热的规定 表 8-10

钢 号	环境温度（℃）	预热宽度（mm）	预热达到温度（℃）
含碳量≤0.2%碳素钢	≤-20	焊口每侧不小于 40	100~150
0.2%<含碳量<0.3%	≤-10		
16Mn	≤0		100~200

（二）钢质管道的阴极保护

钢质管道的阴极保护可分为牺牲阳极保护法和外加电流阴极保护法。阴极保护施工应与管道施工同步进行。

1. 牺牲阳极保护法的质量控制要点

（1）根据工程条件确定阳极施工方式，立式阳极宜采用钻孔法施工，卧式阳极宜采用开槽法施工；

（2）牺牲阳极使用之前，应对表面进行处理，清除表面的氧化膜及油污；

（3）阳极连接电缆的埋设深度不应小于 0.7m，四周应垫有 50～100mm 厚的细砂，砂的顶部应覆盖水泥护板或砖，敷设电缆要留有一定富余量；

（4）阳极电缆可以直接焊接到被保护管道上，也可通过测试桩中的连接片相连。与钢质管道相连接的电缆应采用铝热焊接技术，焊点应重新进行防腐绝缘处理，防腐材料、等级应与原有覆盖层一致；

（5）电缆和阳极钢芯宜采用焊接连接，双边焊缝长度不得小于 50mm；电缆与阳极钢芯焊接后，应采取防止连接部位断裂的保护措施；

（6）阳极端面、电缆连接部位及钢芯均要防腐、绝缘；

（7）填料包可在室内或现场包装，其厚度不应小于 50mm；并应保证阳极四周的填料包厚度一致、密实；预包装的袋子须用棉麻织品，不得使用人造纤维织品；

（8）填包料应调拌均匀，不得混入石块、泥土、杂草等；阳极埋地后应充分灌水，并达到饱和；

（9）阳极埋设位置一般距管道外壁 3～5m，不宜小于 0.3m；埋设深度（阳极顶部距地面）不应小于 1m。

2. 外加电流阴极保护法的质量控制要点

（1）联合保护的平行管道可同沟敷设；均压线间距和规格应根据管道电压降、管道间距离及管道防腐层质量等因素综合考虑；

（2）非联合保护的平行管道间距，不宜小于 10m；间距小于 10m 时，后施工的管道及其两端各延伸 10m 的管段作加强级防腐层；

（3）被保护管道与其他地下管道交叉时，两者间垂直净距不应小于 0.3m；小于 0.3m 时，应设有坚固的绝缘隔离物，并应在交叉点两侧各延伸 10m 以上的管段上做加强防腐层；

（4）被保护管道与埋地通信电缆平行敷设时，两者间距离不宜小于 10m；

（5）被保护管道与供电电缆交叉时，两者间垂直净距不应小于 0.5m；同时应在交叉点两侧各延伸 10m 以上的管道和电缆段上做加强级防腐层。

3. 阴极保护绝缘处理的规定要求

（1）绝缘垫片应在干净、干燥的条件下安装，并应配对供应或在现场扩孔；

（2）法兰面应清洁、平直、无毛刺并正确定位；

（3）在安装绝缘套筒时，应确保法兰准直；除一侧绝缘的法兰外，绝缘套筒长度应包括两个垫圈的厚度；

（4）连接螺栓在螺母下应设有绝缘垫圈；

（5）绝缘法兰组装后应对装置的绝缘性能按国家现行标准《埋地钢质管道阴极保护参数测量方法》GB/T 21246 的规定进行检测；

（6）阴极保护系统安装后，应按国家现行标准《埋地钢质管道阴极保护参数测量方法》GB/T 21246 的规定进行测试，测试结果应符合规范的规定和设计要求。

三、球墨铸铁管道的安装监理控制要点

（1）柔性接口使用的橡胶圈应符合下列规定要求：

1）材质应符合相关规范的规定；

2）应由管材厂配套供应；

3）外观应光滑平整，不得有裂缝、破损、气孔、重皮等缺陷；

4）每个橡胶圈的接头不得超过2个。

注：除球墨铸铁管外，钢筋混凝土管、预应力钢筒混凝土管、化学建材管等管道柔性接口采用橡胶圈的要求都与上述要求一致，下文中不再重复。

（2）球墨铸铁管道沿曲线安装时，接口的允许转角应符合表8-11的规定。

沿曲线安装接口的允许转角　　　　　　　　　　　　表8-11

管径 D_i（mm）	允许转角（°）	管径 D_i（mm）	允许转角（°）
75～600	3	≥900	1
700～800	2		

四、钢筋混凝土管及预（自）应力混凝土管的安装监理控制要点

（1）钢筋混凝土管沿直线安装时，管口间的纵向间隙应符合设计及产品标准要求，无明确要求时应符合表8-12的规定；

钢筋混凝土管管口间的纵向间隙　　　　　　　　　　表8-12

管材种类	接口类型	管内径 D_i（mm）	纵向间隙（mm）
钢筋混凝土管	平口、企口	500～600	1.0～5.0
		≥700	7.0～15
	承插式乙型口	600～3000	5.0～15

（2）预（自）应力混凝土管沿曲线安装时，管口间的纵向间隙最小处不得小于5mm，接口转角应符合表8-13的规定；

预（自）应力混凝土管沿曲线安装接口的允许转角　　　表8-13

管材种类	管径 D_i（mm）	允许转角（°）
预应力混凝土管	500～700	1.5
	800～1400	1.0
	1600～3000	0.5
自应力混凝土管	500～800	1.5

（3）预（自）应力混凝土管不得截断使用。

五、预应力钢筒混凝土管的安装监理控制要点

（1）管节及管件的规格、性能应符合国家有关标准的规定和设计要求，进入施工现场时其外观质量应符合下列规定：

1）内壁混凝土表面平整光洁；承插口钢环工作面光洁干净；内衬式管（简称衬筒管）内表面不应出现浮渣、露石和严重的浮浆；埋置式管（简称埋筒管）内表面不应出现气泡、孔洞、凹坑以及蜂窝、麻面等不密实的现象；

2）管内表面出现的环向裂缝螺旋状裂缝宽度不应大于0.5mm（浮浆裂缝除外）；距

离管的插口端 300mm 范围内出现的环向裂缝宽度不应大于 1.5mm；管内表面不得出现长度大于 150mm 的纵向可见裂缝；

3）管端面混凝土不应有缺料、掉角、孔洞等缺陷。端面应齐平、光滑、并与轴线垂直。端面垂直度应符合表 8-14 的规定；

管端面垂直度　　　　　　　　　表 8-14

管径 D_i（mm）	管端面垂直度的允许偏差（mm）	管径 D_i（mm）	管端面垂直度的允许偏差（mm）
600～1200	6	3200～4000	13
1400～3000	9		

4）外保护层不得出现空鼓、裂缝及剥落。

（2）安装就位，放松紧管器具后监理工程师应进行下列检查：

1）复核管节的高程和中心线；

2）用特定钢尺插入承插口之间检查橡胶圈各部的环向位置，确认橡胶圈在同一深度；

3）接口处承口周围不应被胀裂；

4）橡胶圈应无脱槽、挤出等现象；

5）沿直线安装时，插口端面与承口底部的轴向间隙应大于 5mm，且不大于表 8-15 规定的数值。

管口端的最大轴向间隙　　　　　　　　　表 8-15

管径 D_i（mm）	内衬式管（衬筒管）		埋置式管（埋筒管）	
	单胶圈（mm）	双胶圈（mm）	单胶圈（mm）	双胶圈（mm）
600～1400	15	—	—	—
1200～1400	—	25	—	—
1200～4000	—	—	25	25

（3）采用钢制管件连接时，管件应进行防腐处理。现场合拢应符合以下规定：

1）安装过程中，应严格控制合拢处上、下游管道接装长度、中心位移偏差；

2）合拢位置宜选择在设有人孔或设备安装孔的配件附近；

3）不允许在管道转折处合拢；

4）现场合拢施工焊接不宜在当日高温时段进行。

5）管道需曲线铺设时，接口的最大允许偏转角度应符合设计要求，设计无要求时应不大于表 8-16 规定的数值。

预应力钢筒混凝土管沿曲线安装接口的最大允许偏转角　　　　　　表 8-16

管材种类	管径 D_i（mm）	允许平面转角（°）
预应力钢筒混凝土管	600～1000	1.5
	1200～2000	1.0
	2200～4000	0.5

六、玻璃钢管的安装监理控制要点

监理工程师对玻璃钢管道曲线铺设时接口的要求，允许转角不得大于表 8-17 的规定。

玻璃钢管道沿曲线安装的接口允许转角   表 8-17

管内径 D_i（mm）	允许转角（°）	
	承插式接口	套筒式接口
400～500	1.5	3.0
500＜D_i≤1000	1.0	2.0
1000＜D_i≤1800	1.0	1.0
D_i＞1800	0.5	0.5

七、硬聚氯乙烯管、聚乙烯管及其复合管的安装监理控制要点

监理工程师对硬聚氯乙烯管、聚乙烯管及其复合管管道连接的要求应符合下列规定：

（1）承插式柔性连接、套筒（带或套）连接、法兰连接、卡箍连接等方法采用的密封件、套筒件、法兰、紧固件等配套管件，必须由管节生产厂家配套供应；电熔连接、热熔连接应采用专用电器设备、挤出焊接设备和工具进行施工；

（2）管道连接时必须对连接部位、密封件、套筒等配件清理干净，套筒（带或套）连接、法兰连接、卡箍连接用的钢制套筒、法兰、卡箍、螺栓等金属制品应根据现场土质并参照相关标准采取防腐措施；

（3）承插式柔性接口连接宜在当日温度较高时进行，插口端不宜插到承口底部，应留出不小于 10mm 的伸缩空隙，插入前应在插口端外壁做出插入深度标记；插入完毕后，承插口周围空隙均匀，连接的管道平直；

（4）电熔连接、热熔连接、套筒（带或套）连接、法兰连接、卡箍连接应在当日温度较低或最低时进行；电熔连接、热熔连接时电热设备的温度控制、时间控制，挤出焊接时对焊接设备的操作等，必须严格按接头的技术指标和设备的操作程序进行；接头处应有沿管节圆周平滑对称的外翻边，内翻边应铲平；

（5）管道与井室宜采用柔性连接，连接方式符合设计要求；设计无要求时，可采用承插管件连接或中介层做法；

（6）管道系统设置的弯头、三通、变径处应采用混凝土支墩或金属卡箍拉杆等技术措施；在消火栓及闸阀的底部应加垫混凝土支墩；非锁紧型承插连接管道，每根管节应有 3 点以上的固定措施；

（7）安装完的管道中心线及高程调整合格后，即将管底有效支撑角范围用中粗砂回填密实，不得用土或其他材料回填。

八、开槽施工管道的主体结构质量控制要点

（一）管道基础

（1）原状地基的承载力符合设计要求（检查地基处理强度或承载力检验报告、复合地基承载力检验报告）；

（2）混凝土基础的强度符合设计要求；

检查数量：

1）标准试块：每构筑物的同一配合比的混凝土，每工作班、每拌制 100m³ 混凝土为一个验收批，应留置一组，每组三块；当同一部位、同一配合比的混凝土一次连续浇筑超过 1000m³ 时，每拌制 200m³ 混凝土为一个验收批，应留置一组，每组三块；

2）与结构同条件养护的试块：根据施工方案要求，按拆模、施加预应力和施工期间临时荷载等需要的数量留置（混凝土基础的混凝土强度验收应符合现行国家标准《混凝土强度检验评定标准》GB/T 50107 的有关规定）。

（3）砂石基础的压实度符合设计要求或本规范的规定（查砂石材料的质量保证资料、压实度试验报告）；

（4）原状地基、砂石基础与管道外壁间接触均匀，无空隙（查施工记录）；

（5）混凝土基础外光内实，无严重缺陷；混凝土基础的钢筋数量、位置正确（查看实物，查钢筋质量保证资料，查施工记录）；

（6）管道基础的允许偏差应符合表 8-18 的规定。

管道基础的允许偏差   表 8-18

序号	检查项目			允许偏差（mm）	检查数量		检查方法
					范围	点数	
1	垫层	中线每侧宽度		不小于设计要求	每个验收批	每 10m 测 1 点，且不少于 3 点	挂中心线钢尺检查，每侧一点
		高程	压力管道	±30			水准仪测量
			无压管道	0，—15			
		厚度		不小于设计要求			钢尺量测
2	混凝土基础、管座	平基	中线每侧宽度	+10，0			挂中心线钢尺量测每侧一点
			高程	0，—15			水准仪测量
			厚度	不小于设计要求			钢尺量测
		管座	肩宽	+10，—5			钢尺量测，挂高程线钢尺量测，每侧一点
			肩高	±20			
3	土（砂及砂砾）基础	高程	压力管道	±30			水准仪测量
			无压管道	0，—15			
		平基厚度		不小于设计要求			钢尺量测
		土弧基础腋角高度		不小于设计要求			钢尺量测

（二）钢管接口

（1）管节及管件、焊接材料等的质量应符合相关规范的规定，详见本节表 8-8 和表 8-9（查产品质量保证资料；查成品管进场验收记录，查现场制作管的加工记录）。

（2）接口焊缝坡口应符合下列规定：

管节组对焊接时应先修口、清根，管端端面的坡口角度、钝边、间隙，应符合设计要求，设计无要求时应符合表 8-19 的规定；不得在对口间隙夹焊帮条或用加热法缩小间隙施焊。

倒角形式		间隙 b	钝边 p	坡口角度 a
图示	壁厚 t（mm）	（mm）	（mm）	（°）
没做	4～9	1.5～3.0	1.0～1.5	60～70
	10～26	2.0～4.0	1.0～2.0	60±5

焊管端倒角各部尺寸　　　　　　　　　表 8-19

（逐口检查，用量规量测）

（3）焊口错边的允许偏差为壁厚的 20％，且不大于 2mm（逐口检查，用长 300mm 的直尺在接口内壁周围顺序贴靠量测错边量）。

（4）焊口焊接质量应符合下列规定和设计要求：

1）应在无损检测前进行外观质量检查，并应符合本节表 8-8 的规定；

2）无损探伤检测方法应按设计要求选用；

3）无损检测取样数量与质量要求应按设计要求执行；设计无要求时，压力管道的取样数量应不小于焊缝量的 10％；

4）不合格的焊缝应返修，返修次数不得超过 3 次。

（按设计要求进行抽检；查焊缝质量检测报告）

（5）法兰接口的法兰应与管道同心，螺栓自由穿入，高强度螺栓的终拧扭矩应符合设计要求和有关标准的规定（逐口检查；用扭矩扳手等检查；查螺栓拧紧记录）。

（6）接口组对时，纵、环焊缝位置应符合规定，详见本节教材："二、钢质管道的安装及阴板保护监理控制要点（一）钢质管道的焊接"中（4）～（8）的规定（逐口检查；查组对检验记录；用钢尺测量）。

（7）管节组对前，坡口及内外侧焊接影响范围内表面应无油、漆、垢、锈、毛刺等污物（查看现场实物，查管道组对检验记录）。

（8）不同壁厚的管节对口时，应符合以下规定：管壁厚度相差不宜大于 3mm。不同管径的管节相连时，两管径相差大于小管管径的 15％时，可用渐缩管连接。渐缩管的长度不应小于两管径差值的 2 倍，且不应小于 200mm（逐口检查，用焊缝量规、钢尺量测；查组对检验记录）。

（9）焊缝层次有明确规定时，焊接层数、每层厚度及层间温度应符合焊接作业指导书的规定，且层间焊缝质量均应合格（逐个检查，对照设计文件、焊接作业指导书检查每层焊缝检验记录）。

（10）法兰中轴线与管道中轴线的允许偏差应符合：D_i 小于或等于 300mm 时，允许偏差小于或等于 1mm；D_i 大于 300mm 时，允许偏差小于或等于 2mm（逐个接口检查；用钢尺、角尺等量测）。

（11）连接的法兰之间应保持平行，其允许偏差不大于法兰外径的 1.5‰，且不大于 2mm；螺孔中心允许偏差应为孔径的 5％（逐口检查；用钢尺、塞尺等量测）。

（三）钢管内防腐层

（1）内防腐层材料应符合国家相关标准的规定和设计要求；给水管道内防腐层材料的卫生性能应符合国家相关标准的规定（查产品质量保证资料和成品管进场验收记录）；

（2）水泥砂浆抗压强度符合设计要求，且不低于 30MPa（查砂浆配合比、抗压强度试块报告）；

（3）液体环氧涂料内防腐层表面应平整、光滑、无气泡、无划痕等，湿膜应无流淌现象（查看现场，查施工记录）；

（4）水泥砂浆防腐层的厚度及表面缺陷的允许偏差应符合表 8-20 的规定。

水泥砂浆防腐层厚度及表面缺陷的允许偏差　　　　表 8-20

	检查项目	允许偏差		检查数量		检查方法
				范围	点数	
1	裂缝宽度	≤0.8		管节	每处	用裂缝观测仪测量
2	裂缝沿管道纵向长度	≤管道的周长，且≤2.0m				钢尺量测
3	平整度	<2				用 300mm 长的直尺量测
4	防腐层厚度	$D_i≤1000$	±2		取两个截面，每个截面测 2 点，取偏差值最大 1 点	用测厚仪测量
		$1000<D_i≤1800$	±3			
		$D_i>1800$	+4，−3			
5	麻点、空窝等表面缺陷的深度	$D_i≤1000$	2			用直钢丝或探尺量测
		$1000<D_i≤1800$	3			
		$D_i>1800$	4			
6	缺陷面积	≤500mm²			每处	用钢尺量测
7	空鼓面积	不得超过 2 处，且每处≤10000mm²			每平方米	用小锤轻击砂浆表面，用钢尺量测

注：1. 表中单位除注明者外，均为 mm；
　　2. 工厂涂覆管节，每批抽查 20%；施工现场涂覆管节，逐根检查。

（5）液体环氧涂料内防腐层的厚度、电火花试验应符合表 8-21 的规定。

液体环氧涂料内防腐层厚度及电火花试验规定　　　　表 8-21

	检查项目	允许偏差（mm）		检查数量		检查方法
				范围	点数	
1	干膜厚度（μm）	普通级	≥200	每根（节）管	两个断面，各 4 点	用测厚仪测量
		加强级	≥250			
		特加强级	≥300			
2	电火花试验漏点数	普通级	3	个/m²	连续检测	用电火花检漏仪测量；检漏电压值根据涂层厚度按 5V/μm 计算，检漏仪探头移动速度不大于 0.3m/s
		加强级	1			
		特加强级	0			

注：1. 焊缝处的防腐层厚度不得低于管节防腐层规定厚度的 80%；
　　2. 凡漏点检测不合格的防腐层都应补涂，直至合格。

（四）钢管外防腐层

（1）外防腐层材料（包括补口、修补材料）、结构等应符合国家相关标准的规定和设计要求（查产品质量保证资料和成品管进场验收记录）；

（2）外防腐层的厚度、电火花检漏、粘结力应符合表 8-22 的规定；

外绝缘防腐层厚度、电火花检漏、粘结力验收标准 表 8-22

检查项目		检 查 数 量			检查方法
		防腐成品管	补 口	补 伤	
1	厚度	每 20 根 1 组（不足 20 根按 1 组），每组抽查 1 根。测管两端和中间共 3 个截面，每截面测互相垂直的 4 点	逐个检测，每个随机抽查 1 个截面，每个截面测互相垂直的 4 点	逐个检测，每处随机测 1 点	用测厚仪测量
2	电火花检漏	全数检查	全数检查	全数检查	用电火花检漏仪逐根连续测量
3	粘结力	每 20 根为 1 组（不足 20 根按 1 组），每组抽 1 根，每根一处	每 20 个补口抽 1 处	—	用小刀切割观察

注：按组抽检时，若被检测点不合格，则该组应加倍抽检；若加倍抽检仍不合格，则该组为不合格。

（3）钢管表面除锈质量等级应符合设计要求（查防腐管生产厂提供的除锈等级报告，对照典型样板照片检查每个补口处的除锈质量，检查补口处除锈施工方案）；

（4）管体外防腐材料搭接、补口搭接、补伤搭接应符合要求（查看实物，检查施工记录）。

（五）钢管的阴极保护工程

（1）钢管阴极保护所用的材料、设备等应符合国家有关标准的规定和设计要求（对照产品相关标准和设计文件，查产品质量保证资料；查成品管进场验收记录）；

（2）管道系统的电绝缘性、电连续性经检测满足阴极保护的要求；

（阴极保护施工前应全线检查；检查绝缘部位的绝缘测试记录、跨接线的连接记录用电火花检漏仪、高阻电压表、兆欧表测电绝缘性，万用表测跨线等的电连续性）；

（3）阴极保护的系统参数测试应符合下列规定：

1）设计无要求时，在施加阴极电流的情况下，测得管/地电位应小于或等于 −850mV（相对于铜—饱和硫酸铜参比电极）；

2）管道表面与同土壤接触的稳定的参比电极之间阴极极化电位值最小为 100mV；

3）土壤或水中含有硫酸盐还原菌，且硫酸根含量大于 0.5％时，通电保护电位应小于或等于 −950mV（相对于铜—饱和硫酸铜参比电极）；

4）被保护体埋置于干燥的或充气的高电阻率（大于 500Ω·m）土壤中时，测得的极化电位小于或等于 −750mV（相对于铜—饱和硫酸铜参比电极）（按国家现行标准《埋地钢质管道阴极保护参数测量方法》GB/T 21246 的规定测试；查阴极保护系统运行参数测试记录）；

（4）管道系统中阳极、辅助阳极的安装应符合本节"二、钢质管道的安装及阳极保护监理控制要点（二）钢质管道的阳极保护"中（1）、（2）所列的规定（逐个检查；用钢尺或经纬仪、水准仪测量）；

（5）所有连接点应按规定做好防腐处理，与管道连接处的防腐材料应与管道相同（逐个检查；查防腐材料质量合格证明、性能检验报告；查施工记录、施工测试记录）；

（6）阴极保护系统的测试装置及附属设施的安装应符合下列规定：

1）测试桩埋设位置应符合设计要求，顶面高出地面 400mm 以上；

2）电缆、引线铺设应符合设计要求，所有引线应保持一定松弛度，并连接可靠牢固；

3）接线盒内各类电缆应接线正确，测试桩的舱门应启闭灵活、密封良好；

4）检查片的材质应与被保护管道的材质相同，其制作尺寸、设置数量、埋设位置应符合设计要求，且埋深与管道底部相同，距管道外壁不小于 300mm；

5）参比电极的选用、埋设深度应符合设计要求（逐个用钢尺量测，查测试记录和测试报告）。

（六）球墨铸铁管接口

（1）管节及管件的产品质量应符合国家相关标准规定和设计要求（查产品质量保证资料，检查成品管进场验收记录）；

（2）承插接口连接时，两管节中轴线应保持同心，承口、插口部位无破损、变形、开裂；插口推入深度应符合要求（逐个观察；查施工记录）；

（3）法兰接口连接时，插口与承口法兰压盖的纵向轴线一致，连接螺栓终拧扭矩应符合设计或产品使用说明要求；接口连接后，连接部位及连接件应无变形、破损（逐个接口用扭矩扳手检查；查螺栓拧紧记录）；

（4）橡胶圈安装位置应准确，不得扭曲、外露；沿圆周各点应与承口端面等距，其允许偏差应为 ±3mm（用探尺检查；查施工记录）；

（5）连接后管节间平顺，接口无突起、突弯、轴向位移现象（查看实物；查施工测量记录）；

（6）接口的环向间隙应均匀，承插口间的纵向间隙不应小于 3mm（用塞尺、钢尺检查）；

（7）法兰接口的压兰、螺栓和螺母等连接件应规格型号一致，采用钢制螺栓和螺母时，防腐处理应符合设计要求（逐个接口检查；查螺栓和螺母质量合格证明书、性能检验报告）；

（8）管道沿曲线安装时，接口转角应符合本节表 8-11 的规定（用直尺量测曲线段接口）。

（七）钢筋混凝土管、预（自）应力混凝土管、预应力钢筒混凝土管接口

（1）管及管件、橡胶圈的产品质量应符合相关规范的规定（查产品质量保证资料和成品管进场验收记录）；

（2）柔性接口的橡胶圈位置正确，无扭曲、外露现象；承口、插口无破损、开裂；双道橡胶圈的单口水压试验合格（用探尺检查；查单口水压试验记录）；

（3）刚性接口的强度符合设计要求，不得有开裂、空鼓、脱落现象（查看实物，查水泥砂浆、混凝土试块的抗压强度试验报告）；

（4）柔性接口的安装位置正确，其纵向间隙应符合本节表 8-12 和表 8-15 的规定（逐个用钢尺量测；查施工记录）；

（5）刚性接口的宽度、厚度符合设计要求；其相邻管接口错口允许偏差：D_i 小于 700mm 时，应在施工中自检；D_i 大于 700mm，小于或等于 1000mm 时，应不大于 3mm；D_i 大于 1000mm 时，应不大于 5mm（两井之间取 3 点，用钢尺、塞尺量测；查施工记录）；

（6）管道沿曲线安装时，接口转角应符合本节表 8-13 和表 8-16 的规定（用直尺量测曲线段接口）；

（7）管道接口的填缝应符合设计要求，密实、光洁、平整（查看实物，查填缝材料质量保证资料，配合比记录）。

（八）化学建材管接口

（1）管节及管件的产品质量应符合国家相关标准规定（查产品质量保证资料和成品管进场验收记录）；

（2）承插、套筒式连接时，承口、插口部位及套筒连接紧密，无破损、变形、开裂等现象；插入后胶圈应位置正确，无扭曲等现象；双道橡胶圈的单口水压试验合格（逐个接口检查；查施工方案及施工记录，单口水压试验记录；用钢尺、探尺量测）。

（3）聚乙烯管、聚丙烯管接口熔焊连接应符合下列规定：

1）焊缝应完整，无缺损和变形现象；焊缝连接应紧密，无气孔、鼓泡和裂缝；电熔连接的电阻丝不裸露；

2）熔焊焊缝焊接力学性能不低于母材；

3）热熔对接连接后应形成凸缘，且凸缘形状大小均匀一致，无气孔、鼓泡和裂缝；接头处有沿管节圆周平滑对称的外翻边，外翻边最低处的深度不低于管节外表面；管壁内翻边应铲平；对接错边量不大于管材壁厚的 10%，且不大于 3mm（查看实物；查熔焊连接工艺试验报告和焊接作业指导书，查熔焊连接施工记录、熔焊外观质量检验记录、焊接力学性能检测报告）。

检查数量：外观质量全数检查；熔焊焊缝焊接力学性能试验每 200 个接头不小于 1组；现场进行破坏性检验或翻边切除检验（可任选一种）时，现场破坏性检验每 50 个接头不少于 1 个，现场内翻边切除检验每 50 个接头不少于 3 个；单位工程中接头数量不足50 个时，仅做熔焊焊缝焊接力学性能试验，可不做现场检验。

（4）卡箍连接、法兰连接、钢塑过渡接头连接时，应连接件齐全、位置正确、安装牢固，连接部位无扭曲、变形（逐个检查）；

（5）承插、套筒式接口的插入深度应符合要求，相邻管口的纵向间隙应不小于10mm；环向间隙应均匀一致（逐口用钢尺量测；查施工记录）；

（6）承插式管道沿曲线安装时的接口转角，玻璃钢管的不应大于本章表 8-17 条的规定；聚乙烯管、聚丙烯管的接口转角应不大于 1.5°；硬聚乙烯管的接口转角应不大于1.0°（用直尺量测曲线段接口；查施工记录）；

（7）熔焊连接设备的控制参数满足焊接工艺要求；设备与待连接管的接触面无污物，设备及组合件组装正确、牢固、吻合；焊后冷却期间接口未受外力影响（查专用熔焊设备质量合格证明书、校检报告，查熔焊记录）；

（8）卡箍连接、法兰连接、钢塑过渡连接件的钢制部分以及钢制螺栓、螺母、垫圈的防腐要求应符合设计要求（逐个检查；查产品质量合格证明书、检验报告）。

（九）管道铺设

（1）管道埋设深度、轴线位置应符合设计要求，无压力管道严禁倒坡（查施工记录、测量记录）；

（2）刚性管道无结构贯通裂缝和明显缺损情况（观察，检查技术资料）；

（3）柔性管道的管壁不得出现纵向隆起、环向扁平和其他变形情况（观察，查施工记录、测量记录）；

（4）管道铺设安装必须稳固，管道安装后应线形平直（观察，查测量记录）；

（5）管道内应光洁平整，无杂物、油污；管道无明显渗水和水珠现象（观察，渗漏水程度检查按表 8-23 执行）。

渗漏水程度描述使用的术语、定义和标识符号

表 8-23

术　语	定　　　　　义	标识符号
湿渍	混凝土管道内壁，呈现明显色泽变化的潮湿斑；在通风条件下潮湿斑可消失，即蒸发量大于渗入量的状态	╫
渗水	水从混凝土管道内壁渗出，在内壁上可观察到明显的流挂水膜范围；在通风条件下水膜也不会消失，即渗入量大于蒸发量的状态	○
水珠	悬挂在混凝土管道内壁顶部的水珠、管道内侧壁渗漏水用细短棒引流并悬挂在其底部的水珠，其滴落间隔时间超过 1min；渗漏水用干棉纱能够拭干，但短时间内可观察到擦拭部位从湿润至水渗出的变化	◇
滴漏	悬挂在混凝土管道内壁顶部的水珠、管道内侧壁渗漏水用细短棒引流并悬挂在其底部的水珠，其滴落速度每 min 至少 1 滴；渗漏水用干棉纱不易拭干，且短时间内可明显观察到擦拭部位有水渗出和集聚的变化	▽
线流	指渗漏水呈线流、流淌或喷水状态	↓

注：1. 该项检查只适用钢筋混凝土结构且 $DN \geqslant 1500$ 的无压管道。

2. 管道内壁有结露现象时，不宜进行渗漏水检测。

3. 管道内壁渗漏水程度的检测方法：

（1）湿渍点：用手触摸湿斑，无水分浸润感觉；用吸墨纸或报纸贴附，纸不变颜色；检查时，用粉笔勾画出湿渍范围，然后用钢尺测量长宽并计算面积，标示在"管内表面的结构展开图"；

（2）渗水点：用手触摸可感觉到水分浸润，手上会沾有水分；用吸墨纸或报纸贴附，纸会浸润变颜色；检查时，要用粉笔勾画出渗水范围，然后用钢尺测量长宽并计算面积，标示在"管内表面的结构展开图"；

（3）水珠、滴漏、线流等漏水点宜采用下列方法检测：

1）管道顶部可直接用有刻度的容器收集测量；侧壁或底部可用带有密封缘口的规定尺寸方框，安装在测量的部位，将渗漏水导入量测容器内或直接量测方框内的水位；计算单位时间的渗漏水量（单位为 L/min 或 L/h 等），并将每个漏水点位置、单位时间的渗漏水量标示在"管内表面的结构展开图"；

2）直接检测有困难时，允许通过目测计取每分钟或数分钟内的滴落数目，计算出该点的渗漏量；据实践经验，漏水每分钟滴落速度 3～4 滴时，24h 的渗漏水量为 1L；如果滴落速度每分钟大于 300 滴，则形成连续细流；

3）应采用国际上通用的 $L/(m^2 \cdot d)$ 标准单位；

4）管道内壁表面积等于管道内周长与管道延长的乘积。

（6）管道与井室洞口之间无渗漏水（逐井观察，查施工记录）；

（7）管道内外防腐层完整，无破损现象（观看实物，查施工记录）；

（8）钢管管道开孔应符合下列规定：

1）不得在干管的纵向、环向焊缝处开孔；

2）管道上任何位置不得开方孔；

3）不得在短节上或管件上开孔；

4）开孔处的加固补强应符合设计要求（逐个观察，查施工记录）。

（9）闸阀安装应牢固、严密，启闭灵活，与管道轴线垂直（查看实物，查施工记录）；

（10）管道铺设的允许偏差应符合表8-24的规定。

管道铺设的允许偏差（mm）　　　　　　　　　表 8-24

检查项目			允许偏差		检查数量		检查方法
					范围	点数	
1	水平轴线		无压管道	15	每节管	1 点	经纬仪测量或挂中线用钢尺量测
			压力管道	30			
2	管底高程	$D_i \leqslant 1000$	无压管道	±10			水准仪测量
			压力管道	±30			
		$D_i > 1000$	无压管道	±15			
			压力管道	±30			

第六节　不开槽施工管道的主体结构监理控制要点

给水排水管道工程不开槽施工的方法有顶管、盾构、浅埋暗挖、地表式水平定向钻等。顶管施工已为广大市政公用工程专业的监理工程师所熟悉；盾构施工在地铁轻轨工程培训教材中讲述；浅埋暗挖施工应用很少。因此，本节只介绍水平定向工程。

一、水平定向钻施工准备阶段的监理控制要点

（一）审核编制水平定向钻施工方案的主要内容

（1）定向钻的入土点、出土点位置选择；

（2）钻进轨迹设计（入土角、出土角、管道轴向曲率半径要求）；

（3）确定终孔孔径及扩孔次数，计算管道回拖力，管材的选用；

（4）定向钻机、钻头、钻杆及扩孔头、拉管头等的选用；

（5）护孔减阻泥浆的配制及泥浆系统的布置；

（6）地面管道布置走向及管道材质、组对拼装、防腐层要求；

（7）导向定位系统设备的选择及施工探测（测量）技术要求、控制措施；

（8）周围环境保护及监控措施。

（二）确定水平定向钻的回转扭矩和回拖力

定向钻机的回转扭矩和回拖力的确定，应根据终孔孔径、轴向曲率半径、管道长度，结合工程水文地质和现场周围环境条件，经过技术经济比较综合考虑后确定，并应有一定的安全储备；导向探测仪的配置应根据定向钻机类型、穿越障碍物类型、探测深度和现场探测条件选用。

（三）对管节的要求

水平定向法施工，应根据设计要求选用聚乙烯管或钢管；夯管法施工采用钢管，管材的规格、性能还应满足施工方案要求；成品管产品质量应符合相关标准的规定和设计要求，且符合下列规定：

（1）钢管接口应焊接，聚乙烯管接口应熔接；

（2）钢管的焊缝等级应不低于Ⅱ级；钢管外防腐结构层及接口处的补口材质应满足设计要求，外防腐层不应被土体磨损或增设牺牲保护层；

（3）定向钻施工时，轴向最大回拖力和最小曲率半径的确定应满足管材力学性能要求，钢管的管径与壁厚之比不应大于100，聚乙烯管标准尺寸比宜为SDR11；

（4）夯管施工时，轴向最大锤击力的确定应满足管材力学性能要求，其管壁厚度应符合设计和施工要求；管节的圆度不应大于0.005管内径，管端面垂直度不应大于0.001管内径、且不大于1.5mm。

二、水平定向钻施工质量监理控制要点

（一）施工前的检查

定向钻施工前应检查下列内容，确认条件具备时方可开始钻进：

（1）设备、人员应符合下列要求：

1）设备应安装牢固、稳定，钻机导轨与水平面的夹角符合入土角要求；

2）钻机系统、动力系统、泥浆系统等调试合格；

3）导向控制系统安装正确，校核合格，信号稳定；

4）钻进、导向探测系统的操作人员经培训合格。

（2）管道的轴向曲率应符合设计要求、管材轴向弹性性能和成孔稳定性的要求；

（3）按施工方案确定入土角、出土角；

（4）无压管道从竖向曲线过渡至直线后，应设置控制井；控制井的设置应结合检查井、入土点、出土点位置综合考虑，并在导向孔钻进前施工完成；

（5）进、出控制井洞口范围的土体应稳固；

（6）最大控制回拖力应满足管材力学性能和设备能力要求，总回拖阻力的计算可按公式8-1进行：

$$P = P_1 + P_F \tag{8-1-1}$$

$$P_F = \pi D_k^2 R_a / 4 \tag{8-1-2}$$

$$P_1 = \pi D_0 L f_1 \tag{8-1-3}$$

式中　P——总回拖阻力（kN）；

P_F——扩孔钻头迎面阻力（kN）；

P_1——管外壁周围摩擦阻力（kN）；

D_k——扩孔钻头外径（m），一般取管道外径1.2～1.5倍；

D_0——管节外径（m）；

R_a——迎面土挤压力（kN/m^2）；一般情况下，黏性土可取 $500\sim600kN/m^2$，砂性土可取 $800\sim1000kN/m^2$；

L——回拖管段总长度（m）；

f_1——管节外壁单位面积的平均摩擦阻力（kN/m^2），可按表 8-25 取值；

钢管外壁单位面积平均摩擦阻力 f（kN/m^2）　　　　　表 8-25

管材　　　　土类	黏性土	粉土	粉、细砂土	中、粗砂土
钢管	3.0~4.0	4.0~7.0	7.0~10.0	10.0~13.0

注：当触变泥浆技术成熟可靠、管外壁能形成和保持稳定、连续的泥浆套时，f 值可直接取 $3.0\sim5.0kN/m^2$。

（二）施工过程质量控制

1. 导向孔钻进

（1）钻机必须先进行试运转，确定各部分运转正常后方可钻进；

（2）第一根钻杆入土钻进时，应采取轻压慢转的方式，稳定钻进导入位置和保证入土角；且入土段和出土段应为直线钻进，其直线长度宜控制在 20m 左右；

（3）钻孔时应匀速钻进，并严格控制钻进给进力和钻进方向；

（4）每进一根钻杆应进行钻进距离、深度、侧向位移等的导向探测，曲线段和有相邻管线段应加密探测；

（5）保持钻头正确姿态，发生偏差应及时纠正，且采用小角度逐步纠偏；钻孔的轨迹偏差不得大于终孔直径，超出误差允许范围宜退回进行纠偏；

（6）绘制钻孔轨迹平面、剖面图。

2. 扩孔

（1）从出土点向入土点回扩，扩孔器与钻杆连接应牢固；

（2）根据管径、管道曲率半径、地层条件、扩孔器类型等确定一次或分次扩孔方式；分次扩孔时每次回扩的级差宜控制在 $100\sim150mm$，终孔孔径宜控制在回拖管节外径的 $1.2\sim1.5$ 倍；

（3）严格控制回拉力、转速、泥浆流量等技术参数，确保成孔稳定和线形要求，无坍孔、缩孔等现象；

（4）扩孔孔径达到终孔要求后应及时进行回拖管道施工。

3. 回拖

（1）从出土点向入土点回拖；

（2）回拖管段的质量、拖拉装置安装及其与管段连接等经检验合格后，方可进行拖管；

（3）严格控制钻机回拖力、扭矩、泥浆流量、回拖速率等技术参数，严禁硬拉硬拖；

（4）回拖过程中应有发送装置，避免管段与地面直接接触和减小摩擦力；发送装置可采用水力发送沟、滚筒管架发送道等形式，并确保进入地层前的管段曲率半径在允许范围内。

4. 泥浆（液）配制

（1）导向钻进、扩孔及回拖时，及时向孔内注入泥浆（液）；

（2）泥浆（液）的材料、配比和技术性能指标应满足施工要求，并可根据地层条件、钻头技术要求、施工步骤进行调整；

（3）泥浆（液）应在专用的搅拌装置中配制，并通过泥浆循环池使用；从钻孔中返回的泥浆经处理后回用，剩余泥浆应妥善处置；

（4）泥浆（液）的压力和流量应按施工步骤分别进行控制。

5. 出现下列情况时，必须停止作业，待问题解决后方可继续作业

（1）设备无法正常运行或损坏，钻机导轨、工作井变形；

（2）钻进轨迹发生突变、钻杆发生过度弯曲；

（3）回转扭矩、回拖力等突变，钻杆扭曲过大或拉断；

（4）坍孔、缩孔；

（5）待回拖管表面及钢管外防腐层损伤；

（6）遇到未预见的障碍物或意外的地质变化；

（7）地层、邻近建（构）筑物、管线等周围环境的变形量超出控制允许值。

（三）管道贯通后的工作

（1）检查露出管节的外观、管节外防腐层的损伤情况；

（2）工作井洞口与管外壁之间进行封闭、防渗处理；

（3）定向钻管道轴向伸长量经校测应符合管材性能要求，并应等待 24h 后方能与已敷设的上下流管道连接；

（4）定向钻施工的无压力管道，应对管道周围的钻进泥浆（液）进行置换改良，减少管道后期沉降量。

（四）水平定向钻施工过程监测和保护

（1）定向钻的入土点、出土点以及夯管的起始、接收工作井设有专人联系和有效的联系方式；

（2）定向钻施工时，应做好待回拖管段的检查、保护工作；

（3）根据地质条件、周围环境、施工方式等，对沿线地面、建（构）筑物、管线等进行监测，并做好保护工作。

三、水平定向钻施工质量核查要点

（1）管节、防腐层等工程材料的产品质量应符合国家相关标准的规定和设计要求（查产品质量保证资料和产品进场验收记录）。

（2）管节组对拼接、钢管外防腐层（包括焊口补口）的质量经检验（验收）合格；

（3）钢管接口焊接、聚乙烯管、聚丙烯管接口熔焊检验符合设计要求，管道预水压试验合格（接口逐个观察；查焊接检验报告和管道预水压试验记录。管道（段）预水压试验应按设计要求进行，设计无要求时，试验压力应为工作压力的 2 倍，且不得小于1.0MPa，试验压力达到规定值后保持恒压 10min，不得有降压和渗水现象）；

（4）管段回拖后的线形应平顺、无突变、变形现象，实际曲率半径符合设计要求（检查钻进、扩孔、回拖施工记录、探测记录）；

（5）导向孔钻进、扩孔、管段回拖及钻进泥浆（液）等符合施工方案要求（查施工方案，查施工记录和泥浆（液）性能检验记录）；

（6）管段回拖力、扭矩、回拖速度等应符合施工方案要求，回拖力无突升或突降现象（查施工方案，查回拖记录）；

（7）布管和发送管段时，钢管防腐层无损伤，管段无变形；回拖后拉出暴露的管段防腐层结构应完整、附着紧密；

（8）定向钻施工管道的允许偏差应符合表 8-26 的规定。

定向钻施工管道的允许偏差　　　　　　　　　　　　表 8-26

	检查项目		允许偏差（mm）	检查数量		检查方法
				范 围	点 数	
1	入土点位置	平面轴向、平面横向	20	每入、出土点	各 1 点	用经纬仪、水准仪测量、用钢尺量测
		垂直向高程	±20			
2	出土点位置	平面轴向	500			
		平面横向	1/2 倍 D_i			
		垂直向高程　压力管道	±1/2 倍 D_i			
		无压管道	±20			
3	管道位置	水平轴线	1/2 倍 D	每节管	不少于 1 点	用导向探测仪检查
		管道内底高程　压力管道	±1/2 倍 D_i			
		无压管道	+20，−30			
4	控制井	井中心轴向、横向位置	20	每座	各 1 点	用经纬仪、水准仪测量、钢尺量测
		井内洞口中心位置	20			

注：D_i 为管道内径（mm）。

第七节　管道功能性试验监理控制要点

给水排水管道的功能性试验是一项十分重要的工程内容，是检查管道安装质量的重要手段，监理工程师必须熟悉其内容，并严格实施。

一、管道功能性试验的基本要求

（1）压力管道应进行压力管道水压试验，试验分为预试验和主试验阶段；试验合格的判定依据为允许压力降值和允许渗水量值，按设计要求确定；设计无要求时，应根据工程实际情况，选用其中一项值或同时采用两项值作为试验合格的最终判定依据；

（2）无压管道应进行管道的严密性试验，严密性试验分为闭水试验和闭气试验，按设计要求确定；设计无要求时，应根据实际情况选择闭水试验或闭气试验进行管道功能性试验；

（3）大口径球墨铸铁管、玻璃钢管、预应力混凝土管、预应力钢筒混凝土管等管道，出厂前单根管节经水压试验合格时，如设计无要求，则：

1）压力管道可免去预试验阶段，而直接进行主试验阶段；

2）无压管道应认同严密性试验合格，无需进行闭水或闭气试验。

（4）管道的试验长度：压力管道水压试验的管段长度不宜大于 1.0km；无压力管道

的闭水试验，条件允许时可一次试验不超过 5 个连续井段；对于无法分段试验的管道，应由工程有关方面根据工程具体情况确定。

（5）给水管道必须水压试验合格，并网运行前进行冲洗与消毒，经检验水质达到标准后，方可允许并网通水投入运行。

（6）污水、雨污水合流管道及湿陷土、膨胀土、流沙地区的雨水管道，必须经严密性试验合格后方可投入运行。

二、压力管道的水压试验

（1）水压试验前，施工单位应编制水压试验方案，报监理工程师审查。

（2）水压试验采用的设备、仪表规格及其安装应符合下列规定：

1）采用弹簧压力计时，精度不低于 1.5 级，最大量程宜为试验压力的 1.3～1.5 倍，表壳的公称直径不宜小于 150mm，使用前经校正并具有符合规定的检定证书；

2）水泵、压力计应安装在试验段的两端部与管道轴线相垂直的支管上。

（3）试验管段注满水后，宜在不大于工作压力条件下充分浸泡后再进行水压试验，浸泡时间应符合表 8-27 的规定：

压力管道水压试验前浸泡时间　　　　　　　　　　　　　　表 8-27

管材种类	管道内径 D_i（mm）	浸泡时间（h）
球墨铸铁管（水泥砂浆衬里）	D_i	≥24
钢筋（水泥砂浆衬里）	D_i	≥24
化学建材管	D_i	≥24
现浇钢筋混凝土管渠	$D_i \leqslant 1000$	≥48
	$D_i > 1000$	≥72
预（自）应力混凝土管、预应力钢筒混凝土管	$D_i \leqslant 1000$	≥48
	$D_i > 1000$	≥72

（4）水压试验的步骤与要点：

1）试验压力应按表 8-28 选择确定。

压力管道水压试验的试验压力（MPa）　　　　　　　　　表 8-28

管材种类	工作压力 P	试验压力
钢管	P	$P+0.5$，且不小于 0.9
球墨铸铁管	≤0.5	$2P$
	>0.5	$P+0.5$
预（自）应力混凝土管、预应力钢筒混凝土管	≤0.6	$1.5P$
	>0.6	$P+0.3$
现浇钢筋混凝土管渠	≥0.1	$1.5P$
化学建材管	≥0.1	1.5P，且不小于 0.8

2）预试验阶段：将管道内水压缓缓地升至试验压力并稳压 30min，期间如有压力下降可注水补压，但不得高于试验压力；检查管道接口、配件等处有无漏水、损坏现象；有

漏水、损坏现象时应及时停止试压，查明原因并采取相应措施后重新试压。

3）主试验阶段：停止注水补压，稳定15min；当15min后压力下降不超过表8-29中所列允许压力降数值时，将试验压力降至工作压力并保持恒压30min，进行外观检查若无漏水现象，则水压试验合格。

压力管道水压试验的允许压力降（MPa）　　　　　　　表8-29

管材种类	试验压力	允许压力降
钢管	$P+0.5$，且不小于0.9	0
球墨铸铁管	$2P$	0.03
	$P+0.5$	
预（自）应力钢筋混凝土管、预应力钢筒混凝土管	$1.5P$	
	$P+0.3$	
现浇钢筋混凝土管渠	$1.5P$	
化学建材管	$1.5P$，且不小于0.8	0.02

4）管道升压时，管道的气体应排除；升压过程中，发现弹簧压力计表针摆动、不稳，且升压较慢时，应重新排气后再升压。

5）应分级升压，每升一级应检查后背、支墩、管身及接口，无异常现象时再继续升压。

6）水压试验过程中，后背顶撑、管道两端严禁站人。

7）水压试验时，严禁修补缺陷；遇有缺陷时，应做出标记，卸压后修补。

（5）压力管道采用允许渗水量进行最终合格判定依据时，实测渗水量应小于或等于表8-30的规定及下列公式规定的允许渗水量。

压力管道水压试验的允许渗水量　　　　　　　表8-30

管道内径 D_i（mm）	允许渗水量（L/min·km）		
	焊接接口钢管	球墨铸铁管、玻璃钢管	预（自）应力混凝土管、预应力钢筒混凝土管
100	0.28	0.70	1.40
150	0.42	1.05	1.72
200	0.56	1.40	1.98
300	0.85	1.70	2.42
400	1.00	1.95	2.80
600	1.20	2.40	3.14
800	1.35	2.70	3.96
900	1.45	2.90	4.20
1000	1.50	3.00	4.42
1200	1.65	3.30	4.70
1400	1.75	—	5.00

1）当管道内径大于表2.7.4规定时，实测渗水量应小于或等于按下列公式计算的允许渗水量：

钢管：

$$q = 0.05\sqrt{D_i} \tag{8-2-1}$$

球墨铸铁管（玻璃钢管）：

$$q = 0.1\sqrt{D_i} \tag{8-2-2}$$

预（自）应力混凝土管、预应力钢筒混凝土管：

$$q = 0.14\sqrt{D_i} \tag{8-2-3}$$

2）现浇钢筋混凝土管渠实测渗水量应小于或等于按下式计算的允许渗水量：

$$q = 0.14\sqrt{D_i} \tag{8-3}$$

3）硬聚氯乙烯管实测渗水量应小于或等于按下式计算的允许渗水量：

$$q = 3 \cdot \frac{D_i}{25} \cdot \frac{P}{0.3a} \cdot \frac{1}{1400} \tag{8-4}$$

式中：q——允许渗水量（L/min·km）；

D_i——管道内径（mm）；

P——压力管道的工作压力（MPa）；

a——温度-压力折减系数；当试验水温 0～25℃时，a 取 1；25～35℃时，a 取 0.8；35～45℃时，a 取 0.63。

（6）聚乙烯管、聚丙烯管及其复合管的水压试验：

1）预试验阶段：当管道内水压升至试验压力后，应停止注水并稳定 30min；当 30min 后压力下降不超过试验压力的 70％，则预试验结束；否则重新注水补压并稳定 30min 再进行观测，直至 30min 后压力下降不超过试验压力的 70％。

2）主试验阶段应符合下列规定：

① 在预试验阶段结束后，迅速将管道泄水降压，降压量为试验压力的 10％～15％；期间应准确计量降压所泄出的水量（ΔV），并按下式计算允许泄出的最大水量 $\Delta V_{\max}$：

$$\Delta V_{\max} = 1.2\Delta VP\left(\frac{1}{E_w} + \frac{D_i}{E_n \times E_p}\right) \tag{8-5}$$

式中：V——试压管段总容积（L）；

ΔP——降压量（MPa）；

E_w——水的体积模量，不同水温时 E_w 值可按表 8-31 采用；

E_p——管材弹性模量（MPa），与水温及试压时间有关；

D_i——管材内径（m）；

E_n——管材公称壁厚（m）。

ΔV 小于或等于 $\Delta V_{\max}$ 时，则按本节 4 的第（2）、（3）、（4）项进行作业；ΔV 大于 $\Delta V_{\max}$ 时应停止试压，排除管内过量空气再从预试验阶段开始重新试验。

温度与体积模量关系 表 8-31

温度（℃）	体积模量（MPa）	温度（℃）	体积模量（MPa）
5	2080	20	2170
10	2110	25	2210
15	2140	30	2230

② 每隔 3min 记录一次管道剩余压力，应记录 30min；30min 内管道剩余压力有上升趋势时，则水压试验结果合格。

③ 30min 内管道剩余压力无上升趋势时，则应持续观察 60min；整个 90min 内压力下降不超过 0.02MPa，则水压试验结果合格。

④ 主试验阶段上述两条均不能满足时，则水压试验结果不合格，应查明原因并采取相应措施后再重新组织试压。

(7) 大口径球墨铸铁管、玻璃钢管及预应力钢筒混凝土管道的接口单口水压试验应符合下列规定：

1) 安装时应注意将单口水压试验用的进水口（管材出厂时已加工）置于管道顶部；

2) 管道接口连接完毕后进行单口水压试验，试验压力为设计压力的 2 倍，且不得小于 0.2MPa；

3) 试压采用手提式打压泵，管道连接后将试压嘴固定在管道承口的试压孔上，连接试压泵，将压力升至试验压力，恒压 2min，无压力降为合格；

4) 试压合格后，取下试压嘴，在试压孔上拧上 M10×20mm 不锈钢螺栓并拧紧；

5) 水压试验时应先排净水压腔内的空气；

6) 单口试验不合格且确认是接口漏水时，应马上拔出管节，找出原因，重新安装，直至符合要求为止。

三、无压管道的闭水试验

(1) 管道闭水试验的试验水头：

1) 试验段上游设计水头不超过管顶内壁时，试验水头应以试验段上游管顶内壁加 2m 计；

2) 试验段上游设计水头超过管顶内壁时，试验水头应以试验段上游设计水头加 2m 计；

3) 计算出的试验水头小于 10m，但已超过上游检查井井口时，试验水头应以上游检查井井口高度为准；

(2) 管道闭水试验方法（闭水法）：

1) 试验管段灌满水后浸泡时间不应少于 24h；

2) 试验水头达规定水头时开始计时，观测管道的渗水量，直至观测结束时，应不断地向试验管段内补水，保持试验水头恒定。渗水量的观测时间不得小于 30min；

3) 实测渗水量应按下式计算：

$$q = \frac{W}{T \cdot L} \tag{8-6}$$

式中：q——实测渗水量 [L/（min·m）]；

W——补水量（L）；

T——实测渗水观测时间（min）；

L——试验管段的长度（m）。

(3) 管道闭水试验时，应进行外观检查，不得有漏水现象，且符合下列规定时，管道

166

闭水试验为合格:

1) 实测渗水量小于或等于表 8-32 规定的渗水量;

2) 管道内径大于表 8-32 规定时,实测渗水量应小于或等于按下式计算的允许渗水量;

$$q = 1.25\sqrt{D_i} \qquad (8\text{-}7\text{-}1)$$

3) 异型截面管道的允许渗水量可按周长折算为圆形管道计;

4) 化学建材管道的实测渗水量应小于或等于按下式计算的允许渗水量。

$$q = 0.0046D_i \qquad (8\text{-}7\text{-}2)$$

式中:q——允许渗水量(m³/24h·km);

D_i——管道内径(mm)。

无压管道闭水试验允许渗水量 　　　　　　　　　表 8-32

管材	管道内径(mm)	允许渗水量[m³/(24h·km)]	管材	管道内径(mm)	允许渗水量[m³/(24h·km)]
钢筋混凝土管	200	17.60	钢筋混凝土管	1200	43.30
	300	21.62		1300	45.00
	400	25.00		1400	46.70
	500	27.95		1500	48.40
	600	30.60		1600	50.00
	700	33.00		1700	51.50
	800	35.35		1800	53.00
	900	37.50		1900	54.48
	1000	39.52		2000	55.90
	1100	41.45			

(4) 管道内径大于 700mm 时,可按管道井段数量抽样选取 1/3 进行试验;试验不合格时,抽样井段数量应在原抽样基础上加倍进行试验。

(5) 不开槽施工的内径大于或等于 1500mm 钢筋混凝土管道,设计无要求且地下水位高于管道顶部时,可采用内渗法测渗水量;符合下列规定时,则管道抗渗性能满足要求,不必再进行闭水试验:

1) 管壁不得有线流、滴漏现象;

2) 对有水珠、渗水部位应进行抗渗处理;

3) 管道内渗水量允许值 $q \leqslant 2[\text{L}/(\text{m}^2 \cdot \text{d})]$。

四、无压管道的闭气试验

闭气试验适用于混凝土类的无压管道在回填土前进行的严密性试验。闭气试验时,地下水位应低于管外底 150mm,环境温度为 -15~50℃。下雨时不得进行闭气试验。

(一) 闭气试验的合格标准

(1) 规定标准闭气试验时间符合表 8-31 的规定,管内实测气体压力 $P \geqslant 1500\text{Pa}$,则管道闭气试验合格。

钢筋混凝土无压管道闭气检验规定标准闭气时间

表 8-33

管道 DN (mm)	管内气体压力（Pa）		规定标准闭气时间 S (′″)
	起点压力	终点压力	
300	—	—	1′45″
400			2′30″
500			3′15″
600			4′45″
700			6′15″
800			7′15″
900			8′30″
1000			10′30″
1100			12′15″
1200			15′
1300	2000	≥1500	16′45″
1400			19′
1500			20′45″
1600			22′30″
1700			24′
1800			25′45″
1900			28′
2000			30′
2100			32′30″
2200			35′

（2）被检测管道内径大于或等于 1600mm 时，应记录测试时管内气体温度（℃）的起始值 T_1 及终止值 T_2，并将达到标准闭气时间时膜盒表显示的管内压力值 P 记录，用下列公式加以修正，修正后管内气体压降值为 ΔP：

$$\Delta P = 103300 - (P + 101300)(273 + T_1)/(273 + T_2) \qquad (8-8)$$

ΔP 如果小于 500Pa，管道闭气试验合格。

（3）管道闭气试验不合格时，应进行漏气检查、修补后复检。

（二）闭气试验步骤

（1）对闭气试验的排水管道两端管口与管堵接触部分的内壁应进行处理，使其洁净磨光；

（2）调整管堵支撑脚，分别将管堵安装在管道内部两端，每端接上压力表和充气罐；

（3）用打气筒向管堵密封胶圈内充气加压，观察压力表显示至 0.05～0.20MPa，且不宜超过 0.20MPa，将管道密封；锁紧管堵支撑脚，将其固定；

（4）用空气压缩机向管道内充气，膜盒表显示管道气体压力至 3000Pa，关闭气阀，使气体趋于稳定，记录膜盒表读数从 3000Pa 降至 2000Pa 历时不应少于 5min；气压下降较快，可适当补气；下降太慢，可适当放气；

（5）膜盒表显示管道内气体压力达到 2000Pa 时开始计时，在满足该管径的标准闭气时间规定，计时结束，记录此时管内实测气体压力 P，如 $P \geqslant 1500Pa$ 则管道闭气试验合格，反之为不合格；

（6）管道闭气检验完毕，必须先排除管道内气体，再排除管堵密封圈内气体，最后卸下管堵。

五、给水管道的冲洗与消毒

（1）给水管道严禁取用污染水源进行水压试验、冲洗，施工管段处于污染水水域较近时，必须严格控制污染水进入管道；如不慎污染管道，应由水质检测部门对管道污染水进行化验，并按其要求在管道并网运行前进行冲洗与消毒；

（2）冲洗时，应避开用水高峰，冲洗流速不小于 1.0m/s，连续冲洗；

（3）管道第一次冲洗应用清洁水冲洗至出水口水样浊度小于 3NTU 为止，冲洗流速应大于 1.0m/s；

（4）管道第二次冲洗应在第一次冲洗后，用有效氯离子含量不低于 20mg/L 的清洁水浸泡 24h 后，再用清洁水进行第二次冲洗直至水质检测、管理部门取样化验合格为止。

第九章 给水排水构筑物工程监理实务

第一节 概　述

给水排水构筑物从使用功能上可分为四大类：取水与排放构筑物、水处理构筑物、调蓄构筑物及泵房。

取水及排放构筑物分为：地下水取水构筑物、地表水取水构筑物（包括地表水固定式取水构筑物和地表水活动式取水构筑物）、排放构筑物、管渠等。

水处理构筑物分为现浇钢筋混凝土结构、装配式混凝土结构、预应力混凝土结构、砌体结构、塘体结构和附属构筑物如导流槽、工艺井、管廊桥架等。

调蓄构筑物分为调蓄池（清水池、调节水池、蓄水池等）、水塔、水柜等。

泵房分为给水泵房、排水泵房、雨水泵房等。

上述各类构筑物中，监理工程师面对最多的是城市自来水厂、污水处理厂中的水处理构筑物、调蓄池以及各类泵房（站）。本章节主要介绍对水处理构筑物、调蓄池等工程进行监理的相关内容。

第二节 给水排水构筑物工程质量验收的规定要求

监理工程师应了解和掌握给水排水构筑物工程新规范标准首次规定的分项、分部、单位工程划分以及施工顺序的原则、测量放线的要求、进场原材料的验收规定、施工质量控制规定的重要内容。

一、给水构筑物工程的单位工程、分部工程、分项工程（检验批）划分

给水构筑物工程的单位工程、分部工程、分项工程（检验批）划分，见表9-1。

给水排水构筑物单位工程、分部工程、分项工程划分表　　　　　表9-1

分项工程（子单位）工程	单　位	构筑物工程或按独立合同承建的水处理构筑物、管渠、调蓄构筑物、取水构筑物、排放构筑物	
分部（子分部）工程		分　项　工　程	验收批
地基与基础工程	土石方	围堰、基坑支护结构（各类围护）、基坑开挖（无支护基坑开挖、有支护基坑开挖）、基坑回填	1 按不同单体构筑物分别设置分项工程（不设验收批时）；2 单体构筑物分项工程视需要可设验收批；3 其他分项工程可按变形缝位置、施工作业面、标高等分为若干个验收批
	地基基础	地基处理、混凝土基础、桩基础	

分项工程 (子单位)工程	单位	构筑物工程或按独立合同承建的水处理构筑物、管渠、调蓄构筑物、取水构筑物、排放构筑物		
分部 (子分部)工程		分项工程		验收批
主体结构	现浇混凝土结构	底板（钢筋、模板、混凝土）、墙体及内部结构（钢筋、模板、混凝土）、顶板（钢筋、模板、混凝土）、预应力混凝土（后张法预应力混凝土）、变形缝、表面层（防腐层、防水层、保温层等的基面处理、涂衬）、各类单体构筑物		1 按不同单体构筑物分别设置分项工程（不设验收批时）； 2 单体构筑物分项工程视需要可设验收批； 3 其他分项工程可按变形缝位置、施工作业面、标高等分为若干个验收批。
	装配式混凝土结构	预制构件现场制作（钢筋、模板、混凝土）、预制构件安装、圆形构筑物缠丝张拉预应力混凝土、变形缝、表面层（防腐层、防水层、保温层等的基面处理、涂衬）、各类单体构筑物		
	砌体结构	砌体（砖、石、预制砌体）、变形缝、表面层（防腐层、防水层、保温层等的基面处理、涂衬）、护坡与护坦、各类单体构筑物		
	钢结构	钢结构现场制作、钢结构预拼装、钢结构安装（焊接、栓接等）、防腐层（基面处理、涂衬）、各类单体构筑物		
附属构筑物工程	细部结构	现浇混凝土结构（钢筋、模板、混凝土）、钢制构件（现场制作、安装、防腐层）、细部结构		
	工艺辅助构筑物	混凝土结构（钢筋、模板、混凝土）、砌体结构、钢结构（现场制作、安装、防腐层）、工艺辅助构筑物		
	管渠	同主体结构工程的"现浇混凝土结构、装配式混凝土结构、砌体结构"		
进、出水管渠	混凝土结构	同附属构筑物工程的"管渠"		
	预制管铺设	同现行国家标准《给水排水管道工程施工与验收规范》GB 50268		

注：1. 单体构筑物工程包括：取水构筑物（取水头部、进水涵渠、进水间、取水泵房等单体构筑物），排放构筑物（排放口、出水涵渠、出水井、排放泵房等单体构筑物），水处理构筑物（泵房、调节配水池、蓄水池、清水池、沉砂池、工艺沉淀池、曝气池、澄清池、滤池、浓缩池、消化池、稳定塘、涵渠等单体构筑物），管渠，调蓄构筑物（增压泵房、提升泵房、调蓄池、水塔、水柜等单体构筑物）；

2. 细部结构指主体构筑物的走道平台、梯道、设备基础、导流墙（槽）、支架、盖板等的现浇混凝土或钢结构；对于混凝土结构，与主体结构工程同时连续浇筑施工时，其钢筋、模板、混凝土等分项工程验收，可与主体结构工程合并；

3. 各类工艺辅助构筑物指各类工艺井、管廊桥架、闸槽、水槽（廊）、堰口、穿孔、孔口、斜板、导流墙（板）等；对于混凝土和砌体结构、与主体结构工程同时连续浇筑、砌筑施工时，其钢筋、模板、混凝土、砌体等分项工程验收，可与主体结构工程合并；

4. 长输管渠的分项工程应按管段长度划分成若干个验收批分项工程，验收批、分项工程质量验收记录表式同现行国家标准《给水排水管道工程施工与验收规范》GB 50268—2008 表 B.0.1 和表 B.0.2；

5. 管理用房、配电房、脱水机房、鼓风机房、泵房等的地面建筑工程同现行国家标准《建筑工程施工质量验收统一标准》GB 50300—2001 附录 B 规定。

二、施工顺序的原则

给水排水构筑物施工时，应按"先地下后地上、先深后浅"的顺序施工，并应防止各构筑物交叉施工相互干扰。

三、测量放线的要求

施工测量应实行施工单位复核制、监理单位复测制，填写相关记录，并符合下列规定：

（1）施工前，建设单位应组织有关单位进行现场交桩，施工单位对所交桩复核测量；原测桩有遗失或变位时，应补钉桩校正，并应经相应的技术质量管理部门和人员认定；

（2）临时水准点和构筑物轴线控制桩的设置应便于观测且必须牢固，并应采取保护措施；临时水准点的数量不得少于 2 个；

（3）临时水准点、轴线桩及构筑物施工的定位桩、高程桩必须经过复核方可使用，并应经常校核；

（4）与拟建工程衔接的已建构筑物平面位置和高程，开工前必须校测；

（5）施工测量的允许偏差应符合表 9-2 的规定，并应满足国家现行标准《工程测量规范》GB 50026 和《城市测量规范》CJJ/T 8 的有关规定。

施工测量允许偏差   表 9-2

序 号	项 目		允许偏差
1	水准测量高程闭合差	平地	$\pm 20\sqrt{L}$（mm）
		山地	$\pm 6\sqrt{n}$（mm）
2	导线测量方位角闭合差		$24\sqrt{n}$（″）
3	导线测量相对闭合差		1/5000
4	直接丈量测距的两次较差		1/5000

注：1. L 为水准测量闭合线路的长度（km）；

    2. n 为水准或导线测量的测站数。

四、进场原材料的验收规定

工程所用原材料、半成品、构（配）件、设备等产品，进入施工现场时必须进行进场验收。进场验收时应检查每批产品的订购合同、质量合格证书、性能检验报告、使用说明书、进口产品的商检报告及证件等，并按国家有关标准规定进行复验，验收合格后方可使用。混凝土、砂浆、防水涂料等现场配制的材料应经检测合格后使用。

这是强制性规定，必须严格遵照执行。

五、施工质量控制的规定

（1）各分项工程应按照施工技术标准进行质量控制，分项工程完成后，应进行检验；

（2）相关各分项工程之间，应进行交接检验；所有隐蔽分项工程应进行隐蔽验收；未经检验或验收不合格不得进行下道分项工程施工；

（3）设备安装前应对有关的设备基础、预埋件、预留孔的位置、高程、尺寸等进行复核；

（4）通过返修或加固处理仍不能满足结构安全和使用功能要求的分部（子分部）工

程、单位（子单位）工程，严禁验收。

这是强制性规定，必须严格遵照执行。

第三节　基坑开挖与支护监理控制要点

一、基坑开挖与支护工程应遵循的原则

基坑开挖与支护工程应符合现行国家标准《建筑地基基础工程施工质量验收规范》GB 50202，《建筑边坡工程技术规范》GB 50330 的相关规定。

基坑的边坡应经稳定性验算后确定。

基坑开挖的顺序及方法应遵循"对称平衡、分层分段、限时挖土、限时支撑"的原则。设有支撑的基坑，应遵循"开槽支撑、先撑后挖、分层开挖和严禁超挖"的原则开挖。

基坑施工中，地基不得扰动或超挖；局部扰动或超挖，并超出允许偏差时，应与设计商定或采取下列处理措施：

（1）排水不良发生扰动时，应全部清除扰动部分，用卵石、碎石或级配砾石回填；

（2）岩土地基局部超挖时，应全部清除基底碎渣，回填低强度混凝土或碎石。

二、支护结构形式及适用条件

支护结构形式及适用条件见表 9-3。

支护结构形式及适用条件　　　　　　　　　　　　　　　　　　　表 9-3

序号	类别	结构形式	适用条件	备注
1	水泥土类	粉喷桩	基坑深度≤6m，土质较密实，侧壁安全等级二、三级基坑	采用单排、多排布置成连续墙体，亦可结合土钉喷射混凝土
		深层搅拌桩	基坑深度≤7m，土层渗透系数较大，侧壁安全等级二、三级基坑	组合成土钉墙，加固边坡同时起隔渗作用
2	钢筋混凝土类	预制桩	基坑深度≤7m，软土层，侧壁安全等级二、三级基坑；周围环境对振动敏感的应采用静力压桩	与粉喷桩、深层搅拌桩结合使用
		钻孔桩	基坑深度≤14m，侧壁安全等级一、二、三级基坑	与锁口梁、围檩、锚杆组合成支护体系，亦可与粉喷、搅拌桩组合
		地下连续墙	基坑深度大于12m，有降水要求，土层及软土层，侧壁安全等级一、二、三级基坑	与地下结构外墙结合，以及楼板梁等结合形成支护体系
3	钢板桩类	型钢组合桩	基坑深度小于8m，软土地基，有降水要求时应与搅拌桩等结合，侧壁安全等级一、二、三级基坑；不宜用于周围环境对沉降敏感的基坑	用单排或双排布置，与锁口梁、围檩、锚杆组合成支护体系
		拉森式专用钢板桩	基坑深度小于11m，能满足降水要求，适用侧壁安全等级一、二、三级基坑；不宜用于周围环境对沉降敏感的基坑	布置成弧形、拱形，自行止水

序号	类别	结构形式	适用条件	备注
4	木板桩类	木桩	基坑深度小于6m，侧壁安全等级三级基坑	木材强度满足要求
		企口板桩	基坑深度小于5m，侧壁安全等级二、三级基坑	木材强度满足要求

三、基坑支护的规定

基坑支护应符合下列规定：

（1）支护结构应具有足够的强度、刚度和稳定性；

（2）支护部件的型号、尺寸、支撑点的布设位置、各类桩的入土深度及锚杆的长度和直径等应经计算确定；

（3）围护墙体、支撑围檩、支撑端头处设置传力构造，围檩及支撑不应偏心受力，围檩集中受力部位应加肋板；

（4）支护结构设计应根据表9-4选用相应的侧壁安全等级及重要系数；

基坑侧壁安全等级及重要系数 表9-4

序号	安全等级	破坏后果	重要系数（y_0）
1	一级	支护结构破坏，土体失稳或过大变形对环境及地下结构的影响严重	1.10
2	二级	支护结构破坏，土体失稳或过大变形对环境及地下结构的影响一般	1.00
3	三级	支护结构破坏，土体失稳或过大变形对环境及地下结构的影响轻微	0.90

（5）支护不得妨碍基坑开挖及构筑物的施工；

（6）支护安装和拆除方便、安全、可靠。

四、支护出现紧急危险情况的处理

支护出现险情时，监理工程师应要求施工单位必须立即进行处理，并应符合下列规定：

（1）支护结构变形过大、变形速率过快时，应在坑底与坑壁间增设斜撑、角撑等；

（2）边坡土体裂缝呈现加速趋势，必须立即采取反压坡脚、减载、削坡等安全措施，保持稳定后再行全面加固；

（3）坑壁漏水、流沙时，应采取措施进行封堵，封堵失效时必须立即灌注速凝浆液固结土体，阻止水土流失，保护基坑的安全与稳定；

（4）基坑周边构筑物出现沉降失稳、裂缝、倾斜等征兆时，必须及时加固处理并采取其他安全措施。

监理工程师应对施工单位采取的紧急处理措施及其效果进行监控和检查。

五、基坑开挖与支护的量测和监控

基坑开挖与支护施工应进行量测监控，监测项目、监测控制值应根据设计要求及基坑侧壁安全等级进行选择，并应符合表 9-5 的规定。

基坑开挖监测项目   表 9-5

侧壁安全等级	地下管线位移	地表土体沉降	周围建(构)筑物沉降	围护结构顶位移	围护结构墙体测斜	支撑轴力	地下水位	支撑立柱隆沉	土压力	孔隙水压力	坑底隆起	土体水平位移	土体分层沉降
一级	✓	✓	✓	✓	✓	✓	✓	✓	◇	◇	◇	◇	◇
二级	✓	✓	✓	✓	✓	✓	✓	◇	◇	◇	◇	◇	◇
三级	✓	✓	✓	✓	✓	◇	◇	◇	◇	◇	◇	◇	◇

注："✓"为必选项目，"◇"为可选项目，可按设计要求选择。

六、施工质量核查要点

(一) 基坑开挖

（1）基底不应受浸泡或受冻；天然地基不得扰动、超挖（查看现场，查地基处理资料、施工记录）；

（2）地基承载力应符合设计要求（查验基（槽）记录；查地基处理或承载力检验报告、复合地基承载力检验报告、工程桩承载力检验报告）；

检查数量：

1）同类型、同处理工艺的地基：不应少于 3 点；1000m² 以上工程，每 100m² 至少应有 1 点；3000m² 以上工程，每 300m² 至少应有 1 点；每个独立基础下不应少于 1 点，条形基础槽，每 20 延米应有 1 点；

2）同类型、同工艺的复合地基：不少于总数的 1%，且不应少于 3 处；有单桩检验要求时，不少于总数的 1%，且至少 3 根；

3）同类型、同工艺的工程基础桩承载力和桩身质量：

承载力：采用静载荷试验时，不少于总数的 1%，且不应少于 3 根；当总数少于 50 根时，不应少于 2 根；采用高应变动力检测时，不少于总数的 2%，且不应少于 5 根；

桩身质量：灌注桩，不少于总数的 30%，且不应少于 20 根；其他桩，不少于总数的 20%，且不应少于 10 根。

（3）基坑边坡稳定、围护结构安全可靠，无变形、沉降、位移，无线流现象；基底无隆起、沉陷、涌水（砂）等现象；

（4）基坑边坡护坡完整，无明显渗水现象；围护墙体排列整齐，钢板桩咬合紧密，混凝土墙体结构密实、接缝严密，围檩与支撑牢固可靠（查看现场，查施工记录、监测记录）；

（5）基坑开挖允许偏差应符合表 9-6 的规定。

基坑开挖允许偏差 表 9-6

检查项目		允许偏差（mm）	检查数量		检查方法
			范围	点数	
1	平面位置	≤50	每轴	4	经纬仪测量，纵横各两点
2	高程 土方	±20	每25m²	1	5m×5m方格网挂线尺量
	高程 石方	+20、−200			
3	平面尺寸	满足设计要求	每座	8	用钢尺量测，坑底、坑顶各4点
4	放坡开挖的边坡坡度	满足设计要求	每边	4	用钢尺或坡度尺量测
5	多级放坡的平台宽度	+100、−50	每级	每边2	用钢尺量测
6	基底表面平整度	20	每25m²	1	用2m靠尺、塞尺量测

（二）基坑围护结构和支撑系统

详见《建筑地基基础工程施工质量验收规范》GB 50202 的相关规定及前述基坑开挖的内容。

第四节 地基基础监理控制要点

给水排水构筑物的地基基础根据场地土质及工程需要，可以采取多种处理方法，本节教材只介绍部分强调控制的内容。

一、地基基础监理控制要点

（一）地基处理、复合地基、工程基础桩

地基基础的地基处理、复合地基、工程基础桩的质量验收应符合现行国家标准《建筑地基基础工程施工质量验收规范》GB 50202 的相关规定和本章第三节基坑开挖的质量验收标准中的规定。有抗浮、抗侧向力要求的桩基应按设计要求进行试验。

（二）抗浮锚杆

（1）钢杆件（钢筋、钢绞线等）以及焊接材料、锚头、压浆材料等的材质、规格应符合设计要求（查出厂质量合格证明、性能检验报告和有关复验报告）；

（2）锚杆的结构数量、深度等应符合设计要求（查施工记录）；

（3）锚杆抗拔能力、压浆强度等应符合设计要求（查锚杆的抗拔试验报告、浆液试块强度试验报告）；

（4）锚杆施工允许偏差应符合表 9-7 的规定。

锚杆施工允许偏差 表 9-7

检查项目		允许偏差（mm）	检查数量		检查方法
			范围	点数	
1	锚固段长度	±30	1根	1	钢尺量测
2	锚杆式锚固体位置	±100	1根	1	钢尺量测

	检查项目	允许偏差（mm）	检查数量		检 查 方 法
			范 围	点 数	
3	钻孔倾斜角度	±1%	10根	1	量测钻机倾角
4	锚杆与构筑物锁定	按设计要求	1根	1	观察、试拔

第五节 基坑回填监理控制要点

一、基坑回填后的沉降观测

基坑回填后，必须保持原有的测量控制桩点和沉降观测桩点；并应继续进行沉降观测直至确认沉降趋于稳定，四周相邻建（构）筑物安全为止。

二、基坑回填质量控制要点

（1）回填材料应符合设计要求；回填土中不应含有淤泥、腐殖土、有机物、砖、石、木块等杂物，块径大于150mm的冻土块应清除干净（查看现场，检查施工记录）；

（2）回填高度符合设计要求；沟槽不得带水回填，回填应分层夯实（查看现场，检查施工记录）；

（3）回填时构筑物无损伤、沉降、位移（查沉降观测记录）；

（4）回填土压实度应符合设计要求，设计无要求时，应符合表9-8的规定；

回填土压实度 表9-8

	检查项目	压实度（%）	检查频率		检查方法
			范 围	组 数	
1	一般情况下	≥90	构筑物四周回填按50延米/层；大面积回填按500m²/层	1（三点）	环刀法
2	地面有散水等	≥95		1（三点）	环刀法
3	当年回填土上修路、铺设管道	≥93① ≥95		1（三点）	环刀法

① 表中压实度除标注者外均为轻型击实标准。

（5）压实后表面平整、无松散、起皮、裂纹；粗细颗粒分配均匀，不得有砂窝及梅花现象（查看现场，查施工记录）；

（6）回填表面平整度宜为20mm（用靠尺和楔形塞尺量测；查施工记录）。

第六节 水处理构筑物监理控制要点

在给水排水系统中，对原水或污水进行水质处理、污泥处置的各种构筑物称为水处理构筑物。

一、水处理构筑物关键部位的监理控制要点

(一) 防水层

(1) 构筑物的防水、防腐蚀施工应按现行国家标准《地下工程防水技术规范》GB 50108、《建筑防腐蚀工程施工及验收规范》GB 50212 等的相关规定执行;

(2) 普通水泥砂浆、掺外加剂水泥砂浆的防水层宜采用普通硅酸盐水泥、膨胀水泥或矿渣硅酸盐水泥和质地坚硬、级配良好的中砂,砂的含泥量不得超过 1%;

(3) 施工质量的控制要点:

1) 基层表面应清洁、平整、坚实、粗糙;

2) 施作水泥砂浆防水层前,基层表面应充分湿润,但不得有积水;

3) 水泥砂浆的稠度宜控制在 70~80mm,采用机械喷涂时,水泥砂浆的稠度应经试配确定;

4) 掺外加剂的水泥砂浆防水层厚度应符合设计要求,但不宜小于 20mm;

5) 多层做法刚性防水层宜连续操作,不留施工缝;必须留施工缝时,应留成阶梯茬,按层次顺序,层层搭接;接茬部位距阴阳角的距离不应小于 200mm;

6) 水泥砂浆应随拌随用;

7) 防水层的阴、阳角应为圆弧形。

(4) 水泥砂浆防水层的操作环境温度不应低于 5℃,基层表面应保持 0℃以上;

(5) 水泥砂浆防水层宜在凝结后覆盖并洒水养护 14d;冬期应采取防冻措施。

(二) 穿墙管道

管道穿过水处理构筑物墙体时,穿墙部位施工应符合设计要求;设计无要求时可预埋防水套管,防水套管的直径应至少比管道直径大 50mm。待管道穿过防水套管后,套管与管道空隙应进行防水处理。

(三) 变形缝止水带

构筑物变形缝的止水带应该按设计要求选用,并应符合下列规定:

(1) 塑料或橡胶止水带的形状、尺寸及其材质的物理性能,均应符合国家有关标准规定,且无裂纹、气泡、孔洞;

(2) 塑料或橡胶止水带对接接头应采用热接,不得采用叠接;接缝应平整牢固,不得有裂口、脱胶现象;T 字接头、十字接头和 Y 字接头,应在工厂加工成型;

(3) 金属止水带应平整、尺寸准确,其表面的铁锈、油污应清除干净,不得有砂眼、钉孔;

(4) 金属止水带接头应视其厚度,采用咬接或搭接方式;搭接长度不得小于 20mm,咬接或搭接必须采用双面焊接;

(5) 金属止水带在伸缩缝中的部分应涂防锈和防腐涂料;

(6) 钢边橡胶止水带等复合止水带应在工厂加工成型。

二、现浇钢筋混凝土结构

现浇钢筋混凝土结构的水处理构筑物施工流程中的模板工程、钢筋工程、混凝土工程等应执行国家标准《混凝土结构工程施工质量验收规范》GB 50204 中的相关规定,本节

教材不再重复。只介绍几个关键部位的控制要点。

（一）施工缝及变形缝

浇筑混凝土时，由于技术或施工组织上的原因，不能一次连续浇筑，在预定的停歇位置的搭接面称为施工缝。

（1）混凝土底板和顶板，应连续浇筑不得留置施工缝；设计有变形缝时，应按变形缝分仓浇筑。

（2）池壁与底部相接处的施工缝，宜留在底板上面不小于200mm处；底板与池壁连接有腋角时，宜留在腋角上面不小于200mm处。

（3）池壁与顶部相接处的施工缝，宜留在顶板下面不小于200mm处；有腋角时，宜留在腋角下部。

（4）构筑物处地下水位或设计运行水位高于底板顶面8m时，施工缝处宜设置高度不小于200mm、厚度不小于3mm的止水钢板。

（5）浇筑施工缝处混凝土应符合下列规定：

1）已浇筑混凝土的抗压强度不应小于2.5MPa；

2）在已硬化的混凝土表面上浇筑时，应凿毛和冲洗干净，并保持湿润，但不得积水；

3）浇筑前，施工缝处应先铺一层与混凝土强度等级相同的水泥砂浆，其厚度宜为15～30mm；

4）混凝土应细致捣实，使新旧混凝土紧密结合。

（6）变形缝处止水带下部以及腋角下部的混凝土浇筑作业，应确保混凝土密实，且止水带不发生位移。

（7）浇筑池壁混凝土，应分层交圈、连续浇筑。

（二）后浇带

后浇带浇筑应在两侧混凝土养护不少于42d以后进行，其混凝土技术指标不得低于其两侧混凝土。

（三）混凝土浇筑后的养护

混凝土浇筑完成后，应按施工方案及时采取有效的养护措施，并应符合下列规定：

（1）应在浇筑完成后的12h以内，对混凝土加以覆盖并保湿养护；

（2）混凝土浇水养护的时间不得少于14d，保持混凝土处于湿润状态；

（3）用塑料布覆盖养护时，敞露的混凝土表面应覆盖严密，并应保持塑料布内有凝结水；

（4）混凝土强度达到1.2MPa前，不得在其上踩踏或安装模板及支架；

（5）环境最低气温不低于-15℃时，可采用蓄热法养护；对预留孔、洞以及迎风面等容易受冻部位，应加强保温措施；

（6）蒸汽养护时，应使用低压饱和蒸汽均匀加热，最高温度不宜大于30℃；升温速度不宜大于10℃/h；降温速度不宜大于5℃/h。掺加引气剂的混凝土严禁采取蒸汽养护；

（7）池内加热养护时，池内温度不得低于5℃，且不宜高于15℃，并应洒水养护，保持湿润。池壁外侧应覆盖保温；

（8）水处理构筑物现浇钢筋混凝土不宜采用电热养护。

三、装配式混凝土结构

（一）装配式混凝土结构的预制构体

装配式混凝土结构的预制构件，应符合现行国家标准《混凝土结构工程施工质量验收规范》GB 50204 的相关规定。

（二）构筑物壁板的接缝施工要点

（1）壁板接缝的内模在保证混凝土不离析的条件下，宜一次安装到顶；分段浇筑时，外模应随浇、随支，分段支模高度不宜超过 1.5m；

（2）浇筑前，接缝的壁板表面应洒水保持湿润，模内应洁净；

（3）壁板间的接缝宽度，不宜超过板宽的 1/10；缝内浇筑细石混凝土或膨胀性混凝土，其强度等级应符合设计要求；设计无要求时，应比壁板混凝土强度等级提高一级；

（4）应根据气温和混凝土温度，选择壁板缝宽较大时进行浇筑；

（5）混凝土如有离析现象，应进行二次拌合；

（6）混凝土分层浇筑厚度不宜超过 250mm，并应采取机械振捣，配合人工捣固。

四、预应力混凝土结构

装配式或现浇预应力混凝土圆形水处理构筑物以及不设变形缝，设计附加预应力的现浇混凝土矩形水处理构筑物适用后张法预应力混凝土结构施工。

（一）预应力筋、锚具、夹具、连接器的进场验收

预应力筋、锚具、夹具、连接器的进场验收应按现行国家标准《混凝土结构工程施工质量验收规范》GB 50204 的相关规定和设计要求执行，并应符合下列规定：

（1）按设计要求选用预应力筋、锚具、夹具和连接器；

（2）无粘结预应力筋应符合下列规定：

1）预应力筋外包层材料，应采用聚乙烯或聚丙烯，严禁使用聚氯乙烯；外包层材料性能应满足国家现行标准《无粘结预应力混凝土结构技术规程》JGJ92 的要求；

2）预应力筋涂料层应采用专业防腐油脂，其性能应满足国家现行标准《无粘结预应力混凝土结构技术规程》JGJ 92 的要求；

3）必须采用 I 类锚具，锚具规格应根据无粘结预应力筋的品种、张拉吨位以及工程使用情况选用；

（3）测定钢丝、钢筋预应力值的仪器和张拉设备应在使用前进行校验、标定；张拉设备的校验期限，不应超过半年；张拉设备出现反常现象或在千斤顶检修后，应重新校验；

（4）预应力筋下料应符合下列规定：

1）应采用砂轮锯和切断机切断，不得采用电弧切断；

2）钢丝束两端采用镦头锚具时，同一束中各根钢丝长度差异不应大于钢丝长度的 1/5000，且不应大于 5mm；成组张拉长度不大于 10m 的钢丝时，同组钢丝长度差异不得大于 2mm。

（5）施工过程中应避免电火花损伤预应力筋，受损伤的预应力筋应予以更换；无粘结预应力筋外包层不应破损。

（二）圆形构筑物环向预应力筋的规定

圆形构筑物的环向预应力钢筋的布置和锚固位置应符合设计要求。采用缠丝张拉时，锚具槽应沿构筑物的周长均匀布置，其数量应不少于下列规定：

（1）构筑物直径小于或等于25m时，可采用4条；

（2）构筑物直径大于25m、小于或等于50m时，可采用6条；

（3）构筑物直径大于50m时，可采用8条；

（4）构筑物底端不能缠丝的部位，应在附近局部加密环向预应力筋。

（三）有粘结预应力筋预留孔道的规定

有粘结预应力筋的预留孔道，其产品尺寸和性能应符合国家有关标准规定和设计要求；波纹管孔道，安装前其表面应清洁、无锈蚀和油污，安装应稳固；安装后无孔洞、裂缝、变形，接口不应开裂或脱扣。

（四）无粘结预应力筋铺设的规定

（1）锚固肋数量和布置，应符合设计要求；设计无要求时，应保证张拉段无粘结预应力筋长不超过50m，且锚固肋数量为双数；

（2）安装时，上下相邻两环无粘结预应力筋锚固位置应错开一个锚固肋；以锚固肋数量的一半为无粘结预应力筋分段（张拉段）数量；每段无粘结预应力筋的计算长度应考虑加入一个锚固肋宽度及两端张拉工作长度和锚具长度；

（3）应在浇筑混凝土前安装、放置；浇筑混凝土时，严禁踏压碰撞无粘结预应力筋、支撑架以及端部预埋件；

（4）无粘结预应力筋不应有死弯，有死弯时必须切断；

（5）无粘结预应力筋中严禁有接头；

（6）在预留孔洞套管位置的预应力筋布置应符合设计要求。

（五）预应力筋的隐蔽验收

预应力筋安装完毕，应进行预应力筋隐蔽工程验收，其内容包括：

（1）预应力筋的品种、规格、数量、位置等；

（2）锚具、连接器的品种、规格、位置、数量等；

（3）锚垫板、锚固槽的位置、数量等；

（4）预留孔道的规格、数量、位置、形状及灌浆孔、排气兼泌水管位置等；

（5）锚固区局部加强构造等。

（六）预应力张拉/放张施工前的准备工作

（1）预应力筋张拉或放张应制定专项施工方案，明确施工组织，确定施工方法、施工顺序、控制应力、安全措施等；

（2）预应力筋张拉或放张时，混凝土强度应符合设计要求；设计无具体要求时，不得低于设计强度的75%。

（七）圆形构筑物缠丝张拉的规定

（1）缠丝施加预应力前，应清除池壁外表面的混凝土浮粒、污物，壁板外侧接缝处宜采用水泥砂浆抹平压光，洒水养护；

（2）施加预应力前，应在池壁上标记预应力钢丝、钢筋的位置和次序号；

（3）缠绕环向预应力钢丝施工应符合下列规定：

1）预应力钢丝接头应密排绑扎牢固，其搭接长度不应小于 250mm；

2）缠绕预应力钢丝，应由池壁顶向下进行，第一圈距池顶的距离应按设计要求或按缠丝机性能确定，并不宜大于 500mm；

3）池壁两端不能用绕丝机缠绕的部位，应在顶端和底端附近局部加密或改用电热张拉；

4）池壁缠丝前，在池壁周围，必须设置防护栏杆；已缠绕的钢丝，不得用尖硬或重物撞击。

（4）施加预应力时，每缠一盘钢丝应测定一次钢丝应力，并按规定作记录。

（八）圆形构筑物电热张拉的规定

（1）张拉前，应根据电工、热工等参数计算伸长值，并应取一环作试张拉，进行验证；

（2）预应力筋的弹性模量应由试验确定；

（3）张拉可采用螺栓端杆，镦粗头插 U 型垫板，帮条锚具 U 型垫板或其他锚具；

（4）张拉作业应符合下列规定：

1）张拉顺序，设计无要求时，可由池壁顶端开始，逐环向下；

2）与锚固肋相交处的钢筋应有良好的绝缘处理；

3）端杆螺栓接电源处应除锈，并保持接触紧密；

4）通电前，钢筋应测定初应力，张拉端应刻画伸长标记；

5）通电后，应进行机具、设备、线路绝缘检查，测定电流、电压及通电时间；

6）电热温度不应超过 350℃；

7）拉过程中应采用木槌连续敲打各段钢筋；

8）伸长值控制允许偏差为 ±6%；经电热达到规定的伸长值后，应立即进行锚固，锚固必须牢固可靠；

9）每一环预应力筋应对称张拉，并不得间断；

10）张拉应一次完成；必须重复张拉时，同一根钢筋的重复次数不得超过 3 次，当发生裂纹时，应更换预应力筋；

11）张拉过程中，发现钢筋伸长时间超过预计时间过多时，应立即停电检查。

（九）预应力筋保护层的控制

（1）预应力筋保护层施工应在满水试验合格后，在池水满水条件下进行喷浆。喷浆层厚度应满足预应力筋保护层厚度且不小于 20mm。

（2）水泥砂浆的配制应符合下列规定：

1）砂子粒径不得大于 5mm；细度模数应为 2.3～3.7，最优含水率应经试验确定；

2）配合比应符合设计要求，或经试验确定；无条件试验时，其灰砂比宜为 1：2～1：3；水灰比宜为 0.25～0.35；

3）水泥砂浆强度等级应符合设计要求；设计无要求时不应低于 M30；

4）砂浆应拌合均匀，随拌随喷；存放时间不得超过 2h。

（3）喷浆作业应符合下列规定：

1）喷浆前，必须对工作面进行除污、去油、清洗等处理；

2）喷浆机罐内压力宜为 0.5MPa，供水压力应相适应；输料管长度不宜小于 10m；管径不宜小于 25mm；

3）应沿池壁的圆周方向自下向上喷浆；喷口至工作面的距离应视回弹及喷层密实情况确定；

4）喷枪应与喷射面保持垂直，受障碍物影响时，喷枪与喷射面夹角不应大于15°；

5）喷浆时应连续，层厚均匀密实；

6）喷浆宜在气温高于15℃时进行，大风、冰冻、降雨或当日气温低于0℃时，不得进行喷浆作业。

（4）水泥砂浆保护层凝结后应加遮盖，保持湿润并不应少于14d；

（5）在进行下一道分项工程前，应对水泥砂浆保护层进行外观和粘结情况的检查，有空鼓、开裂等缺陷现象时，应凿开检查并修补密实；

（6）水泥砂浆试块留置：喷射作业开始、中间、结束时各留置一组试块，共三组，每组六块；每构筑物、每工作班为一个验收批；

（7）砂浆试块强度验收应符合下列规定：

1）每个构筑物各组试块的抗压强度平均值不得低于设计强度等级所对应的立方体抗压强度；

2）各组试块中的任意一组的强度平均值不得低于设计强度等级所对应的立方体抗压强度的75%。

（十）预应力筋张拉的控制要点

有粘结、无粘结预应力筋的后张法张拉应符合下列规定：

（1）张拉前，应清理承压板面，检查承压板后面的混凝土质量；

（2）张拉顺序应符合设计要求；设计无要求时，可分批、分阶段对称张拉或依次张拉；

（3）张拉顺序应符合设计要求；设计无要求时，宜符合下列规定：

1）采用具有自锚性能的锚具、普通松弛力筋时，张拉程序为 $0\rightarrow$ 初应力 $\rightarrow 1.03\sigma_{con}$（锚固）。

2）采用具有自锚性能的锚具、低松弛力筋时，张拉程序为 $0\rightarrow$ 初应力 $\rightarrow\sigma_{con}$（持荷2min锚固）；

3）采用其他锚具时，张拉程序为 $0\rightarrow$ 初应力 $\rightarrow 1.03\sigma_{con}$（持荷2min）$\rightarrow\sigma_{con}$（锚固）。

（4）预应力筋张拉时，应采用张拉应力和伸长值双控法，其预应力筋实际伸长值与计算伸长值的允许偏差为±6%，张拉锚固后预应力值与规定的检验值的允许偏差为±5%；

（5）张拉过程中应避免预应力筋断裂或滑脱，断裂或滑脱的数量严禁超过同一截面预应力筋总根数的3%，且每束钢丝不得超过一根；

（6）张拉端预应力筋的内缩量限值应符合表9-9的规定；

张拉端预应力筋的内缩量限值 表9-9

锚 具 类 别		内缩量限值（mm）
支撑式锚具（镦头锚具等）	螺帽缝隙	1
	每块后加垫板的缝隙	1
锥塞式锚具		5
夹片式锚具	有顶压	5
	无顶压	6~8

（7）张拉过程应按规定填写张拉记录；

（8）预应力筋张拉完毕，宜采用砂轮锯或其他机械方法切断超长部分，严禁采用电弧切断；

（9）无粘结预应力张拉应符合下列规定：

1）张拉段无粘结预应力筋长度小于 25m 时，宜采用一端张拉；张拉段无粘结预应力筋长度大于 25m 而小于 50m 时，宜采用两端张拉；张拉段无粘结预应力筋长度大于 50m 时，宜采用分段张拉和锚固；

2）安装张拉设备时，直线的无粘结预应力筋，应使张拉力的作用线与预应力筋中心重合；曲线的无粘结预应力筋，应使张拉力的作用线与预应力筋中心线末端重合；

（10）封锚应符合设计要求；设计无要求时应符合下列规定：

1）凸出式锚固端锚具的保护层厚度不应小于 50mm；

2）外露预应力筋的保护层厚度不应小于 50mm；

3）封锚混凝土强度不得低于相应结构混凝土强度，且不得低于 C40。

（十一）孔道灌浆的控制要点

有粘结预应力筋张拉后应尽早进行孔道灌浆；孔道水泥浆灌浆应符合下列规定：

（1）孔道内水泥浆应饱满、密实，宜采用真空灌浆法；

（2）水灰比宜为 0.4～0.45，宜掺入 0.01% 水泥用量的铝粉；搅拌后 3h 泌水率不宜大于 2%，泌水应能在 24h 内全部重新被水泥浆吸收；

（3）水泥浆的抗压强度应符合设计要求；设计无要求时不应小于 30MPa；

（4）水泥浆抗压强度的试块留置：每工作班为一个验收批，至少留置一组，每组六块；试块强度验收应符合规定；

（5）预应力筋保护层、孔道灌浆和封锚等所用的水泥砂浆、水泥浆、混凝土，均不得含有氯化物。

五、质量控制要点

（一）装配式混凝土结构构件安装的质量控制

（1）装配式混凝土所用的原材料、预制构件等的产品质量保证资料应齐全，每批的出厂质量合格证明书及各项性能检验报告应符合国家有关标准规定和设计要求（查每批的原材料、构件出厂质量合格证明、性能检验报告及有关的复验报告）；

（2）预制构件上的预埋件、插筋、预留孔洞的规格、位置和数量应符合设计要求；

（3）预制构件的外观质量不应有严重质量缺陷，且不应有影响结构性能和安装、使用功能的尺寸偏差（查看实物，查技术处理方案、资料；用钢尺量测）；

（4）预制构件与结构之间、预制构件之间的连接应符合设计要求；构件安装应位置准确，垂直、稳固；相邻构件湿接缝及杯口、杯槽填充部位混凝土应密实，无漏筋、孔洞、夹渣、疏松现象；钢筋机械或焊接接头连接可靠（查预留钢筋机械或焊接接头连接的力学性能检验报告，检查混凝土强度试块试验报告）；

（5）安装后的构筑物尺寸、表面平整度应满足设计、设备安装及运行的要求（查安装记录；用钢尺等量测）；

（6）预制构件的混凝土表面应平整、洁净，边角整齐；外观质量不宜有一般缺陷（观察；检查技术处理方案、资料）；

（7）构件安装时，应将杯口、杯槽内及构件连接面的杂物、污物清理干净，界面处理满足安装要求；

（8）现浇混凝土杯口、杯槽内表面应平整、密实；预制构件安装不应出现扭曲、损坏、明显错台等现象；

（9）预制构件制作的允许偏差应符合表 9-10 的规定；

预制构件制作的允许偏差　　　　　　　　　　　　表 9-10

检查项目		允许偏差（mm）		检查数量		检查方法
		板	梁、柱	范围	点数	
1	长度	±5	−10	每构件	2	用钢尺量测
2	横截面尺寸 宽	−8	±5		2	用钢尺量测
	高	±5	±5			
	肋宽	+4，−2	—			
	厚	+4，−2	—			
3	板对角线差	10	—		2	用钢尺量测
4	直顺度（或曲梁的曲度）	L/1000，且不大于 20	L/750，且不大于 20		2	用小线（弧形板）、钢尺量测
5	表面平整度	5	—		2	用 2m 直尺、塞尺量测
6	预埋件 中心线位置	5	5	每处	1	用钢尺量测
	螺栓位置	5	5			
	螺栓明露长度	+10，−5	+10，−5			
7	预留孔洞中心线位置	5	5		1	用钢尺量测
8	受力钢筋保护层	+5，−3	+10，−5	每构件	4	用钢尺量测

注：1. L 为构件长度（mm）；
　　2. 受力钢筋的保护层偏差，仅在必要时进行检查；
　　3. 横截面尺寸栏内的高，对板系指其肋高。

（10）钢筋混凝土池底板及杯口、杯槽的允许偏差应符合表 9-11 的规定；

装配式钢筋混凝土水处理构筑物底板及杯口、杯槽的允许偏差　　　　表 9-11

检查项目		允许偏差（mm）	检查数量		检查方法
			范围	点数	
1	圆池半径	±20	每座池	6	用钢尺量测
2	底板轴线位移	10	每座池	2	用经纬仪测量横纵各 1 点
3	预留杯口、杯槽 轴线位置	8	每 5m	1	用钢尺量测
	内底面高程	0，−5	每 5m	1	用水准仪测量
	底宽、顶宽	+10，−5	每 5m	1	用钢尺量测
4	中心位置偏移 预埋件、预埋管	5	每件	1	用钢尺量测
	预留洞	10	每洞	1	用钢尺量测

（11）预制混凝土构件安装允许偏差应符合表 9-12 的规定。

预制壁板（构件）安装的允许偏差   表 9-12

检查项目		允许偏差（mm）	检查数量		检查方法
			范 围	点 数	
1	壁板、墙板、梁、柱中心轴线	5	每块板（每梁、柱）	1	用钢尺量测
2	壁板、墙板、柱高程	±5	每块板（每柱）	1	用水准仪测量
3	壁板、墙板、柱垂直度 $H \leqslant 5m$	5	每块板（每梁、柱）	1	用垂球配合钢尺量测
	$H > 5m$	8	每块板（每梁、柱）	1	
4	挑梁高程	−5，0	每梁	1	用水准仪量测
5	壁板、墙板与定位中线半径	±10	每块板	1	用钢尺量测
6	壁板、墙板、拱构件间隙	±10	每处	2	用钢尺量测

（二）圆形构筑物缠丝张拉预应力混凝土工程的质量控制

（1）预应力筋和预应力锚具、夹具、连接器以及保护层所用水泥、砂、外加剂等的产品质量保证资料应齐全，每批的出厂质量合格证明书及各项性能检验报告应符合规范的相关规定和设计要求（查每批的原材料出厂质量合格证明、性能检验报告及有关的复验报告）；

（2）预应力筋的品种、级别、规格、数量、下料、墩头加工以及环向预应力筋和锚具槽的布置、锚固位置必须符合设计要求；

（3）缠丝时，构件及拼接处的混凝土强度应符合规范的相关规定（查混凝土强度试块试验报告）；

（4）缠丝应力应符合设计要求；缠丝过程中预应力筋应无断裂，发生断裂时应将钢丝接好，并在断裂位置左右相邻锚固槽各增加一个锚具（查张拉记录、应力测量记录，技术处理资料）；

（5）保护层砂浆的配合比计量准确，其强度、厚度应符合设计要求，并应与预应力筋（钢丝）粘结紧密，无漏喷、脱落现象（查水泥砂浆强度试块试验报告，查喷浆施工记录）；

（6）预应力筋展开后应平顺，不得有弯折，表面不应有裂纹、刺、机械损伤、氧化铁皮和油污；

（7）预应力锚具、夹具、连接器等的表面应无污物、锈蚀、机械损伤和裂纹；

（8）缠丝顺序应符合设计和施工方案要求；各圈预应力筋缠绕与设计位置的偏差不得大于 15mm（查张拉记录、应力测量记录每圈预应力筋的位置用钢尺量，并不少于 1 点）；

（9）保护层表面应密实、平整，无空鼓、开裂等缺陷现象；

（10）预应力筋保护层允许偏差应符合表 9-13 规定。

（三）后张法预应力混凝土工程的质量控制

（1）预应力筋和预应力锚具、夹具、连接器以及有粘结预应力筋孔道灌浆所用水泥、砂、外加剂、波纹管等的产品质量保证资料应齐全，每批的出厂质量合格证明书及各项性能检验报告应符合规范的相关规定和设计要求（查每批的原材料出厂质量合格证明、性能检验报告及有关的复验报告）；

预应力筋保护层允许偏差

表 9-13

检查项目		允许偏差（mm）	检查数量		检查方法
			范围	点数	
1	平整度	30	每 50m²	1	用 2m 直尺配合塞尺量测
2	厚度	不小于设计值	每 50m²	1	喷浆前埋厚度标记

（2）预应力筋的品种、级别、规格、数量、下料加工必须符合设计要求；

（3）张拉时混凝土强度应符合规范的规定（查混凝土试块的试验报告）；

（4）后张法张拉应力和伸长值、断裂或滑脱数量、内缩量等应符合规范的相关规定和设计要求（查张拉记录）；

（5）有粘结预应力筋孔道灌浆应饱满、密实；灌浆水泥砂浆强度应符合设计要求（查水泥砂浆试块的试验报告）；

（6）有粘结预应力筋应平顺，不得有弯折，表面不应有裂纹、刺、机械损伤、氧化铁皮和油污；无粘结预应力筋护套应光滑，无裂缝和明显褶皱；

（7）预应力锚具、夹具、连接器等的表面应无污物、锈蚀、机械损伤和裂纹；波纹管外观应符合规范的规定；

（8）后张法有粘结预应力筋预留孔道的规格、数量、位置和形状应符合设计要求，并应符合下列规定：

1）预留孔道的位置应牢固，浇筑混凝土时不应出现位移和变形；

2）孔道应平顺，端部的预埋锚垫板应垂直于孔道中心线；

3）成孔用管道应封闭良好，接头应严密且不得漏浆；

4）灌浆孔的间距：预埋波纹管不宜大于 30m；抽芯成型孔道不宜大于 12m；

5）曲线孔道的曲线波峰部位应设排气（泌水）管，必要时可在最低点设置排水孔；

6）灌浆孔及泌水管的孔径应能保证浆液畅通。

（9）无粘结预应力筋的铺设应符合下列规定：

1）无粘结预应力筋的定位牢固，浇筑混凝土时不应出现移位和变形；

2）端部的预埋锚垫板应垂直于预应力筋；

3）内埋式固定端垫板不应重叠，锚具与垫板应贴紧；

4）无粘结预应力筋成束布置时应能保证混凝土密实并能裹住预应力筋；

5）无粘结预应力筋的护套应完整，局部破损处应采用防水胶带缠绕紧密；

6）灌浆孔及泌水管的孔径应能保证浆液畅通。

（10）预应力筋张拉后与设计位置的偏差不得大于 5mm，且不得大于池壁截面短边边长的 4%（每工作班检查 3%、且不少于 3 束预应力筋；用钢尺量）；

（11）封锚的保护层厚度、外露预应力筋的保护层厚度、封锚混凝土强度应符合规范的规定（查封锚混凝土试块的试验报告，检查 5%，且不少于 5 处；预应力筋保护层厚度，用钢尺量）。

（四）混凝土结构水处理构筑物的质量控制

（1）水处理构筑物结构类型、结构尺寸以及预埋件、预留孔洞、止水带等规格、尺寸应符合设计要求（查施工记录、测量记录、隐蔽验收记录）；

（2）混凝土强度符合设计要求；混凝土抗渗、抗冻性能符合设计要求（查配合比报告；检查混凝土抗压、抗渗、抗冻试块试验报告）；

（3）混凝土结构外观无严重质量缺陷（查看实物，检查技术处理方案、资料）；

（4）构筑物外壁不得渗水（观察，检查技术处理方案、资料）；

（5）构筑物各部位以及预埋件、预留孔洞、止水带等的尺寸、位置、高程、线形等的偏差，不得影响结构性能和水处理工艺平面布置、设备安装、水力条件（查施工记录、测量放样记录）；

（6）混凝土结构水处理构筑物允许偏差应符合表 9-14 的规定。

混凝土结构水处理构筑物允许偏差   表 9-14

	检查项目		允许偏差（mm）	检查数量		检查方法
				范围	点数	
1	轴线位移	池壁、柱、梁	8	每池壁、柱、梁	2	用经纬仪测量纵横轴线各计 1 点
2	高程	池壁顶	±10	每 10m	1	用水准仪测量
		底板顶		每 25m²	1	
		顶板		每 25m²	1	
		柱、梁		每柱、梁	1	
3	平面尺寸（池体的长、宽或直径）	$L \leqslant 20m$	±20	长、宽各 2；直径各 4		用钢尺量测
		$20m < L \leqslant 50m$	±L/1000			
		$L > 50m$	±50			
4	截面尺寸	池壁	+10，−5	每 10m	1	用钢尺量测
		底板		每 10m	1	
		柱、梁		每柱、梁	1	
		孔、洞、槽内净空	±10	每孔、洞、槽	1	用钢尺量测
5	表面平整度	一般平面	8	每 25m²	1	用 2m 直尺配合塞尺检查
		轮轨面	5	每 10m	1	用水准仪测量
6	墙面垂直度	$H \leqslant 5m$	8	每 10m	1	用垂线检查
		$5m < H \leqslant 20m$	1.5H/1000	每 10m	1	
7	中心线位置偏移	预埋件、预埋管	5	每件	1	用钢尺量测
		预留洞	10	每洞	1	
		水槽	±5	每 10m	2	用经纬仪测量纵横轴线各计 1 点
8	坡度		0.15%	每 10m	1	水准仪测量

注：1. H 为池壁全高，L 为池体的长、宽或直径；

2. 检查轴线、中心线位置时，应沿纵、横两个方向测量，并取其中的较大值；

3. 水处理构筑物所安装的设备有严于本条规定的特殊要求时，应按特殊要求执行，但在水处理构筑物施工前，设计单位必须给予明确说明。

（五）构筑物变形缝的质量控制

（1）构筑物变形缝的止水带、柔性密封材料等的产品质量保证资料应齐全，每批的出厂质量合格证明书及各项性能检验报告应符合规范的相关规定和设计要求（检查实物，查产品质量合格证、出厂检验报告和及有关的进厂复验报告）；

（2）止水带位置应符合设计要求；安装固定稳固，无孔洞、撕裂、扭曲、褶皱等现象（查看现场，查施工记录）；

（3）先行施工一侧的变形缝结构端面应平整、垂直，混凝土或砌筑砂浆应密实，止水带与结构咬合紧密；端面混凝土外观严禁出现严重质量缺陷，且无明显一般质量缺陷；

（4）变形缝应贯通，缝宽均匀一致；柔性密封材料嵌填应完整、饱满、密实；

（5）变形缝结构端面部位施工完成后，止水带应完整，线形直顺，无损坏、走动，褶皱等现象；

（6）变形缝内的填缝板应完整，无脱落、缺损现象；

（7）柔性密封材料嵌填前缝内应清洁杂物、污物；嵌填应表面平整，其深度应符合设计要求，并与两侧端面粘结紧密；

（8）构筑物变形缝施工允许偏差应符合表 9-15 的规定。

构筑物变形缝施工允许偏差 表 9-15

	检查项目		允许偏差（mm）	检查数量		检查方法
				范围	点数	
1	结构端面平整度		8	每处	1	用 2m 直尺配合塞尺量测
2	结构端面垂直度		$2H/1000$，且不大于 8	每处	1	用垂线量测
3	变形缝宽度		±3	每处每 2m	1	用钢尺量测
4	止水带长度		不小于设计要求	每根	1	用钢尺量测
5	止水带位置	结构端面	±5	每处每 2m	1	用钢尺量测
		止水带中心	±5			
6	相邻错缝		±5	每处	4	用钢尺量测

注：H 为结构全高（mm）。

第七节 功能性试验监理控制要点

一、水处理构筑物、调蓄池施工功能性试验的强制性规定要求

水处理构筑物、调蓄池施工完毕后必须进行满水试验。消化池满水试验合格后，还应进行气密性试验。

这些试验统称为功能性试验。功能性试验是强制性规定，必须严格遵照执行。进行功能性试验须满足以下条件：

（1）池内清理洁净，水池内外壁的缺陷修补完毕；

（2）设计预留孔洞、预埋管口及进出水口等已做临时封堵，且经验算能安全承受试验

压力;

(3) 池体抗浮稳定性满足设计要求;

(4) 试验用充水、充气和排水系统已准备就绪,经检查充水、充气及排水闸门不得渗漏;

(5) 各项保证试验安全的措施已满足要求;

(6) 满足设计的其他特殊要求;

(7) 各种仪器设备应为合格产品,并经具有合法资质的相关部门检验合格。

二、满水试验

(一) 满水试验的程序规定

(1) 编制试验方案;

(2) 混凝土或砌筑砂浆强度已达到设计要求;与所试验构筑物连接的已建管道、构筑物的强度符合设计要求;

(3) 混凝土结构,试验应在防水层、防腐层施工前进行;

(4) 装配式预应力混凝土结构,试验应在保护层喷涂前进行;

(5) 砌体结构,设有防水层时,试验应在防水层施工以后;不设有防水层时,试验应在勾缝以后;

(6) 与构筑物连接的管道、相邻构筑物,应采取相应的防差异沉降的措施;有伸缩补偿装置的,应保持松弛、自由状态;

(7) 在试验的同时应进行构筑物的外观检查,并对构筑物及连接管道进行沉降量监测。

(二) 满水试验的准备工作

(1) 选定洁净、充足的水源;注水和放水系统设施及安全措施准备完毕;

(2) 有盖池体顶部的通气孔、人孔盖已安装完毕,必要的防护措施和照明等标志已配备齐全;

(3) 安装水位观测标尺,标定水位测针;

(4) 现场测定蒸发量的设备应选用不透水材料制成,试验时固定在水池中;

(5) 对池体有观测沉降要求时,应选定观测点,并测量记录池体各观测点初始高程。

(三) 往池内注水

(1) 向池内注水应分三次进行,每次注水为设计水深的1/3;对大、中型池体,可先注水至池壁底部施工缝以上,检查底板抗渗质量,无明显渗漏时,再继续注水至第一次注水深度;

(2) 注水时水位上升速度不宜超过2m/d;相邻两次注水的间隔时间不应小于24h;

(3) 每次注水应读24h的水位下降值,计算渗水量,在注水过程中和注水以后,应对池体作外观和沉降量检测;发现渗水量或沉降量过大时,应停止注水,待作出妥善处理后方可继续注水;

(4) 设计有特殊要求时,应按设计要求执行。

(四) 观测水位

(1) 利用水位标尺测针观测、记录注水时的水位值;

（2）注水至设计水深进行水量测定时，应采用水位测针测定水位，水位测针的读数精确度应达 1/10mm；

（3）注水至设计水深 24h 后，开始测读水位测针的初读数；

（4）测读水位的初读数与末读数之间的间隔时间应不少于 24h；

（5）测定时间必须连续。测定的渗水量符合标准时，须连续测定两次以上；测定的渗水量超过允许标准，而以后的渗水量逐渐减少时，可继续延长观测；延长观测的时间应在渗水量符合标准时止。

（五）测定蒸发量

（1）池体有盖时蒸发量忽略不计；

（2）池体无盖时，必须进行蒸发量测定；

（3）每次测定水池中水位时，同时测定水箱中的水位。

（六）计算渗水量

水池渗水量按下式计算：

$$q = \frac{A_1}{A_2} \left[(E_1 - E_2) - (e_1 - e_2) \right] \tag{9-1}$$

式中：q——渗水量 $[L/(m^2 \cdot d)]$；

A_1——水池的水面面积（m^2）；

A_2——水池的浸湿总面积（m^2）；

E_1——水池中水位测针的初读数（mm）；

E_2——测读 E_1 后 24h 水池中水位测针的末读数（mm）；

e_1——测读 E_1 时水箱中水位测针的读数（mm）；

e_2——测读 E_2 时水箱中水位测针的读数（mm）。

（七）满水试验合格标准

（1）水池渗水量计算应按池壁（不含内隔墙）和池底的浸湿面积计算；

（2）钢筋混凝土结构水池渗水量不得超过 $2L/(m^2 \cdot d)$；砌体结构水池渗水量不得超过 $3L/(m^2 \cdot d)$。

三、气密性试验

（一）气密性试验的要求

（1）需进行满水试验和气密性试验的池体，应在满水试验合格后，再进行气密性试验；

（2）工艺测温孔的加堵封闭、池顶盖板的封闭、安装测温仪、测压仪及充气截门等均已完成；

（3）所需的空气压缩机等设备已准备就绪。

（二）试验精确度

（1）测气压的 U 形管刻度精确至毫米水柱；

（2）测气温的温度计刻度精确至 1℃；

（3）测量池外大气压力的大气压力计刻度精确至 10Pa。

（三）测读气压

测读气压应符合下列规定：

（1）测读池内气压值的初读数与末读数之间的间隔时间应不少于 24h；

（2）每次测读池内气压的同时，测读池内气温和池外大气压力，并换算成同于池内气压的单位。

（四）计算池内气压

$$P = (Pd_1 + Pa_1) - (Pd_2 + Pa_2) \times \frac{273 + t_1}{273 + t_2} \tag{9-2}$$

式中：P——池内气压降（Pa）；

Pd_1——池内气压初读数（Pa）；

Pd_2——池内气压末读数（Pa）；

Pa_1——测量 Pd_1 时的相应大气压力（Pa）；

Pa_2——测量 Pd_2 时的相应大气压力（Pa）；

t_1——测量 Pd_1 时的相应池内气温（℃）；

t_2——测量 Pd_2 时的相应池内气温（℃）。

（五）气密性试验合格标准

（1）试验压力宜为池体工作压力的 1.5 倍；

（2）24h 的气压降不超过试验压力的 20%。

第十章　城市排水工程监理案例

一、工程概况

××市××路排水改造工程主要解决该路段雨污合流、污水管道存在的淤堵、错位、漏水现象及完善该区域现阶段未建设的污水管道。

北侧新建 DN300 HDPE 双壁波纹管污水管 830m、DN400 HDPE 双壁波纹管污水管 3245m、DN600 HDPE 双壁波纹管污水管 325m、新建 DN1000 钢筋混凝土排水管管 50m（过路顶管段）、Φ1000mm 的重型砖砌检查井 130 座、Φ1250mm 的重型砖砌检查井 10 座、Φ1500mm 的重型砖砌检查井 2 座、Φ1000 砖砌污水检查井（三通）4 座、竖槽式砖砌跌水井 D＝400～600（三通）11 座、Φ1000 重型防盗复合材料检查井井盖及支座 91 座、Φ1000 轻型防盗复合材料检查井井盖及支座 39 座、Φ1250 重型防盗复合材料检查井井盖及支座 10 座、Φ1500 重型防盗复合材料检查井井盖及支座 2 座、修复 Φ1000 的重型砖砌检查井 43 座、d600 污水管道修复 378m、WRU13 钢板桩支护（高度 6m）1217m、湿土排水 2527m³、混凝土基础 23m³、沟槽挖土方 17061m³、弃方 22097m³、沟槽回填砂 17061m³、路面开挖 15230m²、路面按原结构恢复 15230m²、清淤疏通管道 4382m。

南侧新建 DN300 HDPE 双壁波纹管污水管 639m、DN400 HDPE 双壁波纹管污水管 3377m、新建 DN1000 钢筋混凝土排水管管 143m、拆除 DN300 污水管 60m、Φ1000mm 的重型砖砌检查井 106 座、Φ1500mm 的重型砖砌检查井 3 座、Φ1000 砖砌污水检查井（三通）4 座、竖槽式砖砌跌水井 D＝400～600（三通）11 座、Φ1000 重型防盗复合材料检查井井盖及支座 71 座、Φ1000 轻型防盗复合材料检查井井盖及支座 35 座、Φ1500 重型防盗复合材料检查井井盖及支座 3 座、修复 Φ1000 的重型砖砌检查井 53 座、d600 污水管道修复 330m、WRU13 钢板桩支护（高度 6m）1009m、湿土排水 2156m³、混凝土基础 76m³、沟槽挖土方 15800m³、弃方 21520m³、沟槽回填砂 15800m³、路面开挖 14104m²、路面按原结构恢复 14104m²、清淤疏通工程 4476m。

由于该路段原有管道年久失修，大部分损坏，淤塞严重，每逢下雨该路段积水严重，给周边单位及居民出行、生活带来不便，且严重影响交通及城市形象，内涝整治十分迫切，工期 300 个日历天。监理质量：合格以上。

二、监理工作的范围、目标和依据

（一）监理工作的范围

本项目监理工作的范围为施工阶段及工程质量缺陷责任期全过程监理。即"三控制两管理一协调"，即质量、进度、投资控制和信息、合同管理及组织协调工作，同时包括施工阶段的安全监理。

(二) 监理工作的依据

1. 国家有关法律法规

(1)《中华人民共和国建筑法》；

(2)《建筑工程质量管理条例》（国务院 279 号）；

(3)《工程建设监理规定》（建设部 [95] 737 号）；

(4)《建设工程安全生产管理条例》（国务院 393 号）。

2. 国家行业和地方工程建设的技术标准、规范

(1)《建设工程监理规范》GB 50319—2000；

(2)《城市道路工程施工与质量验收规范》CJJ 1—2008；

(3)《市政排水管渠工程质量检验评定标准》CJJ 3—90；

(4)《城市道路照明工程施工及验收规程》CJJ 89—2001；

(5)《公路沥青路面施工技术规范》JTGF 40—2004；

(6)《沥青路面施工及验收规范》GB 50092—96；

(7)《城市道路路基工程施工及验收规范》CJJ 44—91；

(8)《建筑电气安装工程施工质量验收规范》GB 50303—2002；

(9)《给水排水管道工程施工及验收规范》GB 50268—97。

3. 质量监督部门下达的有关文件要求

4. 经有关部门批准的工程项目文件和设计图纸、设计以及设计变更

5. 本工程地质勘察资料

6. 建设单位与本监理公司签订的工程建设监理合同

7. 建设单位与施工承包单位签订的建设工程施工合同

8. 本监理公司编制的监理规划

说明：以上所列规范若与最新规范有出入者，以最新规范为准。

(三) 监理目标

1. 公司质量目标

根据《××市××建设监理有限责任公司标准——质量手册》的规定，公司的监理服务质量目标为：

(1) 监理服务达到合同要求，履约率100%；

(2) 公正、独立、自主的开展监理工作，顾客满意率达到85%；

(3) 监理人员符合录用规定，试用期满后上岗人员培训率达到100%；

(4) 监理服务资源满足需要，建设监理服务计算机辅助管理达到80%；

(5) 交付工程质量合格率达到100%。

2. 项目监理部主要目标

项目监理部主要目标包括质量目标、进度目标、造价目标、合同管理、安全监理以及信息管理目标等。

(1) 质量监理目标

完成合同约定的质量目标——工程质量合格。并争创市优工程。

(2) 进度监理目标

严格按合同约定的进度目标进行动态的控制，适时调整工序，保证目标工期的实现。

（3）造价控制监理目标

严格按中标的施工合同价控制工程总投资，严格控制设计变更，力争变更工程量最小，以达到控制投资的目的。

（4）合同管理目标

认真落实施工承包合同和监理服务合同，协调业主、承包人及各协作部门的关系。管理好合同，规范约束合同各方的行为，提高管理水平。

（5）信息管理目标

严格按监理委托合同和施工承包合同及业主的规定，按时填报各种表格和报告，确保竣工预验收和竣工验收资料的及时和准确提供。

（6）组织协调目标

充分发挥监理作为第三方的作用，尽量组织和协调好参加该项目各单位和部门之间的关系，确保各项工作始终处于有条不紊的工作状态。

（7）安全监理目标

严格施工安全管理，利用合同的、技术的、经济的手段确保项目实施过程中无重大安全责任事故。

三、监理组织机构、人员配备、岗位职责

（一）依据本工程特点，配备监理结构框图

项目监理部配备监理人员共 6 名，总监理工程师 1 名，市政道路工程专业毕业，有多项类似市政工程的总监理工程师业绩，经验丰富；总监代表 1 名，市政道路工程专业毕业，有类似市政工程总监代表监理业绩，有较强的管理协调能力；专业监理工程师 4 名，监理岗位专业分别为道路工程、给水排水工程、工程测量、工程试验，均参加过类似工程的监理工作，能对本工程的目标控制起保障作用。

监理处组织机构框如图 10-1。

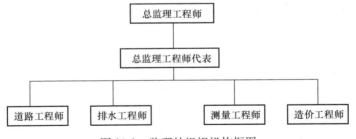

图 10-1　监理处组织机构框图

所有监理人员根据工程情况进行机构和人员的配备，各级人员均以能胜任相应工作岗位的具有相应资质的监理人员担任，均参加过类似工程现场监理工作，在施工监理过程中，根据工程进度情况对人员、机构设置作相应调整，在整个施工过程中监理处能对工程进行及时、准确、有效的控制。监理员根据工程实际情况合理调配，并做到持证上岗。

（二）监理人员岗位职责

本着人尽其才、分工协作、目标统一、授权适当、责权一致、指挥统一、富有弹性、效率的原则，让每个人充分发挥其积极性和创造性，在此对人员进行纲领性分工。

1. 总监理工程师及总监代表

（1）接受业主的指令、指示，服从其领导。

（2）全面主持驻地监理处的日常工作。

（3）根据实际情况及合同要求确定项目监理组织机构的最终设定，人员设备的配置，组织运作方式，协调内部组织，调配监理人员。

（4）负责与业主、监理处、设计单位、施工单位、材料和设备供应之间的"近外层协调"，负责与政府有关部门、社会团体、工程毗邻单位之间的"远外层协调"。

（5）总监理工程师对质量控制、进度控制、造价控制、合同管理、信息管理、组织协调负总责。

（6）总监理工程师代表全面协助专业监理工程师的工作，当总监离开工地时行使总监职责。

2. 道路、给水排水专业监理工程师

（1）接受总监理工程师的指令、指示；

（2）全面熟悉合同条款、技术规范和设计图纸。在施工过程中对道路、给水排水工程进度、质量进行全面控制，对施工中出现的问题，要按技术规范要求及时提出处理意见；

（3）审查承包人的道路、给水排水工程施工组织计划和分项施工方案及施工组织计划，并检查其执行情况；

（4）检查承包人的质量自检系统及其运转情况；

（5）审核承包人提出的各种资料。制定控制结构工程质量和进度的各种图表；

（6）组织领导道路、给水排水工程现场监理工作，做好监理日志，负责制定施工过程中道路、给水排水工程监理细则。

3. 造价专业监理工程师

（1）接受总监理工程师及总监代表的指令、指示。

（2）负责计量，指导监理处的现场计量工作，负责计量工作培训。

（3）负责合同管理、信息管理。

（4）负责内业资料管理。

4. 测量专业监理工程师

（1）接受总监理工程师的指令、指示。

（2）管理实施测量试验等检测方面的监理抽检的工作。

（3）指导监理员的抽检工作。

（4）配合、协助工程部其他专业监理工程师的工作。

四、质量控制的工作任务与方法

（一）工程质量监理

质量控制的任务概括起来，就是实现既定工程的质量目标。对于施工监理来说，工程的质量目标，在设计的过程中已经确定下来，监理的任务是通过对工程施工的全过程监理，最终实现工程质量目标。

工程开工前首先要审查施工队伍的开工准备工作，包括人员、设备的进场计划，调查材料供货商并审查认可，承包人质保体系的完善和建立，施工技术方案的审查和批准等等，以保证施工正常有序持续地进行。在施工阶段则要求监理以旁站、试验、测量等方式对施工进行全过程的监督管理，每一个施工环节，每一道工序进行检查和认可，以保证工程施工之前，有充分的准备。施工中，每道工序都能保证施工质量，最后每项工程都要在质量符合要求的前提下验收，认可；在缺陷责任期，则指示承包人对工程缺陷按期修复，签发缺陷责任终止证。为保证质量目标的实现，完善施工质量管理是十分重要的，监理应重视承包人的质量管理工作，督促承包人健全质量保证体系、质量管理的组织机构和运作制度，坚持承包人质量自检制度，质量责任制度，完善承包人的测量试验等质量检测手段。要有效地控制工程质量，一定要坚持监理工作程序。要做好开工前的审查批准工作，每道工序都必须经过认真仔细的检查认可，关键部位要进行旁站监理。在开工申请、工序检验和中间交工阶段这些重要的环节上把好质量关。

1. 工程质量控制的依据

（1）招标文件；

（2）监理委托合同；

（3）设计文件；

（4）技术规范和验收标准等。

2. 工程质量控制的基本程序

（1）开工报告；

（2）工序自检报告；

（3）工序检查认可；

（4）中间交工报告；

（5）中间交工证书；

（6）中间计量。

3. 工程质量控制的主要工作

工程质量控制的主要工作包括：测量的复核，试验的验证、标准、抽样、验收、工艺试验、现场监理、中间验收、质量缺陷及事故的处理等。

（1）测量的复核

向承包人提供原始基准点，基准线和基准高程，并对承包人的定线控制测量进行监督检查并复核认定；在各项工程开工之前，对承包人的施工放线测量进行监督检查，复核、认可；应要求承包人对全部工程的原始地面进行实际测定，并对测定工作进行检查验收，以作为路基横断面施工图和土石方工程计量的依据；应对承包人为加密控制，定线和施工放样为目的测量工作进行现场监督、检查，并复核认定；在各项工程的施工进行中，对控制工程的位置、高程、尺寸及共线型的准确性进行监督、检查并复核、认定；对工程项目的中间交工和竣工验收进行测量检查，汇总并提出各项工程的测量成果资料。

（2）验证试验

验证试验是对材料或商品构件进行预先鉴定，以决定是否可以用于工程。在材料或商品构件订货之前，要求承包人提供生产厂家的产品合格证书及试验报告；必要时监理人员还应对生产厂家、生产设备、工艺及产品的合格率进行现场调查了解，或由承包人提供样品进行试验，以决定同意采购与否。材料或商品构件运入现场后，按规定的批量和频率进行抽样试验，不合格的材料或商品构件不准用于工程，并应由承包人运出场外。在施工进行中，随机对用于工程的材料或商品构件进行复核性的抽样试验检查。随时监督检查各种材料的储存、堆放、保管及防护措施。

（3）标准试验

标准试验是对各项工程应具备的内在品质进行施工前的数据采集，它是控制与指导施工的科学依据，包括各种湿度－密度关系试验、集料的级配试验、混凝土混合料的配合比试验、结构的强度试验等，应按要求进行。在各项工程开工前合同规定或合理的时间内，应要求承包人先完成标准试验，并将试验报告及试验材料提交监理工程师中心试验室审查批准，试验监理工程师应派出试验监理人员参加承包人试验的全过程，并进行有效的现场监督检查。监理工程师可在承包人进行标准试验的同时或以后，平行进行复核（对比）试验，以肯定、否定或调整承包人标准试验的参数或指标。

（4）抽样试验

抽样试验是对各项工程实施中的实际内在品质时行符合性的检查，内容应包括各种材料的物理性能、土方及其他填筑施工的密实度、混凝土的强度等的测定和试验。随时派出试验监理人工员，对承包人的各种抽样频率、取样方法及试验过程进行检查。在承包人按技术规范规定的频率进行自检试验的基础上，监理工程师应按 $10\%\sim20\%$ 的频率独立进行抽样试验，以鉴定承包人的抽样试验结果是否有效。当施工现场的旁站监理人员对施工质量或材料产生疑问并提出要求时，监理工程师中心试验室应及时进行抽样试验，必要进还应要求承包人增加自检频率。

（5）验收试验

派出试验监理人员，对承包人进行的钻芯抽样试验的频率，抽样方法和试验过程进行有效的监督。对承包人按技术规范要求进行的加载试验或其他检测试验项目的试验方案设备及方法进行审查批准，对试验的实施进行现场检查监督；对试验结果进行评定。

（6）工艺试验

工艺试验是依据技术规范的规定，在路基路面及其他需要通过预先试验方能正式施工的分项工程，在动工之前预先进行工艺试验，然后依其试验结果全面指导施工。应要求承包人提出工艺试验的施工方案和实施细则予以审查批准。工艺试验的机械组合、人员配额、材料、施工程序、预埋观测以及操作方法等应有两组以上方案，以通过试验作出选定。监理工程师应对承包人的工艺试验进行全过程的旁站监理，并应作出详细记录。试验结束后应由承包人提出试验报告，并经监理工程师审查批准。

（7）现场监理

现场监理是对承包人的各项施工程序、施工方法和施工工艺以及材料、机械、配比等进行全方位的巡视、全过程的旁站、全环节的检查，以达到对施工质量有效的监督和管理。总监理工程师在施工期间经常对施工现场进行巡视，及时发现并处理施工质量问题。对承包人施工的隐蔽工程、重要工程部位、重要工序及工艺，由专业监理工程师或其助理人员实行全过程的旁站监督，及时消除影响工程质量的不利因素。现场监理人员全环节地对每道施工工序结束后及时进行检查和认定，并现场监督承包人的试样抽取及施工记录。观察了解影响工程进度和质量的风险、隐患及外部干扰的信息，及时报告驻地监理工程师及业主。

（8）中间验收

当工程的单位，分部或分项工程完工后，承包人的自检人员应再进行一次系统的自检，汇总各道工序的检查记录及测量和抽样试验的结果提出交工报告。自检资料不全的交工报告，专业监理工程师应拒绝验收。监理工程师应按工程量清单的分项对完工的工程进行一次系统的检查验收，必要时应作测量或抽样试验，检查合格后，提请总监理工程师签发《中间交工证书》，未经中间交工检验或检验不合格的工程，不得进行下道工序的施工。

（二）质量监理方法

1. 施工实施阶段的监理

施工实施阶段是工程的形成阶段。因此，此阶段是监理工程师实行监理工作的中心内容，质量方面要重点抓住各道施工工序的检查，严格执行工序质量管理程序，确保每道工序质量符合合同的技术要求。施工阶段的质量控制主要是由承包人按施工技术规范中的施工方法要求以及批准的施工方案和计划进度来实施工程，以达到规范及设计的要求和质量标准。这个阶段的主要监理内容有：审批主要工程项目或工序的试验路段或试验项目的施工工艺、项目施工方案，审批试验结果；检查承包人的施工工艺和方法是否符合技术规范的要求，是否按经监理工程师审批的方案进行施工；检查、检验施工中所使用的原材料、混合料是否符合监理工程师批准的材料标准和混合料配比；对每道工序成活后进行质量验收，合格后批准承包人进行下一道工序；（如果有）对施工中发生的缺陷或事故进行调查、处理，当缺陷或事故处理达到设计和规范要求后，批准承包人继续施工。

（1）项目监理处将抓住"检查"这个重点。按照技术规范的要求，尽可能加密检点，加强检查的深度，做到"全过程、全方位、全环节"，以便在现场尽早发现和制止可能影响工程最终质量的任何不良因素或质量事故苗头，及时处理已经出现的技术或质量缺陷并要求承包人采取措施予以纠正。

1）为了使本项目的最终质量达到技术规范和施工设计图的要求，在整个施工过程中，视工程具体情况，拟采取以下几种质量控制形式：

① 通过材料检验堵住质量问题的源头，控制工程质量。

② 通过工艺检验，即在施工中通过旁站、检查和巡视，对承包人的人员组织，机械设备的配备，施工方法和施工程序进行监督和控制，使其符合技术规范和设计图纸的有关要求，达到通过控制施工工艺保证工程质量的目的。

③ 通过成品检验，控制工程的整体质量和外观质量。拟通过以上三种形式，有效、自始至终、自下而上地控制工程质量。

2）为了对工程施工方法控制和实施最终结果控制以达到设计文件和技术规范对工程质量的要求，我们拟采取以下方法和手段。

① 检查（旁站）：

a. 全过程旁站：用于比较复杂、情况变化大，工程质量保证因素不稳定，随时都可根据工程的重要程度和施工的难易程度，采用全过程旁站、部分时间旁站和一般性检查3种情况的现场检查制度。能出现异常情况的施工工序和随时可能覆盖的重要隐蔽施工过程中。

b. 部分时间旁站：用于关键、重要但又相对稳定的工序。

c. 一般性检查：用于上述重要、关键工序以外的，不需长时间"盯"在现场的工序。

② 测量：

测量是监理人员对工程质量监理中对工程的线位和几何尺寸进行控制和检查的重要手段，对此应：

a. 开工前，按合同规定对工程的线位放样进行检查和校核，测量结果不合格者，不准开工；

b. 施工中，随时抽查、校核重要工程项目的施工测量数据，以便及时发现问题，避免因测量基础数据有误导致工程质量缺陷；

c. 在工程验收时，要对验收部位的几何尺寸进行测量，不符合要求的进行整修，无法整修的要求承包人进行返工或报废处理。

③ 试验：

试验是监理人员确认各种材料和工程质量的主要手段。本项目监理的试验工作原则之一是以数据为准，用数据说话。

a. 对每道工序的监理，包括材料的性能、各种混合料的配比，标准试验工程结构的强度、密实度等，都要有试验数据。

b. 对在某工程质量或技术问题上有争议的，必须做到采用正确的试验方法，采集准确、可靠的试验数据。

c. 对混合料配合比等重大工序必须有独立的试验数据，判断是否有误。

d. 对所有试验原始数据都必须分类归档，妥善保存。

e. 加强对承包人工地试验室、试验工作的管理和旁站监督，保证其试验数据真实、可靠。

（2）监理质量程序控制

监理程序是监理人员为了使工程的施工和管理按一定的规程和顺序进行而按时间先后或依次安排的工作步骤。遵守规范规定的施工程序是承包人保证工程质量的必要手段，也是监理人员控制现场质量管理工作的有效措施。根据业主提出的施工要求，结合我们在以往监理工作总结出来的"质量通病及防治"要点，在各工序实施之前组织学习，并在工作中认真贯彻执行，严防死守，把此类问题消除在萌芽状态。我们将重点把好开工申请、中间检验、中间验收三关，在实际工作中，各级监理人员将对重点项目、重点工序、重点环节严防死守，不留缺口，坚决做到"四不准"即：

1）人力、材料、机械设备准备不足，不准开工；

2）未经检验认可的材料，不准使用；

3）未经批准的施工工艺，不准使用；

4）前一道工序未经监理人员验收，后一道工序不准进行。

（3）监理工程师指令文件

监理人员的各种指令都必须有签字确认，而且以文字为准，其指令性文件包括：

1）监理工程师对承包人的原材料、混合料配合比、施工技术方案、施工机械配备等方面的批复文件；

2）当工程师发现和确认发生了工程质量事故时，向承包人发出的质量事故通知、现场指令、工地指示等；

3）设计变更指令，补充技术标准、要求以及一些通知、会议纪要、备忘录、情况通报等。

项目监理部将在工程实施的各阶段，充分利用监理指令这一手段，规范服务。

2. 完工阶段的监理

在此过程中监理处的工作由外业为主转为侧重于内业和成品外观及尺寸检查验收，我们认为在本阶段的工作中，针对本项目的工程特点，有几个要点是承包人与监理工程师应共同注意并必须做好的。

（1）及时进行初步验收。

（2）工程完工后，监理工程师要及时对这些工程进行最后验收。验收的内容包括内业资料和外业检查。内业资料的检查侧重于资料的完整性、正确性、合理性。外业检查包括标高、线型、尺寸的测量并与内业资料应一一对应，同时与交（竣）工文件对应。这样工程开工有方案审查，施工有中间验收，完工有最终验收就能充分保证工程的质量。

3. 对承包人自检质保体系的要求

（1）对承包人自检质保体系的一般要求：

1）承包人应注意合同条件，一般在收到中标通知书后 14d 内应提交各级自检监督人员的名单和详细情况供审批。各级自检监督人员应由富有施工经验、具有专业技术职称、熟悉规范和图纸，并且工作作风优良的技术人员担任。

2）负责分项工作的自检监督人员应在合同全部时间内一直在施工作业现场跟班监督，并有足够的职权接受和贯彻监理人员的指示和指导。

3）合同工程自检监督人由项目经理部经理、总工或工程质检科科长担任，并负责管理工地试验室和测量队人员；各分项工程自检监督人员由各施工队长或技术质检员担任，并随着施工进度需要，负责牵头通知并监督管理工地试验和测量人员进行作业。

（2）对承包人各级自检监督人员的一般要求：

1）承包人各级自检监督人员应服从对口监理人员的指导和指示，对监理人员的意见可通过项目经理向监理处反映。

2）项目经理和技术负责人离开现场须征得监理处的同意。

3）建立质量档案系列，随时应监理人员要求提供有关工程质量的详实的施工资料。

4）充分理解并按照《规范》的有关要求进行工作。

（3）对分项工程自检监督人员的职责及要求：

1）随时自检各分项工程的施工条件是否符合批准的开工报告要求，并提供有关技术资料。

2）对分项工程施工的工班成员或工人进行工序工艺操作的技术交底并提出要求，讲解有关技术规范的要求。应通知有关监理人员出席并聆听分项工程技术交底会。

3）在分项工程施工中，对每道工序进行现场跟班检查，做好有关工序的施工记录，及时发现引起质量缺陷的苗头，并采取措施予以消除，保证整个施工过程中的材料、操作及各项技术指标符合合同要求，并获得旁站监理人员的认可。

4）按技术规范规定的抽样频率、时间和方法对工程质量进行检验、测量，并及时通知工地试验室进行取样或现场试验，并报告监理人员，对保留在工程现场的试样和工程部位的养护与管理进行监督检查。

5）按照合同规定的施工测量要求，随着施工程序及时通知工地测量人员进行各工程部位的测量放样，并对保留在工程部位现场的测量标志（桩位）进行保护性管理和监督检查。

6）对施工过程中发现的质量缺陷进行现场记录，并及时报告监理人员。

7）及时检测各工程部位的位置和几何尺寸，对每道工序或分项工程完工后进行自检和测定（可报告监理人员共同检验），提供各项检测资料并提供一切手段配合监理人员的检查验收，以获得监理人员的认可。

8）随时应监理人员要求提供分项工程详实的施工资料，建立质量档案。

（4）对承包人工地试验室监督人员的职责及要求：

1）按合同技术规范要求进行各分项工程开工前的标准预先试验和进场材料鉴定试验。

2）配合施工工序，根据合同规定的抽样频率、时间和方法，进行施工过程的取样和试验以及工序、分项工程完工后的检查试验。

3）除非另有准许，否则所有取样和试验应由承包人在监理人员在场情况下进行，以获得旁站人员的认可，并提供一切手段配合监理人员的独立检验。

4）为了预防不合格材料进场以致造成拒收或退场现象，承包人在采购材料前须向监理工程师通报各种材料的采购意向，经监理工程师考察并审批料源的质量合格后，方能订货采购。

5）每批材料进场时，应注意检查材料出厂质保书或合格证的货批符合性，严格禁止无质保书或货批不符合的材料卸车进场，进场后应与检验过的材料分别堆放。并及时通知工地试验室和试验监理工程师（以三联单通知方式并示明数量、规格、堆放地点），以便及时对该批材料进行取样检测试验，未经试验合格的材料不得用于工程，试验不合格的材料必须退货和清出现场。

6）对拟委托专门检测试验单位进行的项目，应事前向监理工程师申报，经监理工程师审查认可外委单位的规定资质信誉后方可委托。

7）承包人应建立进场材料分月台账，登记各种进场材料的数量、规格、进场时间、用于何分项工程、质保书和试验报验情况等，并与合同工程计划定额材料用量进行比较，若发现报验进场材料数量少于工程计划定额数量情况，应及时寻找原因，否则，说明有可能未经检验合格的材料用于合同工程，当月施工的分项工程质量不予报验，等候查处。

（5）对承包人施工测量监督人员的职责及要求：

1）核对承包人提供的基准点、基准线、基准高程等测量标志资料，并实地检查。在测量现场交验后14d内承包人向监理工程师提交自己的检测结果和补定原始基准的结果，并对所有的测量控制点进行有效的保护，以上工作须取得监理工程师的认定。

2）检查原始地面线实测结果并报监理工程师认定。

3）在每个分项工程和工程部位开工前，进行测量定线放样，所有工程部位的轴线和标高桩标及其测量资料必须报测量监理工程师签认后，方可交给分项工程监督人员，同时监督有关人员保护至该工程部位施工报验结束。

（6）其他：

1）严格各类监理用表制度。各级监理人员和承包人自检监督人员必须透彻理解有关表格的意义，正确用表。

2）实行监理和承包人共同检验制度和重要项目监理独立抽检制度，承包人的一切试样和样本数据（如量测数据）的采集（包括取样、送样和试验）必须有监理人员的认可。

3）将合同工程分解为诸分部、分项工程，各分部、分项工程由诸工程部分构成。在各分部、分项工程开工之前，提出各工序检查程序说明（框图流程）、各工序检查报验标准、检验频率和检验方法，以及工序施工记录都应与相应的检查记录、报表、证书等监理表格相配套。

4）此工序检查程序框图供现场旁站监理人员、承包人的自检人员及施工人员共同遵循。

5）严格实行各级监理与承包人监督人员管理制度和上级主管人员信息汇报制度。项目经理、项目技术负责人或分项工程自检监督人员擅离现场，监理人员有权按合同条款指令合同工程或分项工程暂时停工并报总监理工程师批准。

（三）质量缺陷处理

1. 质量缺陷的现场处理

在各项工程的施工过程中或完工以后，现场监理人员如发现工程项目存在着技术规范所不容许的质量缺陷，或不能与公认的良好工程质量相匹配时，应根据质量缺陷的性质和严重程度，按如下方式处理：

（1）当因施工而引起的质量缺陷处在萌芽状态时，应及时制止，要求承包人立即更换不合格的材料、设备或不称职的施工人员，或要求立即改变不正确的施工方法及操作工艺。

（2）当因施工而引起的质量缺陷已出现时，应立即向承包人发出暂停施工的指令（先口头后书面），待承包人采取了能足以保证施工质量的有效措施，并对质量缺陷进行了正确的修补处理后，再书面通知恢复施工。

（3）当质量缺陷发生在某道工序或单项工程完工以后，而且质量缺陷的存在将对下道工序或分项工程产生质量影响时，监理工程师应在对质量缺陷产生的原因及责任作出了判断并确定了补救方案后，再要求承包人进行质量缺陷的处理及下道工序或分项工程的施工。

（4）在交工使用后的缺陷责任期内发现施工质量缺陷时，监理工程师应及时指令承包人进行修补、加固或返工处理。

2. 质量缺陷的修补与加固

对因施工原因而产生的质量缺陷的修补与加固，应先由承包人提出修补方案及方法经监理工程师批准后方可进行；对因设计原因而产生的质量缺陷，应通过业主提出处理方案及方法由承包人进行修补。修补措施及方法应不降低质量控制指标和验收标准，并应是技术规范允许的或是行业公认的良好工程技术。

如果已完工程的缺陷，并不构成对工程安全的危害，并能满足设计和使用要求时，须经得业主的同意，可不进行加固或变更处理。如工程的缺陷属于承包人的责任应通过业主和承包人进行协商，降低对此项工程的结算费用。

3. 质量事故的处理

当某项工程在施工期间（包括缺陷责任期）出现了技术规范所不允许的断层、裂缝、倾斜、倒塌、沉降、强度不够等情况时，应视为质量事故。可按如下程序处理：

（1）立即指令承包人暂停该项工程的施工并采取有效的安全措施。

（2）要求承包人尽快提出质量事故报告并报告业主。质量事故报告应详实反映该项工程名称、部位、事故原因、应急措施、处理方案以及损失的费用等。

（3）组织有关监理人员在对质量事故现场进行审查、分析、诊断、测试或验算的基础上，对承包人提出的处理方案予以审查、修正、批准，并指令恢复该项工程施工。

对承包人提出的有争议的质量事故责任监理工程师应予以判定。判定时应全面审查有关施工记录、设计资料及水文地质现状，必要时还应实际检验测试；在分清技术责任时，应明确事故处理的费用数额、承担比例及支付方式。

（四）工序监理技术措施

1. 二灰碎石路面基层监理工作措施

鉴于二灰碎石基层本身所特有的稳定材料剂量低、强度高、表面质量要求标准高等特点，在现场监理工作中应抓住关键问题作为监理重点，以保证工程质量达到技术规范的要求，在施工过程的监理中，我们主要应加强以下几个方面的工作：

（1）加强对混合料中石灰用量与集料级配的控制。

在二灰碎石基层中，石灰剂量不大，如一般在 4％即可达到强度要求。因此，石灰剂量的准确性很重要。如果低了，则基层强度不够；如果高了，则一方面浪费石灰、不经济，另一方面由于结构本身强度过高会增加收缩裂缝。为此，在审批基层混合料组成设计时，试验工程师对无侧限抗压强度应进行综合控制，提出合适的配合比应该是：既达到设计强度的要求，又不高出设计强度太多。一般石灰用量应控制在 ±1％误差范围内。如果强度仍达不到要求，为了不加大石灰用量，可以采取提高一级石灰重新配制的办法。在施工过程中，道路、试验工程师对石灰用量的控制应采取宏观和微观结合的方法，宏观上每天或定期检查承包人石灰总消耗量，并与此期间实际铺筑基层面积所需石灰总数相比较；微观上，检查试验室石灰剂量试验结果。由于级配碎石的级配是否合格也是影响基层质量的重要因素，所以在施工中就应随时通过筛分或观察检查集料的级配，及时要求承包人调整不良级配，以保证混合料质量。

（2）加强对基层摊铺压实一次成型的控制。

技术规范中对基层质量要求较高，如施工高程、表面平整度等；因此，要求承包人铺筑基层时必须配备摊铺机。为了保证成型效果，道路工程师应要求承包人摊铺和压实要一次成型，不允许修修补补。

（3）加强对基层养生的监理。

二灰碎石基层成型后养生对其强度增长、板体形成是至关重要的，另外如果养生不良还会使基层开裂。因此，要求承包人必须加强养生工作，要保证基层表面潮湿并在 7d 以上，同时要控制交通，即使施工车辆通行，车速不得超过 5km/h。

（4）加强沥青下封层的旁站监理。

沥青下封层施工质量的好坏，喷洒透层油之前的基层表面是关键之一。除了要求表面的高程、坡度及平整度要符合技术规范标准外，还要清扫表面，使其达到紧密、清洁、干燥、无尘与泥浆的要求，应有新鲜的碎石外露面，并在开始喷洒的 1.5h 之前，用水微湿表面并禁止任何车辆通行。道路工程师在检查上述各项均符合要求之后，才能批准承包人喷洒透层油。在喷洒之前，监理人员还应全面检查沥青洒布车的功能和独立运转泵、速度计、压力计、计量器等机件的可靠性以保证喷洒的质量。在第一次喷洒之前，应在试验段进行喷洒试验，在经调整车速、喷油量及喷洒宽度，使喷洒效果达到要求后，道路工程师才能批准在施工路段上进行正式作业。

在下列情况时不能批准进行透层油的喷洒：气温低于 10℃时；风力过大，可能将透层油喷洒到邻近构造物或地面时；路面潮湿时；预测将要降雨时。

在喷洒过程中，监理人员要注意洒布车的速度、透层油用量，乳液的破乳时间、渗透深度。喷洒完毕后（如为乳液，一经破乳）要及时撒铺一层石屑进行保护。路面上要禁止人车来往。一旦透层油被损坏，应及时要求承包人及时清除所有松散材料并修复之。

2. 沥青混凝土面层监理工作措施

对于沥青混凝土面层的监理，应严格按照《公路沥青路面设计规范》JTJ014—97、《公路沥青路面施工技术规范》JTG F40—2004 执行，监理过程中控制以下几个方面：

（1）原材料试验。用于沥青混合料的各种原材料必须符合要求。

（2）配合比设计及审批。在混合料拌合过程中要严格控制配合比，目标配合比与生产配合比必须正确。

（3）机械配套。沥青面层施工要求机械配套程度高的，其拌合、运输、摊铺、碾压设备必须相配套，拌合楼、摊铺机性能要稳定。

（4）摊铺、运输和碾压。运输过程中热料要覆盖，混合料到场温度、初压温度、碾压终了温度必须符合要求，压路机型号、碾压顺序、碾压遍数必须符合规定，摊铺速度必须与供料和碾压相配合。

（5）保证平整度。平整度是沥青面层的重要指标，摊铺时要严格控制，摊铺前要清扫下承层表面，纵横接缝要认真处理，摊铺速度要均匀。

（6）重视试验检测工作。规定的试验、检测必须要达到频率，取样要认真、要有代表性，试验检测数据要可靠。

（7）混合料的质量检查

混合料在拌制过程中的质量控制、检查包括以下四个方面：

1）拌合温度：沥青的原材料和成品的温度集料烘干加热温度、混合料拌合温度及混合料出厂温度，应严格按照施工技术规范的有关规定，及时检查，并做好记录。

2）矿料级配：应随施工阶段随机计算出矿料级配与标准配合比进行比较对照。

3）沥青用量（油石比）：要求每天每一台拌合机取混合料进行抽提试验及筛分试验，不少于一次。要求油石比的误差不能超过±0.3%。

4）抽样进行马歇尔试验：其目的是检测混合料试件的密度和空隙率、VMA、VCA、VFA 等四大体积指标，这是构成的必要指标。同时检查马歇尔稳定度和流值。

施工现场检查内容包括压实度、厚度、平整度、宽度、面层构造深度和摩擦系数等。

3. 排水管道工程监理工作措施

（1）由于本工程属于老路改造，故分析应存在综合管线，且施工中可能有行车干扰，对监理在质量与进度的控制上提出较高要求，监理在协调好管线施工队伍的同时，必须着重注意以下几点：

1）首先组织施工单位复核地下隐蔽设施的位置与标高，并在图纸上标明，避免埋没和堵塞。

2）工程分析应地下管线沿线路布置，如雨水管、污水管、供电电缆、广告电缆、路灯电缆、邮电电缆等。作为监理首先要积极配合业主协调好供电、邮电等公用设施部门的相关关系，在总体进度中充分考虑之间的联系与衔接，保证施工有条不紊地按预定的总体计划进行。

3）道路施工稍有不慎，易引起路基不均匀沉降及管道断裂，监理应特别注意对管道基础施工进行全工程旁站监理，根据地质资料项目所在地沿线存在多处软土，基底条件不太好，监理对槽底质量必须严加控制，提醒施工单位施工中严禁扰动槽底土壤，槽底不得受水浸泡，基坑开挖好以后，应检查基底地质情况和承载力是否符合规范要求，若不符合，应用业主同意的方法对基底进行处理。要严格控制沟槽回填质量，防止因回填不密实致局部沉陷，监理应严格要求施工单位配备必要的机械按规范施工。

（2）雨水管道部分施工质量控制：

1）基槽开挖和平基的施工：

①根据槽深和土质情况按规定或技术规程要求，测放沟槽开挖宽度，监理工程师检查是否满足沟槽放坡的要求，不会造成塌方，但满足放坡要求的条件下尽量减少开挖量。

②埋设管道坡度来控制管道的纵坡，坡度板上应标明桩号，检查井处应注明井号，坡度板上应分别标明其所用高程钉。

③基槽开挖到槽底时，应保证其强度和稳定，不能超挖，也不能扰动，要有得力的降水措施，如发生超挖或扰动，必须按规程要求进行地基处理。

④沟槽施工中加强排水、降水在施工方案中确定排降水措施，如果要采用槽底两侧挖排水沟进行排水。基槽底宽度应适当加宽，应保证设计管底宽度不受侵占。

⑤沟槽开挖后，承包商应自检管槽中心、槽底高程、槽底宽度、窨井位置是否符合设计要求，自检合格，填报相关资料报监理组、监理工程师予以签认。不符合要求的不得进行下道工序。

⑥管道基础的碎石垫层、厚度、宽度高程应符合图纸设计要求，并且用平板振动器振实碎石垫层，施工好报监理工程师确认。

⑦管基的模板，安装应牢固、高程、平面位置偏差应符合规定要求，模板内侧应涂刷混凝土隔离剂或干净机油，以免拆模时粘住混凝土，模板自检合格报监理验收确认。

⑧混凝土施工前承包商应填混凝土浇筑申请表。

⑨混凝土混合料应顺序向前摊铺。卸料高度不超过1.5m（超过用导流槽），摊铺混合料应采用锹铲人工翻扣。严禁抛甩，混凝土应振捣密实，特别注意板边板角的振捣工作。每个台班必须制备混凝土抗压试块一组，作为检验评定的依据。

2）排水管道的安装：

①排水管道的安装，必须在平基混凝土强度达到 $5N/mm^2$ 时且应检查平基顶高程是否符合设计要求：

②排水管的混凝土管材必须检验合格。

③安管的要求：

首先高程控制好，安管稳后，应用干净的卵石或碎石，将管体卡牢，避免碰撞或滚动伤人。对管壁偏薄的管节，可用卵石或碎石在管下两侧卡牢的同时，将管体垫高至适宜高程。用此方法可消除不同管壁厚的管内错口。对于管壁超厚的管节，应事先挑出且做上标志，然后将这部分管节集中起来，安装在预先复测发现高程略低段的平基上，以避免管内高程和错口两项的超差。管道的对口间隙，大于等于700mm的管道可按100mm控制，用人工捻内缝；小于等于700mm的管道，可不留间隙，内缝必须用麻袋球在管内往返拉动抹缝灰（即水泥砂浆）的办法抹严内缝。

④水泥砂浆抹管接头带

将管口抹带处凿毛洗刷干净，刷素水泥浆一道。抹第一层砂浆，注意管带与管缝对中，厚度为带厚的 1/3，压实与管壁粘牢；表面要"划毛"；管径 400 以内者，管带可一次抹成。待第一层砂浆初凝后再抹第二层，用弧形抹子捋压成型。初凝后，再用抹子赶光压实。

⑤镀锌铁丝网水泥砂浆抹管接头带。

管径大于等于 600mm 的管子，抹带部分的管口应凿毛；小于等于 500mm 的管子应刷去浆皮。将已凿毛的管口，洗刷干净，并刷素水泥浆一道。在浇筑混凝土管座时，将铁丝网按设计规定位置和深度插入混凝土管座内，并另加适量的抹带砂浆，认真捣固。在管带两侧安装弧形边模，抹 15mm 厚的第一层水泥砂浆，并压实，然后将两片铁丝网包拢，用 20 号或 22 号镀锌铁丝将两片铁丝网扎牢。待第一层水泥砂浆初凝后，抹第二层水泥砂浆，厚 10mm。如采用双层铁丝网时，这一层砂浆即与模板抹平，初凝后，赶光压实。待第二层水泥砂浆初凝后，抹第三层水泥砂浆，与模板抹平。初凝赶光压实。抹带完成后，一般在 4～6h 可拆模，拆时要轻敲轻即。

3) 检查井：

①排水管检查井的主要功能：一是作为排水管运行情况的检查孔；二是作为疏通、护管的操作空间；三是作为排水管的通风孔；四是作为检查排水管工程质量的通道；五是作为排水管变化径、断面尺寸的衔接井、转弯井及交叉井。检查井结构的组成，由混凝土井基、砖砌井室及井室收口（或人孔盖板）、井筒、流槽、踏步和井圈（盖）安装四部分。

②井室砌筑、井盖安装。

A. 掌握井墙竖直、平整，井室方正，井室几何尺寸及质量标准、砌筑砂浆强度均应符合图纸设计要求，砂浆应饱满（包括竖缝），防止井壁渗水，保证窨井通水成功。

B. 水泥砂浆抹面在掌握厚度均匀、平整、密实。抹完后要封闭井口，以保持井室湿润养护，不使抹面造成裂缝、空鼓。

C. 安装井盖前，应将井墙顶面用水冲刷干净，铺砂浆使井圈与地面平，路面有明显纵横坡的，应与纵横坡平。

4) 沟槽回填土：

①管道工程应在其主体结构经隐蔽验收合格，雨水管经过通水试验合格后，及时进行回填。防止晾槽过久，造成塌方，挤坏管道，或管道接口抹带空鼓开裂，雨季易产生泡槽，漂管或造成回填作业困难。

②还土回填，要选择合适土源、过湿土、腐殖土、垃圾土、冬季冻土及碎石，碎砖土不易压实，对管道结构安全有影响，因此均不宜采用。

③回填土前，应将槽内木料、草帘等杂物清理干净。当管槽内有积水时，应将水排净，不得在水中回填土。冬季、雨季回填当日还土，当日夯实。

④回填必须在管座混凝土强度达到 5.0N/mm^2 以上时方可进行。砖砌窨井必须在井盖安装后才要回填；沟槽回填应在管、井结构物两侧同时回填，两侧回填土面高差不得超过 30cm；不得将土直接砸在接口抹带上。总之，回填夯实操作应以确保管井结构安全，不发生引起管道、接口井室破坏移位的事故，且达到各部位密实度要求原则。

⑤为防止管道在回填夯实中裂、损坏，其胸腔部分回填土虚铺厚度不超过30cm，压实度达轻型击实密度的95％标准，分层夯实；管沟在路基范围内管顶以上25cm范围回填表层的压实度不应小于87％；当管顶回填夯实达1.5m以上时，管道设计应采用360°包封来加强。

4. 工程难点重点分析

本项目工程位于市区北部外沙内港南岸，该路段原有管道年久失修，大部分损坏，淤塞严重，每逢下雨该路段积水严重，给周边单位及居民出行、生活带来不便，且严重影响交通及城市形象，内涝整治十分迫切。

结合本监理标段工程的工程地质和水文地质、地理环境条件以及我单位以往类似工程的施工监理经验，分析了本项目工程的重点、难点，并拟定了针对性的监理工作重点和对策，以全面实现所监理工程的质量控制、进度控制、投资控制、安全生产、合同管理、信息管理和组织协调等监理工作目标、优质完成项目的监理任务。我们归纳为以下六大难点及其应对措施：

(1) 交通疏解：

本次工程由于其性质和所处地理位置，我们即要保障施工的进度和质量，又要最大限度的保障周边交通的正常运行。因此，交通疏解问题是我们首要解决的问题。

针对此问题，监理监控的重点为：

1) 要求施工单位加强对施工人员的交通安全教育。通过会议、安全知识问答，张贴宣传画等多种形式，提高施工人员的安全交通意识，杜绝野蛮施工，切实落实交通组织方案。

2) 严格按交通组织方案要求施工场地与行车道隔离，施工现场设立明确的安全指示标志。签订《交通安全保障责任书》（由施工单位、交警大队、业主、监理共同签订）。施工单位是交通安全保障的责任单位，交警大队是交通安全保障的监管单位。业主、监理是协管单位。各部门各负其责、协调一致，共同做好施工期间的交通安全工作。

3) 督促施工单位配合交通部门安排交通协管员，协管员应穿反光衣，佩戴值勤袖章，手拿红旗。施工场地各种安全标志要醒目，夜间要配有安全警示灯。

4) 设置临时交通引导标志和禁令。

(2) 地下管线保护：

本工程大部分为原址修建，地下管线较多，为此要做好各种管线的保护。同时，对新建路面交叉施工部位，更应加强对各种电力、电信管线及供排水管线的保护。由此可能会造成施工面狭窄，甚至无法施工的情形，同时也给附近居民与路人带来诸多不便，从而导致更多的协调问题，以致影响工期。针对此问题，监理监控的要点为：

1) 场地内原有市政综合管网的调查：根据取得的综合管网的资料认真分析，在总图上逐一标记管网的走向和埋深。现场对综合管网的分布，应准确定位，并打木桩作特殊标记。对不明确部分，应及时与相关管线管理部门取得联系，以求获得最全面的资料和信息。并要求施工方安全谨慎施工。

2) 在路基或管线开挖前，首先用人工开挖探坑法，找出管线准确位置。管线附近小心谨慎，避免机械碰到现有管线，挖近管线后，停止机械开挖，改用人工挖土。

3）对与新建管线相交的现有管线必须采取有效的保护措施。管线保护首先要探明管线的准确位置，然后根据实际情况采取相应的保护。

4）新建管道完成后，要及时回填，特别是有旧管道的部位，回填时要严格按照相关规范。

5）对有水的管道，需进行排水疏导。具体方案需结合周边实际情况而定。

（3）道路平面测量及高程控制：

本工程系内涝整治项目，其平面测量及高程控制显得尤其重要，它直接影响到工程质量和排涝效果，施工中必须加大平面测量的力度，形成合理的坡度，决不能出现负坡度造成施工形成的"内涝"。

监理监控重点：

1）监理工程师在施工前要审查承包商测量人员的资质和上岗证及测量设备（全站仪，经纬仪，水准仪等）的检定证书。

2）在路面放线前，承包商应全面熟悉设计文件，接受监理工程师或设计单位交接的导线桩和水准点，并按要求进行复核和放样。交桩工作可由监理工程师向承包商交桩，也可在有监理工程师在场的情况下由设计单位直接向承包商交桩。并以书面形式提交给承包商。

3）审查承包商提供的测量实施工方案，主要审查道路平面控制网的布设及测设方法，并督促实施。

4）平面控制网的测量是整个场地内测量放线及高程控制的依据，它关系到全局，监理工程师必须严格按规范和设计要求设立。承包商因施工需要人为加密控制所增加的水准点、附合导线应进行复核，复核合格后批准其为测量资料的一部分。

5）路面、场地中心桩的间距一般取20m，地势平坦时，不应大于50m。曲线上的中心桩间距除20m桩外，应在直圆、曲中、圆直点设立中心桩。高程控制点每400～500m设一个。

6）承包商在接受桩志和资料后，应立即组织力量进行复核和放样，并将所有测量资料，包括计算书和图纸报监理工程师。经监理工程师审核和复核桩志后决定批准与否。

7）承包商通过复核、放样应向监理工程师递交一份资料，证明原设计的原地面和原工程量是正确的。如有异议时应正式递交一份表格，列出原设计错误的位置、标高以及工程数量，供监理工程师复核批准后转报业主。

8）监理工程师对承包商施工测量放线应进行复核认可。承包商的施工放样，必须严格按设计图纸要求，将道路、管线进行测量放线，监理工程师跟踪进行检查、复测，测量结果承包商向监理工程师提交"施工放样报审表"，经监理工程师复核无误后签认，方可进行下道工序施工。监理工程师在复核测量期间，承包商应积极配合。

9）监理工程师应指示并检查承包商对所有测量控制点进行有效的保护，直到工程竣工验收结束。

10）督促承包商在各分项工程、分部工程、工程段落或总体工程项目的中间交工竣工验收时进行测量检查，汇总并提出各项工程的测量成果资料。

（4）路基工程：

在市政工程建设中，路基施工质量的好坏是直接影响整个市政工程整体工程质量。路基施工应满足设计使用年限要求，并把试验检测作为主要技术手段控制施工质量。路基工程是监理工作的一项重点工作。

监理控制重点

1）路基压实：

有不良土质要进行处理，清除路基的各种病害。严格按照设计要求。土质路基填土经压实后，不得有松散、软弹、翻浆及表面不平整现象。路基成型后必须平整、密实、均匀、稳定，具有同路面相同的路拱。压实是施工关键，在施工中要求：

①先做试验段以确定压实方案和测定土方最佳含水量。

②压实前，应对土层的虚铺厚度、平整度和含水量（含水量控制的最佳含水量的 2% 以内）进行检查，符合要求可进行碾压。

③碾压时要控制压实遍数，行驶速度要先慢后快，最大不超过 4km/h。碾压时，直线段由两边向中间，小半径弯曲段宜由内侧向外侧，纵向进退式进行。

④碾压应重叠。横向重叠区：振动压路机为 0.4～0.5m，三轮压路机为后轮宽的 1/2，前后相邻区宜纵向重叠 1.0～1.5m。

⑤压好一层，按规定做压实土工试验，经检验符合要求后，再进行下一层的施工。

⑥虚铺土时，中间的石块块径不能大于厚度的 2/3，土块不能堆积在一起。最上层厚度压实后不得小于 8cm。

2）路基排水：

路基施工时应注意排水，保证排水通畅，防止路基被水长期浸泡。路基分层挖填时应根据土的透水性能将表面筑成 2%～4% 的横坡度，并注意纵向排水，经常平整现场，清理散落土，以利地面排水。当地面水排除困难而无永久性管渠可利用时，应设置临时排水设施。

3）挖方路基：

在路堑开挖前作好坡顶排水防渗工作。路基开挖必须按设计断面自上而下开挖，不得乱挖、超挖，开挖至路基顶面时应注意预留碾压沉降高度。开挖边坡坡值为 1∶1.5；路基底若有超挖，超挖回填部分应填筑碎石或砂卵石。

4）填方路基：

路基填土不得使用腐殖土、生活垃圾土、淤泥，不得含杂草、树根等杂物，应选取用级配较好的粗粒土为填料。且应优先选取用砾类土、砂类土，且在最佳含水量时压实。路基填方若为土石混合料，且石料强度大于 20MPa 时，石块的最大粒径不得超过压实层厚 2/3，当石料强度小于 15MPa，石料最大粒径不得超过压实层厚。

（5）道路路面工程

路面工程直接承受行车荷载作用和自然因素的影响，主要为汽车提供安全、经济、舒适的服务。路面质量的好坏直接体现在路面的使用性能上，路面质量差，路面使用性能降低，不仅影响道路行车舒适性、增加行驶难度，降低车辆运行速度，还直接影响到行车安全性，对交通运输和经济发展造成影响，造成巨大的经济损失，并将影响到城市的社会形象和可持续发展。所以，路面对整个市政建设的重要性不言而喻，可以说路面质量直接关系到市政建设的成败。同样是监理工作的一项重要工作。

1）监理控制重点：

建议本工程采用沥青混凝土路面，这也是目前国内市政工程普遍采用的结构形式，分为下层、中层、上层。影响工程质量的主要因素有人员、材料、机械设备、施工方法和施工环境五个方面。这些因素间相互配合，并且各个因素的动态影响贯穿沥青混凝土路面整个施工过程。所以，对沥青路面施工质量控制，必须从路面施工全过程，针对各个环节特点，采取相应的施工质量控制措施，要建立沥青路面施工全过程的质量控制体系。对施工质量管理重点应强调工序质量管理，通过系统观察对沥青路面施工各个环节的投入材料、产品及其中的施工生产过程包括人员采取控制措施来保证施工质量。

2）监理监控总体要求

①施工组织设计

承包商在施工前应编制全面的符合设计和规范的施工组织设计文件，经监理工程师认可并经业主批复后执行。施工组织设计包括：原材料准备，施工机械配备，成品料运输，生料补充，施工配合比设计，施工质量监控，试验路段铺筑计划及拟达到的目的和应采集的参数，安全、环保措施及应急措施等内容。

②外购原材料

所有外购原材料应有供货质量证明材料，且必须按规定进行质量和规格抽检。

③新材料、新结构、新工艺

任何新材料、新结构、新工艺，都必须进行充足的试验，并通过试验路铺筑，形成施工指南（或要点、质量控制手册等）后，按照指南进行施工。本工程重点对改性沥青混凝土面层进行监控。

④试验路段

路面各结构层正式施工前必须首先组织试验路铺筑。

试验路铺筑前必须对监理工程师、施工各工序现场管理人员，拌合机、摊铺机、压路机等机械手，质检人员、试验人员分别进行技术培训。

试验段施工时应严格按要求控制各道工艺环节，同时进行试验及质量检验，施工完毕后按规定对试验路段进行检验，其检验频率应为正常施工的 2～3 倍。

通过试验路段来检验各结构层的各项技术性能及拌合、摊铺、碾压工艺的可行性，确定松铺系数、碾压遍数等施工质量控制参数及施工组织的适应性。

及时组织技术交流，总结铺筑经验和质量控制要点，形成全面可行的技术方案文件，指导路面各结构层施工。

⑤沥青面层铺设应严格控制温度和速度。

3）改性沥青混凝土面层的监控

①施工放样

检查复测：在施工前，要求承包人对下面层标高、横坡、纵坡、平整度进行一次全面检测，测量结果及时报监理复核确认。

②改性剂的储存

改性剂易分解不稳定，容易影响沥青改性效果，要求改性沥青在现场的储存时间不能太长，应随配制及时使用。

③拌合

改性沥青玛琋脂与普通沥青混凝土不同，改性沥青混合料是间断级配，粗集料粒径单一、量多，细集料较少，矿粉用量较多，且掺入的纤维对拌合的均匀分散性要求较高，给混合料的拌合带来困难，因此必须认真控制好投料顺序、拌合温度和拌合时间。混合料出料后立即进行取样检测，不合格的混合料坚决不准出厂。

④运输

改性沥青混合料采用自卸汽车运输，车厢内喷油水混合液防止混合料与车厢粘结，车顶覆盖篷布以保持温度，施工气温 0～10℃，沥青混合料到达现场的温度应控制在≥140℃。

⑤摊铺

a. 摊铺前应检查工程施工范围内的井盖框、路缘石等是否已固定至要求高程，侧壁是否涂好沥青粘层、顶面是否已有保护隔离措施等，并再次对其下层的质量作进一步检查，无误后方能进行摊铺作业。

b. 加入纤维后，沥青混合料的黏聚性增大，流动性降低。因而，摊铺时摊铺机的行进速度应相对减缓，否则成型后表面的密实性较差。

c. 机械摊铺方法同下面层。与下面层不同的是，上面层松铺系数较小，需认真按试验段确定的松散系数控制；沥青混合料的摊铺温度控制在≥140℃。

d. 摊铺时发现成团结块的混合料，应认真加以剔除。

⑥碾压

a. 碾压应紧接着摊铺进行，控制保持在高温下碾压，以保证碾压效果。

b. 碾压顺序为：接缝处预压→全路幅初压→全路幅复压→全路幅终压，碾压时遵循"紧跟、慢压、高频、低幅"的原则，并设置专职温控人员进行指挥。

c. 严格控制碾压遍数，禁止超压。

d. 碾压过程中禁止在未碾压成型及未冷却的路段上转向、调头或停机等候，禁止先起振后起步及先停机后停振。

⑦接缝处理

同一施工段内不留纵横，同一施工段尽量在一天内铺筑完成。施工段之间的横向接缝同底面层。

⑧养护

沥青混凝土施工完成后，自然冷却，待温度低于 50℃后，方可开放交通。

（6）排水管道工程

本工程的排水工程应为雨、污分水系统，排水管的施工分两个层次：雨水管与污水管道的施工。由于排水坡度的要求管道的埋深均较大，沟槽开挖深度深，安全隐患大；排水管道的安装工程质量与沟槽回填的施工质量对路基的稳定也产生直接影响。加上本工程地处海边，雨水充沛，既是质量控制的重点，也是质量控制的难点。

监理控制重点：

1）沟槽开挖：

①根据地质条件、地下水位、沟槽开挖深度，沟槽的放坡是否能保证边坡稳定，对于挖深较大的沟槽是否分层开挖；

②软土或其他不稳定土层中，是否采取了有效的支撑防护措施，支撑防护措施是否与已批准的施工方案相一致；

③在地下水位较高或雨季施工，是否采取了降水、排水措施，承包人不得在水中挖沟槽，挖成的沟槽不得受水浸泡；

④挖沟槽堆上、弃上是否影响槽壁稳定，是否有碍交通，对不可再利用的软土或不易压实的土应及时运走；

⑤沟槽底不允许有超挖、扰动或毁坏，对于超挖部分应按监理工程师同意的材料进行回填夯实；

⑥对于槽底存在软基情况应会同有关各方协商确定处理方法，并督促承包人落实；

⑦对于挖成的沟槽应对槽底中线、高程和宽度进行复核，槽底中线偏差、沟槽底宽度应满足管道箱涵结构外缘宽度及每侧支撑厚度和每侧模板厚度等要求。

⑧应注意现状管线对施工的影响，对现状管要采取安全防护措施。

2）管道安装：

在沟槽和基座验收合格后才可以下管，监理工程师检查吊装机具的可靠性和稳定性，在运输、装卸铺设过程中应采取相应的保护措施，并做到装卸时轻装轻放，下管前应进行检查，有损伤或不合格管材严禁下沟铺设，对各种管道安装应进行检验。

3）污水管道的密闭性试验：

污水管道需分段做闭水试验，（试验长度不超过1000m），做闭水试验时，水位应高于检查管段上游端部的管顶，对渗水量的测定时间不少于30min，实测渗水量应符合规范要求。

4）管道回填：

管道安装、试验合格后进行管道回填。回填时应两侧相对同时下上，水平方向均匀地摊铺，用木棍捣实。填至管半径以上，在两侧用木夯夯实，直至填到高出管顶50cm以上时方可踩实，要防止管道中心线的位移及管口受震而脱落。雨后填土要测定土壤含水量，如超过规定不可回填，槽内有积水排除后，符合规定方可填，雨季回填土，应随填随夯，争取在雨前夯实。回填后，要对回填压实度进行抽查检验，压实度应符合设计要求。

（五）质量控制的基本程序

工程质量控制工作程序见图10-2。

五、进度控制的工作任务与方法

（一）进度控制的工作任务

根据招标文件要求，本项目工程计划施工工期为300d。监理对工程进度的控制贯穿施工的全过程，从承包人投标、施工直到工程竣工为止。在不同阶段，将有不同的侧重。

1. 开工准备阶段

本阶段进度控制的主要任务是审查承包人申报的施工进度计划，包括施工技术方案和

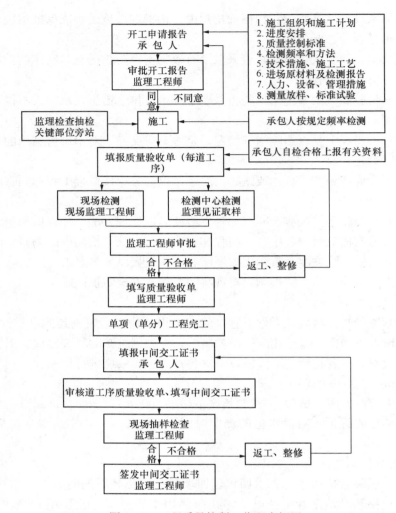

图 10-2 工程质量控制工作程序框图

组织计划。审查承包人的施工组织和进度计划，是选择承包人的主要标准之一，按期完工，是业主主要目标之一，承包人的技术力量、设备能力和按期施工的能力将体现在投标书中提交的施工技术方案及施工组织计划中，监理应仔细审查，以判断承包人是否有实力保证工期按期交工。监理对施工计划的审查应在确保总进度目标的条件下做好进度目标的分解，并在施工过程中作分阶段控制。正确的施工进度计划，应有一定的预见性并留有一定余地，以适应可能出现的各种变化（例如天气因素等），应保证工程实施的连续性和均衡性。人员、材料、设备、资金等方面资源能得到充分的利用，因而这样的计划也最可能得到实现。

　　2. 施工阶段

　　在施工开始后，监理的任务主要是协调施工力量、检查调整进度计划，以保证按期交工的进度总目标，实现分阶段分项目工程的进度控制，以保证总目标的实现，尤其是对关键线路上的工程进度，必须严格控制，采取各种措施保证完成。由于各方面的原因，任何工程进度计划都不可能一成不变，监理应对其进行动态跟踪，监督协调进度计划的实施，督促承包人及时对进度计划进行调整与修订，采取相应的措施纠正由于各种干扰引起的进度偏差，以满足进度总目标的要求。

（二）进度控制的方法

1. 进度控制的措施

监理工程师在进度控制的执行进程中，可以根据影响进度目标的具体情况，采取以下措施，以确保进度目标的实施。

（1）组织措施

要求承包人建立健全进度控制的管理系统，落实进度控制的组织机构和人员，明确责任制，经常对进度执行情况进行分析，使进度检查和调整工作始终处于动态管理之中。

（2）技术措施

要通过及时分析进度计划执行中的偏差情况，经常研究和分析进度计划执行和编制中存在的问题，找清原因，采取相应的对策，特别要注意引导承包人尽量采用先进的科学技术和管理方法去组织施工，加快进度，提高劳动生产效率，缩短工期。

（3）合同措施

监理工程师利用合同规定的权利，督促承包人全面履行合同，必要时可采取诸如强制分包；采用"违约金"条款，对超工期未完部分罚款；召开工地协调会等手段，促使承包人加快工程进度，完成预定的工期目标。

2. 进度控制的监理要点

工期考核是实施项目管理的重要指标，只有按期完成工程项目才能达到预期的经济效益，才能体现合同的法律作用，有效工期内完工是最经济的。满足技术规范标准，在合同规定的工期内完成工程才能被监理工程师批准完工。因此工期管理要用 FIDIC 条款中所有有关条款来制约和监督，进度控制的主要监理内容和要点有计划控制、进度检查、调整计划等。

（1）一份完整的进度计划，从承包人角度讲是履约合同的保证、指导工程的依据，从监理工程师的职责看是控制进度、管理工期的凭证。因此双方在施工准备阶段即要对编制计划保持不断的信息交流。监理工程师将对计划编制提出要求，制定必要的规定，明确方法，确定内容，要求编制出切实可行、能符合合同、又能指导施工的进度计划。关于计划制定的深度，根据我们的经验，应形成几个层次，即总体计划、年度计划、月计划、旬或周计划。总体计划只有一个目标，即在合同工期内完成工程，其制定的项目可以是粗线条的，主要是做好工程的组织和资金调配，编制网络计划图，分析关键线路。年度计划应制定年度目标，包括预计产值和主体工程形象进度，该计划要较为详细地列出各分项工程的开、完工时间，调整工作组合，确定资源状况。年度计划应符合总体计划，特别要做好关键线路分析，并给予资源的保证。而月度计划应详尽至每个分项的各道工序，制定出目标和各分项工程形象进度，并与年度计划基本适应，突出分析关键工程的进展情况。旬或周计划侧重于施工安排，详细程度根据现场情况确定。事实上，有些工程将计划甚至要分解到天，对此我们认为，每日工作计划不利于突出关键线路，如经常完不成会影响到完成计划的信心，这种日计划的形式通常适用于各个工班和工点，而不宜普遍应用于一个建设项目。编制各级计划时要始终注意关键工程的进展，并相互统一，才能利于考核计划。

（2）监理工程师对工期计划管理体系和进度控制的主要手段是加强现场巡视和采集相关资料，巡视的目的在于了解现场动态，掌握工地形象进度，收集相关资料的目的在于分析、考核实际进度，为评价月计划完成情况提供凭证。巡视可以邀请承包人工地负责人一同前往，以便随时交换意见，也可以单独巡视，但一定要及时把发现的问题通报给承包人，不要等影响到工期问题成灾、危及月计划完成时才和承包人交换意见。采集相关资料，掌握现场动态包括承包人生产活动，工程进展，主要工程项目开、完工时间，工料机投入情况，现场进度障碍等。监理工程师有责任对拖后进度的承包人施加压力或通过对现场情况的掌握和对承包人的了解，督促承包人随时纠正工程进展中的问题，加快施工进度。同时将进度计划的完成情况以书面形式及时上报总监理工程师及其办事机构。

（3）进度控制的另一个手段是督促承包人及时统计剩余工程，修改并完善计划。一个大的建设项目分项工程很多，影响工程完成的因素也很多，在月度计划执行一段时间后，受各种因素的影响势必会造成原计划与完成情况不符，这时，就有必要对原计划作修改。修改时应根据实际完成情况和原年度（或总体）计划的目标，统计出剩余工程逐项对照修改，并在此基础上进行资源的调配。经验证明，完整的计划执行过程中，修改计划是必不可少的一个步骤，它能为业主、监理、承包人提供正确的施工意向，增强完成任务的信心和决心。

（三）进度计划的检查

1. 进度计划的审批

（1）监理工程师进场后，及时通知承包人书面提交工程总进度计划（应用网络图的形式）和各项特殊工程的单位工程施工进度计划、年度进度及与此相关的相关流动计划、施工方案、工料机进场计划等。

（2）监理工程师对承包人提交的各种进度计划进行审查和批准实施。审查的主要内容包括：

1）施工总工期是否符合合同工期；

2）施工顺序和时间安排与工料机进场计划是否协调；

3）特殊气候条件影响的工程是否安排在适宜的时间；

4）时间安排是否恰当、有无余地；

5）各种材料、设备和主要管理人员的进场计划是否有保证；

6）施工方案是否符合现有的技术水平、设备和经验；

7）关键线路的计算是否正确。

2. 进度统计检查

当工程开展以后，监理工程师将按规定的时间记录工程进展情况，每月统计和记录标记一次进度情况，并向业主提交一份每月工程进度报告。

（1）每日进度检查记录：

专业工程师应要求承包人按单位工程、分项工程或工点对实际进度进行记录，并予以检查，以作为掌握工程进度和进行决策的依据。每日进度检查记录应包括以下内容：

1）当日实际完成及累计完成的工程量；

2）当日实际参加施工的人力、机械数量及生产效率；

3）当日施工停滞的人力、机械数量及其原因；

4）当日承包人的主管及技术人员到达现场的情况；

5）当日发生的影响工程进度的特殊事件或原因；

6）当日的天气情况等。

（2）每月工程进度报告：

监理工程师应要求承包人根据现场提供的每日施工进度记录及时进行统计和记录，并通过分析和整理，每月向总监理工程师及其代表和业主提交一份每月工程进度报告。应包括以下主要内容：

1）概况或总说明：应以记事方式对计划进度执行情况提出分析；

2）工程进度：应以工程数量清单所列细目为单位，编制出工程进度累计曲线和完成投资额的进度累计曲线；

3）工程图片：应显示关键线路上（或主要工程项目上）一些施工活动及进展情况；

4）财务状况：应主要反映承包人的现金流动、工程变更价格调整、索赔工程支付及其他财务支出情况。

（3）进度控制图表：

应编制和监理各种用于记录、统计、标记、反映实际工程进度与计划、工程进度差距的进度控制图及进度统计表，以便随时对工程进度进行分析和评价，并作为要求承包人加快工程进度、调整进度计划或采取其他合同措施的依据。

（四）进度计划的调整

主要是调整关键线路上的施工安排，对于非关键线路，如果实际进度与计划进度的差距并不对关键线路上的实际进度造成不利影响时，监理工程师不必要求承包人对整个工程进度计划进行调整。

（五）加快工程进度

在承包人没有取得合理延期的情况下，监理工程师认为实际工程进度过慢，将不能按照进度计划预定的竣工期完成工程时，应要求承包人采取加快的措施，以赶上工程进度计划中的阶段目标或总体目标。承包人提出和采取的加快工程进度的措施必须经过监理工程师批准，批准时应注意以下事项：

（1）只要承包人提出的加快工程进度的措施符合施工程序并能确保工程质量，监理工程师应予以批准；

（2）因采取加快工程进度措施而增加的施工费用由承包人自付。

（六）进度计划的延期

由于业主或监理工程师的原因，或承包人在实施工程中遇到不可预见或不可抗力的因素，因而使工程进度延误并批准延期的，监理工程师应要求承包人对原来的工程进度计划予以调整，并按调整后的进度计划实施工程。由于承包人的原因造成工程进度的延误，而且承包人拒绝接受监理工程师加快工程进度的指令，或虽采取了加快工程进度的措施，但仍然不能赶上预期的工程进度并使工程在合同工期内难以完成时，监理工程师应对承包人的施工能力重新进行审查和评价，并应发出书面警告，还应向业主提出书面报告，必要时建议对工程的一部分强制分割或考虑更换承包人。

（七）进度控制工作程序

进度控制工作程序见图 10-3。

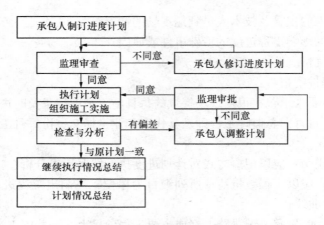

图 10-3　进度控制工作程序图

六、造价控制的工作任务与方法

(一) 造价控制监理的工作任务

工程造价监理的任务是使工程投资在不影响工程进度、质量和生产操作安全的条件下不超出合同规定的计划范围,并保证每一笔支付的公正性和合理性。

目前监理造价控制的范围仅限于施工进程中的计量和支付,其主要职责是:审查中标单位编制的施工组织设计、施工进度计划、现金流量计划及年度计划,签发预付款通知书、核实已完成的合同工程量清单、签发相应的付款通知书、审查工程变更及引起的工程量变化、核算施工单位提交的因政策需调价等因素而提出的工程投资变化清单,报请业主提出反索赔,协助业主编写竣工决算。

为了有效地进行投资监理,监理工程师要对投资目标进行分解,分项目监理,以达到总目标的实现,在招投标阶段要仔细审核标价的合理性,并经谈判,最后核实准确合理的合同单价。

要严格控制工程变更,如增减工程量、更改设计、更改施工顺序。要防止或减少因勘测资料不足、设计考虑不周、提高设计标准、施工安排不合理、质量不合格等原因导致工程变更,突破投资控制目标。

投资监理的任务主要包括:工程量清单的管理、工程计量、工程支付等内容。

(二) 造价控制的方法

1. 工程量清单

监理工程师进场后应熟悉工程量清单和其说明的有关内容,掌握工程具体项目的工作范围和内容,计量方式、原则和方法。工程量清单的管理主要是核查清单工程数量及工程实施中的工程数量变更、修改等工作,以便于进行计量。

2. 工程计量与支付

(1) 承包人每月必须在 28 日前提交计量申请至计量监理工程师,工程计量工作主要是根据承包人提交的计量申请,依据工程量清单、施工图纸、工程变更令及修订的工程量清单、合同条款、技术规范、补充协议书等进行审查,并对计量结果作出准确的文字记录,副本抄送承包人。

（2）计量工作由现场计量工程师计量，总监理工程师审批，以确保计量的准确性。

（3）计量的原则是按照合同文件所规定的方法、范围、内容、计量单位，按监理工程师同意的计量方式计量，对不符合合同文件要求的工程不予计量。

（4）工程支付工作主要是在规定的时间内审查承包人的支付申请，主要审查支付项目是否满足合同要求，各项资料、证明文件手续是否齐备，所有款项的计算与汇总是否准确无误等，审核符合要求后，签发支付证书上报业主，并将副本抄送给承包人。工程支付工作由计量支付工程师负责，驻地监理工程师审批，由业主支付。支付过程中，严格遵守施工承包合同或有关规定进行。

1）材料已被用于永久性工程；

2）材料已运抵工程现场；

3）材料的质量与存放均满足规定要求。

3．最终支付

必须在监理工程师确认下列要求后，方予支付：

（1）承包人的遗留工程及缺陷工程已完成并达到标准；

（2）承包人已获得全部工程的缺陷责任书；

（3）检查完所有的支付项目，无漏项和重复；

（4）复核完所有的工程数量与投资计算；

（5）核实有争议的项目与计算，并与业主、承包人协商确定了处理方法；

（6）审核完承包人的最终财务报告及结算单。

4．暂定金

监理工程师应根据实际需要动用暂定金，并在下列手续完备之后签发暂定金支付证明。

（1）审批承包人提交的相应工程的施工组织计划；

（2）审批承包人提交的对应其施工组织计划所需要的工费、材料费、机械费、设备费及计算说明；

（3）与业主和承包人就暂定金的支付，进行协商；

（4）审核有关动用暂定金的凭证。

5．记日工

监理工程师可指令按记日工完成特殊的、较小的变更或附加工程同时应要求承包人提交该项工程的下列报表：

（1）用工清单；

（2）材料清单；

（3）机械、设备清单；

（4）投资清单，包括其付款凭证。

监理工程师审查上述资料时，应注意：未经监理工程师同意不得加班；未经监理工程师认可的材料不得使用；发生故障和闲置的机械、设备不得计入；并根据工程量清单计日工的价格及其合同中规定的费率，签发支付证明。

6．工程变更

（1）监理工程师签发变更工程支付证明，必须以工程变更令及修改的工程量清单为依据。

（2）监理工程师收到《中间计量单》并审查无误后，应依照工程变更令所确定的支付原则，参照其修订的工程量清单，办理支付。

7. 价格调整

（1）监理工程师必须根据合同规定的价格调整方式，通过《中期支付证书》办理因价格调整引起的投资支付。

（2）如果合同没有规定具体的调整方法，监理工程师应与业主、承包人协商后，决定进行价格调整的具体方法。

8. 工程交工支付

监理工程师收到承包人交工财务报告后，应完成对其报告中下列项目的审查，确认后向业主签发《支付证书》：

（1）按照合同规定日期完成全部工程的最终价值；

（2）业主还应支付的任何追加款项；

（3）按照合同应支付给承包人的估算总额。

9. 造价控制监理要点

（1）坚持工程变更程序化。

变更的含义是广义的，涉及的内容也是多方面的。既有形式上，也有质量上，更有数量上的变动，它们的共同特点是发生在项目实施过程中，通常是项目执行前没有考虑到和无法预测的。作为业主，一般是力图让变更规模在保证设计标准和质量的前提下尽可能缩小，或为美观或方便地方生产与生活进行变更，以使质量与使用标准更高；而作为承包人由于变更总要改变其原来的工作计划，给工程管理带来不同程度的困难，因此总是力图以此为由向业主索要比变更工程实际造价高出许多的投资，以获取较高的利润，监理工程师的任务就是在其中公正处理这一矛盾，维护各方的利益，力争使变更发生的规模和投资均合情合理，是监理工程师的最终目的。

为了达到上述目的，我们将做到注意整理收集反映工程状况的资料，包括变更前、后的设计文件、资料、图纸以及有关各方面的意见、信函；评估工程变更投资；审慎地确定变更单价（报业主批准）。

此外，对现场工作及设计中确实存在的需要变更之处，我们也将根据工作经验，及时向业主反映，以保证质量要求。

（2）尽可能避免发生延期和投资索赔。

延期和投资索赔是业主一般不愿意看到的，因为它们意味着业主的既定目标未能实现，同样承包人在某种程度上也是不愿意发生的。因此在既定的工期内完成工程能为他带来较大的利润和信誉。监理工程师在处理此类问题时应有审慎的态度，尽可能避免它们的发生。根据我们的经验，要避免延期和投资索赔的发生，重要的是承包人与驻地监理工程师应积极配合业主解决有关问题，减少进度障碍。驻地监理工程师要充分重视承包人的工程进度计划，及时发现有可能引起延误的项目或工点，提醒承包人局部修改，以避开可能延误或条件尚不具备的工点。同时，如果此类问题发生，要合理调整计划和现场布局，减少影响工程延期的因素，一旦出现延期或投资索赔，要严格按监理程序执行和审查。

（3）抓住计量支付的核心手段。

计量与支付不仅是合同管理体制的核心，也是整个监理工作的核心，它是监理工程师行使权力和履行职责的根本保证，也是监理工程师的最终成果。承包人的每道工序、每一分项（部）工程必须得到监理工程师的认可后才予计量与支付。监理工程师充分利用这一权力，可以有效地控制工程质量和投资。项目在实施过程中，支付有两个阶段：第一阶段是中期支付，第二阶段是最终支付。监理工程师在中期支付过程中要把好关，就能较好地控制质量、进度和投资。我们在监理工作过程中通过利用以下几项手段来对计量与支付进行把关：

1）做好检查。检查包括对路基标高的测量，尤其是原地面和开挖老路填筑的标高测量。结构物尺寸的检查，钢筋数量的清点等，一般检查可以通过现场监理进行，重要检查专业工程师与计量工程师要到场，重大检查有时要邀请业主。承包人提交中间计量表时，要现场检查并复核计算方法和结果，并及时通知承包人。

2）运用合同条款。《技术规范》中对计量支付有着不同的规定，监理工程师要充分理解这些合同条款，并运用它们对各项目进行控制，应特别注意有些项目的涵盖内容较多，不可重复计量或套错项目号。

3）复核总量。驻地监理工程师办公室拿到图纸后应尽快计算出合同中各项目的总数量并与工程量清单对照，发生变更时及时调整，这项工作必须在工程量清单中子项目完成前计算完毕，才能控制计量总量，这也是最终支付时的要求。这样才能有效地控制造价，使投资控制在合理范围。

4）与质量挂钩。计量与支付是在质量合格的基础上发生的。监理工程师利用这一关系对不符合质量要求的项目不予以计量，给予承包人一定的经济惩罚，能有效地控制工程质量。

5）掌握承包人的资金流向。在许多项目的建设过程中我们发现在承包人得到支付以后，尤其是动员预付款支付后，会出现专款不专用，或承包人主管上级部门抽调资金的情况，给进度造成不利影响。在此情况下，我们的做法是要求承包人列出收支情况表，定期交监理工程师审查，并加强对承包人主管部门的宣传联系，确保支付资金用于本工程。当然，监理工程师有义务对合格的工程尽快予以计量，加快审批验收程序，缩短支付周期，创造良性循环，加快工程进度。

6）档案管理。我们还将做到建立计量台账，统一计量管理，使之查阅方便、核对轻松、条理清晰。

（三）造价控制的基本程序

（1）工程计量基本程序见图10-4。

（2）工程款支付控制见图10-5。

（3）工程计量基本程序见图10-6。

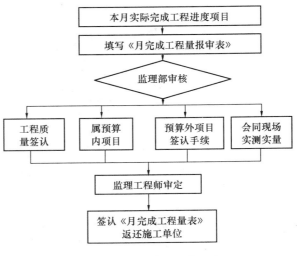

图10-4　工程计量基本程序

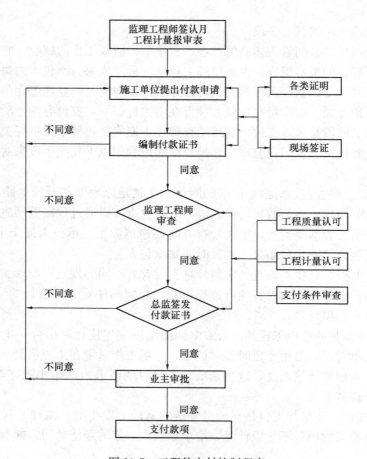

图 10-5　工程款支付控制程序

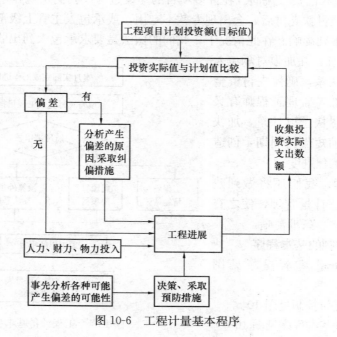

图 10-6　工程计量基本程序

七、现场安全控制监理的工作任务与方法

（一）安全文明施工监理的工作任务

工程监理以"三控制"、"两管理"、"一协调"为工作目标，《工程建设强制性标准监督规定》提出了施工质量与安全要求，其中涉及施工安全要求的有三个安全技术规范和一个安全检查标准。尽管《建筑法》中明确现场施工安全管理的责任人是施工承包单位，但监理单位作为独立的市场主体，受业主委托全面负责工程建设的监督管理工作，对施工安全工作理所当然地也要负责监督管理。为此，应该确定安全文明施工监理是工程监理的重要内容。安全文明施工监理并不是工程管理中一项孤立的工作，而是与质量、进度、投资控制各个环节相辅相成的。通过监理人员的有效控制，避免施工安全事故的发生，营造一个文明的施工环境。力争无工伤死亡事故、无交通死亡事故、无等级火灾事故，争创市政安全文明施工现场。

（1）安全文明施工监理是质量控制的基础。

一项工程的施工质量越好，其产生的安全效应就越高，同样只有在良好的安全措施保证下，施工人员才能较好地发挥技术水平，质量也就有了保障。

（2）安全文明施工监理是进度控制的前提。

工期过紧是埋下安全隐患的原因之一。由于建设项目的最大特点是工期较长，我们总是希望其投入资金能尽快产生经济效益，对工期提出压缩要求。长时间的加班加点，造成的结果往往是人员和设备的疲劳及施工安全条件无法保证，安全事故也多发生在工作日的上下班及加班时间内。

（3）安全文明施工监理是投资控制的保证。

承包方是安全文明施工的主体，安全生产的落实是要有资金作保障的。但由于承包商重视不够、盲目压价等，承包商不可能将过多资金投入安全设施中，同时存在侥幸心理，加上部分施工队伍缺乏岗位培训、人员素质较低、安全意识较差，一旦出现因存在安全问题产生的工伤事故，不但会给承包方带来巨大的经济损失，而且会给监理单位造成不良的社会信誉和其他的潜在损失。因此，监督承包商在安全方面进行必要的投入，真正做到"安全第一，预防为主"，自然成为监理工程师的一项重要的日常管理工作。

监理工程师对安全文明施工监理的主要工作内容概括为"三查"（审查、检查、核查）。

审查：要审查承包商的各类安全文件；审查进入施工现场各分包单位的安全资格和证明文件；审查承包商提交的施工方案和施工组织设计中的安全技术措施；审查承包商提交的关于交接检查部分分项工程安全检查报告和安全技术鉴证文件。

检查：检查承包商的工地现场安全组织体系中的安全人员是否真正到位；检查承包商对新工艺、新技术所采取的安全措施与审定的方案是否一致；检查承包商对单位工程安全管理台账的填写是否及时真实；发现有违章冒险作业的要当即责令其停止作业，发现隐患的要责令其停工整改。

核查：不定期组织承包商或参加由业主组织的安全综合核查，按有关规范标准的内容逐项仔细打分，进行评价，提出处理意见并限期整改。

安全文明施工监理与监理工程师的主要工作息息相关。通过对这些年在受监理项目中监理工作中发生的各种安全事故的分析和总结，监理工程师应当主动将安全文明施工监理纳入监理工作的重点之中，以"三控制（投资、质量、进度）"、"三管理（安全、合同、信息）"、"一协调（组织）"为核心，全面地展开监理工作。

（二）安全文明施工监理方法

1. 安全监理工作职责

（1）总监理工程师及总监代表职责：

1）负责组织建立项目部的安全监理机构；

2）结合工程特点，组织编制安全监理细则；

3）检查指导项目部成员日常安全监理工作；

4）组织审查承包商编制的现场施工安全保证体系文件，监督检查其体系运行情况；

5）组织现场安全联合检查；

6）参与施工现场安全事故的调查处理工作。

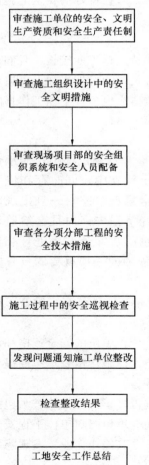

图 10-7　施工阶段安全、文明控制的基本程序

（2）专业监理工程师职责：

1）审查专业承包单位的安全资质；

2）审查承包单位编制的安全保证体系文件，并监督实施；

3）监督承包单位按规定搭设安全设施；

4）检查分部、分项工程安全状况，签署工序报验；

5）参与工程事故分析和处理；

6）监督承包单位及时整理现场安全管理文件资料；

7）按规定做好每日现场安全巡查工作，参加由总监组织的现场"安全月检"工作。

（3）监理内部安全负责人职责：

1）协助总监理工程师的工作，建立各项规章制度；

2）负责监理部办公室、施工现场、交通安全检查、监督；

3）检查落实监理部安全设施配备情况；

4）整理安全内业资料。

（三）安全文明施工监理的程序

（1）施工阶段安全、文明控制的基本程序见图 10-7。

（2）安全监理工作流程见图 10-8。

八、合同管理的工作任务与方法

（一）合同管理的工作任务

为确保工程项目顺利实施，提供法律保证和保证工程项目实施过程中依法全面履行，以保证工程项目目标的实现。因此合同管理是一个融法律、经济于一体的综合性工作。

在招投标阶段，合同管理任务是订立一个详尽完善的承包合同，为保证工种项目的实施提供法律保证。在项目实施过程中，合同管理的任务是依据条款，全面履行合同条款，协调合同双方的纠纷、争议，对合同的履行、合同变更和解除等进行监督检查。处理变更、索赔、延期、分包、违约责任等履行合同条款的事宜。

为保证合同的全面履行，监理应建立健全项目合同的管理制度，要做好合同分析，仔细分析合同条款的内涵，以求对合同作出正确的解释，明确合同的法律依据。要建立完整的合同数据档案和合同网络，随时掌握各项合同条款实施的情况和存在的问题，加强对合同实施的监督、检查。对承包人、业主各方面履约情况作出评价，纠正各种不符合合同条款内容的做法、文字、文件等，以保证合同的全面履行。

（二）合同管理方法

合同管理是监理工作的核心之一，它和技术管理体制互为补充，构成了监理工作不可分割的两大部分，所谓合同管理就是监理工程师根据合同文件的规定，通过一定的组织系统，按规定的监理程序，运用各种有效的手段和方式，对承包人的技术经济活动进行监督与管理，以使工程进度、造价符合合同要求。它包括的内容较多，有上面提到的计划控制、工程变更、计量、延期与索赔的处理，分包的管理、工地会议等，合同管理的基础是计划与进度控制，核心是计量，而分包、工程变更、延期

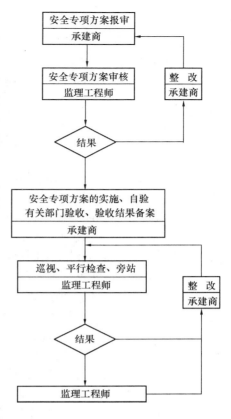

图 10-8　安全监理工作的流程

和索赔是管理中的难点。我们认为要做好合同管理，业主与承包人应履行合同中规定的职责；监理应按程序办事，熟悉合同，准确理解合同；注意证据，收集资料，凭数据说话。

合同管理要严格控制和管理好分包，对分包管理的目的是防止出现合同纠纷和带来质量、进度上的混乱，致力于发扬专业化分包队伍的优势，有效地促进工程质量。对分包的管理，监理工程师要做到履行批准和开工申请手续，利用检查和工地会议了解情况；杜绝分包过多；核实分包人的队伍组成和技术管理人员情况；对较大的分包项目，应指定专门的监理工程师监管；跨越时间较长的分包合同，应对其进行中期审查；经常检查，发现问题严格处理。

（三）费用索赔

监理工程师对承包人提出的费用索赔申请，将依据合同规定的程序进行审查，确认承包人所提出的申请是否符合规定、证据是否充足、计算方法和依据是否正确，有关监理人员做好资料收集、记录工作。

在审批工程索赔过程中、公正行事，严格审查索赔的申请，对索赔的依据、事实情况进行仔细的分析，事件发生时，发挥监理工程师的控制作用，采取必要措施，减轻损失，保护业主的利益。

（四）争端和仲裁

当工程发生争议时，监理工程师根据合同规定的期限，进行争议事件的全面调查、取

证，并对争议做出书面决定，通知业主和承包人。若业主和承包人不同意监理工程师作出的决定，可提交有关部门仲裁。

（五）承包商违约

监理工程师对承包人违约，将依据下列事实进行确认，并根据合同规定进行处理。

（1）无力偿还债务或陷入破产，或主要财产被接管或主要资产被抵押或停业整顿等，因而放弃合同。

（2）无正当理由不开工或拖延工期。

（3）无视监理工程师的警告，一贯公然忽视履行合同规定的责任和义务。

（4）未经监理工程师和业主同意，随意分包工程或将整个工程分包出去。

（5）无力履行合同或对工程质量、工期可能造成重大影响。

监理工程师在提供详尽材料后，向业主提出提前终止合同的建议，供业主决策。对于部分违约的现象，督促承包人立即改正，经常性检查合同的执行情况，对发现的重大问题及时告知业主，必要时征得业主同意，采用经济措施，确保合同的全面履行。

（六）分包与指定分包

对承包人提出的分包申请或业主指定分包，监理工程师需进行的审查，审查的主要内容包括：分包人的资格证明及情况、工程项目及内容，工程数量及金额、工程工期、承包人与分包人的合同责任。在执行过程中，监理工程师通过承包人对分包工程进行管理。只有经业主同意，承包人才能进行合同转让。

对于不符合合同规定的分包，了解情况后及时报告业主，并提出监理意见，供业主决策。

（七）合同管理的程序

（1）工期延期管理的基本程序见图 10-9。

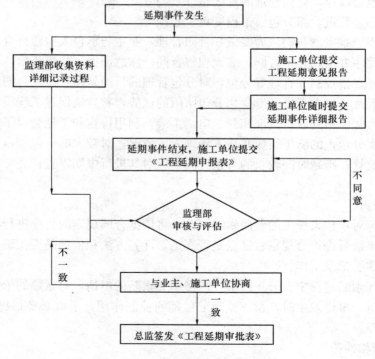

图 10-9 工期延期管理的基本程序

（2）合同争议调解的基本程序见图 10-10 和图 10-11。

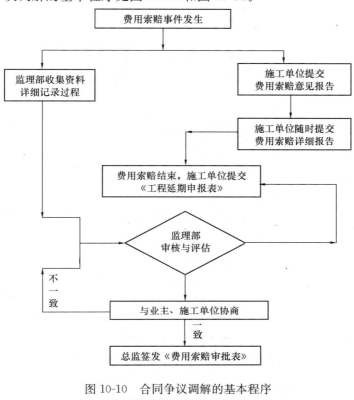

图 10-10　合同争议调解的基本程序

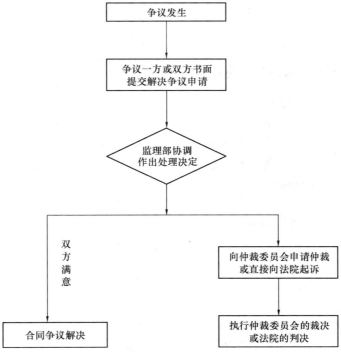

图 10-11　合同争议调解的基本程序

（3）违约处理的基本程序见图 10-12。

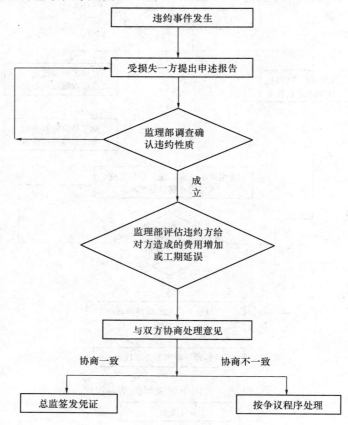

图 10-12　违约处理的基本程序

九、工程信息资料管理的任务和方法

（一）信息资料管理的任务

信息资料管理的任务是收集、整理、加工、传递和应用各种工程项目实施中的信息、文字等资料，及时准确地向各项目各级管理人员、各个参加项目建设的单位及其他有关部门提供所需信息，对项目实施实行动态监控，为项目总目标的控制任务服务。

（二）信息资料管理的方法

1. 工程记录

根据本工程需要建议记录分三类：

（1）监理记录；

（2）工程月报；

（3）工程监理报告。

2. 监理记录

（1）工序工程开工批准、完成、检验及材料试验，工程验收记录与工程照片；

（2）工序工程开工申请单，审查合格的开工申请；

（3）每周工作计划；

（4）监理周报；

（5）检验申请单；

（6）监理工程师下达的指令；

（7）工程的变更；

（8）工地会议纪要。

3. 原始记录

包括承包人质量检验报告、监理抽检、监理中心实验室的各项检验记录。

4. 竣工验收资料

为了保证建设项目档案资料的齐全、完整、准确、系统，在工程项目验收前，建设单位的负责人要组织有关工程管理人员、工程技术人员和档案管理人员对此工程项目档案资料是否齐全、准确进行自检。资料的完整是指将项目建设全过程中应归档的文件、资料归档，各种文件原件齐全。资料的准确指档案的内容真实反映项目竣工时的实际情况和建设过程，做到图物相符，技术数据准确可靠，签字手续完备。档案资料的系统指按其形成的规律，保持各部分之间的有机联系，分类科学。档案部门要与本单位的工程管理部门密切配合，深入现场服务，要按规定参加建设项目的交工验收和竣工验收工作。

5. 档案

档案按行政归档、归档、技术归档分别管理。

（三）信息资料管理的程序

（1）项目外部信息管理的基本程序见图 10-13。

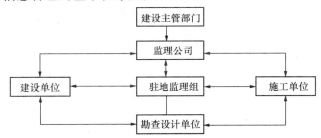

图 10-13 项目外部信息管理的基本程序

（2）项目内部信息管理的基本程序见图 10-14。

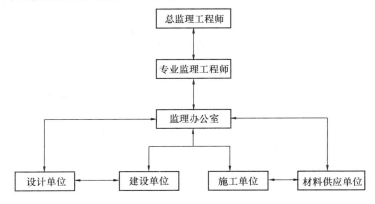

图 10-14 项目内部信息管理的基本程序

第四篇　燃气、热力工程

第十一章　城镇燃气管理条例

《城镇燃气管理条例》

中华人民共和国国务院令第 583 号

2010 年 10 月 19 日国务院第 129 次常委会议通过，自 2011 年 3 月 1 日起实施。

（说明：本条例共八章、五十五条。其中第十一、三十三、三十四、三十五条的条文及释义与燃气设施建设工程相关。换言之，这四条的规定和释义是作为市政公用工程，特别是燃气专业的监理人员应该了解、掌握的内容。本教材只列出这四条的条文及释义。）

第十一条　进行新区建设、旧区改造，应当按照城乡规划和燃气发展规划配套建设燃气设施或者预留燃气设施建设用地。

对燃气发展规划范围内的燃气设施建设工程，城乡规划主管部门在依法核发选址意见书时，应当就燃气设施建设是否符合燃气发展规划征求燃气管理部门的意见；不需要核发选址意见书的，城乡规划主管部门在依法核发建设用地规划许可证或者乡村建设规划许可证时，应当就燃气设施建设是否符合燃气发展规划征求燃气管理部门的意见。

燃气设施建设工程竣工后，建设单位应当依法组织竣工验收，并自竣工验收合格之日起 15 日内，将竣工验收情况报燃气管理部门备案。

［条文说明］：本条是对新区建设、旧区改造配套建设燃气设施，燃气设施工程规划选址和燃气设施建设工程竣工验收备案的规定。

关于燃气设施建设工程竣工验收及验收备案

本条第三款规定了燃气设施建设工程竣工验收备案制度。燃气设施建设工程竣工后，建设单位应当依法组织竣工验收，并自竣工验收合格之日起 15 日内，将竣工验收情况报燃气管理部门备案。

燃气设施建设工程是建设工程的一类，其竣工验收应当服从国务院《建设工程质量管理条例》的规定。

按照《建设工程质量管理条例》第 16 条的规定，燃气设施建设工程的建设单位收到建设工程竣工报告后，应当组织设计、施工、工程监理等有关单位进行竣工验收。进行竣工验收时，应当具备以下条件：完成工程设计和合同约定的各项内容；有完整的技术档案和施工管理资料；有工程使用的主要建筑材料、建筑构配件和设备的进场实验报告；有勘察、设计、施工、工程监理等单位分别签署的质量合格文件；有施工单位签署的工程保修书。未经验收合格的燃气设施建设工程，不得投入使用。

按照《建设工程质量管理条例》第 49 条规定，建设单位应当在竣工验收合格之日起将竣工验收报告和其他有关文件报建设行政主管部门或者其他有关部门备案。建设单位办理工程竣工验收备案通常应提交以下材料：

（1）燃气设施建设工程竣工验收备案表；

（2）燃气设施建设工程竣工验收报告（包括工程报建日期，施工许可证号，施工图设计文件审查意见，市政基础设施的有关质量检测和功能性试验资料，勘察、设计、施工、工程监理等单位分别签署的工程验收文件及验收人员签署的竣工验收原始文件等）；

（3）规划、公安消防、环保、质检等部门出具的认可文件或者准许使用文件；

（4）施工单位签署的工程质量保修书。办理竣工验收备案应符合有关程序规定要求。建设行政主管部门及有关部门收到建设单位的竣工验收备案文件后，依据建设工程质量监督机构的监督报告，若发现建设单位在竣工验收过程中有违反国家有关建设工程质量管理规定行为的，应责令停止使用，限期整改。燃气设施工程建设单位重新组织竣工验收后，应重新办理竣工验收备案。

按照本款规定，燃气设施建设工程建设单位应当自工程竣工验收合格之日起15日内，将工程竣工验收情况报燃气管理部门备案。这里的"燃气管理部门"指县级以上地方人民政府燃气管理部门。工程建设单位要将汇总整理竣工验收文件及时报当地燃气管理部门备案；上级燃气管理部门要求备案的，燃气设施工程建设单位也要及时报上级燃气管理部门备案。燃气设施建设工程竣工验收备案是加强燃气设施工程监督管理、防止不合格工程流向社会的一个重要制度保障。

需要说明的是，本《条例》规定的备案与《建设工程质量管理条例》规定的备案有所差别。一是，备案部门不一样。《建设工程质量管理条例》规定的备案部门是建设行政主管部门或者交通、水利等有关部门；《条例》规定的备案部门是燃气管理部门。二是，备案内容不一样。《建设工程质量管理条例》规定的是竣工验收报告和规划、公安消防、环保等部门的认可文件和准许使用文件的备案；《条例》规定的是竣工验收情况的备案。三是，备案目的不一样。《建设工程质量管理条例》规定的备案制度，主要目的在于保障工程质量符合国家规定；《条例》规定的备案制度，主要目的在于确保燃气设施建设符合燃气发展规划。因此，《条例》规定的备案制度并非取代《建设工程质量管理条例》中的备案制度，而是对燃气设施建设工程建设单位新增加的要求。

第三十三条　县级以上地方人民政府燃气管理部门应当会同城乡规划等有关部门按照国家有关标准和规定划定燃气设施保护范围，并向社会公布。

在燃气设施保护范围内，禁止从事下列危及燃气设施安全的活动：

1. 建设占压地下燃气管线的建筑物、构筑物或者其他设施；

2. 进行爆破、取土等作业或者动用明火；

3. 倾倒、排放腐蚀性物质；

4. 放置易燃易爆危险物品或者种植深根植物；

5. 其他危及燃气设施安全的活动。

［条文说明］：本条规定了燃气设施保护范围的划定以及在保护范围内的禁止性活动。

在燃气设施周边建设道路桥梁，敷设管道，修建房屋和构筑物，挖掘、取土、钻探、深坑作业、打桩、顶进等已是造成燃气设施损坏事故的重要原因。燃气设施保护不力，出现损坏和泄漏会直接发生燃烧爆炸等严重事故，导致社会和人民生命财产的重大损失。划定燃气设施保护范围，明确保护范围内的禁止行为活动，并向社会公布，形成全社会参与监督保护的环境是保护燃气设施安全运行的重要措施。

本条第一款规定，划定燃气设施保护范围是县级以上地方人民政府燃气行政管理部门的一项法定责任。燃气设施保护的实施技术内容繁杂、安全要求高、涉及相关行业众多，燃气管理部门需要与相关部门共同实施。燃气管理部门必须会同城乡规划、建设、城市管理、公安消防、技术监督、水利堤防、电力电信等相关部门共同编制燃气设施保护范围和方案，以取得在燃气设施保护过程中的协调一致。

燃气设施保护范围所要保护的客体是燃气设施，所要防范的是任何单位和个人可能危及燃气设施安全的行为和活动。燃气设施保护范围划定要综合以下因素：（1）依据《中华人民共和国建筑法》（以下简称《建筑法》）、《中华人民共和国消防法》（以下简称《消防法》）、《建设工程安全生产管理条例》等法律法规的有关规定；（2）根据当地的总体规划、控制性详规、燃气发展规划和现行的国家、行业的相关技术标准规范；（3）结合当地社会、环境、气候、地形、地貌、生产生活习惯等具体条件；（4）结合可能危害燃气设施的第三方行为活动的种类和影响程度。

保护范围应根据标识技术的规定和要求，设立统一的安全保护范围标识，避免歧义和误解，使得全社会能清晰知晓，遵照执行。

本条第二款是在燃气设施保护范围内禁止性活动的规定。世界燃气行业燃气事故多年的统计和我国运行实践证实，第三方活动行为对燃气设施安全的危害占燃气事故原因的比重超过30%，是燃气事故的主要原因，明确第三方活动的主要类型，有利于社会的共同参与和相关部门的行政管理监督以及对违法违规的行为的处置。

本条第二款规定的燃气设施保护范围内的禁止性活动有5项。第（1）～（4）项活动的共同点：均是第三方在燃气设施范围内实施的活动，这些活动直接损害燃气设施，导致燃气泄漏。地下燃气设施损坏形成的泄漏具有隐蔽性，难以发现，极容易引发燃气事故和次生灾害，其突发性、危害性、危险性更为严重。

本款第（1）项规定禁止"建设占压地下燃气管线的建筑物、构筑物或者其他设施"，在燃气地下管线上建设临时性或永久性的建筑物、构筑物或者其他设施本身就是违反国家标准和规范的。建筑物、构筑物压占燃气管线，极易造成燃气管线变形破裂，发生燃气泄漏。由于地下泄漏不易及时查处，易燃易爆的燃气在地下蔓延和聚集，容易酿成其他地下设施或该建筑物、构筑物严重破坏和人员伤亡的重大事故，严重影响社会生活稳定和生命财产安全。类似事故已有较多血的教训。

本款第（2）项规定禁止在燃气设施保护范围内"进行爆破、取土等作业或者动用明火"。炸山、楼房爆破拆除、施工爆破、基础爆破等作业的能量巨大，其形成的震动使燃气设施的连接松动、设施变形、破损或者直接损害燃气设施，易燃易爆的燃气泄漏后遇到明火，将直接引发灾害性后果。在燃气设施保护范围内取土、挖掘施工作业、运走燃气设施周边或者上面的填土，会造成燃气设施基础破坏、防腐蚀工程损坏、管道塌陷等后果，机械作业也会毁损燃气设施并引发燃烧爆炸，造成机毁人亡的惨剧和次生灾害。

本款第（3）项规定禁止"倾倒、排放腐蚀性物质"。腐蚀性物质包括液体、气体、固体的腐蚀性物质，这些物质与燃气设施接触，会造成设施的保护层损害，加快或直接腐蚀燃气设施，形成设施损坏、燃气泄漏，形成安全隐患。特别是上述物质渗入地下后，难以检测发现，造成管道、阀门及连接部位腐蚀穿孔，燃气大量、长时间泄漏，在地下扩散、集聚，在一定空间形成达到爆炸极限浓度，遇周边的明火或者其他活动形成的足够着火能量，都会导致燃烧爆炸，酿成巨大的灾害和人民生命财产损失。

本款第（4）项规定禁止"放置易燃易爆危险物品或者种植深根植物"。燃气本身就是易燃易爆危险物品，在燃气生产、运输、配送、存储、使用的设施保护范围内放置易燃易爆危险物品，会形成极大的安全隐患。易燃易爆危险物品发生燃烧、爆炸等意外事故产生的冲击波、辐射热能、爆炸震动等会毁损燃气设施，造成次生灾害。燃气的泄漏会成为引发易燃易爆危险物品灾害的诱因。这些行为引发灾害，造成的人民生命财产损失将会极为巨大，必须严令禁止。禁止"种植深根植物"是为了防止植物根系在生长过程中形成的巨大力量造成地下管道位移、变形或断裂，酿成事故。

本款第（5）项规定禁止"其他危及燃气设施安全的活动"是指前4项以外的对燃气设施安全构成威胁，有危害性活动的概括性规定，这些活动可依据国家现行的法律法规和本条例有关规定认定。

第三十四条 在燃气设施保护范围内，有关单位从事敷设管道、打桩、顶进、挖掘、钻探等可能影响燃气设施安全活动的，应当与燃气经营者共同制定燃气设施保护方案，并采取相应的安全保护措施。

［条文说明］：本条明确了在燃气设施保护范围内，有关单位从事可能影响燃气设施安全活动时应当遵守的规定。

本条列举的管道、打桩、顶进、挖掘、钻探等活动，都可能接触到燃气设施，影响燃气设施安全。因此规定有关单位应当与燃气经营者共同制定燃气设施保护方案。

根据不同的施工工艺特点和流程，制定对燃气设施的保护措施，明确责任分工、责任人和具体措施。凡在燃气设施保护范围内的工程项目，建设、施工单位应和燃气经营者遵照本条规定制定相应的保护措施，履行有关手续后，方可开展施工活动。没有双方认定一致的保护方案，不具备施工的条件不得进行施工。施工过程中施工方应当严格按照保护方案，落实措施。

擅自施工、野蛮施工对燃气设施造成损坏的，将依据本条例对责任单位进行严格处罚。

第三十五条 燃气经营者应当按照国家有关工程建设标准和安全生产管理的规定，设置燃气设施防腐、绝缘、防雷、降压、隔离等保护装置和安全警示标志，定期进行巡查、检测、维修和维护，确保燃气设施的安全运行。

［条文说明］：本条明确了设置和管理燃气设施保护装置和安全警示标志的规定，实施的责任主体是燃气经营者。

燃气设施在城镇区域内分布广、周边情况复杂，容易遭到其他行为的损害。为保障这些设施的安全运行，燃气经营企业必须设置安全警示标志，设置燃气设施的保护装置。燃气经营企业设置的安全警示标志应具有明显的可辨识特征，其规格、式样、图形要统一，外观应清晰、明确、简洁、明了。向公众明示燃气设施装置和燃气保护装置的位置、方位和危险警示，形成社会参与监督、保护燃气设施安全运行的常态机制。安全警示标志的图形和规格应向社会公布，安全警示标志应当不产生歧义、误解，便于社会的辨识和参与。

（燃气安全警示标志参见《城镇燃气标志标准》CJJ/T 153—2010——编者注）

燃气经营者要按照法律法规的相关规定，依据相关标准，设置燃气设施的防腐、绝缘、防雷、降压、隔离等装置和相应的安全警示标志。按照国家有关工程建设标准和安全生产管理的规定，进行燃气设施保护装置和安全警示标志的设计、采购、施工、运行、管理，使其能适应燃气设施的规模和工艺水平，发挥这些装置在燃气安全运行中的保障功能。

第十二章 燃气、热力工程相关技术标准

第一节 《城镇燃气技术规范》GB 50494—2009

本规范共八章，一百四十二条。全部都是强制性条文，要求必须严格执行。2009年8月1日起实施。

本规范以城镇燃气设施的基本功能和性能要求为目标，重点是对城镇燃气设施建设、使用和维护提出目标要求，规定了直接涉及安全、人身健康、节约资源、保护环境和公共利益等国家需要控制的重要技术要求。但具体的技术要求要应执行现行国家有关标准规定。因此限于篇幅，教材没有把规范条文及说明全文录出，建议读者自行学习。

第二节 《聚乙烯燃气管道工程技术规程》
CJJ 63—2008 强制性条文及条文说明

本规范自2008年8月1日起实施。其中，第1.0.3、5.1.2、7.1.7条为强制性条文，必须严格执行。原行业标准《聚乙烯燃气管道工程技术规程》CJJ63—95同时废止。

1.0.3 聚乙烯管道和钢骨架聚乙烯复合管道严禁用于室内地上燃气管道和室外明设燃气管道。

[条文说明]：聚乙烯管道和钢骨架聚乙烯复合管道机械强度相对于钢管较低，做地上明管受碰撞时容易破损，导致漏气；同时大气中紫外线会加速聚乙烯材料的老化，从而降低管道耐压强度。因此作为易燃易爆的燃气输送管道，不应使用聚乙烯管道和钢骨架聚乙烯复合管道作地上管道。在国外，一般也规定聚乙烯管道只宜做埋地管使用。

5.1.2 聚乙烯管材与管件的连接和钢骨架聚乙烯复合管材与管件的连接，必须根据不同连接形式选用专用的连接机具，不得采用螺纹连接或粘接。连接时，严禁采用明火加热。

[条文说明]：由于采用专用连接机具能有效保证连接质量，因此，要求根据不同连接形式选用专用连接机具；不得采用螺纹连接，是因为聚乙烯材料对切口极为敏感，车制螺纹将导致管壁截面减弱和应力集中，而且，聚乙烯材料为柔韧性材料，螺纹连接很难保证接头强度和密封性能，因此，要求不得采用螺纹连接；不得采用粘接，是因为聚乙烯是一种高结晶性的非极性材料，在一般条件下，其粘接性能很差，一般来说粘接的聚乙烯管道接头强度要求不低于管材本身强度，目前还没有适合于聚乙烯的胶粘剂，因此，要求不得采用粘接；明火会引起聚乙烯材料燃烧和变形，而且，明火加热也不能保证加热温度的均匀性，可能影响接头连接质量，因此，要求严禁使用明火加热。

7.1.7 聚乙烯管道和钢骨架聚乙烯复合管道强度试验和严密性试验时，所发现的缺

陷，必须待试验压力降至大气压后进行处理，处理合格后应重新进行试验。

［条文说明］：带压操作极其危险，为保证施工安全，特作此条规定。

第三节　《球形储罐施工规范》GB 50094—2010 强制性条文及条文说明

本规范自 2011 年 6 月 1 日起实施。其中，第 3.0.3、6.1.1、6.2.1、7.1.4、7.2.2、8.1.1、10.1.1 条为强制性条文，必须严格执行。原《球形储罐施工及验收规范》GB 50094—98 同时废止。

3.0.3　球形储罐施工单位必须获得球形储罐现场组焊许可，并应建立压力容器质量管理体系。

6.1.1　从事球形储罐焊接的焊工，必须按有关安全技术规范的规定考核合格，并应取得相应项目的资格后，方可在有效期间内担任合格项目范围内的焊接工作。

［条文说明］：焊工的技能直接影响到球形储罐的焊接质量，进而影响球形储罐的使用安全性。根据国家现行标准《固定式压力容器安全技术监察规程》TSG R0004—2009 的要求，焊工应按现行《锅炉压力容器压力管道焊工考试与管理规则》考试合格，并取得"特种设备作业人员资格证"后在资格证有效期内从事合格项目范围内的焊接作业。

6.2.1　球形储罐焊接前，施工单位必须有合格的焊接工艺评定报告。焊接工艺评定应符合现行行业标准《钢制压力容器焊接工艺评定》JB 4708 的有关规定。

［条文说明］：焊接质量在很大程度上决定了球形储罐的整体质量和使用安全性，而所焊焊缝通过焊接工艺评定合格或者具有经过评定合格的焊接工艺规程（WPS）支持对保证其质量是至关重要的。

7.1.4　从事球形储罐无损检测人员，必须取得相应资格证书后才能承担与资格证书的种类和技术等级相对应的无损检测工作。

［条文说明］：球形储罐无损检测工作的专业性强，责任重大，直接关系球形储罐的质量和球形储罐的安全，安全生产，以及人民生命财产的安全，而无损检测的质量在很大程度是由负责和执行无损检测人员的专业技术能力所决定的，因此对无损检测人员的资格必须严格管理。

7.2.2　符合下列条件之一的球形储罐球壳的对接焊缝或所规定的焊缝，必须按设计图样规定的检测方法进行 100% 的射线或超声检测：

1. 设计压力大于或等于 1.6MPa、且划分为第Ⅲ类压力容器的球形储罐；

2. 按分析设计标准设计的球形储罐；

3. 采用气压或气液组合耐压试验的球形储罐；

4. 钢材标准抗拉强度下限值大于或等于 540N/mm² 的球形储罐；

5. 设计图样规定应进行全部射线或者超声检测的球形储罐；

6. 嵌入式接管与球壳连接的对接焊缝；

7. 以开孔中心为圆心、开孔直径的 1.5 倍为半径的圆内包容的焊缝，以及公称直径大于 250mm 的接管与长颈对焊法兰、接管与接管连接的焊缝；

8. 被补强圈和垫板所覆盖的焊缝。

8.1.1 符合下列情况之一的球形储罐必须在耐压试验前进行焊后整体热处理：

1. 设计图样要求进行焊后整体热处理的球形储罐；

2. 盛装具有应力腐蚀及毒性程度为极度危害或高度危害介质的球形储罐；

3. 名义厚度大于 34mm（当焊前预热 100℃ 及以上时，名义厚度大于 38mm）的碳素钢制球形储罐和 07MnCrMoVR 钢制球形储罐；

4. 名义厚度大于 30mm（当焊前预热 100℃ 及以上时，名义厚度大于 34mm）的 Q345R 和 Q370R 钢制球形储罐；

5. 任意厚度的其他低合金钢制球形储罐。

10.1.1 球形储罐必须按设计图样规定的试验方法进行耐压试验。耐压试验应包括液压试验、气压试验和气液组合试验。

［条文说明］：耐压试验的主要目的在于检验球形储罐的整体强度，是对容器选材、设计计算、结构以及制造质量的综合性检查。除了考核强度和致密性，耐压试验还可起到如下作用：

（1）通过短时超过设计压力值的试验，可减缓某些局部区域的峰值应力，在一定程度上起到消除或降低应力，使应力分布趋于均匀的作用。

（2）短时超压可以使裂纹产生闭合效应，钝化了裂纹尖端，使容器在正常工作压力下运行时更为安全。

第四节 《燃气冷热电三联供工程技术规程》
CJJ145—2010 强制性条文

本规范自 2011 年 3 月 1 日起实施。其中，第 4.3.9、4.3.10、4.3.11、4.5.1、5.1.8、5.1.10 条为强制性条文，必须严格执行。

4.3.9 独立设置的能源站，主机间必须设置 1 个直通室外的出入口；当主机间的面积大于或等于 200m² 时，其出入口不应少于 2 个，且应分别设在主机间两侧。

4.3.10 设置于建筑物内的能源站，主机间出入口不应少于 2 个，且直通室外或通向安全出口的出入口不应少于 1 个。

4.3.11 燃气增压间、调压间、计量间直通室外或通向安全出口的出入口不应少于 1 个。变配电室出入口不应少于 2 个，且直通室外或通向安全出口的出入口不应少于 1 个。

4.5.1 主机间、燃气增压间、调压间、计量间应设置独立的机械通风系统。

5.1.8 独立设置的能源站，当室内燃气管道设计压力大于 0.8MPa 且小于或等于 2.5MPa 时，以及建筑物内的能源站，当室内燃气管道设计压力大于 0.4MPa 且小于或等于 1.6MPa 时，应符合下列规定：

1. 燃气管道应采用无缝钢管和无缝钢制管件。

2. 燃气管道应采用焊接连接，管道与设备、阀门的连接应采用法兰连接或焊接连接。

3. 管道上严禁采用铸铁阀门及附件。

4. 焊接接头应进行 100% 射线检测和超声波检测。不适用上述检测方法的焊接接头，应进行磁粉或液体渗透检测。焊接质量不得低于现行国家标准《现场设备、工业管道焊接工程施工及验收规范》GB 50236 中 Ⅱ 级的要求。

5. 主机间、燃气增压间、调压间、计量间的通风量应符合下列规定：

1）燃气系统正常工作时，通风换气次数不应小于 **12** 次/h；

2）事故通风时，通风换气次数不应小于 **20** 次/h；

3）燃气系统不工作且关闭燃气总阀门时，通风换气次数不应小于 **3** 次/h。

5.1.10 燃气管道应直接引入燃气增压间、调压间或计量间，不得穿过易燃易爆品仓库、变配电室、电缆沟、烟道和进风道。

第五节　《城镇燃气室内工程施工与质量验收规范》
CJJ 94—2009 强制性条文及条文说明

本规范自 2009 年 10 月 1 日起实施。其中，第 3.2.1、3.2.2、4.2.1、6.3.1、6.4.1、7.2.3、8.1.3、8.2.4、8.2.5、8.3.2、8.3.3 条为强制性条文，必须严格执行。原《城镇燃气室内工程施工及验收规范》CJJ94－2003 同时废止。

3.2.1 国家规定实行生产许可证、计量器具许可证或特殊认证的产品，产品生产单位必须提供相关证明文件，施工单位必须在安装使用前查验相关的文件，不符合要求的产品不得安装使用。

［条文说明］：家用燃气灶具、家用燃气快速热水器、燃气调压器（箱）、防爆电气、电线电缆、电焊条、铜合金管材、压力仪表、燃气表、易燃易爆气体检测（报警）仪等产品，其质量好坏直接涉及人民生命和财产安全，因此国家规定对这些产品实行生产许可证或计量器具许可证制度。施工单位在安装前必须对生产许可证或计量器具许可证进行核查。属于建设单位采购的设备，施工单位应向建设单位索取相应的资料。

不符合规定要求是指产品的认证文件不齐全。

3.2.2 燃气室内工程所用的管道组成件、设备及有关材料的规格、性能等应符合国家现行有关标准及设计文件的规定，并应有出厂合格文件；燃具、用气设备和计量装置等必须选用国家主管部门认可的检测机构检测合格的产品，不合格者不得选用。

［条文说明］：出厂合格文件包括：合格证、质量证明书，有些产品应由相关的检测报告、形式检验报告等。对进口产品应有中文说明书，按国家规定需要对进口产品进行检验的，还应有国家商检部门出具的检验报告。

燃气室内管道在安装前应按下列国家现行标准进行检验：

（1）燃气管道的管材应采用下列国家现行标准规定的管道：

1）《输送流体用无缝钢管》GB/T 8163

2）《低压流体输送用焊接钢管》GB/T 3091

3）《流体输送用不锈钢无缝钢管》GB/T 14976

4）《流体输送用不锈钢焊接钢管》GB/T 12771

5）《无缝铜水管和铜气管》GB/T 18033

6）《铝塑复合压力管》GB/T 18997

（2）燃气管道及阀门的连接管件和附件应符合下列国家现行标准规定：

1）《可锻铸铁管路连接件》GB/T 3287

2）《六角头螺栓》GB/T 5780—5784

3)《六角螺母》GB/T 6170—6171

4)《平面、突面板式平焊钢制管法兰》GB/T 9119

5)《凸面板式平焊钢制管法兰》JB/T 81

6)《卡套式直通管接头》GB/T 3737

7)《卡套式可调向端三通管接头》GB/T 3741

8)《卡套式焊接管接头》GB/T 3747

9)《铜管接头》GB/T 11618

10)《建筑用铜管管件》CJ/T 117

11)《管路法兰技术条件》JB/T 74

12)《铝塑复合管用卡压式管件》CJ/T 190

13)《铝塑复合管用卡套式铜制管接头》CJ/T 111

(3) 燃气阀门应采用符合下列国家现行标准规定的阀门：

1)《钢制阀门一般要求》GB/T 12224

2)《城镇燃气用球墨铸铁、铸钢制阀门通用技术要求》CJ/T3056

3)《家用燃气具旋塞阀总成》CJ/T3072

4)《家用燃气燃烧器具自动燃气阀》CJ/T 132

(4) 燃具和表具与燃气管道连接使用的软管可采用符合下列国家现行标准规定的软管：

1)《波纹金属软管通用技术条件》GB/T 14525

2)《燃气用不锈钢波纹软管》CJ/T 197

3)《液化石油气（LPG）橡胶软管》GB 10546

(5) 燃气用垫片应采用符合下列国家现行标准规定的产品：

1)《平面型钢制管法兰用石棉橡胶垫片》GB/T 9126.1

2)《管法兰用非金属平垫片技术条件》GB/T 9129

3)《管法兰用聚四氟乙烯包覆垫片》GB/T 13404

4)《管法兰用金属包覆垫片》GB/T 15601

4.2.1 在地下室、半地下室、设备层和地上密闭房间以及地下车库安装燃气引入管道时应符合设计文件的规定；当设计文件无明确要求时，应符合下列规定：

1. 引入管道应使用钢号为 10、20 的无缝钢管或具有同等及同等以上性能的其他金属管材；

2. 管道的敷设位置应便于检修，不得影响车辆的正常通行，且应避免被碰撞；

3. 管道的连接必须采用焊接连接。其焊缝外观质量应按现行国家标准《现场设备、工业管道焊接工程施工及验收规范》GB 50236 进行评定，Ⅲ级合格；焊缝内部质量检查应按现行国家标准《无损检测金属管道熔化焊环向对接接头射线照相检测》GB/T 12605 进行评定，Ⅲ级合格。

检查数量：**100%检查。**

检查方法：目视检查和查看无损检测报告。

6.3.1 当商业用气设备安装在地下室、半地下室或地上密闭房间内时，应严格按设计文件要求施工。

检查方式：查阅设计文件。

［条文说明］：地下室、半地下室或地上密闭房间均为通风不良场所，严格按设计文件

要求施工，可达到泄漏及时报警、自动熄火、快速切断气源，避免造成社会效益、经济效益的负面影响。

6.4.1 工业企业生产用气设备的安装场所应符合现行国家标准《城镇燃气设计规范》GB 50028 的规定；当用气设备安装在地下室、半地下室或地上密闭房间时，应严格按设计文件要求施工。

检查方法：查阅设计文件和目视检查。

7.2.3 地下室、半地下室和地上密闭房间室内燃气钢管的固定焊口应进行 100％射线照相检验，活动焊口应进行 10％射线照相检验，其质量应达到现行国家标准《无损检测金属管道熔化焊环向对接接头射线照相检测》GB/T12605 中的Ⅲ级。

检查数量：100％检查。

检查方法：外观检查、查阅无损探伤报告和设计文件。

8.1.3 严禁用可燃气体和氧气进行试验。

8.2.4 强度试验压力应为设计压力的 1.5 倍且不得低于 0.1MPa。

8.2.5 强度试验应符合下列要求：

1. 在低压燃气管道系统达到试验压力时，稳压不少于 0.5h 后，应用发泡剂检查所有接头，无渗漏、压力计量装置无压力降为合格；

2. 在中压燃气管道系统达到试验压力时，稳压不少于 0.5h 后，应用发泡剂检查所有接头，无渗漏、压力计量装置无压力降为合格；或稳压不少于 1h，观察压力计量装置，无压力降为合格；

3. 当中压以上燃气管道系统进行强度试验时，应在达到试验压力的 50％时停止不少于 15min，用发泡剂检查所有接头，无渗漏后方可继续缓慢升压至试验压力并稳压不少于 1h 后，压力计量装置无压力降为合格。

8.3.2 燃气室内系统的严密性试验应在强度试验合格之后进行。

8.3.3 严密性试验应符合下列要求：

1. 低压管道系统

试验压力应为设计压力且不得低于 5kPa。在试验压力下，居民用户应稳压不少于 15min，商业和工业企业用户应稳压不少于 30min，并用发泡剂检查全部连接点，无渗漏、压力计无压力降为合格。

当实验系统中有不锈钢波纹软管、覆塑铜管、铝塑复合管、耐油胶管时，在试验压力下的稳压时间不宜小于 1h，除对各密封点检查外，还应对外包覆层端面是否有渗漏现象进行检查。

2. 中压及以上压力管道系统

试验压力应为设计压力且不得低于 0.1MPa。在试验压力下稳压不得少于 2h，用发泡剂检查全部连接点，无渗漏、压力计量装置无压力降为合格。

第六节 《供热计量技术规程》JGJ 173—2009
强制性条文及条文说明

本规程自 2009 年 7 月 1 日起实施。其中，第 3.0.1、3.0.2、4.2.1、5.2.1、7.2.1

条为强制性条文,必须严格执行。

3.0.1 集中供热的新建建筑和既有建筑的节能改造必须安装热量计量装置。

3.0.2 集中供热系统的热量结算点必须安装热量表。

[条文说明]:供热计量的目的在于推进城镇供热体制改革,在保证供热质量、改革收费制度的同时,实现节能降耗。室温调控等节能控制技术是热计量的重要前提条件,也是体现热计量节能效果的基本手段。《中华人民共和国节约能源法》第三十八条规定:国家采取措施,对实行集中供热的建筑分步骤实行供热分户计量、按照用热量收费的制度。新建建筑或者对既有建筑进行节能改造,应当按照规定安装用热计量装置、室内温度调控装置和供热系统调控装置。

本规程在紧紧围绕热计量和节能目标的前提下,留有较大技术空间和余地,没有强制规定热计量的方式、方法和器具,供各地根据自身具体情况自主选择。特别是分户热计量的若干方法都有各自的缺点,没有十全十美的方法,需要根据具体情况具体分析,选择比较实用的计量方法。

新建建筑和既有建筑的节能改造应当按照规定安装用热计量装置。目前很多项目只是预留了计量表的安装位置,没有真正具备热计量的条件,所以本条文强调必须安装热量计量仪表,以推进热计量工作的实现。

4.2.1 热源或热力站必须安装供热量自动控制装置。

[条文说明]:所谓热计量是指对集中供热系统中,热源的供热量和热用户的用热量进行计量。因此除了对广大用热户使用的热量要计量以外,在电源厂或热力站也必须要装供热量的自动控制装置。

为了有效地降低能源的浪费。过去,锅炉房操作人员凭经验"看天烧火",但是效果并不很好。近年来的试点实践发现,供热能耗浪费并不是主要浪费在严寒期,而是在初寒、末寒期,由于没有根据气候变化调节供热量,造成能耗大量浪费。供热量自动控制装置能够根据负荷变化自动调节供水温度和流量,实现优化运行和按需供热。

热源处应设置供热量自动控制装置,通过锅炉系统热特性识别和工况优化程序,根据当前的室外温度和前几天的运行参数等,预测该时段的最佳工况,实现对系统用户侧的运行指导和调节。

气候补偿器是供热量自动控制装置的一种,比较简单和经济,主要用在热力站。它能够根据室外气候变化自动调节供热出力,从而实现按需供热,大量节能。气候补偿器还可以根据需要设成分时控制模式,如针对办公建筑,可以设定不同时段的不同室温需求,在上班时间设定正常供暖,在下班时间设定值班供暖。结合气候补偿器的系统调节做法比较多,也比较灵活,监测的对象除了用户侧供水温度之外,还可以包含回水温度和代表房间的室内温度,控制的对象可以是热源测的电动调节阀,也可以是水泵的变频器。

5.2.1 集中供热工程设计必须进行水力平衡计算,工程竣工验收必须进行水力平衡检测。

[条文说明]:近年来的试点验证,供热系统能耗浪费主要原因还是水力失调。水力失调造成的近端用户开窗散热,远端用户室温偏低造成投诉现象在我国依然严重。变流量、气候补偿、室温调控等供热系统节能技术的实施,也离不开水力平衡技术。水力平衡技术

推广了 20 多年，取得了显著的效果，但还是有很多系统依然没有做到平衡，造成了供热质量差和能源的浪费。水力平衡有利于提高管网输送效率，降低系统能耗，满足住户室温要求。

只有在水力平衡条件具备的前提下，气候补偿和室内温控计量才能起到节能作用，在热源处真正体现出节能效果；这些节能技术中，水力平衡技术是其他技术的前提。

水力调控的阀门主要有静态水力平衡阀、自力式流量控制阀和自力式压差控制阀，三种产品调控反馈的对象分别是阻力、流量和压差，而不是互相取代的关系。

静态水力平衡阀又叫水力平衡阀或平衡阀，具备开度显示、压差和流量测量、调节线性和限定开度等功能，通过操作平衡阀对系统调试，能够实现设计要求的水力平衡，当水泵处于设计流量或者变流量运行时，各个用户能够按照设计要求，基本上能够按比例地得到分配流量。

静态水力平衡阀的调试是一项比较复杂，且具有一定技术含量的工作。实际上，对一个管网水利系统而言，由于工程设计和施工中存在种种不确定因素，不可能完全达到设计要求，必须通过人工的调试，辅以必要的调试设备和手段，才能达到设计的要求。很多系统存在的问题都是由于调试工作不到位甚至没有调试而造成的。通过"自动"设备可以免去调试工作的说法，实际上是一种概念的混淆和对工作的不负责任。

通过安装静态水力平衡阀解决水力失调是供热系统节能的重点工作和基础工作，平衡阀与普通调节阀相比价格提高不多，且安装平衡阀可以取代一个截止阀，整体投资增加不多。因此无论规模大小，一并要求安装使用。

7.2.1 新建和改扩建的居住建筑或以散热器为主的公共建筑的室内供暖系统应安装自动温度控制阀进行室温调控。

[条文说明]：供热体制改革以"多用热，多交费"为原则，实现供暖用热的商品化、货币化。因此，用户能够根据自身的用热需求，利用供暖系统中的调节阀主动调节室温、有效控制室温是实施供热计量收费的重要前提条件。

以往传统的室内供暖系统中安装使用的手动调节阀，对室内供暖系统的供热量能够起到一定的调节作用，但因其缺乏感温元件及自力式动作元件，无法对系统的供热量进行自动调节，从而无法有效利用室内的自由热，节能效果大打折扣。

散热器系统应在每组散热器安装散热器恒温阀或者其他自动阀门（如电动调温阀门）来实现室内温控；通断面积法可采用通断阀控制户内室温。散热器恒温控制阀具有感受室内温度变化并根据设定的室内温度对系统流量进行自力式调节的特性。正确使用散热器恒温控制阀可实现对室温的主动调节以及不同室温的恒定控制。散热器恒温控制阀对室内温度进行恒温控制时，可有效利用室内自由热、消除供暖系统的垂直失调，从而达到节省室内供热量的目的。

低温热水地面辐射供暖系统分室温控的作用不明显，且技术和投资上较难实现，因此，低温热水地面辐射供暖系统应在户内系统入口处设置自动控温的调节阀，实现分户自动控温，其户内分集水器上每只环路上应安装手动流量调节阀；有条件的情况下宜实现分室自动温控。自动控温可采用自力式的温度控制阀、恒温阀或者温控器加热电阀等。

分户计量从计量结算的角度看，分为两种方法，一种是采用楼栋热量表进行楼栋计量再按户分摊；另一种是采用户用热量表按户计量直接结算。其中，按户分摊的方法又有四种分摊方法，其工作原理分别如下：

散热器热分配计法是通过安装在每组散热器上的散热器热分配计（简称热分配计）进行用户热分摊的方式。

流量温度法是通过连续测量散热器或公共立管的分户独立系统的进出口温差，结合测算的每个立管或分户独立系统与热力入口的流量比例关系进行用户热分摊的方式。

通断时间面积法是通过控制安装在每户供暖系统入口支管上的电动通断阀门，根据阀门的接通时间与每户的建筑面积进行用户分摊的方式。

户用热量表法是通过安装在每户的户用热量表进行用户分摊的方式，采用户表作为分摊依据时，楼栋或者热力站需要确定一个热量结算点，由户表分摊总热量值。该方式与户用热量表直接计量结算的做法是不同的。采用户表直接结算的方式时，结算点确定在每户供暖系统上，设在楼栋或者热力站的热量表不可再作结算之用；如果公共区域有独立供暖系统，应要考虑这部分热量由谁承担的问题。

这四种方法各有不同特点和适用性，单一方法难以适应各种情况。

分户热计量方法的选择基本原则为用户能够接受且鼓励用户主动节能，以及技术可行、经济合理、维护简便等。各种方法都有其特点、适用条件和优缺点，没有一种方法完全合理、尽善尽美，在不同的地区和条件下，不同方法的适应性和接受程度也会不同，因此分户热计量方法的选择，应从多方面综合考虑确定。

以下是对各种方法逐一阐述：

1. 散热器热分配计法

散热器热分配计法是利用散热器热分配计所测量的每组散热器的散热量比例关系，来对建筑的总供热量进行分摊的。其具体做法是，在每组散热器上安装一个散热器热分配计，通过读取热分配计的读数，得出各组散热器的散热量比例关系，对总热量表的读数进行分摊计算，得出每个住户的供热量。

该方法安装简单，有蒸发式、电子式及电子远传式三种，在德国和丹麦大量应用。散热器热分配计法适用于新建和改造的散热器供暖系统，特别是对于既有供暖系统的热计量改造比较方便、灵活性强，不必将原有垂直系统改成按户分环的水平系统。该方法不适用于地面辐射供暖系统。

采用该方法的前提是热分配计和散热器需要在实验室进行匹配试验，得出散热量的对应数据才可应用，而我国散热器型号种类繁多，试验检测工作量较大；居民用户还可能私自更换散热器，给分配计的检定工作带来了不利因素。该方法的另一个缺点是需要入户安装和每年抄表换表（电子远传式分配计无需入户读表，但是投资较大）；用户是否容易作弊的问题，例如遮挡散热器是否能够有效作弊，目前还存在着争议和怀疑；老旧建筑小区的居民很多安装了散热器罩，也会影响分配计的安装、读表和计量效果。

2. 户用热量表法

热量表的主要类型有机械式热量表、电磁式热量表、超声波式热量表。机械式热量表的初投资相对较低，但流量测量精度相对不高，表阻力较大、容易堵塞，易损件较多，因此对水质有一定要求。电磁式热量表、超声波式热量表的初投资相对机械式热量表要高很多，但流量测量精度高、压损小、不易堵塞，使用寿命长。

户用热量表法适用于按户分环的室内供暖系统。该方法计量的是系统供热量，比较直观，容易理解。使用时应考虑仪表堵塞或损坏的问题，并提前制定处理方案，做到及时修理或者更换仪表，并处理缺失数据。

无论是采用户用热量表直接计量结算还是再行分摊总热量，户表的投资高或者故障率高都是主要的问题。户用热表的故障主要有两个方面，一是由于水质处理不好容易堵塞，二是仪表运动部件难以满足供热系统水温高、工作时间长的使用环境，目前在工程实践中，户用热量表的故障率较高，这是近年来推行热计量的一个重要棘手问题。同时，采用户用热量表需要室内系统为按户分环独立系统，目前普遍采用的是化学管材埋地布管的做法，化学管材漏水事故时有发生，而且为了将化学管材埋在地下，需要大量混凝土材料，增加了投资、减少了层高、增加了建筑承重负荷，综合成本较高。

3. 流量温度法

流量温度法是利用每个立管或分户独立系统与热力入口流量之比相对不变的原理，结合现场测出的流量比例和各分支三通前后温差，分摊建筑的总供热量。流量比例是每个立管或分户独立系统占热力入口流量的比例。

该方法非常适合既有建筑垂直单管顺流式系统的热计量改造，还可用于共用立管的按户分环供暖系统，也适用于新建建筑散热器供暖系统。

采用流量温度法时，应注意以下问题：

（1）采用的设备和部件的产品质量和使用方法应符合其产品标准要求。

（2）测量入水温度的传感器应安装在散热器或分户独立系统的分流三通的入水端，距供水立管距离宜大于 200mm；测量回水温度的传感器应安装在合流三通的出水端，距合流三通距离宜大于 100mm，同时距回水立管的距离宜大于 200mm。

（3）测温仪表、计算处理设备和热量结算点的热量表之间，应实现数据的网络通信传输。

（4）流量温度分摊法的系统供货、安装、调试和后期服务应由专业公司统一实施，用户热计量计算过程中的各项参数应有据可查、计算方法应清楚明了。

（5）该方法计量的是系统供热量，比较容易为业内人士接受，计量系统安装的同时可以实现室内系统水力平衡的初调节及室温调控功能。缺点是前期计量准备工作量较大。

4. 通断时间面积法

通断时间面积法是以每户的供暖系统通水时间为依据，分摊建筑的总供热量。其具体做法是，对于接户分环的水平式供暖系统，在各户的分支支路上安装室温通断控制阀，对该用户的循环水进行通断控制来实现该户的室温调节。同时在各户的代表房间里放置室温控制器，用于测量室内温度和供用户设定温度，并将这两个温度值传输给室温通断控制阀。室温通断控制阀根据实测室温与设定值之差，确定在一个控制周期内通断阀的开停比，并按照这一开停比控制通断调节阀的通断，以此调节送入室内热量，同时记录和统计各户通断控制阀的接通时间，按照各户的累计接通时间结合供暖面积分摊整栋建筑的热量。

该方法应用的前提是住宅每户必须为一个独立的水平串联式系统，设备选型和设计负荷要良好匹配，不能改变散热末端设备容量，户与户之间不能出现明显水力失调，户内散热末端不能分室或分区控温，以免改变户内环路的阻力。该方法能够分摊热量、分户控温，但是不能实现分室的温控。

采用通断时间面积法时，应注意以下问题：

（1）采用的温度控制器和通断执行器等产品的质量和使用方法应符合国家相关产品标准的要求。

（2）通断执行器应安装在每户的入户管道上，温度控制器宜放置在住户房间内不受日照和其他热能影响的位置。

（3）通断执行器和中央处理器之间应实现网络连接控制。

（4）通断时间面积法的系统供货、安装、调试和后期服务应由专业公司统一实施，用户热计量计算过程中的各项参数应有据可查、计算方法应清楚明了。

（5）通断时间面积法在操作实施前，应进行户间的水力平衡调节，消除系统的垂直失调和水平失调；在实施过程中，用户的散热器不可自行改动更换。

通断时间面积法应较直观，可同时实现室温控制功能，适用按户分环、室内阻力不变的供暖系统。

通断法的不足在于，首先它测量的不是供热系统给予房间的供热量，而是根据供暖的通断时间再分摊总供热量，二者存在着差异，如散热器大小匹配不合理，或者散热器堵塞，都会对测量结果产生影响，造成计量误差。

需要指出的是，室内温控是住户按照量计费的必要前提条件，否则，在没有提供用户节能手段的时候就按照计量的热量收费，既令用户难以接受，又不能起到促进节能的作用，因此对于不具备室温调控手段的既有住宅，只能采用按面积分摊的过渡方式。按面积分摊也需要有热量结算点的计量热量。

第七节　《锅炉安装工程施工及验收规范》 GB 50273—2009 强制性条文及条文说明

本规范自 2009 年 10 月 1 日起实施。其中，第 1.0.3、5.0.3（4）、6.3.2（2，3，7）、6.3.3（2，4）、6.3.4（2，4）、10.0.2 条（款）为强制性条文，必须严格执行。原《工业锅炉安装施工及验收规范》GB 50273—98 同时废止。

1.0.3　在锅炉安装前和安装过程中，当发现受压部件存在影响安全使用的质量问题时，必须停止安装，并报告建设单位。

［条文说明］：为了确保锅炉安装工程质量，防止造成重大损失，在锅炉安装前和安装过程中，当发现受压部件存在影响安全使用的质量问题时，应停止安装，将问题向建设单位报告，并研究解决的办法，目的是使隐患得到及时的处理，防止继续施工造成更大的损失。

5.0.3　锅炉水压试验前应作检查，且应符合下列要求：

4. 试压系统的压力表不应少于 2 只。额定工作压力大于或等于 2.5MPa 的锅炉，压力表的精度等级不应低于 1.6 级。额定工作压力小于 2.5MPa 的锅炉，压力表的精度等级不应低于 2.5 级。压力表应经过校验并合格，其表盘量程应为试验压力的 1.5～3 倍。

6.3.2　蒸汽锅炉安全阀的安装和试验，应符合下列要求：

2. 蒸汽锅炉安全阀的整定压力应符合表 6.3.2 的规定。锅炉上必须有一个安全阀按表 6.3.2 中较低的整定压力进行调整；对有过热器的锅炉，按较低压力进行整定的安全阀

必须是过热器上的安全阀。

表 6.3.2　蒸汽锅炉安全阀的整定压力 （MPa）

额定工作压力	安全阀的整定压力
≤0.8	工作压力加 0.03
	工作压力加 0.05
>0.8～3.82	工作压力的 1.04 倍
	工作压力的 1.06 倍

注：1. 省煤器安全阀整定压力应为装设地点工作压力的 1.1 倍；
　　2. 表中的工作压力，对于脉冲式安全阀系指冲量接出地点的工作压力，其他类型的安全阀系指安全阀装设地点的工作压力。

3. 蒸汽锅炉安全阀应铅垂安装，其排气管管径应与安全阀排出口径一致，其管路应畅通，并直通至安全地点，排气管底部应装有疏水管。省煤器的安全阀应装排水管。在排水管、排气管和疏水管上，不得装设阀门；

7. 蒸汽锅炉安全阀经调整检验合格后，应加锁或铅封。

6.3.3　热水锅炉安全阀的安装和试验，应符合下列要求：

2. 热水锅炉安全阀的整定压力应符合表 6.3.3 的规定。锅炉上必须有一个安全阀按表 6.3.3 中较低的整定压力进行调整；

表 6.3.3　热水锅炉的安全阀整定压力 （MPa）

安全阀的整定压力	工作压力的 1.12 倍，且不应小于工作压力加 0.07
	工作压力的 1.14 倍，且不应小于工作压力加 0.1

4. 热水锅炉安全阀检验合格后，应加锁或铅封。

6.3.4　有机热载体炉安全阀的安装，应符合下列要求：

2. 气相炉最少应安装两只不带手柄的全启式弹簧安全阀，安全阀与筒体连接的短管上应装设一只爆破片，爆破片与锅筒或集箱连接的短管上应加装一只截止阀。气相炉在运行时，截止阀必须处于全开位置；

4. 安全阀检验合格后，应加锁或铅封。

[条文说明]：气相炉的有机热载体主要是联苯，易燃且有毒，防止联苯外泄很重要，因此气相炉的安全阀必须是全封闭式安全阀，在运行过程中不准定期做手动排气试验。不带手柄的目的是为了防止手动排气。为了防止安全阀泄漏，在气相炉安全阀与筒体的连接短管上加装一只爆破片，爆破片应在小于规定的爆破压力的 5% 以内爆破，为了防止安全阀在规定压力下不能回座，在爆破片与筒体之间加装一只截止阀，在运行过程中应处于全开位置，一旦爆破片爆破泄压后，应立即关闭截止阀，待安全阀回座，压力恢复正常后，再打开截止阀。

泄放管通入用水冷却的面式冷凝器，再接入单独的有机热载体储罐，以便进行脱水净化。有机热载体气相炉安装好后用水进行压力试验时，其安全阀可在炉体上用水压的方法进行调试，否则，应在安装前单独进行校验，合格后才能安装到炉体上。

10.0.2　锅炉未办理工程验收手续前，严禁投入使用。

第十三章　聚乙烯(PE)燃气管道工程监理实务

第一节　管道材料监理控制要点

一、聚乙烯燃气管材、管件控制要点

(一) 材料进场控制

聚乙烯管道和钢骨架聚乙烯复合管道系统中管材、管件、阀门及管道附属设备应符合国家现行有关标准的规定。验收管材、管件时，应按有关标准检查下列项目：

(1) 检验合格证；

(2) 检测报告；

(3) 使用的聚乙烯原料级别和牌号；

(4) 外观；

(5) 颜色；

(6) 长度；

(7) 不圆度；

(8) 外径及壁厚；

(9) 生产日期；

(10) 产品标志。

当对物理力学性能存在异议时，应委托第三方进行检验。

(二) 材料验收依据标准

(1) 聚乙烯管材应符合现行国家标准《燃气用埋地聚乙烯（PE）管道系统　第 1 部分：管材》GB 15558.1 的规定。

(2) 聚乙烯管件应符合现行国家标准《燃气用埋地聚乙烯（PE）管道系统　第 2 部分：管件》GB 15558.2 的规定。

(3) 聚乙烯焊制管件的壁厚不应小于对应连接管材壁厚的 1.2 倍，其物理力学性能应符合现行国家标准《燃气用埋地聚乙烯(PE)管道系统　第 2 部分：管件》GB 15558.2 的规定。

(4) 聚乙烯阀门应符合现行国家标准《燃气用埋地聚乙烯（PE）管道系统　第 3 部分：阀门》GB 15558.3 的规定。

(5) 钢塑转换接头等应符合相应标准的要求。

(6) 内径系列的钢丝网（焊接）骨架聚乙烯复合管材应符合国家现行标准《燃气用钢骨架聚乙烯塑料复合管》CJ/T 125 的规定，与其连接的管件应符合国家现行标准《燃气用钢骨架聚乙烯塑料复合管件》CJ/T 126 的规定。

(7) 外径系列的钢丝网（焊接）骨架聚乙烯复合管材规格尺寸应符合相关标准的规定，物理力学性能应符合国家现行标准《燃气用钢骨架聚乙烯塑料复合管》CJ/T 125 的规定。

（8）钢丝网（缠绕）骨架聚乙烯复合管材应符合国家现行标准《钢丝网骨架塑料（聚乙烯）复合管材及管件》CJ/T 189 的规定。

（9）孔网钢带聚乙烯复合管材应符合国家现行标准《燃气用埋地孔网钢带聚乙烯复合管》CJ/T 182 的规定。

二、材料贮存控制要点

（1）管材、管件和阀门应存放在通风良好的库房或棚内，远离热源，并应有防晒、防雨淋的措施。

（2）严禁与油类或化学品混合存放，库区应有防火措施。

（3）管材应水平堆放在平整的支撑物或地面上。当直管采用三角形式堆放或两侧加支撑保护的矩形堆放时，堆放高度不宜超过 1.5m；当直管采用分层货架存放时，每层货架高度不宜超过 1m，堆放总高度不宜超过 3m。

（4）管件贮存应成箱存放在货架上或叠放在平整地面上；当成箱叠放时，堆放高度不宜超过 1.5m。

（5）管材、管件和阀门存放时，应按不同规格尺寸和不同类型分别存放，并应遵守"先进先出"的原则。

（6）管材、管件在户外临时存放时，应采用遮盖物遮盖。

（7）管材从生产到使用期间，存放时间不宜超过 1 年，管件不宜超过 2 年。当超过上述期限时，应重新抽样，进行性能检验，合格后方可使用。管材检验项目应包括：静液压强度（165h/80℃）、热稳定性和断裂伸长率；管件检验项目应包括：静液压强度（165h/80℃）、热熔对接连接的拉伸强度或电熔管件的熔接强度。

第二节　管道连接监理控制要点

一、连接方式选择

（1）聚乙烯管材、管件的连接应采用热熔对接连接或电熔连接（电熔承插连接、电熔鞍形连接）；聚乙烯管道与金属管道或金属附件连接，应采用法兰连接或钢塑转换接头连接；采用法兰连接时宜设置检查井。

（2）不同级别和熔体质量流动速率差值不小于 0.5g/10min（190℃，5kg）的聚乙烯原料制造的管材、管件和管道附属设备，以及焊接端部标准尺寸比（SDR）不同的聚乙烯燃气管道连接时，必须采用电熔连接。

（3）公称直径小于 90mm 的聚乙烯管道宜采用电熔连接。

（4）钢骨架聚乙烯复合管材、管件连接，应采用电熔承插连接或法兰连接；钢骨架聚乙烯复合管与金属管或管道附件（金属）连接，应采用法兰连接，并应设置检查井。

二、连接方式监理控制要点

（一）热熔连接监理控制要点

1. 热熔对接连接操作要点

（1）根据管材或管件的规格，选用相应的夹具，将连接件的连接端伸出夹具，自由长度不应小于公称直径的10%，**移动夹具使连接件端面接触**，并校直对应的待连接件，使其在同一轴线上，错边不应大于**壁厚**的10%。

（2）应将聚乙烯管材或管件的连接部位擦拭干净，并铣削连接件端面，使其与轴线垂直。切削平均厚度不宜大于0.2mm，切削后的熔接面应防止污染。

（3）连接件的端面应采用热熔对接连接设备加热。

（4）吸热时间达到工艺要求后，应迅速撤出加热板，检查连接件加热面融化的均匀性，不得有损伤。在规定的时间内用均匀外力使连接面完全接触，并翻边形成均匀一致的对称凸缘。

（5）在保压冷却期间不得移动连接件或在连接件上施加任何外力。

2．热熔对接连接接头质量检验应符合的规定

（1）连接完成后，应对接头进行100%的翻边对称性、接头对正性检验和不少10%的翻边切除检验。

（2）翻边对称性检验。接头应具有沿管材整个圆周平滑对称的翻边，翻边最低处的深度（A）不应低于管材表面（图13-1）。

（3）接头对正性检验。焊缝两侧紧邻翻边的外圆周的任何一处错边量（V）不应超过管材壁厚的10%（图13-2）。

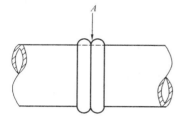

图13-1　翻遍对称性示意

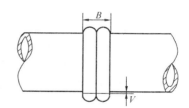

图13-2　接头对正性示意

（4）翻边切除检验。应使用专用工具，在不损伤管材和接头的情况下，切除外部的焊接翻边（图13-3）。翻边切除检验应符合下列要求：

1）翻边应是实心圆滑的，根部较宽（图13-4）。

2）翻边下侧不应有杂质、小孔、扭曲和损坏。

3）每隔50mm进行180°的背弯试验（图13-5），不应有开裂、裂缝，接缝处不得露出融合线。

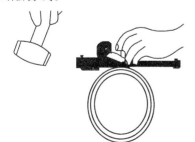

图13-3　翻遍切除示意

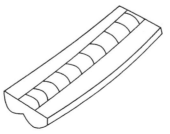

图13-4　合格实心翻边示意

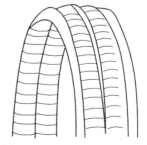

图13-5　翻边背弯试验示意

（5）当抽样检验的焊缝全部合格时，则此次抽样所代表的该批焊缝应认为全部合格；若出现与上述条款要求不符合的情况，则判定本焊缝不合格，并应按下列规定加倍抽样检验：

1）每出现一道不合格焊缝，则应加倍抽检该焊工所焊的同一批焊缝，按本规程进行检验。

2）如第二次抽检仍出现不合格焊缝，则应对该焊工所焊的同批全部焊缝进行检验。

（二）电熔连接监理控制要点

1. 电熔承插连接操作要点

（1）应将管材、管件连接部位擦拭干净。

（2）测量管件承口长度，并在管材插入端或插口管件插入端标出插入长度和刮除插入长度加 10mm 的插入段表皮，刮削氧化皮厚度宜为 0.1～0.2mm。

（3）钢骨架聚乙烯复合管道和公称直径小于 90mm 的聚乙烯管道，以及管材不圆度影响安装时，应采用整圆工具对插入端进行整圆。

（4）将管材或管件插入端插入电熔承插管件承口内，至插入长度标记位置，并应检查配合尺寸。

（5）通电前，应校直两对应的连接件，使其在同一轴线上，并应采用专用夹具固定管材、管件。

2. 电熔鞍形连接操作要点

（1）应采用机械装置固定干管连接部位的管段，使其保持直线度和圆度。

（2）应将管材连接部位擦拭干净，并宜采用刮刀刮除管材连接部位表皮。

（3）通电前，应将电熔鞍形连接管件用机械装置固定在管材连接部位。

3. 电熔连接接头质量检验应符合的规定

（1）电熔承插连接：

1）电熔管件端口处的管材或插口管件周边应有明显刮皮痕迹和明显的插入长度标记。

2）聚乙烯管道系统，接缝处不应有熔融料溢出；钢骨架聚乙烯复合管道系统，采用钢骨架电熔管件连接时，接缝处可允许局部有少量溢料，溢边量（轴向尺寸）不得超过表 13-1 的规定。

钢骨架电熔管件连接允许溢边量（轴向尺寸）　　　　表 13-1

公称直径 DN	50≤DN≤300	300<DN≤500
溢出电熔管件边缘量（mm）	10	15

3）电熔管件内电阻丝不应挤出（特殊结构设计的电熔管件除外）。

4）电熔管件上观察孔中应能看到有少量熔融料溢出，但溢料不得呈流淌状。

5）凡出现与上述条款不符合的情况，应判为不合格。

（2）电熔鞍形连接：

1）电熔鞍形管件周边的管材上应有明显刮皮痕迹。

2）鞍形分支或鞍形三通的出口应垂直于管材的中心线。

3）管材壁不应塌陷。

4）熔融料不应从鞍形管件周边溢出。

5）鞍形管件上观察孔中应能看到有少量熔融料溢出，但溢料不得呈流淌状。

6）凡出现与上述条款不符合的情况，应判为不合格。

（三）法兰连接监理控制要点

聚乙烯管端或钢骨架聚乙烯复合管端法兰盘连接的控制要点：

（1）热熔连接或电熔连接的要求，将法兰连接件平口端与聚乙烯管道或钢骨架聚乙烯复合管道进行连接。

（2）两法兰盘上螺孔应对中，法兰面相互平行，螺栓孔与螺栓直径应配套，螺栓规格应一致，螺母应在同一侧；紧固法兰盘上的螺栓应按对称顺序分次均匀紧固，不应强力组装；螺栓拧紧后宜伸出螺母 1～3 丝扣。

（3）法兰密封面、密封件不得有影响密封性能的划痕、凹坑等缺陷，材质应符合输送城镇燃气的要求。

（4）法兰盘、紧固件应经防腐处理，并应符合设计要求。

（四）钢塑转换接头连接监理控制要点

（1）钢塑转换接头的聚乙烯管端与聚乙烯管道或钢骨架聚乙烯复合管道的连接应符合相应的热熔连接或电熔连接的规定。

（2）钢塑转换接头钢管端与金属管道连接应符合相应的钢管焊接或法兰连接的规定。

（3）钢塑转换接头连接后应对接头进行防腐处理，防腐等级应符合设计要求，并应检验合格。

三、管道连接注意事项

（1）管道连接前应对管材、管件及管道附属设备按设计要求进行核对，并应在施工现场进行外观检查，管材表面划伤深度不应超过管材壁厚的 10%，符合要求方可使用。

（2）聚乙烯管材与管件的连接和钢骨架聚乙烯复合管材与管件的连接，必须根据不同连接形式选用专用的连接机具，不得采用螺纹连接或粘接。连接时，严禁采用明火加热。

（3）管道热熔或电熔连接的环境温度宜在 −5～45℃ 范围内。在环境温度低于 −5℃ 或风力大于 4. 级的条件下进行热熔或电熔连接操作时，应采取保温、防风措施，并应调整连接工艺；在炎热的夏季进行热熔或电熔连接操作时，应采取遮阳措施。

第三节 管道敷设监理控制要点

一、管道布置的监理控制要点

（1）聚乙烯管道和钢骨架聚乙烯复合管道不得从建筑物或大型构筑物的下面穿越（不包括架空的建筑物和立交桥等大型构筑物）；不得在堆积易燃、易爆材料和具有腐蚀性液体的场地下面穿越；不得与非燃气管道或电缆同沟敷设。

（2）聚乙烯管道和钢骨架聚乙烯复合管道与热力管道之间的水平净距和垂直净距，见表 13-2 和表 13-3 规定，并应确保燃气管道周围土壤温度不大于 40℃；与建筑物、构筑物或其他相邻管道之间的水平净距和垂直净距，应符合现行国家标准《城镇燃气设计规范》GB 50028 的规定。当直埋蒸汽热力管道保温层外壁温度不大于 60℃ 时，水平净距减半。

聚乙烯管道和钢骨架聚乙烯复合管道与热力管道之间的水平净距　　　表 13-2

项目			地下燃气管道（m）			
			低压	中压		次高压
				B	A	B
热力管	直埋	热水	1.0	1.0	1.0	1.5
		蒸汽	2.0	2.0	2.0	3.0
	在管沟内（至外壁）		1.0	1.5	1.5	2.0

聚乙烯管道和钢骨架聚乙烯复合管道与热力管道之间的垂直净距　　　表 13-3

项目		燃气管道（当有套管时，从套管外径计）（m）
热力管	燃气管在直埋管上方	0.5（加套管）
	燃气管在直埋管下方	1.0（加套管）
	燃气管在管沟上方	0.2（加套管）或 0.4
	燃气管在管沟下方	0.3（加套管）

（3）聚乙烯管道和钢骨架聚乙烯复合管道埋设的最小覆土厚度（地面至管顶）：

1）埋设在车行道下，不得小于 0.9m；

2）埋设在非车行道（含人行道）下，不得小于 0.6m；

3）埋设在机动车不可能到达的地方时，不得小于 0.5m；

4）埋设在水田下时，不得小于 0.8m。

（4）聚乙烯管道和钢骨架聚乙烯复合管道通过河流时，可采用河底穿越，并应符合下列规定：

1）聚乙烯管道和钢骨架聚乙烯复合管道至规划河底的覆土厚度，应根据水流冲刷条件确定，对不通航河流覆土厚度不应小于 0.5m；对通航河流覆土厚度不应小于 1.0m，同时还应考虑疏浚和抛锚深度。

2）稳管措施应根据计算确定。

3）在埋设聚乙烯管道和钢骨架聚乙烯复合管道位置的河流两岸上、下游应设立标志。

（5）当聚乙烯管道和钢骨架聚乙烯复合管道穿越铁路、高速公路、电车轨道和城镇主要干道时，宜按垂直方向穿越，并应符合现行国家标准《城镇燃气设计规范》GB 50028 的规定。

（6）管道敷设的允许弯曲半径：

1）聚乙烯管道敷设允许弯曲半径不应小于 25 倍公称直径；当弯曲管段上有承口管件时，管道允许弯曲半径不应小于 125 倍公称直径。

2）钢骨架聚乙烯复合管道敷设时，钢丝网骨架聚乙烯复合管道允许弯曲半径应符合表 13-4 的规定，孔网钢带聚乙烯复合管道允许弯曲半径应符合表 13-5 的规定。

钢骨架聚乙烯复合管道
允许弯曲半径（mm）　　　表 13-4

管道公称直径 DN	允许弯曲半径 R
50≤DN≤150	80 DN
150<DN≤300	100 DN
300<DN≤500	110 DN

孔网钢带聚乙烯复合管道
允许弯曲半径（mm）　　　表 13-5

管道公称直径 DN	允许弯曲半径 R
50≤DN≤110	150 DN
140<DN≤250	250 DN
DN≥315	350 DN

二、管道埋地敷设监理控制要点

（1）对开挖沟槽敷设管道（不包括喂管法埋地敷设），管道应在沟底标高和管基质量检查合格后，方可敷设。

（2）管道下管时，不得采用金属材料直接捆扎和吊运管道，并应防止管道划伤、扭曲或承受过大的拉伸和弯曲。

（3）聚乙烯管道宜蜿蜒状敷设，并可随地形自然弯曲敷设；钢骨架聚乙烯复合管道宜自然直线敷设。不得使用机械或加热方法弯曲管道。

（4）管道敷设时，应随管走向埋设金属示踪线（带）、警示带或其他标识。示踪线（带）应贴管敷设，并应有良好的导电性、有效的电气连接和设置信号源井。警示带敷设应符合下列规定：

1）警示带宜敷设在管顶上方 300～500mm 处，但不得敷设于路基或路面里。

2）对直径不大于 400mm 的管道，可在管道正上方敷设一条警示带；对直径大于或等于 400mm 的管道，应在管道正上方平行敷设二条水平净距 100～200mm 的警示带。

3）警示带宜采用聚乙烯或不易分解的材料制造，颜色应为黄色，且在警示带上印有醒目、永久性警示语。

（5）聚乙烯盘管或因施工条件限制的聚乙烯直管或钢骨架聚乙烯复合管道采用拖管法埋地敷设时，在管道拖拉过程中，沟底不应有可能损伤管道表面的石块和尖凸物，拖拉长度不宜超过 300m。

1）聚乙烯管道的最大拖拉力应按下式计算：

$$F = 15 \times DN^2 / SDR \tag{13-2}$$

式中：F——最大拖拉力（N）；

DN——管道公称直径（mm）；

SDR——标准尺寸比。

2）钢骨架聚乙烯复合管道的最大拖拉力不应大于其屈服拉伸应力的 50%。

第四节　管道的试验及验收监理控制要点

一、试验要求

（1）聚乙烯管道和钢骨架聚乙烯复合管道安装完毕后应依次进行管道吹扫、强度试验和严密性试验。

（2）开槽敷设的管道系统应在回填土回填至管顶 0.5m 以上后，依次进行吹扫、强度试验和严密性试验。

（3）采用拖管法、喂管法和插入法敷设的管道，应在管道敷设前预先对管段进行检漏；敷设后，应对管道系统依次进行吹扫、强度试验和严密性试验。

（4）吹扫、强度试验和严密性试验的介质应采用压缩空气，其温度不宜超过 40℃。

（5）管道吹扫完毕进行强度试验和严密性试验时，漏气检查可使用洗涤剂或肥皂液等发泡剂，检查完毕，应及时用水冲去管道上的洗涤剂或肥皂液等发泡剂。

（6）聚乙烯管道和钢骨架聚乙烯复合管道强度试验和严密性试验时，所发现的缺陷，必须待试验压力降至大气压后进行处理，处理合格后应重新进行试验。

二、聚乙烯（PE）燃气管道试验前应具备的条件

（1）要求施工单位编制强度试验和严密性试验的试验方案。

（2）管道系统安装检查合格后，应及时回填。

（3）管件的支墩、锚固设施已达设计强度；未设支墩及锚固设施的弯头和三通，应采取加固措施。

（4）试验管段所有敞口应封堵，但不得采用阀门做堵板。

（5）管线的试验段所有阀门必须全部开启。

三、管道吹扫监理控制要点

（1）吹扫时应设安全区域，吹扫出口处严禁站人。

（2）吹扫气体压力不应大于 0.3MPa。

（3）吹扫气体流速不宜小于 20m/s，且不宜大于 40m/s。

（4）每次吹扫管道的长度，应根据吹扫介质、压力、气量来确定，不宜超过 500m。

（5）调压器、凝水缸、阀门等设备不应参与吹扫，待吹扫合格后再安装。

（6）当目测排气无烟尘时，应在排气口设置白布或涂白漆木靶板检验，5min 内靶上无尘土、塑料碎屑等其他杂物为合格。

四、管道强度试验监理控制要点

（1）管道系统应分段进行强度试验，试验管段长度不宜超过 1km。

（2）强度试验用压力计应在校验有效期内，其量程应为试验压力的 1.5～2 倍，其精度不得低于 1.5 级。

（3）强度试验压力应为设计压力的 1.5 倍，且最低试验压力应符合下列规定：

1）SDR11 聚乙烯管道不应小于 0.40MPa。

2）SDR17.6 聚乙烯管道不应小于 0.20MPa。

3）钢骨架聚乙烯复合管道不应小于 0.40MPa。

（4）进行强度试验时，压力应逐步缓升，首先升至试验压力的 50%，进行初验，如无泄漏和异常现象，继续缓慢升压至试验压力。达到试验压力后，宜稳压 1h 后，观察压力计不应小于 30min，无明显压力降为合格。

（5）经分段试压合格的管段相互连接的接头，经外观检验合格后，可不再进行强度试验。

五、管道严密性试验监理控制要点

（1）严密性试验应在强度试验合格、管线全线回填后进行。

（2）试验用的压力计应在校验有效期内，其量程应为试验压力的 1.5～2 倍，其精度等级不得低于 1.5 级。

（3）严密性试验介质宜采用空气，试验压力应满足下列要求：

1）设计压力小于 5kPa 时，试验压力应为 20kPa。

2）设计压力大于或等于 5kPa 时，试验压力应为设计压力的 1.15 倍，且不得小于 0.1MPa。

（4）试压时的升压速度不宜过快。对设计压力大于 0.8MPa 的管道试压，压力缓慢上升至：30％和 60％试验压力时，应分别停止升压，稳压 30min，并检查系统有无异常情况，如无异常情况继续升压。管内压力升至严密性试验压力后，待温度、压力稳定后开始记录。

（5）严密性试验稳压的持续时间应为 24h，每小时记录不应少于 1 次，当修正压力降小于 133Pa 为合格。修正压力降应按下式确定：

$$\Delta P' = (H_1 + B_1) - (H_2 + B_2)\frac{273 + t_1}{273 + t_2} \qquad (13\text{-}2)$$

式中　$\Delta P'$——修正压力降（Pa）；

H_1、H_2——试验开始和结束时的压力计读数（Pa）；

B_1、B_2——试验开始和结束时的气压计读数（Pa）；

t_1、t_2——试验开始和结束时的管内介质温度（℃）。

（6）所有未参加严密性试验的设备、仪表、管件，应在严密性试验合格后进行复位，然后按设计压力对系统升压，应采用发泡剂检查设备、仪表、管件及其与管道的连接处，不漏为合格。

六、管道工程竣工验收监理控制要点

（一）工程竣工验收的依据

工程竣工验收应以批准的设计文件、国家现行有关标准、施工承包合同、工程施工许可文件和本规范为依据。

（二）工程竣工验收的基本条件

（1）完成工程设计和合同约定的各项内容。

（2）施工单位在工程完工后对工程质量自检合格，并提出《工程竣工报告》。

（3）工程资料齐全。

（4）有施工单位签署的工程质量保修书。

（5）监理单位对施工单位的工程质量自检结果予以确认，并提出《工程质量评估报告》。

（6）工程施工中，工程质量检验合格，检验记录完整。

（三）竣工资料的搜集、整理工作

竣工资料的收集、整理工作应与工程建设过程同步，工程完工后应及时做好整理和移交工作。整体工程竣工资料宜包括下列内容：

1. 工程依据文件

（1）工程项目建议书、申请报告及审批文件、批准的设计任务书、初步设计、技术设计文件、施工图和其他建设文件；

（2）工程项目建设合同文件、招投标文件、设计变更通知书、工程量清单等；

（3）建筑工程规划许可证、施工许可证、质量监督注册文件、报建审批书、报建图、

竣工测量验收合格证、工程质量评估报告。

2. 交工技术文件

（1）施工资质证书；

（2）图纸会审记录、技术交底记录、工程变更单（图）、施工组织设计等；

（3）开工报告、工程竣工报告、工程保修书等；

（4）重大质量事故分析、处理报告；

（5）材料、设备、仪表等的出厂的合格证明，材质书或检验报告；

（6）施工记录：隐蔽工程记录、焊接记录、管道吹扫记录、强度和严密性试验记录、阀门试验记录、电气仪表安装的安装调试记录等；

（7）竣工图纸：竣工图应反映隐蔽工程、实际安装定位、设计中未包含的项目、燃气管道与其他市政设施特殊处理的位置等。

3. 检验合格记录

（1）测量记录；

（2）隐蔽工程验收记录；

（3）沟槽及回填合格记录；

（4）防腐绝缘合格记录；

（5）焊接外观检查和无损探伤检查记录；

（6）管道吹扫合格记录；

（7）强度和严密性试验合格记录；

（8）设备安装合格记录；

（9）储配与调压各项工程的程序验收及整体验收合格记录；

（10）电气、仪表安装测试合格记录；

（11）在施工中受检的其他合格记录。

注：聚乙烯燃气管道工程竣工验收资料还应包括：

（1）翻边切除检查记录；

（2）示踪线（带）导电性检查记录。

（四）工程竣工验收的工作程序

工程竣工验收应由建设单位主持，可按下列程序进行：

（1）工程完工后，施工单位按本规范第 12.5.2 的要求完成验收准备工作后，向监理部门提出验收申请。

（2）监理部门对施工单位提交的《工程竣工报告》、竣工资料及其他材料进行初审，合格后提出《工程质量评估报告》，并向建设单位提出验收申请。

（3）建设单位组织勘察、设计、监理及施工单位对工程进行验收。

（4）验收合格后，各部门签署验收纪要。建设单位及时将竣工资料、文件归档，然后办理工程移交手续。

（5）验收不合格应提出书面意见和整改内容，签发整改通知限期完成。整改完成后重新验收。整改书面意见、整改内容和整改通知编入竣工资料文件中。

（五）工程验收应符合的要求

（1）审阅验收材料内容，应完整、准确、有效。

（2）按照设计、竣工图纸对工程进行现场检查。竣工图应真实、准确，路面标志符合要求。

（3）工程量符合合同的规定。

（4）设施和设备的安装符合设计的要求，无明显的外观质量缺陷，操作可靠，保养完善。

（5）对工程质量有争议、投诉和检验多次才合格的项目，应重点验收，必要时可开挖检验、复查。

第十四章 燃气室内工程监理实务

城镇燃气室内工程现行规范为《城镇燃气室内工程施工与质量验收规范》CJJ 94—2009，是在 2003 年版本基础上经过修订而成。修订的主要内容是：

（1）增加了铝塑复合管的连接、燃气管道的防雷接地、敷设在管道竖井内的燃气管道的安装、沿外墙敷设的燃气管道的安装等方面的规定；

（2）增加了燃气计量表与燃具、电气设施的最小净距要求、燃气计量表安装的允许偏差和检验方法等要求；

（3）增加了燃气热水器和采暖炉安装及烟道安装的要求等；

（4）增加了调压装置安装、监控系统安装的要求等。

该规范以城镇燃气室内工程设施的基本功能和性能要求为目标，重点对城镇燃气室内工程的燃气管道及设施的安装提出控制要求。本章结合修订的部分内容，从监理工程师应了解和掌握的角度分别介绍并提出监理质量控制要点。

第一节 燃气室内工程验收单元划分

为便于施工过程管理，依据《城镇燃气室内工程施工与质量验收规范》，可参照以下办法划分验收单元：

一、单位（子单位）工程

（1）具有独立的施工合同、具备独立施工条件并能形成独立使用功能的，可划分为一个单位工程。

（2）对于规模较大的单位工程，可将其能形成独立使用功能的部分划分为若干个子单位工程。如：一个合同项目包含了 10 幢楼，则每幢楼的室内工程可视为一个子单位工程。

二、分部（子分部）工程

（1）分部工程的划分应按专业、设备的性质确定，燃气室内工程可划分成四个分部，即：引入管安装、燃气室内管道安装、设备安装、电器系统安装。

（2）当分部工程较大或较复杂时，可按楼栋号、区域、专业系统等划分为若干子分部工程。如：一幢楼包含了 5 个栋门，每个栋门的分部工程可视为子分部工程。

三、分项工程

分项工程按主要工种、施工工艺、设备类别等进行划分。分项工程可按表 14-1 内容进行划分。

分部（子分部）工程	分 项 工 程
引入管安装	管道沟槽、管道连接、管道防腐、管道设施防护、阴极保护系统安装与测试，调压装置安装
燃气室内管道安装	管道及管道附件安装、暗理或暗封管道及管道附件安装、支架安装、计量装置安装
设备安装	用气设备安装、通风设备安装
电气系统安装	报警系统安装、接地系统安装、防爆电气系统安装、自动控制系统安装

第二节　工程材料监理控制要点

一、材料进场控制

（1）燃气室内工程采用的材料、设备及管道组成件进场时，在施工单位自检合格的基础上，监理单位现场监理部进行抽检，检查内容包括质量证明文件以及实物外观。

（2）当对产品质量或产品合格文件有疑义时，监理人员应要求施工单位对产品按标准分类抽样检验。抽测的材料、设备在出现不合格时，判定该批材料、设备不合格，严禁使用。

（3）相关产品的生产许可证，计量器具许可证等文件要求，以及产品合格标准的规范要求，见本篇教材第十二章第五节的相关内容，这里不再重复。

二、现场截管管口质量控制

（1）切口表面应平整，无裂纹、重皮、毛刺、凹凸、缩口、熔渣等缺陷；

（2）切口端面（切割面）倾斜偏差不应大于管子外径的1%，且不得超过3mm；凹凸误差不得超过1mm；

（3）应对不锈钢波纹软管、燃气用铝塑复合管的切口进行整圆。不锈钢波纹软管的外保护层，应按有关操作规程使用专用工具进行剥离后，方可连接。

三、管子现场弯制质量控制

（1）弯制时应使用专用弯管设备或专用方法进行；

（2）焊接钢管的纵向焊缝在弯制过程中应位于中性线位置处；

（3）管子最小弯曲半径和最大直径、最小直径差值与弯管前管子外径的比率应符合表14-2的规定。

管子最小弯曲半径和最大直径、最小直径的差值与弯管前管子外径的比率　　表 14-2

	钢管	铜管	不锈钢管	铝塑复合管
最小弯曲半径	$3.5D_0$	$3.5D_0$	$3.5D_0$	$5D_0$
弯管的最大直径与最小直径的差与弯管前管子外径之比率	8%	9%	—	—

注：D_0 为管子的外径。

第三节 管道安装监理控制要点

一、燃气管道穿越管沟、建筑物基础、墙和楼板监理控制要点

（1）燃气管道穿越管沟、建筑物基础、墙和楼板时，燃气管道必须敷设于套管中，且宜与套管同轴。

（2）套管内的燃气管道不得设有任何形式的连接接头（不含纵向或螺旋焊缝及经无损检测合格的焊接接头）。

（3）套管与燃气管道之间的间隙应采用密封性能良好的柔性防腐、防水材料填充，套管与建筑物之间的间隙应用防水材料填实。

（4）燃气管道穿墙套管的两端应与墙面齐平；穿楼板套管的上端宜高于最终形成的地面5cm，下端应与楼板底齐。

二、引入管安装监理控制要点

引入管是指室外配气支管与用户燃气室内进口管总阀门之间的管道。如果没有总阀门，则指沿外墙敷设，距室内地面1.0m处的管道。

（1）在地下室、半地下室、设备间和地上密闭房间以及地下车库安装燃气引入管时应符合设计文件的规定；当设计文件无明确要求时，应符合下列规定：

1）引入管应使用钢号为10、20的无缝钢管或具有同等级以上性能的其他金属管材；

2）管道的敷设位置应便于检修，不得影响车辆的正常通行，且应避免被碰撞；

3）管道的连接必须采用焊接连接。其焊缝外观质量应按现行国家标准《现场设备、工业管道焊接工程施工及验收规范》GB/50236进行控制；焊缝内部质量检测按设计要求执行。

（2）紧邻小区道路（甬道）和楼门过道处的地上引入管设置的安全保护措施应符合设计文件要求。

（3）当引入管埋地部分与室外埋地PE管相连时，其连接位置距建筑物基础不宜小于0.5m，且应采用钢塑焊接转换接头。当采用法兰转换接头时，应对法兰及其紧固件的周围死角和空隙部分采用防腐胶泥填充进行过渡，进行防腐层施工前胶泥应干实。防腐层的种类和防腐等级应符合设计文件要求，接头钢质部分的防腐等级不应低于管道的防腐等级。

（4）引入管室内部分宜靠实体墙固定。

（5）当引入管采用地上引入时，应符合下列规定：

1）引入管与建筑物外墙之间的净距应便于安装和维修，宜为0.10~0.15m；

2）引入管上端弯曲处设置的清扫口宜采用焊接连接；

3）引入管保温层的材料、厚度及结构应符合设计文件的规定，保温层表面应平整，凹凸偏差不宜超过±2mm。

（6）输送湿燃气的引入管应坡向室外，其坡度宜大于或等于0.01。

（7）引入管最小覆土厚度应符合现行国家标准《城镇燃气设计规范》GB 50028的有

关规定。

（8）当室外配气支管上采取阴极保护措施时，引入管的安装应符合下列规定：

1）引入管进入建筑物前应设绝缘装置；绝缘装置的形式宜采用整体式绝缘接头，应采取防止高压电涌破坏的措施，并确保有效；

2）进入室内的燃气管道应进行等电位联结。

三、燃气室内管道安装监理控制要点

（一）管道及管道附件安装

（1）燃气管道的连接方式应符合设计文件的规定。当设计文件无明确规定时，设计压力大于或等于 10kPa 的管道以及布置在地下室、半地下室或地上密闭空间的管道，除采用加厚的低压管或与专用设备进行螺纹或法兰连接以外，应采用焊接的连接方式。

（2）燃气管道组成件应按设计文件选用；当设计文件无明确规定时，应符合下列规定：

1）管经≤DN50，宜采用热镀锌钢管及镀锌管件，连接方式采用螺纹连接；

2）管经＞DN50，宜采用无缝钢管或焊接钢管，连接方式为焊接或法兰连接；

3）当采用薄壁不锈钢管时，其厚度不应小于 0.6mm；

4）当工作压力小于 10kPa，环境温度不高于 60℃时，可在户内计量表后使用铝塑复合管及专用管件，连接方式为卡套式或卡压式连接。

（3）钢质管道焊接质量控制：

1）当管道明设或暗封敷设时，焊缝外观质量应 100% 检查，焊缝内部质量的检查比例不少于 5% 且不少于 1 个连接部位；当管道暗埋敷设时，焊缝外观和内部质量应 100% 检查。

说明：管道直接埋设在室内墙体、地面内，称为管道暗埋敷设；管道敷设在管道井、吊顶、管沟、装饰层内称为管道暗封敷设。

2）钢管焊接质量检验不合格的部件必须返修至合格。对检验出现不合格的焊缝，应按下列规定检验与评定：

①每出现一道不合格焊缝，应再抽检两道该焊工所焊的同一批焊缝，当这两道焊缝均合格时，应认为检验所代表的这一批焊缝合格；

②当第二次抽检仍出现不合格焊缝时，每出现一道不合格焊缝应再抽检两道该焊工所焊的同一批焊缝，再次检验的焊缝均合格时，可认为检验所代表的这一批焊缝合格；

③当仍出现不合格焊缝时，应对该焊工所焊全部同批的焊缝进行检验并应对其他批次的焊缝加大检验比例。

（4）螺纹连接质量控制：

1）钢管在切割或攻制螺纹时，焊缝处出现开裂，该钢管严禁使用；

2）现场攻制的管螺纹数宜符合表 14-3 的规定：

现场攻制的管螺纹数 表 14-3

管子公称尺寸 DN	DN≤DN20	DN20＜DN ≤DN50	DN50＜DN ≤DN65	DN65＜DN ≤DN100
螺纹数	9～11	10～12	11～13	12～14

3）钢管的螺纹应光滑端正，无斜丝、乱丝、断丝或脱落，缺损长度不得超过螺纹数的10％；

4）管道螺纹接头宜采用聚四氟乙烯胶带做密封材料，当输送湿燃气时，可采用油麻丝密封材料或螺纹密封胶；

5）拧紧管件时，不应将密封材料挤入管道内，拧紧后应将外露的密封材料清除干净；

6）管件拧紧后，外露螺纹宜为1～3扣，钢制外露螺纹应进行防锈处理；当钢管与钢球阀、燃气计量表及螺纹连接的管件连接时，应采用承插式螺纹管件连接；弯头、三通可采用承插式铜管件或承插式螺纹连接件。

（5）铝塑复合管的安装应符合下列规定：

1）不得敷设在室外和有紫外线照射的部位；

2）公称尺寸小于或等于$DN20$的管子，可以直接调直；公称尺寸大于或等于$DN25$的管子，宜在地面压直后进行调直；

3）管道敷设的位置应远离热源；

4）灶前管与燃气灶具的水平净距不得小于0.5m，且严禁在灶具正上方；

5）阀门应固定，不应将阀门自重和操作力矩传递至铝塑复合管。

（6）沿屋面或外墙明敷的燃气室内管道，不得布置在屋面上的檐角、屋檐、屋脊等易受雷击部位。当安装在建筑物的避雷保护范围内时，应每隔25m至少与避雷网采用直径不小于8mm的镀锌圆钢进行连接，焊接部件应采取防腐措施，管道任何部位的接地电阻值不得大于10Ω；当安装在建筑物的避雷保护范围外时，应符合设计文件的规定。

（7）在建筑物外敷设燃气管道控制要点：

1）管道外表面应采取耐候型防腐措施，必要时应采取保温措施。

2）在建筑物外敷设燃气管道，当与其他金属管道平行敷设的净距小于100mm时，每30m之间至少应采用截面积不小于6mm^{2}的铜绞线将燃气管道与平行的管道进行跨接。

3）当屋面管道采用法兰连接时，在连接部位的两端应采用截面积不小于6mm^{2}的金属导线进行跨接；当采用螺纹连接时，应使用金属导线跨接。

（8）燃气管道与燃具之间用软管连接时应符合设计文件的规定，并应符合以下要求：

1）软管与管道、燃具的连接处应严密，安装应牢固；

2）当软管存在弯折、拉伸、龟裂、老化等现象时不得使用；

3）当软管与燃具连接时，其长度不应超过2m，并不得有接口；

4）当软管与移动式的工业用气设备连接时，其长度不应超过30m，接口不应超过2个；

5）软管应低于灶具面板30mm以上；

6）软管在任何情况下均不得穿墙、楼板、顶棚、门和窗；

7）非金属软管不得使用管件将其分成两个或多个支管。

（9）立管安装应垂直，每层偏差不应大于3mm/m且全长不大于20mm。当因上层和下层墙壁壁厚不同而无法垂直于一线时，宜做乙字弯进行安装。当燃气管道垂直交叉敷设时，大管宜置于小管外侧。

（10）当燃气室内管道与电气设备、相邻管道、设备平行或交叉敷设时，其最小净距应符合表14-4的要求。

燃气室内管道与电气设备、相邻管道、设备之间的最小净距（cm） 表 14-4

名	称	平行敷设	交叉敷设
电气设备	明装的绝缘电线或电缆	25	10
	暗装或管内绝缘电线	5（从所做的槽或管子的边缘算起）	1
	电插座、电源开关	15	不允许
	电压小于 1000V 的裸露电线	100	100
	配电盘、配电箱或电表	30	不允许
相邻管道		应保证燃气管道、相邻管道的安装检查和维修	2
燃具		主立管与燃具水平净距不应小于 30cm；灶前管与燃具水平净距不得小于 20cm；当燃气管道在燃具上方通过时，应位于抽油烟机上方，且与燃具的垂直净距应大于 100cm	

注：1. 当明装电线加绝缘套管的两端各伸出燃气管道 10cm 时，套管与燃气管道的交叉净距可降至 1cm；
　　2. 当布置确有困难时，采取有效措施后可适当减小净距；
　　3. 灶前管不含铝塑复合管。

（11）燃气室内钢管、铝塑复合管及阀门安装后的允许偏差和检验方法宜符合表 14-5 的规定，检查数量应符合下列规定：

燃气室内管道安装后检验的允许偏差和检验方法 表 14-5

项	目		允许偏差
标 高			±10mm
水平管道纵横方向弯曲	钢管	管径小于或等于 $DN100$	2mm/m 且≤13mm
		管径大于 $DN100$	3mm/m 且≤25mm
	铝塑复合管		1.5mm/m 且≤25mm
立管垂直度	钢管		2mm/m 且≤13mm
	铝塑复合管		3mm/m 且≤8mm
引入管阀门	阀门中心距地面		±15mm
管道保温	厚度（δ）		$+0.1\delta$ -0.05δ
	表面不整度	卷材或板材	±2mm
		涂抹或其他	±2mm

　　1）管道与墙面的净距，水平管的标高：检查管道的起点、终点，分支点及变方向点间的直管段，不应少于 5 段；

　　2）纵向方向弯曲：按系统内直管段长度每 30m 应抽查 2 段，不足 30m 的不应少于 1 段；有分隔墙的建筑，以隔墙为分段数，抽查 5%，且不应少于 5 段；

　　3）立管垂直度：一根立管为一段，两层及两层以上按楼层分段，各抽查 5%，但均不应少于 10 段；

　　4）引入管阀门：100% 检查；

　　5）其他阀门：抽查 10%，且不应少于 5 个；

6）管道保温：每 20m 抽查 1 处，且不应少于 5 处。

（12）阀门安装控制要点：

1）阀门安装前除进行外观检查外，引入管阀门尚应进行严密性试验，符合要求方可安装。

2）阀门宜有开关指示标识，对有方向性要求的阀门，必须按规定方向安装。

3）阀门应在关闭状态下安装。

（13）燃气室内管道的除锈、防腐及涂漆控制要点：

1）室内明设钢管、暗封形式敷设的钢管及其管道附件连接部位的涂漆，应在检查、试压合格后进行；

2）非镀锌钢管、管件表面除锈应符合现行国家标准《涂装前钢材表面锈蚀等级和除锈等级》GB 8923 中规定的不低于 St2 级的要求；

3）钢管及管道附件涂漆的要求

① 非镀锌钢管：应刷两道防锈底漆、两道面漆；

② 镀锌钢管：应刷两道面漆；

③ 面漆颜色应符合设计文件的规定；当设计文件未明确规定时，燃气管道宜为黄色；

④ 涂层厚度、颜色应均匀。

（二）暗埋或暗封管道及其管道附件安装控制要点

（1）室内明设或暗封形式敷设的燃气管道与装饰后墙面的净距，应满足维护、检查的需要并宜符合表 14-6 要求；铜管、薄壁不锈钢管、不锈钢波纹软管和铝塑复合管与墙之间净距应满足安装的要求。

燃气室内管道与装饰后墙面的净距 　　　　　　　　　　表 14-6

管子公称尺寸	$<DN25$	$DN25\sim DN40$	$DN50$	$>DN50$
与墙净距（mm）	$\geqslant 30$	$\geqslant 50$	$\geqslant 70$	$\geqslant 90$

（2）敷设在管道竖井内的燃气管道的安装应符合下列规定：

1）管道安装宜在土建及其他管道施工完毕后进行；

2）当管道穿越竖井内的隔断板时，应加套管；套管与管道之间应有不小于 10mm 的间隙；

3）燃气管道的颜色应明显区别于管道井内的其他管道，宜为黄色；

4）燃气管道与相邻管道的距离应满足安装和维修的需要；

5）敷设在竖井内的燃气管道的连接接头应设置在距该层地面 1.0～1.2m 处。

（3）采用暗埋形式敷设燃气管道时，应符合下列规定：

1）埋设管道的管槽不得伤及建筑物的钢筋。管槽宽度宜为管道外径加 20mm，深度应满足覆盖层厚度不小于 10mm 的要求。未经原建筑设计单位书面同意，严禁在承重的墙、柱、梁、板中暗埋管道。

2）暗埋管道不得与建筑物中的其他任何金属结构相接触，当无法避让时，应采用绝缘材料隔离。

3）暗埋管道不应有机械接头。

4）暗埋管道宜在直埋管道的全长上加设有效地防止外力冲击的金属防护装置，金属防护装置的厚度宜大于1.2mm。当与其他埋墙设施交叉时，应采取有效的绝缘和保护措施。

5）暗埋管道在敷设过程中不得产生任何形式的损坏，管道固定应牢固。

6）在覆盖暗埋管道的砂浆中不应添加快速固化剂。砂浆内应添加带色颜料作为永久色标。当设计无明确规定时，颜料宜为黄色。安装施工后还应将直埋管道位置标注在竣工图纸上，移交建设单位签收。

（三）支架安装控制要点

（1）管道支架安装控制要点：

1）管道支架安装应稳定、牢固，支架位置不能影响管道安装、检修和维护；

2）每楼层的立管至少设支架1处；

3）当水平管道上设有阀门时，应在阀门的来气侧1m范围内设支架并尽量靠近阀门；

4）与不锈钢波纹管、铝塑复合管直接相连的阀门应设有固定底座或管卡；

5）钢管支架的最大间距宜按表14-7选择；燃气用铝塑复合管支架的最大间距宜按表14-8选择；

6）水平管道转弯处应在以下范围内设置固定托架或管卡座：

① 钢质管道不应大于1.0m；

② 铝塑复合管每侧不应大于0.3m；

钢管支架最大间距   表 14-7

公称直径	最大间距（m）	公称直径	最大间距（m）
DN15	2.5	DN100	7.0
DN20	3.0	DN125	8.0
DN25	3.5	DN150	10.0
DN32	4.0	DN200	12.0
DN40	4.5	DN250	14.5
DN50	5.0	DN300	16.5
DN65	6.0	DN350	18.5
DN80	6.5	DN400	20.5

燃气用铝塑复合管支架最大间距   表 14-8

外径（mm）	16	18	20	25
水平敷设（m）	1.2	1.2	1.2	1.8
垂直敷设（m）	1.5	1.5	1.5	2.5

（2）支架涂漆种类和涂刷遍数应符合设计文件的要求，并应附着良好，无脱皮、起泡和漏涂。漆膜厚度应均匀，色泽一致，无流淌及污染现象。

第四节 燃气计量表安装监理控制要点

一、燃气计量表安装

燃气计量表安装应符合下列规定：

（1）燃气计量表应有出厂合格证、质量保证书；标牌上应有CMC标志、最大流量、生产日期、编号和制造单位；

（2）燃气计量表应有法定计量检定机构出具的检定合格证书，并应在有效期内；

（3）超过检定有效期及倒放、侧放的燃气计量表应全部进行复检；

（4）燃气计量表的性能、规格、使用压力应符合设计文件的要求；

（5）燃气计量表应按设计文件和产品说明书进行安装；

（6）燃气计量表的安装位置应满足正常使用、抄表和检修的要求；

（7）室外的燃气计量表宜装在防护箱内，防护箱应具有排水及通风功能；安装在楼梯间内的燃气计量表应具有防火性能或设在防火表箱内。

二、燃气计量表安装的验收标准

（1）燃气计量表的安装位置应符合设计文件的要求。

（2）燃气计量表前的过滤器应按产品说明书或设计文件的要求进行安装。

（3）燃气计量表与燃具、电气设施的最小水平净距应符合表 14-9 的要求。

燃气计量表与燃具、电气设施之间的最小水平净距 表 14-9

名　　称	与燃气计量表的最小水平净距（cm）
相邻管道、燃气管道	便于安装、检查及维修
家用燃气灶具	30（表高位安装时）
热水器	30
电压小于 1000V 的裸露电线	100
配电盘、配电箱或电表	50
电源插座、电源开关	20
燃气计量表	便于安装、检查及维修

（4）燃气计量表的外观应无损伤，涂层应完好。

（5）膜式燃气计量表钢支架的安装应端正牢固，无倾斜。

三、商业及工业企业燃气计量表安装的验收标准

（1）最大流量小于 65m^3/h 的膜式燃气计量表，当采用高位安装时，表后距墙净距不宜小于 30mm，并应加表托固定；采用低位安装时，应平稳地安装在高度不小于 200mm 的砖砌支墩或钢支架上，表后与墙净距不应小于 30mm。

（2）最大流量大于或等于 65m^3/h 的膜式燃气计量表，应平正地安装在高度不小于 200mm 的砖砌支墩或钢支架上，表后距墙净距不宜小于 150mm；腰轮表、涡轮表和旋进漩涡表的安装场所、位置、前后直管段及标高应符合设计文件的规定，并应按产品标识的指向安装。

（3）燃气计量表与燃具和设备的水平净距应符合下列规定：

1）距金属烟囱不应小于 80cm，距砖砌烟囱不宜小于 60cm；

2）距炒菜灶、大锅炉、蒸箱和烤炉等燃气灶具灶边不宜小于 80cm；

3）距沸水器及热水锅炉不宜小于 150cm；

4）当燃气计量表与燃具和设备的水平净距无法满足上述要求时，加隔热板后水平净距可适当缩小。

（4）燃气计量表安装后的允许偏差和检验方法应符合表 14-10 的要求。

燃气计量表安装后的允许偏差和检验方法　　　　表 14-10

最大流量	项目	允许偏差（mm）	检验方法
<25m³/h	表底距地面	±15	吊线和尺量
	表后距墙饰面	5	
	中心线垂直度	1	
≥25m³/h	表底距地面	±15	吊线、尺量、水平尺
	中心线垂直度	表高的 0.4%	

（5）当采用不锈钢波纹软管连接燃气计量表时，不锈钢波纹软管弯曲成圆弧状，不得形成直角。

（6）多台并排安装的燃气计量表，每台燃气计量表进出口管道上应按设计文件的要求安装阀门；燃气计量表之间的净距应满足安装、检查及维修的要求。

第五节　燃具、用气设备安装及电气系统监理控制要点

一、家用燃具安装控制要点

（1）家用燃具的安装应符合国家现行标准《家用燃气燃烧器具安装及验收规程》CJJ 12 的有关规定。

（2）燃气的种类和压力、燃具上的燃气接口、进出水的压力和接口应符合燃具说明书的要求。

（3）燃气热水器和采暖炉的安装应符合下列要求：

1）应按照产品说明书的要求进行安装，并应符合设计文件的要求；

2）热水器和采暖炉应安装牢固，无倾斜；

3）支架的接触应均匀平稳，并便于操作；

4）与燃气室内管道和冷热水管道连接必须正确，并应连接牢固、不易脱落；燃气管道的阀门、冷热水管道阀门应便于操作和检修；

5）排烟装置应与室外相通，烟道应有 1% 坡向燃具的坡度，并应有防倒风装置。

（4）当燃具与燃气室内管道采用螺纹连接时，应按本章第三节三（4）的规定检验。

（5）当燃具与燃气室内管道采用软管连接时，软管应无接头；软管与燃具的连接接头应选用专用接头，并应安装牢固，便于操作。

（6）燃具与电气设备、相邻管道之间的最小水平净距应符合表 14-11 的规定。

燃具与电气设备、相邻管道之间的最小水平净距（cm）　　　　表 14-11

名　称	与燃气灶具的水平净距（cm）	与燃气热水器的水平净距（cm）
明装的绝缘电线或电缆	30	30
暗装或管内绝缘电线	20	20
电插座、电源开关	30	15
电压小于 1000V 的裸露电线	100	100
配电盘、配电箱或电表	100	100

注：燃具与燃气管道之间的最小水平净距应符合本章表 14-4 的规定。

（7）燃气灶具的灶台高度不宜大于80cm；燃气灶具与墙净距不得小于10cm，与侧面墙的净距不得小于15cm，与木质门、窗及木质家具的净距不得小于20cm。

（8）嵌入式燃气灶具与灶台连接处应做好防水密封，灶台下面的橱柜应根据气源性质，在适当的位置开总面积不小于80cm²的与大气相通的通气孔。

（9）燃具与可燃的墙壁、地板和家具之间应设耐火隔热层，隔热层与可燃的墙壁、地板和家具之间间距宜大于10mm。

（10）使用市网供电的燃具应将电源线接在具有漏电保护功能的电气系统上；应使用单向三级电源插座，电源插座接地极应可靠接地，电源插座应安装在冷热水不易飞溅到的位置。

二、商用燃气设备安装控制要点

（1）当商业用气设备安装在地下室、半地下室或地上密闭房间内时，应严格按设计文件要求施工。

（2）商业用气设备的安装应符合下列规定：

1）用气设备之间的净距应满足设计文件、操作和检修的要求；

2）用气设备前宜有宽度不小于1.5m的通道；

3）用气设备与可燃的墙壁、地板和家具之间应按设计文件要求做耐火隔热层，当设计文件无规定时，其厚度不宜小于1.5mm，隔热层与可燃的墙壁、地板和家具之间的间距宜大于50mm。

（3）砖砌燃气灶的燃烧器应水平地安装在炉膛中央，其中心应对准锅中心；应保证外焰有效地接触锅底，燃烧器支架环孔周围应保持足够的空间。

（4）砖砌燃气灶的高度不宜大于80cm，封闭的炉膛与烟道应安装爆破门，爆破门的加工应符合设计文件的要求。

（5）沸水器的安装应符合下列规定：

1）安装沸水器的房间应按设计文件检查通风系统；

2）沸水器应采用单独烟道；当使用公共烟道时，应设防止串烟装置，烟囱应高于屋顶1m以上，并应安装防止倒风的装置，其结构应合理；

3）沸水器与墙净距不宜小于0.5m，沸水器顶部距屋顶的净距不应小于0.6m；

4）当安装2台或2台以上沸水器时，沸水器之间净距不宜小于0.5m。

三、工业企业用燃气设备安装控制要点

（1）工业企业生产用气设备的安装场所应符合现行国家标准《城镇燃气设计规范》GB 50028的规定；当用气设备安装在地下室、半地下室或地上密闭房间内时，应严格按设计文件要求施工。

（2）当工业企业生产用气设备与燃气供应系统连接时，应按设计文件进行核查，不符合设计文件要求不得连接。

（3）当用气设备为通用产品时，其燃气、自控、鼓风及排烟等系统的检验应符合产品说明书或设计文件的规定。

（4）当用气设备为非通用产品时，其燃气、自控、鼓风及排烟等系统的检验应符合下

列规定：

1）燃烧器的供气压力必须符合设计文件的规定；

2）用气设备应符合现行国家标准《城镇燃气设计规范》GB 50028 的相关规定。

（5）用气设备燃烧装置的安全设施除应符合设计文件的要求外，尚应符合下列规定：

1）当燃烧装置采用分体式机械鼓风或使用加氧、加压缩空气的燃烧器时，应安装止回阀，并应在空气管道上安装泄爆装置；

2）燃气及空气管道上应安装最低压力和最高压力报警、切断装置；

3）封闭式炉膛及烟道应按设计文件施工，烟道泄爆装置的加工及安装位置应符合设计文件的规定。

（6）下列阀门的安装应符合设计文件的规定：

1）各用气车间的进口和用气设备前的燃气管道上设置的单独阀门；

2）每只燃烧器燃气接管上设置的单独的有启闭标记的阀门；

3）每只机械鼓风的燃烧器，在风管上设置的有启闭标记的阀门；

4）大型或互联装置的鼓风机，其出口设置的阀门；

5）放散管、取样管、测压管前设置的阀门。

四、电气系统安装监理控制要点

（1）燃气浓度自动报警系统、火灾自动报警系统和紧急自动切断阀的供电导线的规格、型号、敷设方式应符合设计文件的要求。

（2）可燃气体检测报警器、火灾检测报警器的安装位置应符合产品说明书和设计文件的要求。

（3）可燃气体检测报警器与燃具或阀门的水平距离应符合下列规定：

1）当燃气相对密度比空气轻时，水平距离应控制在 0.5～8.0m 范围内，安装高度应距屋顶 0.3m 之内，且不得安装于燃具的正上方；

2）当燃气相对密度比空气重时，水平距离应控制在 0.5～4.0m 范围内，安装高度应距地面 0.3m 以内。

（4）可燃气体检测报警器安装后按国家现行有关标准进行检查测试。

（5）室内、外燃气管道的防雷、防静电措施应按设计文件要求施工。

（6）燃气室内管道严禁作为接地导体或电极。

第六节 试验与验收监理控制要点

一、强度试验控制要点

（1）燃气室内管道强度试验的范围：

1）明管敷设时，居民用户应为引入管阀门至燃气计量装置前阀门之间的管道系统；暗埋或暗封敷设时，居民用户应为引入管阀门至燃具接入管阀门（含阀门）之间的管道；

2）商业用户及工业企业用户应为引入管阀门至燃具接入管阀门（含阀门）之间的管道（含暗埋或暗封的燃气管道）。

（2）待进行强度试验的燃气管道系统与不参与试验的系统、设备、仪表等应隔断，并应有明显的标志或记录，强度试验前安全泄放装置应已拆下或隔断。

（3）进行强度试验前，管内应吹扫干净，吹扫介质宜采用空气或氮气，不得使用可燃气体。

（4）强度试验压力应为设计压力的 1.5 倍且不得低于 0.1MPa。

（5）强度试验应符合下列要求：

1）在低压燃气管道系统达到试验压力时，稳压不少于 0.5h 后，应用发泡剂检查所有接头，无渗漏、压力计量装置无压力降为合格；

2）在中压燃气管道系统达到试验压力时，稳压不少于 0.5h 后，应用发泡剂检查所有接头，无渗漏、压力计量装置无压力降为合格；或稳压不少于 1h，观察压力计量装置，无压力降为合格；

3）当中压以上燃气管道系统进行强度试验时，应在达到试验压力的 50% 时停止不少于 15min，用发泡剂检查所有接头，无渗漏后方可继续缓慢升压至试验压力并稳压不少于 1h 后，压力计量装置无压力降为合格。

二、严密性试验控制要点

（1）严密性试验范围为引入管阀门至燃具前阀门之间的管道。

（2）燃气室内系统的严密性试验应在强度试验合格之后进行。

（3）严密性试验应符合下列要求：

1）低压管道系统：

试验压力应为设计压力且不得低于 5kPa。在试验压力下，居民用户应稳压不少于 15min，商业和工业企业用户应稳压不少于 30min，并用发泡剂检查全部连接点，无渗漏、压力计无压力降为合格。

当实验系统中有不锈钢波纹软管、覆塑铜管、铝塑复合管、耐油胶管时，在试验压力下的稳压时间不宜小于 1h，除对各密封点检查外，还应对外包覆层端面是否有渗漏现象进行检查。

2）中压及以上压力管道系统：

试验压力应为设计压力且不得低于 0.1MPa。在试验压力下稳压不得少于 2h，用发泡剂检查全部连接点，无渗漏、压力计量装置无压力降为合格。

（4）低压燃气管道严密性试验的压力计量装置应采用 U 形压力计。

三、工程竣工验收

（1）施工单位在工程完工自检合格的基础上，监理单位应组织进行预验收。预验收合格后，施工单位应向建设单位提交竣工报告并申请进行竣工验收。建设单位应组织有关部门进行竣工验收。

（2）工程竣工验收资料：

1）设计文件；

2）设备、管道组成件、主要材料的合格证、检定证书或质量证明书；

3）施工安装技术文件记录：焊工资格备案表、阀门试验记录、射线探伤检验报告、超声波试验报告、隐蔽工程（封闭）验收记录、燃气管道安装工程检查记录、燃气室内系统压力试验记录；

4）质量事故处理记录；

5）城镇燃气工程质量验收记录：燃气分项工程质量验收记录、燃气分部（子分部）工程质量验收记录、燃气单位（子单位）工程竣工验收记录；

6）其他相关记录。

第十五章 燃气长输管道工程监理实务

燃气长输管道是指产地、储库、用户间的用于输送气体介质的管道。天然气场站内部的工艺管道、城镇燃气的输配管网不属于长输管道工程的范围。燃气长输管道工程与其他管道工程大同小异，本章仅介绍与燃气特性（易燃易爆）有关的工程要点及监理工作。

第一节 工程材料监理控制要点

一、材料进场控制

（1）工程所用材料、管道附件的材质、规格和型号必须符合设计要求，其质量应符合国家现行有关标准的规定。应具有出厂合格证、质量证明书以及材质证明书或使用说明书。

（2）应对工程所用材料、管道附件的出厂合格证、质量证明书以及材质证明书进行检查，当对其质量（或性能）有疑问时应进行复验，不合格者不得使用。

（3）钢管如有凿痕、槽痕、凹坑、电弧烧痕、变形或压扁等有害缺陷应修复或消除后使用。

1）凿痕、槽痕可以用砂轮磨去，输油管道也可以同时选用焊接方式修复，但磨剩的厚度不得小于材料标准允许的最小厚度。否则，应将受损部分整段切除。

2）凹坑的深度不超过公称管径的 2%。凹坑位于纵向焊缝或环向焊缝处影响管子曲率者，应将凹坑处管子受损部分整段切除。

3）变形或压扁的管段超过制管标准规定时，应废弃。

（4）管道线路的弯头、热煨弯管、冷弯管应符合表 15-1 的规定。

弯头、热煨弯管、冷弯管的规定　　　　　　　　　　　　表 15-1

种类		曲率半径	外观和主要尺寸	其他规定
弯头		<4D	无褶皱、裂纹、重皮、机械损伤；两端椭圆度小于或等于 1.0%，其他部位的椭圆度不应大于 2.5%	—
热煨弯管		≥4D	无褶皱、裂纹、重皮、机械损伤；两端椭圆度小于或等于 1.0%，其他部位的椭圆度不应大于 2.5%	应满足清管器和探测仪器顺利通过；端部保留不小于 0.5m 的直管段
冷弯管 DN (mm)	≤300	≥18D	无褶皱、裂纹、机械损伤；弯曲椭圆度小于或等于 2.5%	端部保留 2m 的直管段
	350	≥21D		
	400	≥24D		
	450	≥27D		
	≥500	≥30D		

注：D 为管道外径，DN 为公称直径。

二、安装前需控制要点

（1）绝缘接头或绝缘法兰安装前，应进行水压试验。试验压力为设计压力的 1.5 倍，稳压时间为 5min，以无泄漏为合格。试压后应擦干残余水，进行绝缘检测。检测应采用 500V 兆欧表测量，其绝缘电阻应大于 2MΩ。

（2）线路截断阀门安装前，应进行外观检查、阀门启闭检查及水压试验，其检验要求应符合表 15-2 的规定。有特殊要求者除外。

截断阀检查、试验规定　　　　　　　　　　　　　　　　　　表 15-2

项 目		检查、试验内容	检验标准
外观检查	外表	不得有裂纹、砂眼、机械损伤、锈蚀等缺陷和缺件、脏污、铭牌脱落及色标不符等情况
	阀体内	应无积水、锈蚀、脏污和损伤等缺陷
	法兰密封面	不得有径向沟槽及其他影响密封性能的损伤
启闭检查	启闭	灵活
	启闭指示器	准确
水压试验	壳体试验	1.5 倍公称压力，持续时间 5min	壳体填料无泄漏
	密封试验	1.0 倍公称压力，持续时间 2min	密封面不漏

第二节　管道焊缝无损检测监理控制要点

一、执行标准

（1）无损检测应符合国家现行标准《石油天然气钢质管道无损检测》SY/T 4109 的规定，射线检测及超声波检测的合格等级为：

设计压力小于或等于 4MPa 时，一、二级地区管道合格级别为Ⅲ级；三、四级地区管道合格级别为Ⅱ级；设计压力大于 4MPa 时合格级别为Ⅱ级。

（2）输气管道的检测比例：

1）所有焊接接头应进行全周长 100％无损检测。射线检测和超声波检测是首选无损检测方法。焊缝表面缺陷可进行磁粉或液体渗透检测。

2）当采用超声波对焊缝进行无损检测时，应采用射线检测对所选的焊缝全周长进行复验，其复验数量为每个焊工或流水作业焊工组当天完成的全部焊缝中任意选取不小于下列数目的焊缝进行：

一级地区中焊缝的 5％。

二级地区中焊缝的 10％。

三级地区中焊缝的 15％。

四级地区中焊缝的 20％。

3）穿（跨）越水域、公路、铁路的管道焊缝，弯头与直管段焊缝以及未经试压的管道碰死口焊缝，均应进行 100％超声波检测和射线检测。

（3）管道采用全自动焊时，宜采用全自动超声波检测，检测比例应为 100%，可不进行射线探伤复查。

二、检测控制要点

（1）射线检测复验、抽查中，有一个焊口不合格，应对该焊工或流水作业组在该日或该检查段中焊接的焊口加倍检查，如再有不合格的焊口，则对其余的焊口逐个进行射线检测。

（2）焊缝返修的规定：

1）焊道中出现的非裂纹性缺陷，可直接返修。若返修工艺不同于原始焊道的焊接工艺，或返修是在原来的返修位置进行时，必须使用评定合格的返修焊接工艺规程。

2）当裂纹长度小于焊缝长度的 8% 时，应使用评定合格的返修焊接规程进行返修。当裂纹长度大于 8% 时所有带裂纹的焊缝必须从管线上切除。

3）焊缝在同一部位的返修，不得超过 2 次。根部只允许返修 1 次，否则应将该焊缝切除。返修时，按原标准检测。

第三节　管道清管、测径及试压监理控制要点

一、清管、测径控制要点

（1）分段试压前，应采用清管球（器）进行清管，清管次数不应少于两次，以开口端不再排出杂物为合格。

（2）分段清管应设临时清管器收发装置，清管器接收装置应选择在地势较高且 50m 内没有建筑物和人口的区域内，并应设置警示装置。

（3）清管球充水后直径过盈量应为管内径的 5%～8%。

（4）清管前，应确认清管段内的线路截断阀处于全开状态。

（5）清管时的最大压力不得超过管线设计压力。

（6）如清管合格后需进行测径，测径宜采用铝质测径板，直径为试压段中最大壁厚钢管或者弯头内径的 90%，当测径板通过管段后，无变形、褶皱为合格。

二、水压试验控制要点

（1）燃气长输管道在下沟回填后应清管和试压，清管和试压应分段进行。

（2）穿（跨）越大中型河流、铁路、二级及以上公路、高速公路的管段应单独进行试压。

（3）分段水压试验的管段长度不宜超过 35km，试压管段的高差不宜超过 30m；当管段高差超过 30m 时，应根据该段的纵断面图，计算管道低点的静水压力，核算管道低点试压时所承受的环向应力，其值一般不应大于管材最低屈服强度的 0.9 倍，对特殊地段经设计允许，其值不得大于 0.95 倍。试验压力值的测量应以管道最高点测出的压力值为准，管道最低点的压力值应为试验压力与管道液位高差静压之和。

（4）输气管道分段水压试验的压力值、稳压时间及合格标准应符合表 15-3 的规定。

输气管道水压试验压力值、稳压时间及合格标准　　　　　　　表 15-3

分　类		强度试验	严密性试验
一级地区输气管道	压力值（MPa）	1.1 倍设计压力	设计压力
	稳压时间（h）	4	24
二级地区输气管道	压力值（MPa）	1.25 倍设计压力	设计压力
	稳压时间（h）	4	24
三级地区输气管道	压力值（MPa）	1.4 倍设计压力	设计压力
	稳压时间（h）	4	24
四级地区输气管道	压力值（MPa）	1.5 倍设计压力	设计压力
	稳压时间（h）	4	24
合格标准		无泄漏	压降不大于 1% 试验压力值，且不大于 0.1MPa

注：水压试验应在环境温度 5℃以上进行，否则应采取防冻措施。

（5）分段试压合格后，连接各管段的连头焊缝应进行 100% 超声波检测和射线检测，不再进行试压。经单独试压的线路截断阀及其他设备可不与管线一同试压。

（6）试压中如有泄漏，应泄压后修补。修补合格后应重新试压。

三、气压试验控制要点

（1）气压分段试压长度不宜超过 18km。

（2）试压用的压力表应经过校验，并应在有效期内。压力表精度应不低于 1.5 级，量程为被测最大压力的 1.5～2 倍，表盘直径不应小于 150mm，最小刻度应能显示 0.05MPa。试压时的压力表应不少于 2 块，分别安装在试压管段的两端。稳压时间应在管段两端压力平衡后开始计算。试压管段的两端应各安装 1 支温度计，且避免阳光直射，温度计的最小刻度应小于或等于 1℃。

（3）试压时的升压速度不宜过快，压力应缓慢上升，每小时升压不得超过 1MPa。当压力升至 0.3 倍和 0.6 倍强度试验压力时，应分别停止升压，稳压 30min，并检查系统有无异常情况，如无异常情况，继续升压。

（4）检漏人员在现场查漏时，管道的环向应力不应超过钢材规定的最低屈服强度的 20%；在管道的环向应力首次开始从钢材规定的最低屈服强度的 50% 提升到最高试验压力，直到又降至设计压力为止的时间内，试压区域内严禁有非试压人员，试压巡检人员亦应与管线保持 6m 以上的距离。距试压设备和试压段管线 50m 以内为试压区域。

（5）管道分段气压试验的压力值、稳压时间及合格标准应符合表 15-4 的规定。

气压试验压力值、稳压时间及合格标准　　　　　　　表 15-4

分　类		强度试验	严密性试验
一级地区输气管道	压力值（MPa）	1.1 倍设计压力	设计压力
	稳压时间（h）	4	24
二级地区输气管道	压力值（MPa）	1.25 倍设计压力	设计压力
	稳压时间（h）	4	24
合格标准		不破裂、无泄漏	压降不大于 1% 试验压力值，且不大于 0.1MPa

说明：燃气长输管道工程的试验可根据工程实际情况在水压试验和气压试验中任选一种，但输气管道位于三、四级地区的管段应采用水压试验。

四、输气管道干燥控制要点

输气管道试压、清管结束后应进行干燥。

（一）干燥方法

干燥方法可采用吸水性泡沫清管塞反复吸附，注入甲醇、甘醇类吸湿剂清洗，干燥气体（压缩空气或氮气等）吹扫，真空蒸发等上述一种或几种方法的组合。应因地制宜、技术可行、经济合理、方便操作、对环境的影响最小。

（二）干燥验收标准

（1）当采用吸湿剂时，干燥后管道末端排出的混合液中，甲醇、甘醇类吸湿剂含量的质量百分比大于80％为合格。

（2）当采用干燥气体吹扫时，可在管道末端配置水露点分析仪，干燥后排出气体水露点值宜连续4h比管道输送条件下最低环境温度至少低5℃、变化幅度不大于3℃为合格。

（3）当采用真空法时，选用的真空表精度不小于1级，干燥后管道内气体水露点宜连续4h低于−15℃为合格。

第四节　管道工程竣工验收监理控制要点

（1）当施工单位按合同规定的范围完成全部工程项目后，应及时与建设单位办理交工手续。

（2）工程交工验收前，建设单位（监理单位）应对油气长输管道工程进行检查，确认下列内容：

1）施工范围和内容符合合同规定。

2）工程质量符合设计文件及本规范的规定。

（3）工程交工验收前，施工单位应向建设单位提交下列主要技术文件：

1）管道敷设竣工图，单独的穿（跨）越工程竣工图；

2）设计修改及材料代用文件；

3）施工联络单；

4）材料、管件、设备出厂质量证明书、合格证，以及设备（图纸）说明书；

5）后热及热处理报告；

6）管沟开挖检查验收记录；

7）冷弯管制作记录；

8）管道埋深抽查记录；

9）管道焊接记录；

10）防腐保温工程检验报告；

11）无损检测报告；

12）管道隐蔽工程记录；

13）管道清管测径报告；

14）管道试压报告；

15）输气管道干燥报告；

16）阴极保护装置验收报告；

17）穿（跨）越河流、铁路、公路工程验收报告；

18）阀门试压报告；

19）三桩埋设统计表；

20）线路保护构筑物竣工报告；

21）埋地管道防腐层地面检漏报告；

22）管道竣工测量成果表；

23）工程质量评定报告。

（4）工程交接验收时确因客观条件限制未能全部完成的工程，在不影响安全试运的条件下，经建设单位同意，可办理工程交接验收手续，但遗留工程必须限期完成。

第十六章 锅炉安装工程监理实务

本章介绍的锅炉系指工业、民用、区域供热额定工作压力小于或等于 3.82MPa 的固定式蒸汽锅炉、额定出水压力大于 0.1MPa 的固定式热水锅炉和有机热载体炉、电加热锅炉等的安装。

第一节 基础复验及放线监理控制要点

（1）锅炉及其辅助设备就位前，其基础位置和尺寸应按表 16-1 的规定进行复检。

锅炉及其辅助设备基础位置和尺寸的允许偏差　　　　表 16-1

复检项目		允许偏差（mm）
纵轴线和横轴线的坐标位置		20
不同平面的标高		0 —20
柱子基础面上的预埋钢板和锅炉各部件基础平面的水平度	每米	5
	全长	10
平面外形尺寸		±20
凸台上平面外形尺寸		0 —20
凹穴尺寸		+20 0
预留地脚螺栓孔	中心线位置	10
	深度	+20 0
	每米孔壁垂直度	10
预埋地脚螺栓	顶端标高	+20 0
	中心距	±2

（2）锅炉安装前，应划定纵向、横向安装基准线和标高基准点。

（3）锅炉基础放线，应符合下列要求：

1）纵向和横向中心线，应互相垂直；

2）相应两柱子定位中心线的间距允许偏差为±2mm；

3）各组对称 4 根柱子定位中心点的两对角线长度之差不应大于 5mm。

第二节 钢架安装监理控制要点

（1）钢架安装前，应按施工图样清点构件数量，并应对柱子、梁、框架等主要构件的长度和直线度按表 16-2 的规定进行复检。

钢架主要构件长度和直线度的允许偏差 表 16-2

构件的复检项目		允许偏差（mm）
柱子的长度（m）	≤8	0 −4
	>8	+2 −6
梁的长度（m）	≤1	0 −4
	>1～3	0 −6
	>3～5	0 −8
	>5	0 −10
柱子、梁的直线度		长度的 1‰，且不应大于 10
框架长度（m）	≤1	0 −6
	>1～3	0 −8
	>3～5	0 −10
	>5	0 −12
拉条、支柱长度（m）	≤5	0 −3
	>5～10	0 −4
	>10～15	0 −6
	>15	0 −8

注：框架包括护板框架、顶护板框架或其他矩形框架。

（2）安装钢架时，宜根据柱子上托架和柱头的标高在柱子上确定并划出 1m 标高线。找正柱子时，应根据锅炉房运转层上的标高基准线，测定各柱子上的 1m 标高线。柱子上的 1m 标高线应作为安装锅炉各部组件、元件和检测时的基准标高。

（3）钢架安装的允许偏差及其检测位置，应符合表 16-3 的规定。

钢架安装的允许偏差及其检测位置 表 16-3

检测项目	允许偏差（mm）	检测位置
各柱子的位置	±5	—
任意两柱子间的距离	间距的 1‰，且不大于 10	—

检 测 项 目		允许偏差（mm）	检 测 位 置
柱子上的 1m 标高线与标高基准点的高度差		±2	以支撑锅筒的任一根柱子作为基准，然后测定其他柱子
各柱子相互间标高之差		3	—
柱子的铅垂度		高度的 1‰，且不大于 10	—
各柱子相应两对角线的长度之差		长度的 1.5‰，且不大于 15	在柱脚 1m 标高和柱顶处测量
两柱子间在铅垂面内两对角线的长度之差		长度的 1‰，且不大于 10	在柱子的两端测量
支撑锅筒的梁的标高		0 −5	—
支撑锅筒的梁的水平度		长度的 1‰，且不大于 3	—
其他梁的标高		±5	—
框架两对角线长度	框架边长≤2500	≤5	在框架的同一标高处或框架两端处测量
	框架边长>2500～5000	≤8	
	框架边长>5000	≤10	

（4）当柱脚底板与基础表面之间有灌浆层时，其厚度不宜小于 50mm。

第三节 锅筒、集箱和受热面管监理控制要点

一、锅筒、集箱

（1）吊装前，应对锅筒、集箱进行检查：

1）锅筒、集箱表面和焊接短管应无机械损伤，各焊缝及其热影响区表面应无裂纹、未熔合、夹渣、弧坑和气孔等缺陷；

2）锅筒、集箱两端水平和垂直中心线的标记位置应正确，当需要调整时应根据其管孔中心线重新标定或调整；

3）胀接管孔壁的表面粗糙度不应大于 12.5μm，且不应有凹痕、边缘毛刺和纵向刻痕；管孔的环向或螺旋形刻痕深度不应大于 0.5mm，宽度不应大于 1mm，刻痕至管孔边缘的距离不应小于 4mm；

注：表面粗糙度数值为轮廓算术平均偏差。

4）胀管管孔的允许偏差，应符合表 16-4 的规定。

胀管管孔的允许偏差（mm）　　　　表 16-4

管孔直径		32.3	38.3	42.3	51.5	57.5	60.5	64.0	70.5	76.5	83.6	89.6	102.7
允许偏差	直径	+0.34 0					+0.40 0					+0.46 0	
	圆度	0.14					0.15					0.19	
	圆柱度	0.14					0.15					0.19	

（2）锅筒、集箱就位找正时，应根据纵向和横向安装基准线以及标高基准线按图16-1所示对锅筒、集箱中心线进行检测，其安装的允许偏差应符合表16-5的规定。

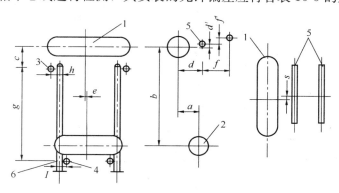

图 16-1　锅筒、集箱间的距离

1—上锅筒（主锅筒）；2—下锅筒；3—上集箱；4—下集箱；5—过热器集箱；6—立柱；
a—上、下锅筒之间水平方向距离；b—上、下锅筒之间垂直方向距离；c—上锅筒与上集箱的轴心线距离；d—上锅筒与过热器集箱水平方向的距离；d'—上锅筒与过热器集箱垂直方向的距离；f—过热器集箱之间水平方向的距离；f'—过热器集箱之间垂直方向的距离；g—上、下集箱之间的距离；h—上集箱与相邻立柱中心距离；I—下集箱与相邻立柱中心距离；e—上、下锅筒横向中心线相对偏移；s—锅筒横向中心线和过热器集箱横向中心线相对偏移

锅筒、集箱安装的允许偏差（mm）　　　　　　　　　　　　　表 16-5

检 测 项 目	允许偏差（mm）
主锅筒的标高	±5
锅筒锅筒纵向和横向中心线与安装基准线的水平方向距离	±5
锅筒、集箱全长的纵向水平度	2
锅筒全长的横向水平度	1
上、下锅筒之间水平方向距离和垂直方向距离	±3
上锅筒与上集箱的轴心线距离	±3
上锅筒与过热器集箱的水平和垂直距离；过热器集箱之间的水平和垂直距离	±3
上、下集箱之间的距离；上、下集箱与相邻立柱中心距离	±3
上、下锅筒横向中心线相对偏移	2
锅筒横向中心线和过热器集箱横向中心线相对偏移	3

注：锅筒纵向和横向中心线两端所测距离的长度之差不应大于2mm。

（3）安装前，应对锅筒、集箱的支座和吊挂装置进行检查，且应符合下列要求：

1）接触部分圆弧应吻合，局部间隙不宜大于2mm；

2）支座与梁接触良好，不得有晃动现象；

3）吊挂装置应牢固，弹簧吊挂装置应整定，并应进行临时固定。

（4）锅筒、集箱就位时，应在其膨胀方向预留支座的膨胀间隙，并应进行临时固定。膨胀间隙应符合随机技术文件的规定。

（5）锅筒内部装置的安装，应在水压试验合格后进行，其安装应符合下列要求：

1）锅筒内零部件的安装，应符合产品图样要求；

2）蒸汽、给水连接隔板的连接应严密不泄漏，焊缝应无漏焊和裂纹；

3）法兰结合面应严密；

4）连接件的连接应牢固，且应有防松装置。

二、受热面管

（1）安装前，应对受热面管子进行检查，且应符合下列要求：

1）管子表面不应有重皮、裂纹、压扁和严重锈蚀等缺陷；当管子表面有刻痕、麻点等其他缺陷时，其深度不应超过管子公称壁厚的 10%；

2）合金钢管应逐根进行光谱检查；

3）受热面管子公称外径不大于 60mm 时，其对接接头和弯管应作通球检查，通球后的管子应有可靠的封闭措施，通球直径应符合表 16-6 和表 16-7 的规定。

对接接头管通球直径（mm）   表 16-6

管子公称内径	≤25	>25～40	>40～55	>55
通球直径	≥0.75d	≥0.80d	≥0.85d	≥0.90d

注：d 为管子公称内径。

弯 管 通 球 直 径   表 16-7

R/D	1.4～1.8	1.8～2.5	2.5～3.5	≥3.5
通球直径（mm）	≥0.75d	≥0.80d	≥0.85d	≥0.90d

注：1. D 为管子公称外径；d 为管子公称内径；R 为弯管半径；

2 试验用球宜用不易产生塑性变形的材料制造。

（2）胀管应符合下列要求：

1）胀接时，环境温度应在 0℃ 以上；

2）管端伸出管孔的长度，应符合表 16-8 的规定；

管端伸出管孔的长度（mm）   表 16-8

管子公称外径	32～63.5	70～102
伸出长度	7～11	8～12

3）管端装入管孔后，应立即进行胀接；

4）基准管固定后，宜采用从中间分向两边胀接或从两边向中间胀接；

5）胀管率的控制，应符合下列规定：

①额定工作压力小于或等于 2.5MPa、以水为介质的固定式锅炉，管子胀接过程中采用内径控制法时，胀管率应为 1.0%～2.1%。采用外径控制法时，胀管率应为 1.0%～1.8%，胀管率应按下列公式计算：

$$H_n = \frac{d_1 - d_2 - \delta}{d_3} \times 100\% \qquad (6-1-1)$$

$$H_w = \frac{d_4 - d_3}{d_3} \times 100\% \qquad (6-1-2)$$

式中：H_n——内径控制法的胀管率；

H_w——外径控制法的胀管率；

d_1——胀完后的管子实测内径（mm）；

d_2——未胀时的管子实测内径（mm）；

d_3——未胀时的管孔实测直径（mm）；

d_4——胀完后紧靠锅筒外壁处管子实测外径（mm）；

δ——未胀时管孔与管子实测外径之差（mm）。

② 额定工作压力大于 2.5MPa 的锅炉其胀管率的控制，应符合随机技术文件的规定；

6）胀接终点与起点宜重复胀接 10～20mm；

7）管口应扳边，扳边起点宜与锅筒表面平齐，扳边角度宜为 12°～15°；

8）胀接后，管端不应有起皮、皱纹、裂纹、切口和偏挤等缺陷；

9）胀管器滚柱数量不宜少于 4 只；胀管应用专用工具进行测量。胀杆和滚柱表面应无碰伤、压坑、刻痕等缺陷。

（3）胀接工作完成后，应进行水压试验，并应检查胀口的严密性和确定需补胀的胀口。补胀应在放水后立即进行，补胀次数不宜超过 2 次。

（4）胀口补胀前应复测胀口内径，并确定其补胀值，补胀值应按测量胀口内径在补胀前后的变化值计算。补胀后，胀口的累计胀管率应为补胀前的胀管率与补胀率之和。累计胀管率宜符合规定。其补胀率应按下式计算：

$$\Delta H = \frac{d'_1 - d_1}{d_3} \times 100\% \qquad (6\text{-}2)$$

式中：ΔH——补胀率；

d'_1——补胀后的管子内径（mm）。

（5）同一锅筒上的超胀管口的数量不得大于胀接总数的 4%，且不得超过 15 个，其最大胀管率在采用内径控制法控制时，不得超过 2.8%，在采用外径控制法控制时，不得超过 2.5%。

三、受压元件焊接

（1）锅炉受热面管子、本体管道及其他管件的环焊缝，在外观质量检查合格后，应进行射线探伤或超声波探伤。焊缝质量等级应符合下列要求：

1）额定蒸汽压力大于 0.1MPa 的蒸汽锅炉，其对接接头焊缝射线探伤的质量不应低于Ⅱ级，超声波探伤的质量不应低于Ⅰ级；额定蒸汽压力小于或等于 0.1MPa 的蒸汽锅炉，其对接接头焊缝射线探伤的质量不应低于Ⅲ级；

2）额定出水温度大于或等于 120℃ 的热水锅炉，其对接接头焊缝射线探伤的质量不应低于Ⅱ级，超声波探伤的质量不应低于Ⅰ级；额定出水温度小于 120℃ 的热水锅炉，其对接接头焊缝射线探伤的质量不应低于Ⅲ级；

（2）采取射线探伤或超声波探伤时，其探伤数量应符合下列要求：

1）蒸汽锅炉额定工作压力等于 3.82MPa，公称外径小于等于 159mm 时，探伤数量不应少于焊接接头数的 25%；蒸汽锅炉额定工作压力小于 3.82MPa，公称外径小于或等于 159mm 时，探伤数量不应少于焊接接头数的 10%；蒸汽锅炉在各种额定蒸汽压力下，公称外径大于 159mm 或公称壁厚大于或等于 20mm 时，焊接接头应进行 100% 探伤；

2）热水锅炉额定出水温度小于120℃，公称外径大于159mm时，射线探伤数量不应少于环缝总数的25%，公称外径小于或等于159mm时，可不探伤；热水锅炉额定出水温度大于或等于120℃，公称外径小于或等于159mm时，射线探伤数量不应小于环缝总数的2%，公称外径大于159mm时，每条焊缝应100%射线探伤；

3）有机热载体炉辐射受热面管的对接焊缝射线探伤数量不应少于焊接接头数的10%，对流段受热面管的对接焊缝射线探伤数量不应少于焊接接头数的5%；

4）当探伤的结果为不合格时，除应对不合格焊缝进行返修外，尚应对该焊工所焊的同类焊接接头增做不合格数的双倍复检。当复检仍有不合格时，应对该焊工焊接的同类焊接接头全部做探伤检查；

5）当焊接接头经探伤检测发现不合格时，应找出原因，并应制订出可行的返修方案后进行返修，同一位置上的返修不应超过三次。补焊后，仍应对补焊区做外观和探伤检查。

四、省煤器、钢管式空气预热器

（1）省煤器支撑架安装的允许偏差，应符合表16-9的规定。

（2）钢管式空气预热器安装的允许偏差，应符合表16-10的规定。

<table>
<tr><td colspan="2">省煤器支撑架
安装的允许偏差　　　表16-9</td></tr>
<tr><td>项　　　目</td><td>允许偏差（mm）</td></tr>
<tr><td>支撑架的水平方向位置</td><td>±3</td></tr>
<tr><td>支撑架的标高</td><td>0
−5</td></tr>
<tr><td>支撑架的纵向和横向水平度</td><td>长度的1‰</td></tr>
</table>

<table>
<tr><td colspan="2">钢管式空气预热器安装
的允许偏差　　　表16-10</td></tr>
<tr><td>项　　　目</td><td>允许偏差（mm）</td></tr>
<tr><td>支撑框的水平方向位置</td><td>±3</td></tr>
<tr><td>支撑框的标高</td><td>0
−5</td></tr>
<tr><td>预热器垂直度</td><td>长度的1‰</td></tr>
</table>

第四节　压力试验监理控制要点

锅炉的汽、水压力系统及其附属装置安装完毕后，应进行水压试验。锅炉的主气阀、出水阀、排污阀和给水截止阀应与锅炉本体一起进行水压试验。安全阀应单独进行试验。

（1）试压系统的压力表不应少于2只。额定工作压力大于或等于2.5MPa的锅炉，压力表的精度等级不应低于1.6级。额定工作压力小于2.5MPa的锅炉，压力表的精度等级不应低于2.5级。压力表应经过校验并合格，其表盘量程应为试验压力的1.5～3倍。

（2）锅炉水压试验的试验压力，见表16-11、表16-12的规定。

<table>
<tr><td colspan="2">锅炉本体水压试验
的试验压力（MPa）　表16-11</td></tr>
<tr><td>锅筒工作压力</td><td>试验压力</td></tr>
<tr><td><0.8</td><td>锅筒工作压力的1.5倍，且不小于0.2</td></tr>
<tr><td>0.8～1.6</td><td>锅筒工作压力加0.4</td></tr>
<tr><td>>1.6</td><td>锅筒工作压力的1.25倍</td></tr>
</table>

注：试验压力应以上锅筒或过热器出口集箱的压力表为准。

<table>
<tr><td colspan="2">锅炉部件水压
试验的试验压力（MPa）　表16-12</td></tr>
<tr><td>部件名称</td><td>试验压力</td></tr>
<tr><td>过热器</td><td>与本体试验压力相同</td></tr>
<tr><td>再热器</td><td>再热器工作压力的1.5倍</td></tr>
<tr><td>铸铁省煤器</td><td>锅筒工作压力的1.25倍加0.5</td></tr>
<tr><td>钢管省煤器</td><td>锅筒工作压力的1.5倍</td></tr>
</table>

（3）水压试验的规定：

1）水压试验的环境温度不应低于5℃，当环境温度低于5℃时，应有防冻措施；

2）水压试验用水应为净水；

3）锅炉应充满水，并应在空气排尽后关闭放空阀；

4）经初步检查应无漏水后，再缓慢升压。当升压到0.3～0.4MPa时应检查有无渗漏，有渗漏时应复紧人孔、手孔和法兰等的连接螺栓；

5）压力升到额定工作压力时应暂停升压，应检查各部位，且应在无漏水或变形等异常现象时关闭就地水位计，继续升到试验压力。锅炉在试验压力下应保持20min。保压期间压力下降不得超过0.05MPa；

6）试验压力应达到保持时间后回降到额定工作压力进行检查，检查期间压力应保持不变，且应符合下列要求：

① 锅炉受压元件金属壁和焊缝上不应有水珠和水雾，胀口处不应滴水珠；

② 水压试验后应无可见残余变形；

7）锅炉水压试验不合格时，应返修。返修后应重做水压试验。

（4）有机热载体炉在本体安装完成后，应以额定工作压力的1.5倍进行水压试验。

（5）有机热载体炉气相炉气密性试验的规定：

1）气密性试验时，安全附件应安装齐全；

2）气密性试验的环境温度不应低于5℃，当环境温度低于5℃时，应有防冻措施；

3）气密性试验用的气体，应采用干燥、洁净的空气、氮气或其他惰性气体，试验气体的温度不得低于5℃；

4）气密性试验应在压力试验合格后进行，试验压力应为工作压力或系统循环压力，试验时压力应缓慢上升，当压力升至试验压力的50%时进行检查，确认无异常或泄漏后，应继续按试验压力的10%逐级升压，每级应稳压3min。达到规定的试验压力时应稳压10min，并应采用发泡剂检查所有焊缝和法兰连接处、人孔、手孔、检查孔等部位，应无泄漏现象；

（6）每次压力试验应有记录，压力试验合格后应办理签证手续。

第五节　仪表、阀门、辅助装置安装监理控制要点

一、取源部件

（一）测温取源部件的安装要点

（1）温度计插座材质应与管道相同；

（2）温度仪表外接线路的补偿电阻，应符合仪表的规定值。线路电阻的允许偏差，热电偶为±0.2Ω，热电阻为±0.1Ω；

（3）温度取源部件与压力取源部件安装在同一管段上时，压力取源部件应安装在温度取源部件的上游。

（二）测压取源部件的安装要点

（1）测量蒸汽时，取压点宜选在管道上半部以及下半部与管道水平中心线成0°～45°

夹角的范围内;

　　(2) 测量气体时,应选在管道上半部;

　　(3) 测量液体时,应在管道的下半部与管道水平中心线成 0°~45°夹角的范围内。

(三) 流量取源部件的安装要点

　　(1) 测量气体流量时,应在管道上半部;

　　(2) 测量液体流量时,应在管道的下半部并与管道水平中心线成 0°~45°夹角的范围内;

　　(3) 测量蒸汽流量时,应在管道的上半部并与管道水平中心线成 0°~45°夹角的范围内;

　　(4) 皮托管、文丘里式皮托管和均速管等流量检测元件的取源部件的轴线,应与管道轴线垂直相交。

(四) 分析取源部件的安装要点

　　分析取源部件安装要点与测压取源部件的安装相同。

(五) 风压取源部件的安装要点

　　(1) 风压的取压孔径应与取压装置管径相符,且不应小于 12mm;

　　(2) 安装在炉墙和烟道上的取压装置应倾斜向上,与水平线所成夹角宜大于 30°,在水平管道上宜顺物料流束成锐角安装,且不应伸入炉墙和烟道的内壁;

　　(3) 在风道上应逆着流束成锐角安装,与水平线所成夹角宜大于 30°。

二、仪表

(一) 压力表的安装

　　(1) 就地安装的压力表不应固定在有强烈振动的设备和管道上;

　　(2) 测量低压的压力表或变送器的安装高度宜与取压点的高度一致;测量高压的压力表安装在操作岗位附近时,宜距地面 1.8m 以上,或在仪表正面加护罩;

　　(3) 锅筒压力表表盘上应标有表示锅筒额定工作压力的红线。

(二) 流量测量仪表的安装

　　(1) 流量检测仪表的节流件应在管道吹洗后安装,安装前应检查其介质进出方向,环室上"+"号一侧应为介质流入方向,节流件的端面应垂直于管道轴线,其允许偏差为±1°。孔板的锐边或喷嘴的曲面应迎向被测液体的流向;

　　(2) 安装差压计或差压变送器时,应检查其正、负压室,与其测量管及辅件连接应正确。引出管及其附件的安装应符合随机技术文件的规定。

(三) 分析取样器的安装

　　可燃气体检测器的安装位置,应根据所测气体的密度确定。密度大于空气时,检测器应安装在距地面 200~300mm 的位置;密度小于空气时,检测器应安装在泄漏区域上方位置。

(四) 液体检测仪表的安装

　　(1) 玻璃管、板式水位表的标高与锅筒正常水位线允许偏差为±2mm;在水位表上应标明"最高水位"、"最低水位"和"正常水位"标记;

　　(2) 内浮筒液位计和浮球液位计的导向管或其他导向装置必须垂直安装,并应使导向管内的液体流动通畅,法兰短管连接应保证浮球能在全程范围内自由活动;

　　(3) 电接点水位表应垂直安装,其设计零点应与锅筒正常水位相重合;

（4）锅筒水位平衡容器安装前，应核查制造尺寸和内部管道的严密性。安装时应垂直，正、负压管应水平引出，并使平衡器的设计零位与正常水位线相重合。

（五）电动执行机构的安装

（1）电动执行机构与调节机构的转臂宜在同一平面内动作，传动部分动作应灵活，并无空行程及卡阻现象，在1/2开度时，转臂宜与连杆垂直；

（2）电动执行机构应做远方操作试验，开关操作方向、位置指示器与调节机构的开度一致，并在行程内动作应平衡、灵活，且无跳动现象，其行程及伺服时间应满足使用要求。

三、安全阀

在锅炉安装工程中，所用的阀门必须逐个进行严密性试验，试验压力为其工作压力的1.25倍。阀瓣及密封面不漏水为合格。

（一）蒸汽锅炉的安全阀

（1）蒸汽锅炉安全阀的整定压力应符合表16-13的规定。锅炉上必须有一个安全阀按表中较低的整定压力进行调整；对有过热器的锅炉，按较低压力进行整定的安全阀必须是过热器上的安全阀；

蒸汽锅炉安全阀的整定压力（MPa） 表 16-13

额定工作压力	安全阀的整定压力
≤0.8	工作压力加 0.03
	工作压力加 0.05
>0.8～3.82	工作压力的 1.04 倍
	工作压力的 1.06 倍

注：1. 省煤器安全阀整定压力应为装设地点工作压力的1.1倍；

2. 表中的工作压力，对于脉冲式安全阀系指冲量接出地点的工作压力，其他类型的安全阀系指安全阀装设地点的工作压力。

（2）蒸汽锅炉安全阀应铅垂安装，其排气管管径应与安全阀排出口径一致，其管路应畅通，并直通至安全地点，排气管底部应装有疏水管。省煤器的安全阀应装排水管。在排水管、排气管和疏水管上，不得装设阀门。

（二）热水锅炉的安全阀

（1）热水锅炉安全阀的整定压力应符合表16-14的规定。锅炉上必须有一个安全阀按表中较低的整定压力进行调整；

热水锅炉的安全阀整定压力（MPa） 表 16-14

安全阀的整定压力	工作压力的 1.12 倍，且不应小于工作压力加 0.07
	工作压力的 1.14 倍，且不应小于工作压力加 0.1

（2）安全阀应铅垂安装，并应装设泄放管，泄放管管径应与安全阀排出口径一致。泄放管应直通安全地点，并应采取防冻措施。

（三）有机热载体炉的安全阀

（1）气相炉最少应安装两只不带手柄的全启式弹簧安全阀，安全阀与筒体连接的短管上应装设一只爆破片，爆破片与锅筒或集箱连接的短管上应加装一只截止阀。气相炉在运行时，截止阀必须处于全开位置；

（2）安全阀应铅垂安装，并应装设泄放管，泄放管的安装要求与热水锅炉的安全阀相同。

以上三种锅炉的安全阀检验合格后，必须加锁或加铅封。

四、辅助装置

（一）固定式吹灰器及其管道
固定式吹灰器及其管道的安装，应符合下列要求：

（1）安装位置与设计位置的允许偏差为±5mm；

（2）喷管的水平度允许偏差全长不应大于3mm；

（3）各喷嘴应处在管排空隙的中间；

（4）吹灰器管道安装应有坡度，且无沉积冷凝水的死点，并应能满足管道膨胀要求，不得使吹灰器本体有附加的应力，其蒸汽管道应保温。

（二）有机热载体炉热膨胀器
有机热载体炉热膨胀器安装，应符合下列要求：

（1）有机热载体炉的膨胀器不应安装在有机热载体炉的正上方，其底部与有机热载体炉顶部的垂直距离不应小于1.5m；

（2）膨胀器的调节容积不应小于液相炉和管网中有机热载体在工作温度下因受热膨胀而增加容积的1.3倍。

（三）有机热载体炉管路系统
有机热载体炉管路系统采用法兰连接时，其法兰应用榫槽式或平焊式，且公称压力不得低于1.6MPa。其使用温度超过300℃时，应选用公称压力高一档的法兰。法兰垫片应用金属网缠绕石墨垫片或膨胀石墨复合垫片。

第六节　燃烧设备安装监理控制要点

一、炉排

（1）链条炉排型钢构件及其链轮安装前应复检（图16-2、图16-3），其检查项目和允许偏差应符合表16-15的规定。

链条炉排型钢构件及其链轮安装前的复检项目和允许偏差　　　　　表 16-15

项　　目		允许偏差（mm）
型钢构件的长度（m）	≤5	±2
	>5	±4
型钢构件	直线度	长度的1‰，且全长应小于等于5
	旁弯度	
	挠度	
各链轮中分面与轴线中点间的距离		±2
同一轴上相邻两链轮齿尖前后错位		2
同一轴上任意两链轮齿尖前后错位	横梁式	2
	鳞片式	4

288

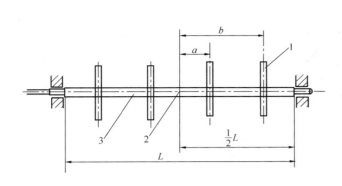 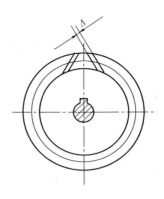

图 16-2　链轮与轴线中心点间的距离
1—链轮；2—轴线中点；3—主动轴；
a、b—各链轮中分面与轴线中点间的距离；L—轴的长度

图 16-3　链轮的齿尖错位
Δ—同一轴上任意两链轮齿尖
前后错位

（2）鳞片式炉排、链带式炉排、横梁式炉排安装的允许偏差及其测量位置，应符合表16-16的规定。

鳞片式炉排、链带式炉排、横梁式炉排安装的允许偏差及其测量位置　　表 16-16

项　　目			允许偏差（mm）	测量位置
炉排中心位置			2	—
左右支架墙板对应点高度			3	在前、中、后三点测量
墙板垂直度，全高			3	在前、后易测部位测量
墙板间的距离（m）	≤5		3	在前、中、后三点测量
	>5		5	
墙板间两对角线的长度（m）	≤5		4	在上平面测量
	>5		8	
墙板框的纵向位置			5	
墙板顶面的纵向水平度			长度的1‰，且不大于5	在前、后测量
两墙板的顶面相对高度差			5	在前、中、后三点测量
各导轨的平面度			5	在前、中、后三点测量
相邻两导轨间的距离			±2	在前、中、后三点测量
前轴、后轴的水平度			长度的1‰，且不大于5	—
鳞片式炉排	相邻	两导轨间上表面相对高度	2	
	任意		3	
	相邻导轨间距		±2	
链带式炉排支架上摩擦板工作面的平面度			3	
横梁式炉排	前、后、中间梁之间高度		≤2	可在各梁上平面测量
	上下导轨中心线		≤1	

注：1. 墙板的检测点宜选在靠近前后轴或其他易测部位的相应墙板顶部，打冲眼测量；
　　2. 各导轨及链带式炉排支架上摩擦板工作面应在同一平面上。

（3）鳞片或横梁式链条炉排在拉紧状态下测量时，各链条的相对长度差不得大

289

于 8mm；

（4）往复炉排安装的允许偏差，应符合表 16-17 的规定。

往复炉排安装的允许偏差   表 16-17

项　　目		允许偏差（mm）
两侧板的相对标高		3
两侧板间的距离（m）	≤2	$+3$ 0
	>2	$+4$ 0
两侧板的垂直度，全高		3
两侧板间两对角线的长度之差		5

（5）筑炉前应进行炉排冷态试运转：冷态试运转运行时间，链条炉排不应少于 8h；往复炉排不应少于 4h。链条炉排试运转速度不应少于两级，在由低速到高速的调整阶段，应检查传动装置的保护机构动作；炉排转动应平稳，且无异常声响、卡住、抖动和跑偏等现象；

（6）煤闸门及炉排轴承冷却装置应作通水检查，且在 0.4MPa 压力下保持 2min 无泄漏现象。

（7）加煤斗与炉墙结合处应严密，煤闸门升降应灵活，开度应符合设计要求。煤闸门下缘与炉排表面的距离偏差不大于 5mm。

二、抛煤机

（1）抛煤机标高的允许偏差为 ±5mm。

（2）相邻两抛煤机间距的允许偏差为 ±3mm。

（3）抛煤机采用串联传动时，相邻两抛煤机桨叶转子轴，其同轴度的允许偏差为 3mm。传动装置与第一个抛煤机的轴，其同轴度允许偏差为 2mm。

（4）抛煤机空负荷运转时间不应小于 2h，运转应正常，且无异常的振动和噪声，冷却水路通畅，抛煤时煤层均匀。

三、燃烧器

（1）燃烧器标高的允许偏差为 ±5mm；

（2）各燃烧器间距的允许偏差为 ±3mm；

（3）调风装置调节灵活、可靠、且不应有卡、擦、碰等异常声响；

（4）煤粉燃烧器的喷嘴有摆动要求时，一次风室喷嘴、煤粉管与密封板之间应有装配间隙，装配间隙应符合随机技术文件规定；

（5）燃烧器与墙体接触处，应密封严密。

第七节　筑炉和绝热层施工监理控制要点

一、炉墙砌筑

（1）炉墙砌筑施工应符合现行国家标准《工业炉砌筑工程施工及验收规范》

GB 50211 的有关规定。

（2）砌体膨胀缝的大小、构造及分布位置，应符合随机技术文件规定。留设的膨胀缝应均匀平直，膨胀缝宽度的允许偏差为 0～5mm；膨胀缝内应无杂物，并应用尺寸大于缝宽度的耐火纤维材料填塞严密，朝向火焰的缝应填平。炉墙垂直膨胀缝内的耐火纤维隔热材料应在砌砖的同时压入。

（3）外墙的砖缝为 8～10mm。

二、绝缘层施工

绝缘层施工应符合国家现行标准《绝热工程施工及验收规范》GB 50126 的规定。

第八节　漏风试验、烘炉、煮炉、严密性试验和试运行监理控制要点

一、漏风试验

（1）冷热风系统的漏风试验：

1）启动送风机，应使该系统维持 30～40mm 水柱的正压，并应在送风机入口撒入白粉或烟雾剂；

2）检查系统的各缝隙、接头等处，应无白粉或烟雾泄漏。

（2）炉膛及各尾部受热面烟道、除尘器至引风机入口漏风试验：

1）启动引风机，微开引风机调节挡板，应使系统维持 30～40mm 水柱的负压，并应用蜡烛火焰、烟气靠近各接缝处进行检查；

2）接缝处的蜡烛火焰、烟气不应被吸偏摆。

（3）漏风缺陷应按下列方法处理：

1）焊缝处漏风时，用磨光机或扁铲除去缺陷后，应重新补焊；

2）法兰处漏风时，松开螺栓填塞耐火纤维毡后，应重新紧固；

3）炉门、孔处漏风时，应将结合处修磨平整，并应在密封槽内装好密封材料；

4）炉墙漏风时，应将漏风部分拆除后重新砌筑，并应按设计规定控制砖缝，应用耐火灰浆将砖缝填实，并用耐火纤维填料将膨胀缝填塞紧密；

5）钢结构处漏风时，应用耐火纤维毡等耐火密封填料填塞严密。

二、烘炉

（1）烘炉可采用火焰或蒸汽。链条炉排烘炉的燃料不能有铁钉等金属杂物。

（2）火焰烘炉：

1）火焰应集中在炉膛中央，烘炉初期宜采用文火烘培，初期以后的火势应均匀，并应逐日缓慢加大；

2）炉排在烘炉过程中应定期转动；

3）烘炉烟气温升应在过热器后或相当位置进行测定；其温升应符合下列要求：

① 重型炉墙第一天温升不宜大于 50℃，以后温升不宜大于 20℃/d，后期烟温不应大

于 220℃；

② 砖砌轻型炉墙温升不应大于 80℃/d，后期烟温不应大于 160℃；

③ 耐火浇注料炉墙温升不应大于 10℃/d，后期烟温不应大于 160℃，在最高温度范围内的持续时间不应小于 24h。

（3）蒸汽烘炉：

1）应采用 0.3～0.4MPa 的饱和蒸汽从水冷壁集箱的排污阀处连续、均匀地送入锅内，逐渐加热锅水。锅水水位应保持在正常位置，温度宜为 90℃，烘炉后期宜补用火焰烘炉；

2）应开启烟、风道的挡板和炉门排除湿气，并应使炉墙各部位均能烘干。

（4）烘炉时间应根据锅炉类型、砌体湿度和自然通风干燥程度确定，散装重型炉墙锅炉宜为 14～16d，整体安装的锅炉宜为 4～6d。

（5）烘炉后的检查：

1）当采用炉墙灰浆试样法时，应在燃烧室两侧墙的中部炉排上方 1.5～2m 处，或燃烧器上方 1～1.5m 处和过热器两侧墙的中部，取黏土砖、外墙砖的丁字交叉缝处的灰浆样品各 50g 测定，其含水率应小于 2.5%；

2）当采用测温法时，应在燃烧室两侧墙的中部炉排上方 1.5～2m 处，或燃烧器上方 1～1.5m 处，测定外墙砖外表面向内 100mm 处的温度，其温度应达到 50℃，并应维持 48h；或测定过热器两侧墙黏土砖与绝热层结合处的温度，其温度应达到 100℃，并应维持 48h。烘炉过程中应测定和绘制实际升温曲线图。

三、煮炉

（1）在烘炉末期，当外墙砖灰浆含水率降到 10% 时，或达到规定温度时，可进行煮炉。

（2）煮炉开始时的加药量应符合随机技术文件的规定，当无规定时，应按表 16-18 规定的配方加药。

煮炉时锅水的加药配方　　　　　　　　　　　表 16-18

药品名称	每立方米水的加药量（kg）	
	铁锈较薄	铁锈较厚
氢氧化钠	2～3	3～4
磷酸三钠	2～3	2～3

注：1. 药量按 100% 纯度计算；

2. 无磷酸三钠时，可用碳酸钠代替，用量为磷酸三钠的 1.5 倍；

3. 单独使用碳酸钠煮炉时，每立方米水中加 6kg 碳酸钠。

（3）煮炉期间，应定期从锅筒和水冷壁下集箱取水样进行水质分析，当炉水碱度低于 45mol/L 时，应补充加药。

（4）煮炉时间宜为 48～72h，煮炉的最后 24h 宜使压力保持在额定工作压力的 75%，当在较低压力下煮炉时，应适当地延长煮炉时间。煮炉至取样炉水的水质变清澈时应停止煮炉。

（5）锅炉经煮炉后，应符合下列要求：

1）锅筒和集箱内壁应无油垢；

2）擦去锅筒和集箱内壁的附着物后金属表面应无锈斑。

四、严密性试验和试运行

（1）锅炉经烘炉和煮炉后应进行严密性试验，并应符合下列要求：

1）锅炉压力升至 0.3～0.4MPa 时，应对锅炉本体内的法兰、人孔、手孔和其他连接螺栓进行一次热态下的紧固；

2）锅炉压力升至额定工作压力时，各人孔、手孔、阀门、法兰和填料等处应无泄漏现象；

3）锅筒、集箱、管路和支架等的热膨胀应无异常。

（2）有过热器的蒸汽锅炉，应采用蒸汽吹洗过热器；吹洗时，锅炉压力宜保持在额定工作压力的 75％，吹洗时间不应小于 15min。

（3）严密性试验后，蒸汽锅炉和热水锅炉的安全阀，应按有关规定进行最终调整，调整后的安全阀应立即加锁或铅封。

（4）安全阀经最终调整后，现场组装的锅炉应带负荷正常连续试运行 48h，整体出厂的锅炉应带负荷正常连续试运行 4～24h，并做好试运行记录。

第九节　锅炉安装工程验收资料

一、整体出厂的锅炉安装工程的验收资料

（1）开工报告；

（2）锅炉技术文件清查记录，包括设计修改的有关文件；

（3）设备缺损件清单及修复记录；

（4）基础检查记录；

（5）锅炉本体安装记录；

（6）风机、除尘器、烟囱安装记录；

（7）给水泵、蒸汽泵或注水器安装记录；

（8）阀门水压试验记录；

（9）炉排冷态试运行记录；

（10）压力试验记录及签证；

（11）水位表、压力表和安全阀安装记录；

（12）烘炉、煮炉和严密性试验记录；

（13）安全阀调整试验记录；

（14）隐蔽工程验收记录；

（15）锅炉安装质量证明书；

（16）管材、管件、焊材质量证明书；

（17）阀门、弯头等部件合格证；

（18）主蒸汽管、主给水管焊接质量检查记录和无损检测报告；

（19）带负荷正常连续 4～24h 试运行记录。

二、现场组装的锅炉安装工程的验收资料

（1）开工报告；

（2）锅炉技术文件清查记录，包括设计修改的有关文件；

（3）设备缺损件清单及修复记录；

（4）基础检查记录；

（5）钢架安装记录；

（6）钢架柱脚底板下的垫铁及灌浆层质量检查记录；

（7）锅炉本体受热面管子通球试验记录；

（8）阀门水压试验记录；

（9）锅筒、集箱、省煤器、过热器及空气预热器安装记录；

（10）管端退火记录；

（11）胀接管孔及管端的实测记录；

（12）锅筒胀管记录；

（13）受热面管子焊接质量检查记录和检验报告；

（14）压力试验记录及签证；

（15）锅筒内部装置安装检查记录；

（16）风机、除尘器、烟风道等辅助设备安装和调试记录；

（17）炉排安装及冷态试运行记录；

（18）炉墙施工记录；

（19）耐火混凝土试验记录；

（20）仪表试验记录；

（21）漏风试验记录；

（22）烘炉、煮炉和严密性试验记录；

（23）安全阀调整试验记录；

（24）隐蔽工程验收记录；

（25）锅炉压力容器安装质量证明书；

（26）管材、管件、焊材质量证明书；

（27）阀门、弯头等管件合格证；

（28）受热面管、主蒸汽管、主给水管焊接质量检查记录和无损检测报告；

（29）带负荷正常连续 48h 试运行记录。

第五篇 垃 圾 处 理 工 程

第十七章 垃圾处理工程相关技术标准

第一节 《生活垃圾卫生填埋场防渗系统工程技术规范》
CJJ 113—2007 强制性条文及条文说明

本规范自 2007 年 6 月 1 日实施。其中第 3.1.4、3.1.5、3.1.9、3.4.1（1、3、4、5）、3.5.2（1、2、3）、3.6.1、5.3.8 条（款）为强制性条文必须严格执行。

3.1.4 垃圾填埋场的场底和四周边坡必须满足整体及局部稳定性的要求。

［条文说明］：防渗系统工程涉及大面积的土石方工程，不仅要保证垃圾填埋场基础整体结构稳定，还应保证垃圾填埋场不会出现滑坡、垮塌、倾覆等影响局部稳定性的情况。

3.1.5 垃圾填埋场场底必须设置纵、横向坡度，保证渗沥液顺利导排。降低防渗层上的渗沥液水头。

［条文说明］：垃圾填埋场场底的坡度对及时导排渗沥液有重要意义，经验证明，垃圾填埋场场底纵、横坡度大于 2% 时，能够较好地实现渗沥液导排；但是另一方面，实践工程经验也表明，在一些利用天然沟壑或平原地区建设垃圾填埋场时，纵向坡度和横向坡度同时大于 2% 的条件难以满足，会造成大量不必要的挖方和填方。因此，防渗系统工程设计中场底的纵横坡度不宜小于 2%，各地可因地制宜，但必须保证渗沥液能够顺利导排。

3.1.9 垃圾填埋场渗沥液处理设施必须进行防渗处理。

［条文说明］：垃圾渗沥液处理设施是渗沥液集中贮存和处理的构筑物，一旦发生渗漏，对环境污染会十分严重，应进行防渗处理。

3.4.1 防渗层设计应符合下列要求：

1. 能有效地阻止渗沥液透过，以保护地下水不受污染；

3. 具有相应的抗化学腐蚀能力；

4. 具有相应的抗老化能力；

5. 应覆盖垃圾填埋场场底和四周边坡，形成完整的、有效的防水屏障。

3.5.2 渗沥液收集导排系统设计应符合下列要求：

1. 能及时有效地收集和导排汇集于垃圾填埋场场底和边坡防渗层以上的垃圾渗沥液；

2. 具有防淤堵能力；

3. 不对防渗层造成破坏。

3.6.1 当地下水水位较高并对场底基础层的稳定性产生危害时，或者垃圾填埋场周

边地表水下渗对四周边坡基础层产生危害时，必须设置地下水收集导排系统。

5.3.8 HDPE 膜铺设过程中必须进行搭接宽度和焊缝质量控制。监理必须全过程监督膜的焊接和检验。

〔条文说明〕：HDPE 膜的搭接和焊接对防渗系统工程质量非常重要。施工过程中，监理必须全程监督 HDPE 膜的焊接和检验工作。

焊接质量测试应该在现场环境下模拟进行，并且对所有焊缝均需要进行气密性检测。

现场焊接质量的稳定性对于防渗系统的性能非常关键。在施工中，应该监测和控制可能影响焊接质量的各种条件。为了符合施工质量保证计划，应对施工过程进行检查，并完整的记录现场焊接情况。影响焊接过程的主要因素包括以下内容：

（1）焊接面的清洁程度；

（2）焊接处周围的温度；

（3）焊接处周围的湿度；

（4）焊缝处的基础层条件，如含水率；

（5）天气情况，如风力影响。

第二节 《生活垃圾填埋场填埋气体收集处理及利用工程技术规范》CJJ 133—2009 强制性条文及条文说明

本规范自 2010 年 7 月 1 日起实施。其中，第 3.0.1、3.0.7、5.2.10、6.1.12、7.3.1、7.3.5、7.3.7、8.6.2、9.2.4、9.4.3、9.4.5、9.5.1 条为强制性条文必须严格执行。

3.0.1 填埋场必须设置填埋气体导排设施。

〔条文说明〕：填埋气体的主要成分是甲烷，同时还有二氧化碳、一些少量的恶臭气体、有毒气体和其他有机气体。填埋气体是一种易燃、易爆的气体，也是一种大气污染物，同时也是一种能源。为了有效消除填埋气体的安全隐患，减轻其对周围环境的污染，设置填埋气体导排设施对于生活垃圾填埋场来说是必需的。

3.0.7 填埋场运行及封场后维护过程中，应保持全部填埋气体导排处理设施的完好和有效。

〔条文说明〕：有些垃圾填埋场的填埋操作比较粗放，经常将填埋气体导排设施损坏，有的甚至将填埋气体导排设施全部埋没。本条旨在避免此类事情发生，以确保填埋气体导排的有效性。

5.2.10 导气井降水所用抽水设备应具有防爆功能。

〔条文说明〕：由于导气井内充满甲烷气体，难以避免有空气进入，如果使用电动抽水设备，存在电火花引爆井内甲烷气体的隐患，因此本条作为强制性条文，禁止使用电动设备抽取导气井内的积水。

6.1.12 输气管道不得穿过大断面管道或通道。

〔条文说明〕：若输气管道穿过其他大断面管道或通道，当气体泄漏时易聚集在大断面管道或通道内，形成爆炸气体，因此作出本条规定，且作为强制性条文。

7.3.1 设置主动导排设施的填埋场，必须设置填埋气体燃烧火炬。

7.3.5 填埋气体火炬应具有点火、熄火安全保护功能。

7.3.7 火炬的填埋气体进口管道上必须设置与填埋气体燃烧特性相匹配的阻火装置。

8.6.2 填埋气体发电厂房及辅助厂房的电缆敷设，应采取有效的阻燃、防火封堵措施。

［条文说明］：本条规定考虑填埋气体发电厂为易燃、易爆场所，防火、阻火十分重要，除采取防火的相应措施外，对电缆敷设应采取阻燃、防火封堵，目前普遍用的有防火包、防火涂料、涂料及隔火、阻火设施，这些措施和设施已在电力部门、电厂、变电站广泛使用，效果良好。

9.2.4 自动控制系统应设置独立于主控系统的紧急停车系统。

9.4.3 填埋气体处理和利用车间应设置可燃气体检测报警装置，并应与排风机联动。

［条文说明］：由于填埋气体属于可燃气体，一旦管路漏气，车间内很容易形成爆炸性混合气体，因此本条规定填埋气体处理和利用车间必须安装可燃气体检测报警装置，并在报警的同时开启排风机，避免产生爆炸性混合气体。本条为强制性条文。

9.4.5 测量油、水、蒸汽、可燃气体等的一次仪表不应引入控制室。

［条文说明］：由于油、水、蒸汽、可燃气体等的一次仪表均存在介质泄露的可能，如在控制室安装，一旦泄露易造成安全事故。

9.5.1 保护系统应有防误动、拒动措施，并应有必要的后备操作手段。

［条文说明］：保护的目的在于消除异常工况或防止事故发生和扩大，保证工艺系统中有关设备及人员的安全。这就决定了保护要按照一定的规律和要求，自动地对个别或一部分设备，以至一系列的设备进行操作。保护用的接点信号的一次元件应选用可靠产品，保护信号源取自专用的无源一次仪表。接点可采用事故安全型触点（常闭触点）。保护的设计应稳妥可靠。按保护作用的程序和保护范围，设计可分下列三种保护：①停电保护；②改变系统运行方式的保护；③进行局部操作的保护。

第三节 《生活垃圾焚烧处理工程技术规范》
CJJ 90—2009 强制性条文及条文说明

本规范自 2009 年 7 月 1 日起实施。其中，第 3.1.1、4.2.1、5.2.6、5.3.2、5.3.4、6.2.2、6.2.5、6.5.2、7.3.2、7.6.6、10.2.5、10.3.4、10.4.5、10.5.1、12.3.9、16.2.10 条为强制性条文，必须严格执行。原行业标准《生活垃圾焚烧处理工程技术规范》CJJ 90—2002 同时废止。

3.1.1 垃圾处理量应按实际重量统计与核定。

［条文说明］：通过对一些城市调查，有些地方是按照垃圾运输车吨位统计的，5t 集装箱垃圾运输实际装载量大都不超过 4t，造成统计的产量与实际产量的差别。因此需要确定其实际垃圾产生量，避免垃圾焚烧规模设计过大。

4.2.1 垃圾焚烧厂的厂址选择应符合城乡总体规划和环境卫生专业规划要求，并应通过环境影响评价的认定。

5.2.6 垃圾池卸料口处必须设置车挡和事故报警设施。

5.3.2 垃圾池应处于负压封闭状态，并应设照明、消防、事故排烟及通风除臭装置。

[条文说明]：垃圾池内储存的垃圾是焚烧厂主要恶臭污染源之一。防止恶臭扩散的对策是抽取垃圾池内的气体作为焚烧炉助燃空气，使恶臭物质在高温条件下分解，同时实现垃圾池内处于负压状态。

为防止垃圾焚烧炉内的火焰通过进料斗回燃到垃圾池内，以及垃圾池内意外着火，需要采取切实可行的防火措施。还需要加强对垃圾卸料过程的管理，严防火种进入垃圾池内；加强对垃圾池内垃圾的监视，一旦发现垃圾堆体自燃，应及时采取灭火措施。在垃圾池间设置必要的消防设施是很必要的。

停炉时焚烧炉一次风停止供给，这时垃圾池内不能保证负压状态，如垃圾池内有垃圾存在，则需要附加必要的通风除臭设施。

5.3.4　垃圾池应设置垃圾渗沥液导排收集设施。垃圾渗沥液收集和输送设施应采取防渗、防腐措施，并应配置检修人员防毒装备。

[条文说明]：我国生活垃圾含水量普遍偏高，特别南方城市更明显，且垃圾含含水量具有随季节变化而变化的特征。垃圾渗沥液具有较高的黏性，因此，要有可靠的渗沥液收集系统，在渗沥液收集系统的进口采取防堵塞措施。同时渗沥液具有腐蚀性，因此渗沥液收集、储存设施应采取防腐、防渗措施。

6.2.2　垃圾在焚烧炉内应得到充分燃烧，燃烧后的炉渣热灼减率应控制在5%以内，二次燃烧室内的烟气在不低于850℃的条件下滞留时间不应小于2s。

6.2.5　垃圾焚烧炉进料斗平台沿垃圾池侧应设置防护设施。

6.5.2　燃料的储存、供应设施应配有防爆、防雷、防静电和消防设施。

7.3.2　烟气净化系统必须设置袋式除尘器。

[条文说明]：烟气中的颗粒物控制，一般可分为静电分离、过滤、离心沉降及湿法洗涤等几种形式。常用的净化设备有静电除尘器和袋式除尘器等。由于飞灰粒径很小（d<10μm的颗粒物含量较高），必须采用高效除尘器才能有效控制颗粒物的排放。袋式除尘器可捕集粒径大于0.1μm的粒子。烟气中汞等重金属的气溶胶和二噁英类极易吸附在亚微米粒子上，这样，在捕集亚微米粒子的同时，可将重金属气溶胶和二噁英类也一同除去。另外，袋式除尘器中，滤袋迎风面上有一层初滤层，内含有尚未参加反应的氢氧化钙和尚未饱和的活性炭粉，通过初滤时，烟气中残余的氯化氢、硫氧化物、氟化氢、重金属和二噁英类再次得到净化。袋式除尘器在净化生活垃圾焚烧烟气方面有其独特的优越性，但是袋式除尘器对烟气的温度、水分、烟气的腐蚀性较为敏感。不同的滤料有不同的使用范围，应慎重选用，以保证袋式除尘器能正常工作。

国外一些公司对半干法分别与袋式除尘器、静电除尘器组合的烟气净化工艺进行对比试验表明：当进入除尘器的烟气温度为140～160℃时，采用袋式除尘器工艺，对二噁英类的去除率达到99%以上，汞的排放浓度检测不出，均明显优于采用静电除尘器的工艺。从运行情况看，同静电除尘器相比，袋式除尘器阻力较大，滤袋易破损，需要定期更换，造成运行费较高。

由于袋式除尘器的粒径大于0.1μm的颗粒有较佳的去除效果，因此，《生活垃圾焚烧污染控制标准》GB 18485—2001中明确规定，生活垃圾焚烧炉的除尘设备必须采用袋式除尘器。

7.6.6　排放烟气应进行在线监测，每条焚烧生产线应设置独立的在线监测系统，在

线监测点的布置、监测仪器和数据处理及传输应保证监测数据真实可靠。

［条文说明］：由于垃圾焚烧厂烟气是污染控制的重点，烟气排放是否达标是环保部门和公众最关心的问题。设置烟气在线监测设施是保证焚烧生产线正常运行及监督烟气排放是否达标的重要措施。

10.2.5 垃圾焚烧厂的自动化控制系统应设置独立于主控系统的紧急停车系统。

10.3.4 垃圾焚烧厂的自动化控制系统应设置独立于分散控制系统的紧急停车系统。

10.4.5 测量油、水、蒸汽、可燃气体等的一次仪表不应引入控制室。

10.5.1 保护系统应有防误动、拒动措施，并应有必要的后备操作手段。保护系统输出的操作指令应优先于其他任何指令，保护回路中不应设置供运行人员切、投保护的任何操作设备。

12.3.9 中央控制室、电子设备间、各单元控制室及电缆夹层内，应设消防报警和消防设施，严禁汽水管道、热风道及油管道穿过。

［条文说明］：由于中央控制室、电子设备间、各单元控制室及电缆夹层内是焚烧厂控制的关键部位，如这些地方引起火灾，将给全厂造成很大损失，因此这些部位应设消防报警和消防设施。汽水管道、热风道及油管均是具有火灾隐患的设施，因此不能穿过这些消防重点部位。

16.2.10 焚烧线运行期间，应采取有效控制和治理恶臭物质的措施。焚烧线停止运行期间，应有防止恶臭扩散到周围环境中的措施。

［条文说明］：控制、隔离恶臭的重要措施有：采用封闭式的垃圾运输车；在垃圾池上方抽气作为燃烧空气，使池内区域形成负压，以防恶臭外溢；设置自动卸料门，使垃圾池封闭等。

生活垃圾所产生的恶臭主要成分为硫化物、低级脂肪胺等。防治方法主要有：吸附、吸收、生物分解、化学氧化、燃烧等。按治理的方式分成物理、化学、生物三类。主要防治措施有：

1. 药液吸收法处理

药液吸收法应针对不同恶臭物质成分采用不同的药液。恶臭中的碱性成分如氨、三甲胺可用 pH 值为 2～4 的硫酸、盐酸溶液来处理；酸性成分如硫化氢、甲基硫醇可用 pH 值为 11 的氢氧化钠来处理；中性成分如硫化甲基、二硫化甲基、乙醛可用次氯酸钠来氧化，次氯酸钠也可用于胺、硫化氢等气体的处理。

药物处理中，药物量随着吸收反应的进行而下降，需要不断更新或补充；脱臭效率还取决于气液接触效率、液气比、循环液的 pH 值及生成盐的浓度，同时要防止塔内结垢以及游离硫析出的堆积。

气液接触设备设计时必须考虑如下几点：处理量；气体温度；气体中水分量；粉尘浓度及其形状；气体中主要恶臭物质及其浓度；嗅觉测得臭气浓度；处理气体浓度；装置运行时间；当地环境保护有关法规及恶臭排放标准；工业用水的质量；排放废水的处理；了解处理装置排放量最高情况及对周围环境影响。

2. 燃烧法处理

高温燃烧法适用于高浓度、小气量的挥发性有机物场合，且净化效率在 99% 以上。高温燃烧法要求焚烧设备设计必须遵守"3T"原则：焚烧温度应高于 850℃，臭气在焚烧炉内的停留时间应大于0.5s、臭气和火焰必须充分混合，这三个因素决定了高温燃烧净化脱臭效率。

催化燃烧流程是将含有恶臭的气体加热至大约300℃，然后通过催化剂发生温度氧化还原反应而脱臭。由于利用催化剂表面强烈的活性，恶臭的氧化分解降低到250～300℃就能反应，其燃料费用只有高温燃烧法的1/3，而且缩短反应时间，比高温燃烧快10倍。

3. 生物法处理

填充式生物脱臭装置一般由填充式生物脱臭塔、水分分离器、脱臭风机、活性炭吸附塔构成。在填充塔内喷淋水可将填充层生成的硫酸洗净排除；也可将氨、三甲胺等氨系恶臭物质被硝化菌氧化分解生成的亚硝酸胺或者硝酸铵等排除，同时喷淋也补充由于臭气干燥充填层水分的损失。

目前国内在运行的垃圾焚烧厂在停运检修期间，垃圾池内的恶臭污染物对周围环境影响较大，应采取有效措施尽可能减小其影响。

第四节　《生活垃圾卫生填埋场封场技术规程》
CJJ 112—2007 强制性条文及条文说明

本规范自2007年6月1日起实施。其中第2.0.1、2.0.7、3.0.1、4.0.1、4.0.5、4.0.8、5.0.1、6.0.6、6.0.7、7.0.1、7.0.4、8.0.6、8.0.17、8.0.18、9.0.3条为强制性条文必须严格执行。

2.0.1　填埋场填埋作业至设计终场标高或不再受纳垃圾而停止使用时，必须实施封场工程。

［条文说明］：如果填埋作业至设计标高、填埋场服务期满，准备废弃或其他原因不再承担新的填埋任务时，应及时进行封场作业，促进生态恢复，减少渗沥液产生量，保障填埋场的稳定性，以利于进行土地开发利用。封场应该分为两个部分，一是填埋场在营运过程中的封场，如边坡、分区填埋等，不在填埋场表层再堆垃圾的部位均应随时封场，二是填埋场终场的封顶。

2.0.7　填埋场环境污染控制指标应符合现行国家标准《生活垃圾填埋污染控制标准》GB 16889 的要求。

3.0.1　填埋场整形与处理前，应勘察分析场内发生火灾、爆炸、垃圾堆体崩塌等填埋场安全隐患。

［条文说明］：卫生填埋场可能在长时间沉降，简易垃圾填埋场和垃圾堆放场的填埋过程中施工不规范、压实程度不够、作业面设置不合理，容易出现陡坡、裂隙、沟缝，导致封场施工过程中发生火灾、爆炸、崩塌等安全事故，所以在封场设计和施工中必须仔细考察现场，及时采取措施消除隐患。

4.0.1　填埋场封场工程应设置填埋气体收集和处理系统，并应保持设施完好和有效运行。

［条文说明］：封场之后垃圾顶部被植被覆盖，大部分简易填埋场和堆放场没有气体导排设施，使得填埋气体出现向四周水平迁移，发生事故，所以对于简易填埋场和堆放场的封场工程，应在封场覆盖之前设置填埋气体的收集系统。填埋场封场过程中以及封场之

后，直至垃圾填埋场达到稳定状态期间必须保持有效的填埋气体导排设施。在垃圾堆体整形过程中，由于存在机械设备在填埋区作业，很有可能碰撞到填埋气体的收集管道或者导气石笼，导致折断，影响填埋气体的收集，所以要在施工时注意对填埋气体收集系统的保护。

4.0.5 填埋场建（构）筑物内空气的甲烷气体含量超过 5% 时，应立即采取安全措施。

4.0.8 在填埋气体收集系统的钻井、井安装、管道敷设及维护等作业中应采取防爆措施。

5.0.1 填埋场封场必须建立完整的封场覆盖系统。

［条文说明］：填埋场封场必须进行封场覆盖系统的铺设，防止地表水进入填埋区。其中防渗层通常被看做封场覆盖系统中最重要的组成部分，使渗过封场覆盖系统的水分最少，同时控制填埋气体向上的迁移，收集填埋气体，以防止填埋气体无组织释放。

6.0.6 填埋场内贮水和排水设施竖坡、陡坡高差超过 1m 时，应设置安全护栏。

6.0.7 在检查井的入口处应设置安全警示标识。进入检查井的人员应配备相应的安全用品。

7.0.1 封场工程应保持渗沥液收集处理系统的设施完好和有效运行。

7.0.4 渗沥液收集管道施工中应采取防爆施工措施。

8.0.6 场区内运输，应符合现行国家标准《工业企业厂内铁路、道路运输安全规程》GB 4387 的有关规定，应有专人负责指挥调度车辆。

8.0.17 封场作业区严禁捡拾废品，严禁设置封闭式建（构）筑物。

8.0.18 封场工程施工和安装应按照以下要求进行：

1 应根据工程设计文件和设备技术文件进行施工和安装。

2 封场工程各单项建筑、安装工程应按国家现行相关标准及设计要求进行施工。

3 施工安装使用的材料应符合国家现行相关标准及设计要求；对国外引进的设备和材料应按供货商提供的设备技术要求、合同规定及商检文件执行，并应符合国家现行标准的相应要求。

9.0.3 未经环卫、岩土、环保专业技术鉴定之前，填埋场地禁止作为永久性建（构）筑物的建筑用地。

第十八章 生活垃圾卫生填埋场防渗系统工程监理实务

随着社会的进步，防止环境污染、城镇生活垃圾无害化处理已经成为市政基础设施工程的重要内容之一。生活垃圾卫生填埋场的防渗系统工程、封场工程以及生活垃圾的焚烧处理，对于市政专业的监理工程师来说，都是有待大家学习掌握的新知识。我们在第二章、第三章、第四章分别向大家介绍在生活垃圾卫生填埋场的防渗系统、封场工程以及垃圾焚烧处理工程中，监理工程师的控制要点及相关内容。

生活垃圾卫生填埋场（以下简称"垃圾填埋场"）防渗系统是指在垃圾填埋场场底和四周边坡上为构筑渗沥液防渗屏障所选用的各种材料组成的体系。该体系的各种材料的空间层次结构称为防渗结构。

防渗结构的类型应分为单层防渗结构和双层防渗结构。

单层防渗结构的层次从上至下为：渗沥液收集导排系统、防渗层（含防渗材料及保护材料）、基础层、地下水收集导排系统。

双层防渗结构的层次从上至下为：渗沥液收集导排系统、主防渗层（含防渗材料及保护材料）、渗漏检测层、次防渗层（含防渗材料及保护材料）、基础层、地下水收集导排系统。

第一节 防渗系统工程的材料

垃圾填埋场防渗系统工程中使用的土工合成材料有高密度聚乙烯（HDPE）膜、土工布、GCL、土工复合排水网等。

一、对高密度聚乙烯（HDPE）膜的质量控制要点

用于垃圾填埋场防渗系统工程的土工膜除应符合国家现行标准《垃圾填埋场用高密度聚乙烯土工膜》CJ/T 234 的有关规定外，还应符合下列要求：

（1）厚度不应小于 1.5mm；

（2）膜的幅宽不宜小于 6.5m；

（3）HDPE 膜的外观要求应符合表 18-1 的规定。

HDPE 膜的外观要求 表 18-1

项 目	要 求
切口	平直，无明显锯齿现象
穿孔修复点	不允许
机械（加工）划痕	无或不明显
僵块	每平方米限于 10 个以内
气泡和杂质	不允许
裂纹、分层、接头和断开	不允许
糙面膜外观	均匀，不应有结块、缺损等现象

二、对土工布的质量控制要点

垃圾填埋场防渗系统工程中使用的土工布应符合下列要求：

（1）应结合防渗系统工程的特点，并应适应垃圾填埋场的使用环境；

（2）土工布用作 HDPE 膜保护材料时，应采用非织造土工布，规格不应小于 $600g/m^2$；

（3）土工布用于盲沟和渗沥液收集导排层的反滤材料时，规格不宜小于 $150g/m^2$；

（4）土工布应具有良好的耐久性能；

（5）土工布各项性能指标应符合国家现行相关标准的要求。

1）《短纤针刺非织造　土工布》GB/T 17638；

2）《土工合成材料　长丝纺粘针刺非织造土工布》GB/T 17639；

3）《长丝机织土工布》GB/T 17640；

4）《裂膜丝机织土工布》GB/T 17641；

5）《塑料扁丝编织土工布》GB/T 17690 等。

三、对钠基膨润土防水毯（GCL）的质量控制要点

钠基膨润土防水毯（GCL）主要应用于 HDPE 膜下作为防渗层或保护层。

钠基膨润土防水毯（GCL）的性能指标应符合国家现行相关标准的要求。并应符合下列规定：

（1）垃圾填埋场防渗系统工程中的 GCL 应表面平整，厚度均匀，无破洞、破边现象。针刺类产品的针刺均匀密实，应无残留断针；

（2）单位面积总质量不应小于 $4800g/m^2$，其中单位面积膨润土质量不应小于 $4500g/m^2$；

（3）膨润土体积膨胀度不应小于 24mL/2g；

（4）抗拉强度不应小于 800N/10cm；

（5）抗剥强度不应小于 65N/10cm；

（6）渗透系数应小于 $5 \times 10^{-11} m/s$；

（7）抗静水压力 0.6MPa/1h，无渗漏。

四、对土工复合排水网的质量控制要点

土工复合排水网主要用于渗沥液收集导排系统，渗沥液检测系统，地下水收集导排系统。

土工复合排水网应符合下列要求：

（1）土工复合排水网中土工网和土工布应预先黏合，且黏合强度应大于 0.17kN/m；

（2）土工复合排水网的土工网宜使用 HDPE 材质，纵向抗拉强度应大于 8kN/m，横向抗拉度应大于 3kN/m；

（3）土工复合排水网的土工布应符合本节"二、对土工布的质量控制要点"的要求。

第二节 防渗系统工程的监理控制要点

监理工程师应了解垃圾填埋场的防渗系统工程施工应包括土壤层施工和各种防渗系统工程材料的施工。而土壤层施工和各种防渗材料的铺设，监理的关注点是不相同的。

一、土壤层施工的监理控制要点

（1）土壤层应采用黏土。当黏土资源缺乏时，可使用其他类型的土，并应保证渗透系数不大于 $1×10^{-9}m/s$ 的要求。

（2）在土壤层施工之前，应对每种不同的土壤在实验室测定其最优含水率、压实度和渗透系数之间的关系。一般当压实土壤的含水率略高于最优含水率时（通常高出 $1\%\sim7\%$），可达到最小渗透系数。

（3）土壤层施工应分层压实，每层压实土层的厚度宜为 150～250mm，各层之间应紧密结合。

（4）土壤层施工时，各层压实土壤应每 $500m^2$ 取 3～5 个样品进行压实度测试。

二、HDPE 膜施工的监理控制要点

（1）HDPE 膜材料进场后，使用前应进行验收，进行相关性能检查。

（2）HDPE 膜材料安装前，应检查膜下保护层的平整度。平整度允许偏差为每平方米不大于 20mm。

（3）HDPE 膜铺设时应符合下列要求：

1）铺设应一次展开到位，不宜展开后再拖动；

2）应为材料热胀冷缩导致的尺寸变化留出伸缩量；

3）应对膜下保护层采取适当的防水、排水措施；

4）应采取措施防止 HDPE 膜受风力影响而破坏；

5）合理布局每片材料的位置，力求接缝最少；

6）接缝应避开弯角；

7）在坡度大于 10% 的坡面上和坡脚向场底方向 1.5m 范围内不得有水平接缝；

8）HDPE 膜展开完成后，应及时焊接。焊接之前应先检查铺设是否完好，搭接宽度是否符合要求并且每台焊机均应试焊合格后方可焊接。

HDPE 膜的搭接宽度为：

　　　　热熔焊接：100±20mm

　　　　挤出焊接：75±20mm

9）施工中应注意保护 HDPE 膜不受破坏，车辆不得直接在 HDPE 膜上碾压。当需要车辆作业时，应在 HDPE 膜上铺设防护材料。

HDPE 膜铺设过程中必须进行搭接宽度和焊缝质量控制。监理必须全过程监督膜的焊接和检验。（这是强制性要求）

三、土工布铺设的监理控制要点

（1）土工布应铺设平整，不得有石块、土块、水和过多的灰尘进入土工布。

（2）土工布搭接宽度为：

1）织造土工布缝合宽度 75±15mm；

2）非织造土工布缝合宽度 75±15mm；

3）热粘宽度 200±25mm。

（3）土工布的缝合应使用抗紫外线和化学腐蚀的聚合物线，并应采用双线缝合。非织造土工布采用热粘连接时，应使搭接宽度范围内的重叠部分全部粘接。

（4）边坡上的土工布施工时，应预先将土工布锚固在锚固沟内，再沿斜坡向下铺放，土工布不得折叠。

（5）土工布在边坡上的铺设方向应与坡面一致，在坡面上宜整卷铺设，不宜有水平接缝。

（6）土工布上如果有裂缝和孔洞，应使用相同规格材料进行修补，修补范围应大于破损处周围 300mm。

四、钠基膨润土防水毯（GCL）铺设的监理控制要点

（1）GCL 贮存应防水、防潮、防暴晒。

（2）GCL 不应在雨雪天气下施工。

（3）GCL 的施工过程中应符合系列要求：

1）应以品字形分布，不得出现十字搭接；

2）边坡不应存在水平搭接；

3）搭接宽度为 250±50mm，采用自然搭接，局部可用膨润土粉密封；

4）应自然松弛与基础层贴实，不应褶皱、悬空；

5）应随时检查外观有无破损、孔洞等缺陷，发现缺陷时，应及时采取修补措施，修补范围宜大于破损范围 200mm；

6）在管道或构筑立柱等特殊部位施工时，应加强处理；

7）GCL 施工完成后，应采取有效的保护措施，任何人员不得穿钉鞋等在 GCL 上踩踏，车辆不得直接在 GCL 上碾压。

五、土工复合排水网铺设的监理控制要点

（1）土工复合排水网的排水方向应与水流方向一致。

（2）边坡上的土工复合排水网不宜存在水平接缝。

（3）在管道或构筑立柱等特殊部位施工时，应进行特殊处理，并保证排水畅通。

（4）土工复合排水网的施工中，土工布和排水网都应和同类材料连接。相邻的部位应使用塑料扣件或聚合物编织带连接，底层土工布应搭接，搭接宽度为 75±15mm。上层土工布应缝合连接，连接部分应重叠。沿材料卷的长度方向，最小连接间距不宜大于 1.5m。

（5）排水网芯复合的土工布应全面覆盖网芯。

（6）土工复合排水网中的破损均应使用相同材料修补，修补范围应大于破损范围周边 300mm。

（7）在施工过程中，不得损坏已铺设好的 HDPE 膜。施工机械不得直接在复合土工排水材料上碾压。

第三节 防渗系统工程验收及维护

一、防渗系统工程验收的监理工作

(一) 防渗系统工程验收应提交的资料

(1) 设计文件、设计修改及变更文件和竣工图纸；

(2) 制造商的材料和预制构配件的质量合格证书、施工单位的验收记录和第三方材料检验合格报告；

(3) 隐蔽工程验收合格文件；

(4) 施工焊接自检记录。

(二) 防渗系统工程验收的内容

(1) 场底及边坡基础层；

(2) 地下水收集导排设施；

(3) 场底及边坡膜下保护层（土壤层或 GCL）；

(4) 锚固沟槽及回填材料；

(5) 场底及边坡 HDPE 膜层；

(6) 场底及边坡膜上土工布保护层；

(7) 渗沥液收集导排设施（导流层或复合土工排水网）；

(8) 其他。

防渗系统工程质量验收应按照观感检验和抽样检验两步进行。

(三) 防渗系统工程材料观感检验的要求

(1) HDPE 膜、GCL 每卷卷材标识清楚，表面无折痕、损伤，厂家、产地、卷材性能检测报告、产品质量合格证、海运提单等资料齐全；

(2) 土工布、土工复合排水网包装完好，表面无破损，产地、厂家、合格证、运输单等资料齐全。

(四) 防渗系统工程材料质量抽样检验的规定

(1) 应由供货单位和建设单位或监理单位双方在现场抽样检查。

(2) 应送到国家认证的专业机构检测。

(3) 防渗系统工程材料每 10000m² 为一批，不足 10000m² 按一批计。在每批产品中随机抽取 3 卷进行尺寸偏差和外观检查。

(4) 在尺寸偏差和外观检查合格的样品中任取一卷，在距外层端部 500mm 处裁取 5m² 进行主要物理性能指标检验。当有一项指标不符合要求，应加倍取样检测，仍有一项指标不合格，应认定整批材料不合格。

(五) 防渗系统工程施工质量验收的要求

(1) 场底、边坡基础层、锚固平台及回填材料要平整、密实，无裂缝、松土、积水、裸露泉眼，无明显凹凸不平、石头砖头，无树根、杂草、淤泥、腐殖土，场底、边坡及锚固平台之间过度平缓。

(2) 土工布无破损、折皱、跳针、漏检现象，应铺设平顺，连接良好，搭接宽度符合规定。

（3）HDPE膜铺设规划合理，边坡上的接缝须与坡面的坡向平行，场底横向接缝距坡脚应大于1.5m。焊接、检测和修补记录标识应明显、清楚，焊接表面应整齐、美观，不得有裂纹、气孔、漏焊和虚焊现象。HDPE膜无明显损伤、折皱、隆起、悬空现象。搭接良好，搭接宽度符合规定。

（4）土工布、GCL、土工复合排水网等材料的搭接符合本规定。坡面上的接缝应于坡面的坡向平行。场底水平接缝距坡脚应大于1.5m。

（5）防渗系统工程整体无渗漏。

（六）防渗系统工程施工质量抽样检测的规定

（1）场底和边坡基础层按500m²取一个点检测密实度，合格率应为100%；锚固沟回填土按50m取一个点检测密实度，合格率应为100%。

（2）土工布按200m接缝取一个样检测搭接效果，合格率应为90%。

（3）HDPE膜焊接质量检测应符合下列要求：

1）对热熔焊接每条焊缝应进行气压检测，合格率应为100%；

2）对挤压焊接每条焊缝应进行真空检测，合格率应为100%；

3）焊缝破坏性检测，按每1000m焊缝取一个1000mm×350mm样品做强度测试，合格率为100%；

4）气压、真空和破坏性检测及电火花测试方法应符合规定。（见说明）

说明：气压、真空和破坏性检测及电火花测试方法

①HDPE膜热熔焊接的气压检测：针对热熔焊接形成双轨焊缝，焊缝中间预留气腔的特点，应采用气压检测设备检测焊缝的强度和气密性。一条焊缝施工完毕后，将焊缝气腔两端封堵，用气压检测设备对焊缝气腔加压至250kPa，维持3～5min，气压不应低于240kPa，然后在焊缝的另一端开孔放气，气压表指针能够迅速归零方视为合格。

②HDPE膜挤压焊接的真空检测：挤压焊接所形成的单轨焊缝，应采用真空检测方法检测。用真空检测设备直接对焊缝待检部位施加负压，当真空罩内气压达到25～35kPa时，焊缝无任何泄漏方视为合格。

③HDPE膜挤压焊接的电火花测试：等效于真空检测，适应地形复杂的地段，应预先在挤压焊缝中埋设一条 ϕ0.3～0.5mm的细铜线，利用35kV的高压脉冲电源探头在距离焊缝10～30mm的高度探扫，无火花出现视为合格，出现火花的部位说明有漏洞。

④HDPE膜焊缝强度的破坏性取样检测：针对每台焊接设备焊接一定长度，取一个破坏性试样进行室内实验分析（取样位置应立即修补），定量地检测焊缝强度质量，热熔及挤出焊缝强度合格的判定标准应符合表18-2的规定。

每个试样裁取10个25.4mm宽的标准试件，分别做5个剪切实验和5个剥离实验。每种实验5个试样的测试结果中应有4个符合表18-2的要求，且平均值达到上表标准、最低值不得低于标准值的80%方视为通过强度测试。

如不能通过强度测试，须在测试失败的位置沿焊缝两端各6m范围内重新取样测试，重复以上过程直至合格为止。对排查出有怀疑的部位用挤出焊接方式加以补强。

厚度	剪切		剥离	
(mm)	热熔焊（N/mm）	挤出焊（N/mm）	热熔焊（N/mm）	挤出焊（N/mm）
1.5	21.2	21.2	15.7	13.7
2.0	28.2	28.2	20.9	18.3

注：测试条件 25℃，50mm/min。

（4）GCL 铺设质量检测的规定：

1）GCL 铺设完成后，应及时对施工质量进行检验；

2）基础层符合下列要求：

①基础层应平整、压实、无裂缝、无松土，表面应无积水、石块、树根及尖锐杂物。

②防渗系统的场地基础层应根据渗沥液收集导排要求设计纵、横坡度，且向边坡基础层过渡平缓，压实度不得小于 93%。

③防渗系统的四周边坡基础层应结构稳定，压实度不得小于 90%。边坡坡度陡于 1∶2 时，应作出边坡稳定性分析；

3）搭接宽度符合规定要求；

4）GCL 及其搭接部位应与基础层贴实且无褶皱和悬空；

5）GCL 不得遇水而发生前期水化；

6）修补的破损部位应符合规定要求。

（七）防渗系统工程施工后的渗漏检测

防渗系统工程施工完成后，在填埋垃圾之前，应对防渗系统进行全面的渗漏检测，并确认合格。

二、防渗系统工程维护

（1）正常维护每月不少于一次巡查尚未使用的防渗系统工程区域；如遇暴雨、台风等特殊情况，应及时巡查。

（2）防渗系统工程维修的要求：

1）防渗系统损坏时，应及时制定安全可靠的修复措施，并组织修复；

2）HDPE 膜、GCL、土工布、复合土工排水网等主要防渗系统工程材料损坏时，应及时修补；

3）土壤层损坏时，应及时修补；

4）渗沥液收集系统堵塞时，应及时疏通。

第十九章 生活垃圾卫生填埋场封场工程监理实务

随着我国经济水平的提高，我国各个城市的日产垃圾量已经大大超过原有垃圾填埋场的承受能力，使得很多城市原来的生活垃圾卫生填埋场、简易填埋场达到了设计库容，或者由于城市新建垃圾填埋场、堆肥场、焚烧厂使得原有垃圾填埋场被废弃，按照《城市生活垃圾卫生填埋技术规范》CJJ 17 的要求，需要进行封场处理和处置。

简易填埋场是指在建设初期未按卫生填埋场的标准进行设计及建设，没有严格的工程防渗措施，渗沥液不收集处理，沼气不疏导或疏导程度不够，垃圾表面也不作全面的覆盖处理。垃圾堆放场是指利用自然形成或人工挖掘而成的坑穴、河道等可能利用的场地把垃圾集中堆放起来，一般不采用任何措施防止堆放污染的扩散与迁移，填埋气体及其他污染物无序排放，垃圾表面也不做覆盖处理，这种情况的存在正在或已经造成严重的环境污染。由于我国目前存在大量的简易垃圾填埋和垃圾堆放场，其中相当一部分已经满容或废弃，必须进行封场处置。因此监理工程师应当了解、掌握垃圾填埋场封场工程中我们应该做的工作。

第一节 封场覆盖系统的监理控制要点

一、堆体整形与处理

垃圾填埋场封场作业前，应对垃圾堆体进行整形。整形时应分层压实垃圾，压实密度大于 800kg/m²。同时采用低渗透性的覆盖材料做临时覆盖。

整形与处理后，垃圾堆体顶面坡度不应小于 5%；当边坡坡度大于 10% 时，适宜采用台阶式收坡，台阶间边坡坡度不宜大于 1∶3，台阶宽度不宜小于 2m，高差不宜大于 5m。

二、封场覆盖系统

填埋场封场必须建立完整的封场覆盖系统。

（1）封场覆盖系统结构由垃圾堆体表面至顶表面顺序为：排气层、防渗层、排水层、植被层，如图 19-1 所示。

（2）封场覆盖系统层结构及要求如下：

1）排气层：

① 填埋场封场覆盖系统应设置排气层，施加于防渗层的气体压强不应大于 0.75kPa。

② 排气层应采用粒径为 25～50mm、导排性能好、抗腐蚀的粗粒多孔材料，渗透系数应

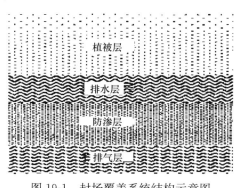

图 19-1 封场覆盖系统结构示意图

大于$1×10^{-2}$cm/s，厚度不应小于30cm。气体导排层宜用与导排性能等效的土工复合排水网。

2）防渗层：

① 防渗层可由土工膜和压实黏性土或土工聚合黏土衬垫（GCL）组成复合防渗层，也可单独使用压实黏性土层。

② 复合防渗层的压实黏性土层厚度应为20～30cm，渗透系数应小于$1×10^{-5}$cm/s。单独使用压实黏性土作为防渗层，厚度应大于30cm，渗透系数应小于$1×10^{-7}$cm/s。

③ 土工膜选择厚度不应小于1mm的高密度聚乙烯（HDPE）或线性低密度聚乙烯土工膜（LLDPE），渗透系数应小于$1×10^{-7}$cm/s。土工膜上下表面应设置土工布。

④ 土工聚合黏土衬垫（GCL）厚度应大于5mm，渗透系数应小于$1×10^{-7}$cm/s。

3）排水层顶坡应采用粗粒或土工排水材料，边坡应采用土工复合排水网，粗粒材料厚度不应小于30cm，渗透系数应大于$1×10^{-2}$cm/s。材料应有足够的导水性能，保证施加于下层衬垫的水头小于排水层厚度。排水层应与填埋库区四周的排水沟相连。

4）植被层应由营养植被层和覆盖支持土层组成。

营养植被层的土质材料应利于植被生长，厚度应大于15cm。营养植被层应压实。

覆盖支持土层由压实土层构成，渗透系数应大于$1×10^{-4}$cm/s，厚度应大于450cm。

（3）采用黏土作为防渗材料时，黏土层在投入使用前应进行平整压实。黏土层压实度不得小于90%。黏土层基础处理平整度不得大于$2cm/m^2$。

（4）采用土工膜作为防渗材料时：

1）基础处理平整度不得大于$2cm/m^2$；

2）土工膜分段施工时，铺设后应及时完成上层覆盖，裸露在空气中的时间不宜大于30d。

（5）同一平面的防渗层应使用同一种防渗材料，以保证焊接技术的统一性。

第二节　封场工程监理控制要点

（1）封场工程采用的各种材料应进行进场检验和验收，必要时应进行现场取样试验检测。

（2）施工区域必须设消防贮水池，配备消防器材。还应符合下列要求：

1）对管理人员和操作人员应进行防火、防爆安全教育和演习，并应定期进行检查、考核。

2）严禁带火种车辆进入场区，作业区严禁烟火，场区内应设置明显防火标志。

3）应配置填埋气体监测及安全报警仪器。

4）封场作业区周围设置不应小于8m宽的防火隔离带，并应定期检查维护。

5）施工中发现火情应及时扑灭。

（3）封场作业过程的安全卫生管理应符合现行国家标准《生产过程安全卫生要求总则》GB 12801的规定，还应符合下列要求：

1）操作人员必须配戴必要的劳保用品，做好安全防范工作；场区夜间作业必须穿反光背心。

2）封场作业区、控制室、化验室、变电室等区域严禁吸烟，严禁酒后作业。

3）场区内应配备必要的防护救生用品和药品，存放位置应有明显标志。备用的防护用品及药品应定期检查、更换、补充。

4）在易发生事故地方应设置醒目标志，并应符合现行国家标准《安全色》GB2893、《安全标志》GB 2894 的有关规定。

（4）封场工程各单项建筑、安装工程应根据设计文件、设备技术文件进行施工和安装。并符合国家现行相关标准。

第三节　封场工程验收的监理工作要点

（1）封场工程完成后，应编制完整的竣工图纸、资料，并应按国家现行相关标准与设计要求做好工程竣工验收和归档工作。

（2）垃圾填埋场封场工程竣工验收的内容：

1）垃圾堆体整形工程；

2）填埋气体收集与处理系统工程；

3）封场覆盖系统工程；

4）地表水控制系统工程；

5）渗沥液收集处理系统工程。

（3）填埋场封场工程验收应按照国家规定和相关专业现行验收标准执行。

第二十章　生活垃圾焚烧处理工程监理实务

近年来，国内一些企业在引进消化国外技术基础上，对大型垃圾焚烧炉及其成套技术进行了国产化开发应用，我国城市生活垃圾焚烧处理技术得到了快速发展。生活垃圾焚烧处理工程也成为广大市政专业监理工程师必须面对的工作内容。

第一节　垃圾焚烧厂的规模及生活垃圾的物理成分

一、垃圾焚烧厂的规模

（1）特大类垃圾焚烧厂：全厂总焚烧能力 2000t/d 及以上；

（2）Ⅰ类垃圾焚烧厂：全厂总焚烧能力 1200～2000t/d（含 1200t/d）；

（3）Ⅱ类垃圾焚烧厂：全厂总焚烧能力 600～1200t/d（含 600t/d）；

（4）Ⅲ类垃圾焚烧厂：全厂总焚烧能力 150～600t/d（含 150t/d）。

二、生活垃圾的物理成分

（1）厨余—主要指居民家庭厨房、单位食堂、餐馆、饭店、菜市场等处产生的高含水率、易腐烂的生活垃圾。由于厨余垃圾中含有大量水分，使生活垃圾的总含水率增加，热值下降。

（2）纸类—主要指家庭、办公场所、流通领域等产生的纸类废物，属易燃有机物，热值高。一般来说，经济发展水平越高，垃圾中纸类成分的含量越高。

（3）竹木类—主要指各种木材废物及树木落叶等，属纤维类有机物，易燃且热值较高。

（4）橡塑—主要指垃圾中的塑料及皮革、橡胶等废物。橡塑垃圾也属于易燃有机物，热值高，生物降解困难。

（5）纺织物—主要指纺织类废物，属易燃有机物，热值较高，中等可生物降解。

（6）玻璃—主要指各种玻璃类废物，以废弃的玻璃瓶为多，有无色和有色之分。

（7）金属—主要指各种饮料的金属包装壳及其他金属废物。

（8）砖瓦渣土—主要指零星的碎砖瓦、陶瓷以及煤灰、土、碎石等，主要源于居民生活中废弃的物质及燃煤和街道清扫垃圾。这部分垃圾含量的多少，主要决定于生活能源结构。

（9）其他—主要指上述各项目以外的垃圾，以及无法分类的垃圾。

第二节　垃圾焚烧厂的组成

垃圾焚烧厂应包括：接受、储存与进料系统，焚烧系统，烟气净化系统，垃圾热能利用系统，灰渣处理系统，仪表及自动化控制系统，电气系统，消防系统，给水排水系统，污水处理系统，采暖通风机空调系统，物流输送及计量系统等。辅助生产系统有停启炉的辅助燃烧系统、压缩空气系统、化验室、维修车间等。

现将垃圾焚烧厂主要生产系统的构成及功能要求简述如下：

一、垃圾接收、储存与输送系统

（1）组成：垃圾接收、储运系统包括：垃圾称量设施（汽车衡）、卸料平台、卸料门、垃圾池、抓斗起重机、除臭装置、渗沥液导排设施等。大件可燃垃圾多，应有破碎装置。

（2）垃圾称量系统应具备称重、记录、打印、数据处理及数据传输功能。

（3）卸料平台长度不宜小于 18m。

（4）垃圾池卸料口的卸料门应满足防腐蚀、强度高、寿命长、开关灵活的性能要求。且卸料门的宽、高尺寸均应足够大，宽度至少比垃圾车加宽 1.2m。

（5）垃圾池的内壁和池底应具有防渗、防腐蚀性能。池底应大于 1% 的渗沥液导排坡度。

二、焚烧系统

（一）组成

焚烧系统包括：进料装置、焚烧炉、出渣装置、燃烧空气装置，辅助燃料装置及其他辅助装置。

焚烧生产线采用连续焚烧方式，每年可利用时间不应小于 8000h。每条焚烧线的设计年限不应少于 20 年。

（二）焚烧炉

（1）新建的垃圾焚烧厂如有若干条焚烧生产线，应选用规格、型号一致的焚烧炉；

（2）正常运行时，炉内处于负压燃烧状态。

（三）余热锅炉

如果焚烧厂利用余热锅炉生产的蒸汽发电，余热锅炉的蒸汽参数不应低于 400℃、4MPa，给水温度不大于 140℃。

（四）燃烧空气系统

（1）组成：一次空气和二次空气系统以及其他辅助系统组成焚烧炉的燃烧空气系统；

（2）垃圾焚烧炉出口烟气的含氧量应控制在 6%～10%（体积百分数）。

（五）辅助燃烧系统

（1）焚烧炉的点火燃烧器及辅助燃烧器组成了焚烧炉的辅助燃烧系统。该系统具有炉温控制、调节负荷、保持较高的燃烧效率的功能。

（2）焚烧炉的燃料储存、供应设施必须具备防爆、防雷、防静电和防火灾的功能。

（六）炉渣处理系统

（1）炉渣处理系统包括除渣、输送、储存、除铁（含其他金属物）的设施；

（2）垃圾焚烧过程产生的炉渣及飞灰要分别收集及处理。

三、烟气净化及排放系统

(一) 烟气净化系统的主要功能

1. 去除酸性污染物

烟气中酸性污染物主要有氯化氢、氟化氢、二氧化硫、氮氧化物等。其中氯化氢、氟化氢、二氧化硫的化学性质都较活泼，可以用同一种碱性物质进行中和反应加以去除。而氮氧化物用简单的中和反应无法去除，必须另外处理。

去除碱性气体最常用的工艺是半干法和干法。半干法对 HCl、HF、SO_2 的去除率都较高，是采用最多的工艺。干法工艺对 HCl、HF 有较高的去除率，但相对来说，对 SO_2 去除率较低。但由于生活垃圾焚烧产生的 SO_2 浓度较低，干法工艺能满足《生活垃圾焚烧污染控制标准》GB 18485—2001 的排放标准，加之干法工艺简单可行、维护方便、初期投资及运行费用少，所以干法工艺在现阶段是适宜的技术。湿法处理工艺去除碱性气体效率较高，但由于会产生大量污水，仍需进行污水处理，因此湿法工艺只在对烟气排放标准要求非常高的焚烧厂。

2. 去除灰尘

垃圾焚烧厂烟气净化系统必须采用袋式除尘器。烟气中飞灰粒径很小，$d < 10 \mu m$ 的颗粒物含量较高，袋式除尘器可捕集 $d > 0.1 \mu m$ 的颗粒物，同时可将烟气中汞等重金属的气溶胶和二噁英类也一并除去。烟气经过去除酸性污染物处理后，仍有部分残留的氯化氢、氟化氢、硫氧化物，通过袋式除尘器，将再次得到净化。袋式除尘器在净化生活垃圾焚烧烟气方面与静电除尘器相比有独特的优越性。但其缺点是阻力较大，滤袋易破损，需定期更换，因此运行成本较高。

3. 去除二噁英类及重金属类污染物

二噁英类物质是人类生存环境中较为普遍存在的三类化学构造类似的物质的总称，有几百种异构体，其中毒性明显，必须进行监测的对象大概有近 30 种。二噁英类物质产生的途径有很多种，都与人类生产活动密切相关。而垃圾焚烧则是二噁英类的来源之一。必须有效地去除。

汞属于低熔点金属，烟气中汞的大部分是气态，少部分是固态。常常附着在微尘上，高效除尘器可以有效去除吸附汞的飞灰。

二噁英类和汞等重金属也可用活性炭、氢氧化钙作为吸附剂喷入烟气中加以去除。

4. 去除氮氧化物

焚烧生活垃圾的烟气中氮氧化物以 NO 为主，少量的 NO_2 及 NO_x，采用添加某些化学药剂可以去除。主要的工艺技术有湿式法和干式法两种。

其中干式法分为无催化剂法，也称选择性非催化还原法（SNCR）；有催化剂法，也称选择性催化还原法（SCR）。

湿式法分为氧化吸收法、吸收还原法。

(二) 烟气排放的在线监测

垃圾焚烧厂生产的烟气是污染控制的重点之一，烟气排放是否达标是政府环保部门和公众最为关心的问题。因此垃圾焚烧厂必须对烟气排放进行在线监测。在线监测的内容是：烟气的流量，温度，压力，湿度，含氧量，烟尘浓度，HCl、SO_2、NO_x、HF、CO、

CO_2 浓度等。

(三) 飞灰收集、输送与处理系统

垃圾焚烧的烟尘、净化过程喷入的中和剂颗粒物，活性炭颗粒组成了飞灰。由于飞灰粒度小，含有有害物质，所以收集、输送、储存与处理系统的各个装置都应保持封闭状态。飞灰量的大小取决于垃圾的灰分和焚烧炉的炉壁。流化床炉的飞灰量远高于炉排炉，一般情况下炉排炉飞灰量是垃圾量的 $2\%\sim5\%$，而流化床炉的飞灰量是垃圾量的 $8\%\sim12\%$。

四、垃圾焚烧生产的热能利用系统

为提高垃圾焚烧厂的经济效益，防止对大气环境的热污染，贯彻节能减排方针，垃圾焚烧产生的热能应进行有效利用。垃圾热能利用的方式有发电和供热两种。

根据《中华人民共和国再生能源法》，在利用垃圾焚烧热能发电时，应符合再生能源电力并网的要求，优先考虑采用利用效率高的热电联产、冷热电三联供等方式。在利用垃圾热能供热时，应符合供热源和热力管网的相关要求。

五、其他

垃圾焚烧厂的电气系统、仪表与自动化控制系统、给水排水系统、消防系统、采暖通风与空调系统等，以及辅助生产的化验室、维修车间等与一般的工业项目相类似，因此焚烧厂的建筑、结构等工程建设与一般工业项目也是大同小异。建设过程中应遵循相关的设计及施工和要收标准、规范。限于篇幅，本文不再详述。

需要强调的一点是垃圾焚烧厂运行过程中会产生恶臭。恶臭已经被列入世界七大环境公害之一而受到各国广泛的重视。垃圾焚烧厂建设和运营过程中，避免恶臭对环境的影响，必须采取有效控制和治理恶臭的措施。采用封闭式的垃圾运输车辆；在垃圾池上方抽气作为助燃空气，使垃圾池区域形成负压区，以防止恶臭外溢；设置自动卸料门，使垃圾池密闭等都是控制、隔离恶臭的重要措施。

第三节 垃圾焚烧厂工程施工及验收的监理工作

垃圾焚烧厂的土建、安装工程应符合施工图纸、设计文件、设备技术文件以及相关的现行国家标准和规范要求，监理工程师已经有清楚地了解，这里不再一一复述。本节仅对垃圾焚烧厂设备安装工程的一些特殊要求做简单介绍，作为监理工作控制的原则：

(一) 设备安装前

设备安装前，除必须交叉安装的设备外，土建工程墙体、屋面、门窗、内部粉刷应基本完工，设备基础地坪、沟道应完工，混凝土强度应达到不低于设计强度的 75%。

(二) 设备材料的验收

(1) 到货设备、材料应在监理单位监督下开箱验收并作记录：

1) 箱号、箱数、包装情况；

2) 设备或材料名称、型号、规格、数量；

3) 装箱清单、技术文件、专用工具；

4）设备、材料时效期限；

5）产品合格证书。

（2）检查的设备或材料符合供货合同规定的技术要求，应无短缺、损伤、变形、锈蚀。

（3）钢结构构件应有焊缝检查记录及预装检查记录。

（三）垃圾焚烧厂专有设备（含国外引进设备）安装施工及验收规定

（1）利用垃圾热能发电的垃圾焚烧炉、汽轮机机组设备，应符合国家现行电力建设施工验收标准的规定。其他生活垃圾焚烧厂的垃圾焚烧炉应符合现行国家标准《锅炉安装工程施工及验收规范》GB 50273 的有关规定。

（2）垃圾焚烧厂采用的输送、起重、破碎、泵类、风机、压缩机等通用设备应符合现行国家标准《机械设备安装工程施工及验收通用规范》GB 50231 及相应各类设备安装工程施工及验收标准的有关规定。

（3）袋式除尘器的安装与验收应符合国家现行标准《袋式除尘器安装技术要求与验收规范》JB/T 8471 的有关规定。

（4）采暖与卫生设备的安装与验收应符合现行国家标准《建筑给水排水及采暖工程施工质量验收规范》GB 50242 的有关规定。

（5）通风与空调设备的安装与验收应符合现行国家标准《通风与空调工程施工质量验收规范》GB 50243 的有关规定。

（6）管道工程、绝热工程应分别符合现行国家标准《工业金属管道工程施工规范》GB 50235、《工业设备及管道绝热工程施工规范》GB 50126 的有关规定。

（7）仪表与自动化控制装置按供货商提供的安装、调试、验收规定执行，并应符合国家现行标准《自动化仪表工程施工质量验收规范》GB 50131 的有关规定。

（8）电气装置应符合现行国家有关电气装置安装工程施工及验收标准的有关规定。

（四）工程验收

焚烧线及其全部辅助系统与设备、设施试运行合格，具备运行条件时，应及时组织工程验收。未经工程竣工验收，焚烧线严禁投入使用。

竣工验收应具备的条件是：

（1）生产性建设工程和辅助性公用设施、消防、环保工程、职业卫生与劳动安全、环境绿化工程已经按照批准的设计文件建设完成，具备运行、使用条件和验收条件。未按期完成，但不影响焚烧厂运行的少量土建工程、设备、仪器等，在落实具体解决方案和完成期限后，可办理竣工验收手续。

（2）焚烧线、烟气净化及配套垃圾热能利用设施已经安装配套，带负荷试运行合格。垃圾处理量、炉渣热灼减率、炉膛温度、余热锅炉热效率、蒸汽参数、烟气污染物排放指标、设备噪声级、原料消耗指标均达到设计规定。

引进的设备、技术，按合同规定完成负荷调试、设备考核。

（3）焚烧工艺装备、工器具、垃圾与原辅材料、配套件、协作条件及其他生产准备工作已适应焚烧运行要求。

（4）重要结构部位、隐蔽工程、地下管线，应按工程设计标准与要求及验收标准，及时进行中间验收。未经中间验收，不得进行覆盖工程和后续工程。

（五）竣工验收资料

竣工验收资料包括：

（1）开工报告、项目批准文件；

（2）各单项工程、隐蔽工程、综合管线工程的竣工图纸以及工程变更记录；

（3）工程和设备技术文件及其他必需文件；

（4）基础检查记录，各设备、部件安装记录，设备缺损件清单及修复记录；

（5）仪表实验记录，安全阀调整试验记录；

（6）水压试验记录；

（7）烘炉、煮炉及严密性试验记录；

（8）试运行记录；

（9）竣工验收报告、监理单位出具的质量评估报告。

第二十一章　垃圾焚烧发电项目案例

一、工程概况

（一）工程名称

×××生活垃圾焚烧发电厂工程

（二）工程建设重要性

随着城市现代化的发展，环境污染越来越严重，严重影响广大人民群众的身体健康，同时为贯彻《中华人民共和国固体废物污染环境防治法》，保持地区经济和环境的可持续发展。通过本工程的建设，将改变×××市长久以来以填埋单一模式处理生活垃圾的局面，使生活垃圾实现减量化、稳定化、无害化和资源化，具有良好的环境、社会和经济效益。

（三）工程建设目的

城市生活垃圾焚烧处理。建成后年处理垃圾量为 66.7 万 t，年发电量 24960.4 $\times 10^4$ kWh。

（四）工程建设内容

以 BOT 形式建设总规模为日处理 2000 吨城市生活垃圾焚烧发电厂。

（五）工程建设规模

厂区占地面积 79870m²，整个垃圾发电厂总建筑面积为 52452.7m²。建筑物主要由综合主厂房及主厂房附房、烟囱、循环冷却水塔、循环水泵房、油泵房、油罐区、地磅房、地磅以及门卫室等组成，本工程包括厂区给水排水、道路、绿化等。

本工程垃圾受料加料与工艺辅助设施为钢筋混凝土排架结构和钢结构体系；烟气净化厂房为钢结构体系；发电厂房为钢筋混凝土排架和钢结构体系；主控楼为钢筋混凝土框架结构。

本工程采用引进先进的炉排炉垃圾焚烧技术，采用半干法加布袋除尘、活性炭吸附的烟气治理技术，保证焚烧炉大气污染物排放达到国家标准和欧盟标准。焚烧炉日处理生活垃圾 2000t，配置 4 台 500 t/d 机械炉排式垃圾焚烧炉和 2 台 18MW 汽轮发电机组。

（六）工程建设目标

质量确保省部级奖，力争"鲁班奖"。主体工艺技术水平和装备标准保持"先进技术、高质量、高标准、高水平、高效益的国内一流"。

建设期限：36 个月。

二、监理服务范围

（一）监理范围

项目施工、安装、调试及验收阶段的监理服务，主要是工程技术咨询、技术监督和检查、施工、安装和管理。监理的主要内容包括控制各阶段工程建设的投资，建设工期和工程质量，进行工程合同管理，协调有关单位之间的工作关系，进行施工安全监管。

（二）监理工作内容（略）

三、监理组织机构

（一）项目组织架构

项目监理部以总监为核心，实行总监负责制，履行监理合同赋予监理单位的权利和义务，代表公司全面实行项目监理工作。组织机构由项目决策层和实施层组成。

（二）各专业人员组成

在项目部专业人员配备上，我们要求监理工程师要一专多能，比如锅炉专工不仅能做"本体"，还要具备做好辅机、管道、焊接、钢结构的能力。热控专工不仅要做好常规火电的项目，还要做好烟气净化和渗沥液处理运行控制和在线监测工作。汽机、电气、化水专工也是一样。只有这样才能最合理的配置人力，充分发挥出人力资源的潜能。为达此目的，我们从三个方面对监理工程师进行了知识扩展外延化的培训工作。

（1）《新规范》的学习。

（2）《强制性条文》的掌握。

（3）验评签证需注意的问题。

迎检准备：

根据垃圾焚烧发电厂建设有关要求和本项目的具体情况，项目监理部对专业人员的配置如表 21-1：

二炉一机监理部人员配置　　　　　　　　　　　表 21-1

序号	专业	配置人员	分　工	备　注
1	总监	1	全面	视情况配总监代表 1～2 人（兼专业）
2	锅炉	1	本体、辅机、锅炉管道、网架工程	3～5 炉可配 2～3 人
3	汽机	1	本体、辅机、管道、泵房设备安装	2 机以上可配 2 人
4	焊接	1	全厂焊接重点：锅炉、管道、热控管	视情况可兼工地
5	电气	1	主厂房、主厂房附房、生活楼、办公楼电气	2 机以上配 2 人
6	热控	1	锅炉、汽机、中控室电控设备、烟气净化、渗沥液处理控制设备	2 机以上配 2 人
7	化水	1	生产水处理、渗沥液处理设备安装、全厂给水排水	—
8	土建	3	主厂房 1 人；主厂房附房 1 人；办公楼、生活楼、取水泵房、循环水泵房、道路、围墙、烟囱等 1 人	不同阶段适当调整
9	资料	1	文件收发、登记及归档	—
10	安全	1	工地安全管理	可兼职

四、监理文件编制

（一）监理部资料系统的建立

监理部进场后首先建立资料管理系统和台账系统，以便在工程管理期间能有序的开展档案资料的收集整理。资料管理体系包含：卷号、卷名、采用的表格表号、卷存文件说明等。

（二）主要专业项目划分

1. 锅炉专业单位工程划分

（1）锅炉本体安装；

（2）锅炉机组除尘装置；

（3）锅炉整体风压试验；

（4）锅炉燃油设备及管道安装；

（5）锅炉附属机械安装；

（6）输煤设备安装；

（7）锅炉炉墙砌筑；

（8）全厂热力设备与管道保温；

（9）全厂设备与管道油漆。

2. 汽机专业单位工程划分

（1）汽轮发电机本体安装工程；

（2）汽轮发电机组附机及辅助设备安装；

（3）旁路系统设备安装；

（4）除氧给水装置安装；

（5）汽轮发电机组其他设备安装；

（6）供水系统循环水泵房安装。

3. 化学专业单位工程划分

（1）预处理系统；

（2）除盐系统；

（3）凝结水处理；

（4）循环水处理系统；

（5）油处理系统；

（6）防腐工程；

（7）制氢系统。

（三）监理细则编制

为完成项目监理任务，监理日常工作主要围绕监理大纲、监理规划和监理细则的要求进行。大纲、规划编制要求不详细叙述，针对垃圾焚烧发电项目的细则要求有其自身特点，以下为本项目编制的主要专业监理实施细则：

（1）建筑智能化系统质量控制细则；

（2）锅炉钢结构（含平台扶梯）安装工程质量控制细则；

（3）锅炉安装质量控制细则；

（4）汽机设备安装质量控制细则；

（5）脱硫装置安装调试质量控制细则；

（6）高温高压管道焊接质量控制细则；

（7）中低压管道焊接质量控制细则；

（8）容器焊接质量控制细则；

（9）金属结构焊接质量控制细则；

（10）汽机本体工程监理实施细则；

（11）给水泵组安装质量控制细则；

（12）（汽机房）行车安装质量控制细则；

（13）循环水系统和循环水泵房设备安装工程质量控制细则；

（14）消防水系统和消防水泵房设备安装质量控制细则；

（15）锅炉热控安装及调试质量控制细则；

（16）汽机热控安装及调试质量控制细则；

（17）水处理热控安装及调试质量控制细则；

（18）烟气净化设备安装及调试质量控制细则；

（19）消防控制系统质量控制细则；

（20）启动试运工作监理实施细则。

五、本工程重点、难点的监理控制措施

（一）测量定位控制要点（简）

厂房及标高的定位控制主要在以下几个环节：复测厂房控制网及建筑分格网，与大平面网架安装相关的混凝土独立柱、边框柱的柱顶标高及轴线的定位；网架分跨安装时，分跨检查测量网架的平面度、轴线、及支坐标高；钢结构安装时要对基础轴线、地脚锚栓位置进行复测，安装过程中应随装随测钢柱的同轴度和垂直度；所有地漏预留预埋位置标高的定位，所有地下预埋管线的标高、坡度的定位复测。

（二）降水/护坡/监测控制要点（略）

（三）桩基础的质量控制要点（略）

（四）筏基大体积混凝土控制要点（略）

（五）钢网架的质量控制要点（略）

（六）烟囱工程的控制重点（简）

工程烟囱结构形式为钢筋混凝土烟囱，通常包括：筒壁、内衬、隔热层、烟囱附件等。

监理重点控制：

烟囱筒壁中心线的垂直度、筒壁高度、筒壁厚度、任何截面的半径、内外表面的局部平整度、烟囱中心线、烟道口标高、烟道口的宽度、高度等。

（七）电气专业的控制要点（略）

（八）弱电专业的控制要点（简）

（1）对于智能系统设备布置必需满足系统、设备本身特点，如火灾自动报警设备感温、感烟探测器保护范围设置合理，避免存在消防保护死角，又如安防系统的前端摄像机安装位置一定要合理，避免存在安防盲区。

（2）火灾自动报警调试过程是整个工程的重要环节，关系到消防验收、项目竣工验收以及项目能否投入使用，因此加强此阶段的进度、质量、协调管理是工作的重中之重，必须界定好供货商和消防分包单位的责任界限，制定有效的调试方案等。

（九）锅炉机组安装的控制要点（简）

垃圾焚烧炉及其配套的附属设备的钢架和有关金属结构；锅炉的炉墙；锅炉受热面；锅炉附属管道；烟风管道及附属设备；锅炉附属机械；相关的热力设备及管道保温油漆等的安装、施工等进行监理。具体安装工艺和验收标准详见《电力建设施工与验收技术规范——锅炉机组篇》DL/T 5047—1995 的有关章节。

（十）18MW 凝汽式发电机组安装控制要点（简）

凝汽式汽轮机本体安装；发电机及励磁机本体安装；调节系统和油系统安装；凝汽式汽轮机本体范围内管道的安装；辅助设备及附属机械的安装、施工等进行监理。具体安装工艺和验收标准详见《电力建设施工与验收技术规范——汽轮机机组篇》DL/T 5011—1992 的有关章节。

（十一）管道安装控制要点（简）

首先对压力管道的设计单位和施工单位有否设计和施工安装资格进行监理。

管材和管件使用前应进行检验和试验；对：管道附件的配制包括弯管、异型管件、支吊架制作加工的过程；主蒸汽管道、再热蒸汽管道和主给水管道的安装；大口径焊接钢管的安装及疏、排水管道的安装等进行监理。具体安装工艺和验收标准详见《工业金属管道工程施工规范》GB 50235—2010 及《电力建设施工及验收技术规范（管道篇）》DL 5031—94 的有关章节。

（十二）关于焊接质量控制要点（简）

本工程为垃圾焚烧发电工程管道种类多，焊接工作量大，又由于管道内压力较大，故对焊接质量和焊接工艺要求高。在施焊前应对不同的口径、不同的管材进行可焊性试验，合格后方可全面施焊。施焊的作业条件必须满足焊接工艺标准要求。焊工应持相应等级的焊工证方可上岗。焊接质量控制方法见监理大纲。具体安装工艺和验收标准详见《火力发电厂焊接技术规程》DL/T 869—2004 的有关章节。

（十三）管道热膨胀处理控制要点（简）

（1）管道的温度变形应充分利用管道的转角管段进行自然补偿。选用补偿器时，宜根据敷设条件采用维修工作量小和价格较低的补偿器。

（2）采用弯管补偿器或轴向波纹管补偿器时，设计应考虑安装时的冷紧。

（3）当一条管道直接敷设于另一条管道上时，应考虑两管道在最不利运行状态下热位移不同的影响，防止上面的管道滑落。

（十四）管道沟槽回填的控制（略）

（十五）设备调试及设备机组试运行控制要点

（1）在设备的安装调试过程中，监理首要的工作内容是核查承包商的人力资源，发现不符要求的调试人员应报业主，并要求更换。根据本工程总工期要求及动力设备的关联功能，各动力系统调试必须要统一的时间表，从工程实际出发，监理的重点在各动力设备调试中发现的局部问题及突发事件的协调处理。

（2）监理质量控制措施的重点还包括施工阶段设备管道安装的质量控制：检查进场管材、阀门规格型号、壁厚是否符合设计及施工规范要求，焊缝要饱满、平整，水压试验严格按设计要求及施工规范进行。动力管线地沟敷设部分及直埋敷设部分应从施工测量放线、沟槽开挖、平基、安管到试压、闭水试验，直至沟槽回填全过程的施工，及时发现和解决施工过程中出现的问题。

（3）在联动试车或设备的试运转前，要求承包单位根据本工程特点、生产情况及设备性能，编制详细的联动试车及设备的试运转方案。然后，由监理组织各方对方案进行反复讨论，使方案更加细化和切实可行。另外，对设备的各零部件安装的关键部位进行复查，对系统各分项工程的验收及各项试验情况重新进行核查和落实。

（4）对此次联动试车或设备试运转的组织机构、人员配备、技术准备情况进行落实，做到每个操作控制点落实到人，操作步骤清晰，运行安全措施可靠。一切准备工作就绪，且经各方签字同意方可进入联动试车及设备的试运转阶段。在联动试车及设备的试运转过程中，各方必须坚守现场，全过程跟踪，并督促相关的承包单位及时、真实地做好各项检查记录，若发现异常，立即停机，认真分析其原因后再进行调试。

（十六）园林绿化监理控制（略）

六、监理验收

监理验收主要从材料进场验收、施工过程验收、分部试运、整套启动及竣工验收几个阶段控制。

（一）材料进场验收（略）
（二）施工过程验收（略）
（三）分部试运

根据国家《电力建设工程质量监督规定》的要求，凡是接入公用电网的全国电力建设工程，包括各类投资方式的新建、扩建、改建的火电、水电、新能源等发电工程和输变电建设工程项目及其配套、辅助和附属工程，都必须经过电力建设工程质量监督总站、省（自治区、直辖市）电力建设工程质量监督中心站、工程质量监督站的监督检查。垃圾焚烧发电工程也在监检之列。一般检查阶段分为十一个（各地方要求不尽相同），本项目主要阶段检查工作简述如下：

土建第一阶段监检：主要侧重于检查各参建单位主体合法性，监理机构人员资质情况，工程形象进度及质量验评等；

锅炉水压试验前质量监督检查：主要侧重检查锅炉型号、参数、额定蒸发量、额定蒸汽出口压力、汽包工作压力、额定蒸汽出口温度、锅炉给水温度、热空气温度、排烟温度、锅炉效率、减温方式，锅炉安装质量验评结果统计及评估等；

厂用电系统受电前质量监督检查：主要检查发电机出线电压、主变压器容量、线路接入系统、升压站情况、保安电源联络、事故保安电源接入、厂用电变压器、备用变采用明备用方式、渗滤液单独取 10kV 电源等系统安装和调试情况。

（四）整套启动
1. 做好整套启动前的各项条件检查（参照监检大纲）
2. 做好整套启动过程的签证确认（启规）
3. 做好启动后的消缺

（五）竣工验收
1. 做好竣工资料审查
2. 做好过程预验收并参加竣工验收

3. 提出监理验收意见

同时针对火电质量监督检查大纲做好各阶段的监督检查并形成闭环文件。

七、监理总结

×××生活垃圾焚烧发电类项目中规模比较大的，日处理 2000 吨生活垃圾处理量曾经是此类项目中处理量国内最大的，有一定社会影响。监理合同签订后，我公司于 2009 年 8 月成立项目监理部，在总监理工程师的统一组织和领导下，按照监理程序开展监理工作。在项目建设的各个阶段，按照国家有关法律、法规、规范、标准、施工合同、设计文件等，对工程的质量、进度、投资、安全等进行控制；确保工程建设顺利进行。项目监理部全面履行了监理合同约定的义务和责任，在质量、进度、投资、安全各方面均达到监理合同的要求，其中施工进度还提前合同工期一个月竣工，一次性通过主体验收，工程投入运行后各方面功能要求全部达到设计要求，可以说圆满完成了本工程的监理任务。

在项目建设过程中，监理除日常管控工作外，主要协调和解决了一些技术和管理问题，比如电力工程特有的质量项目划分方式和一般公建项目资料对接的问题、施工关键线路与辅助单位工程合理安排的问题、影响整套启动顺利进行的各分部项目验收顺序问题、各阶段监检前资料汇总统一的问题等等。这些工作中具体问题的解决给参建各方铺平了道路，为最终启动、运行创造了有利条件。

在本项目建设过程中我们不断地与电力中心站的专家、各参建方技术人员交流学习，逐渐总结出一套垃圾焚烧发电厂监理工作的方法，编制了一些切合实际的工作表格，总结了一些工程特有的经验，这些工作获得了有关专家的好评，尤其是在江阴、常州项目后期的一系列监检获得零整改评价，为以后顺利完成此类项目积累了信心。

第六篇 园林绿化工程

第二十二章 园林绿化工程相关技术标准

近几年，随着我国经济快速发展，园林绿化工程建设的大量投入，质量要求越来越高，标准法规不断完善，新的《园林绿化施工及质量验收规范》修编审定工作已经完成，新规范即将颁布执行。为了使监理工程师对新的规范标准尽早了解和掌握，本章针对园林绿化施工及质量验收规范修编的主要内容，以及园林绿化工程相关标准规范强制性条文及释义加以介绍。

第一节 《园林绿化工程施工及质量验收规范》
CJJ/T 82—1999 强制性条文及条文说明

原《城市绿化工程施工及验收规范》CJJ/T 82—1999 其内容作了较大变动，名称改为《园林绿化工程施工及质量验收规范》，本次修订的主要内容：

（1）工程施工准备阶段增加了施工现场建立健全质量保证体系，加强质量和技术管理，使工程质量事前进行控制。

（2）增加了水湿生植物栽植、设施空间绿化、坡面绿化、重盐碱及重黏土土壤改良、施工期的植物养护以及园林附属工程的施工、验收要求。

（3）提出了园林绿化工程项目的划分以及分项工程质量验收的主控项目和一般项目的质量要求。

（4）统一了园林绿化工程施工质量、验收方法、质量标准和验收程序、检验批质量检验的抽样方法要求。

本规范中以黑体字标志的条文为强制性条文，必须严格执行。

第二节 《城市绿地设计规范》
GB 50420—2007 强制性条文及条文说明

2007 年 5 月 21 日发布的国标 GB 50420—2007《城市绿地设计规范》是园林景观工程系统性的设计规范。其中的强制性条文有：

3.0.8 城市绿地范围内的古树名木必须原地保留。

3.0.10 城市开放绿地的出入口、主要道路、主要建筑等应进行无障碍设计，并与城市道路无障碍设施连接。

[条文说明]：绿地设计要体现人性化设计，尤其要体现对弱势群体的关爱，要创造老人相互交流的空间，在道路及厕所设计中要考虑无障碍设计。

3.0.11 地震烈度 6 度以上（含 6 度）的地区，城市开放绿地必须结合绿地布局设置专用防灾、救灾设施和避难场地。

[条文说明]：城市绿地兼有防灾、避灾的功能，绿地内的水体、广场、草坪等在遇灾时均可供防灾避难使用。因此，在城市绿地设计时应充分考虑到防灾避难时的有效利用。

3.0.12 城市绿地中涉及游人安全处必须设置相应警示标识。

4.0.5 在改造地形填挖土方时，应避让基地内的古树名木，并留足保护范围（树冠投影外 3~8m），应有良好的排水条件，且不得随意更改树木根颈处的地形标高。

[条文说明]：本条主要是在地形设计中要确保古树名木的存活。

4.0.6 绿地内山坡、谷地等地形必须保持稳定。当土坡超过土壤安息角呈不稳定时，必须采用挡土墙、护坡等技术措施，防止水土流失或滑坡。

4.0.7 土山堆置高度应与堆置范围相适应，并应做承载力计算，防止土山位移、滑坡或大幅度沉降而破坏周边环境。

4.0.11 城市开放绿地内，水体岸边 2m 范围内的水深不得大于 0.7m；当达不到此要求时，必须设置安全防护设施。

4.0.12 未经处理或处理未达标的生活污水和生产废水不得排入绿地水体。在污染区及其邻近地区不得设置水体。

5.0.12 儿童游乐区严禁配置有毒、有刺等易对儿童造成伤害的植物。

6.2.4 不设护栏的桥梁、亲水平台等临水岸边，必须设置宽 2.00m 以上的水下安全区，其水深不得超过 0.70m。汀步两侧水深不得超过 0.50m。

[条文说明]：绿地的水岸宜用防腐木、石材等构筑亲水平台，让游人亲近水面，观景、嬉水。亲水平台临水一侧必须采取安全措施：设置栏杆、链条，种植护岸水生植物，或者沿岸边设置水深不大于 0.70m 的浅水区。沿水岸还必须设置安全警示牌。

6.2.5 通游船的桥梁，其桥底与常水位之间的净空不应小于 1.50m。

7.1.2 动物笼舍、温室等特种园林建筑设计，必须满足动物和植物的生态习性要求，同时还应满足游人观赏视觉和人身安全要求，并满足管理人员人身安全及操作方便的要求。

7.5.3 景观水体必须采用过滤、循环、净化、充氧等技术措施，保持水质洁净。与游人接触的喷泉不得使用再生水。

7.6.2 人工堆叠假山应以安全为前提进行总体造型和结构设计，造型应完整美观、结构应牢固耐久。

7.10.1 城市绿地内儿童游戏及成人健身设备及场所，必须符合安全、卫生的要求，并应避免干扰周边环境。

[条文说明]：游戏机及健身设备应选用符合国家及地方安全卫生标准、有专业资质单位设计生产的合格产品。

8.1.3 绿地内生活给水系统不得与其他给水系统连接。确需连接时，应有生活给水系统防回流污染的措施。

8.3.5 安装在水池内、旱喷泉内的水下灯具必须采用防触电等级为Ⅲ类、防护等级为 **IPX8** 的加压水密型灯具，电压不得超过 **12V**。旱喷泉内禁止直接使用电压超过 **12V** 的潜水泵。

［条文说明］：旱喷泉内常有人游戏，景观水池内有时也有小孩玩水，超过 12V 低压电可能给人带来触电危险。

第二十三章 园林绿化工程监理实务

第一节 绿 化 工 程

园林绿化工程由绿化、园林建筑及构筑物和配套设施等工程组成，是涉及绿化、市政、土建、水电、设备等多专业的综合性工程。

一、园林绿化单位（子单位）工程分部、分项工程的划分

园林绿化工程分部（子分部）工程、分项工程划分应符合表23-1的规定。

园林绿化单位（子单位）工程、分部（子分部）工程、分项工程划分 表23-1

单位（子单位）工程	分部（子分部）工程		分项工程
绿化工程	栽植基础工程	一般栽植基础工程	栽植土、场地清理、栽植土回填及地形造型、栽植土施肥和表层整理
		重盐碱、重黏土地土壤改良工程	管沟、隔淋（渗水）层开槽、排盐（水）管敷设、隔淋（渗水）层
		设施顶面栽植基层（盘）工程	防水隔根层、排蓄水层、过滤层、栽植土
		坡面绿化防护栽植基层工程	坡面整理、混凝土格构、固土网垫、格栅、土工合成材料、喷射基质
		水湿生植物栽植槽工程	栽植床（槽）设置，拦水堤（墙），栽植土
	栽植工程	一般性栽植	植物材料、栽植穴（槽）、苗木运输和假植、苗木修剪、树木栽植、竹类栽植、草坪及地被播种、分栽、铺草卷及草块、运动场草坪、停车场草坪、花卉栽植
		大树移植	大树移植准备、大树挖掘及包装、大树移植吊装运输、大树栽植
		水湿生植物栽植	施肥、水质水位控制、疏除、换水及养护
		设施绿化栽植	植物材料、修剪、牵引固定、栽植、定位、垂直绿化的栽植槽、立面载体、牵引
		坡面绿化栽植	植物材料、喷播、铺植、分栽
		苗木栽植养护	围堰、支撑、浇灌水、裹干
		施工期养护	中耕、除草、浇水、施肥、除虫、修剪抹芽等

单位（子单位）工程	分部（子分部）工程	分项工程
园林附属工程	园路与广场铺装工程	基层，面层（碎拼花岗石、卵石、嵌草、混凝土板块、侧石、冰梅、花街铺地、大方砖、压膜、透水砖、小青砖、自然石块、水洗石、透水混凝土、透水沥青混凝土、木竹面层）
	园林筑山	地基基础、主体（假山、叠水、塑石），水电安装
	园林水景工程	预埋件设置、管道安装、潜水泵安装、水景喷头安装
	园林设施安装	座椅（凳）、标牌、果皮箱、栏杆、喷灌喷头等安装
	竹结构工程	竹结构制作、竹结构柱及柱脚、竹结构基础
	园林给水排水	参照《建筑给水排水及采暖工程施工质量验收规范》GB 50242—2002
	园林电气照明	参照《建筑物电气工程施工质量验收规范》GB 50303—2002
园林景观构筑物	按照《建筑工程施工质量验收统一标准》GB 50300—2001 及建筑工程各相关专业施工质量验收规范和《古建筑修建工程质量检验评定标准》（南方地区）CJJ 70-96，（北方地区）CJJ 39-91 有关规定执行	

二、绿化栽植工程的质量控制

（一）绿化栽植基础工程的监理控制要点

1. 栽植前土壤处理

（1）栽植土：

栽植土包括客土、原土利用、栽植基质等，栽植土应满足植物生态习性要求，必须保水、保肥、透气，无沥青、混凝土等垃圾及其他对植物有害的污染物，原土栽植层下严禁有不透水层。原土利用将在土壤改良中详细介绍。栽植基质将在设施顶面栽植基层（盘）工程中介绍。

监理控制要点：

1）土壤 pH 值 5.6～8.0，或符合本地栽植土标准；土壤全盐含量≤0.3%；土壤表观密度≤1.3g/cm³；土壤有机质含量≥1.5%；土壤块径≤5cm；目前实验室主要检测前两项土壤指标，后三项指标主要指导施肥及土壤改良的依据。

2）客土必须见证取样，经有资质的检测单位检测，达到合格标准方能允许进场，回填种植土过程中要随时观察采土点和采土深度是否与确认的一致，运土环节控制是否严密。观察原土是否含有有害成分。

3）施工中常见的问题：由于土源地不同客土质地也不同，监理人员除了关注土壤的质量标准外还要注意不同土壤质地在后期采取的不同处理措施，如：砂土、壤土、黏土应区别对待。砂土由于粒间空隙大，毛细管作用弱，透气透水性强，保肥、保水能力差。黏土颗粒间隙小，多为极细毛细管孔隙和无效孔隙，通气不良，透水性差，但保水、保肥力强。如果是上述土壤，监理人员宜要求施工单位采取掺砂、掺黏土、客土调剂或者翻淤压砂、翻砂压淤等措施对土壤简单改良，或采用适宜的耕作方式，改善土壤的团粒结构，增加土壤的肥力。壤土是比较优质的绿化用土，适宜各种绿化植物的生长。

（2）场地清理：

监理控制要点：

1）现场内无渣土、工程废料、宿根性杂草、树根及其他有害污染物。

2）场地清理程度应符合设计和栽植要求。填垫范围内应无坑洼、积水，软泥，不透水层应处理完成，应了解地下水情况。

3）原场地清理，应进行原土调查，需要检查场地内有无不透水层，各种废弃地基基础等不利植物生长的废弃物必须清除干净或进行深埋处理。

4）客土要检查芦根等有害植物根系，捡拾干净。

5）对于杂草密集的地块，可考虑使用化学方式进行除草。

（3）栽植土回填及微地形造型：

监理控制要点：

1）微地形造型的测量放线工作应做好记录。

2）对造型胎土、栽植土应符合设计要求。

3）回填土及微地形造型应适度压实，自然沉降基本稳定，严禁用机械反复碾压。对于坡度较大（一般超过 20°）要增加压实密度，防止自然滑坡。微地形造型自然顺畅。

4）检查地形坡脚是否有低洼现象，地形之间的低点能否保证雨季正常排水。检查地形是否留够自然沉降量。地形的高点位置是否与设计图纸高点一致。对于大面积绿地回填要注意找好排水坡度。

（4）栽植土改良和表层整理：

一般栽植土改良多用于原土改良或客土的理化性质达不到规范要求，而当地条件不允许大量更换种植土时，可采用土壤改良。土壤改良前要将原土理化性质进行测定，根据土壤化验报告由设计单位或有资质的单位出具土壤改良方案。一般常用的改良方案有水利措施（明沟排水、灌水冲洗、井灌井排等），农林措施（围埝蓄淡、种植绿肥、增施有机肥等），化学措施（施用化学改良剂、化学改良肥等）和综合措施（以上三种方案综合施用）。

监理控制要点：

1）用于土壤改良的改良剂和商品肥料应有产品合格证。

2）有机肥必须充分腐熟，土壤改良剂的品种、规格、配比符合设计要求。

3）检查改良剂及有机肥等各种改良材料是否均匀、足量地使用，改良深度是否达到设计要求。对于树穴单独改良，检查改良剂每个树穴都要按设计要求足量使用。

4）检查有机肥是否充分腐熟。

5）表层土颗粒大小、含量是否合适，不能影响苗木栽植。栽植土表层整理后不得有明显低凹和积水处，花境、花坛栽植地 30cm 的表层土必须疏松。

6）栽植土表层石砾、杂物不应超过 10%，不能影响苗木栽植和生长。

2. 重盐碱、重黏土地层改良工程

当土壤全盐含量≥0.5%的重盐碱地和土壤重黏土地区的绿化栽植工程必须实施土层改良。重盐碱、重黏土地土层改良的原理和工程措施基本相同，此改良措施也可应用设施面层绿化。土层改良工程必须由专项工程设计、专业施工单位施工。

（1）排盐管沟、隔淋层开槽：

监理控制要点：

1）开槽范围、槽底高程、管沟的间距应符合设计要求，槽底必须高于地下水标高。

2）槽底不得有淤泥、软土层。特别注意不得有"弹簧"现象，槽底应找平和适度夯实，槽底标高和平整度允许偏差应符合表23-2的要求。

3）排盐管沟的坡降要均匀，符合排水坡向。在铺设排盐管前先铺垫适量淋层材料。

（2）排盐管敷设：

监理控制要点：

1）排盐管（渗水管）敷设走向、长度、间距及过路管的处理应符合设计要求；管材市政规格、性能符合设计和使用功能要求，并有出厂合格证；

2）排盐管应通顺有效，主排盐管必须与外界市政排水管网接通，终端管底标高应高于排水管管顶15cm以上。排盐（渗水）沟断面和填埋材料应符合设计要求；

3）排盐（渗水）管的连接与观察井的连接末端排盐管的封堵应符合设计要求；

4）排盐（渗水）管、观察井允许偏差应符合表23-2的要求；

5）排盐（渗水）管的观察井的管底标高、观察井至排盐（渗水）管底距离、井盖标高允许偏差应符合表23-2的要求；

6）注意排盐（渗水）管成品保护，严禁碾压盲管，必要时做通水实验。

排盐（渗水）管槽底、隔淋（渗水）层、观察井允许偏差　　　表23-2

项次	项　目		尺寸要求（cm）	允许偏差（cm）	检查数量		检查方法
					范围	点数	
1	槽底	槽底高程	设计要求	+2 -3	1000m²	3	测量
		槽底平整度	设计要求	±3		3	
2	排盐管（渗水管）	每100m坡度	设计要求	≤1	200m	3	测量
		水平移位	设计要求	±4	200m	3	量测
		排盐渗水管底至排盐渗水沟底距离	12cm	±2	200m	3	量测
3	隔淋（渗水）层	厚度	16～20	±2	1000m²	3	量测
			11～15	±1.5			
			≤10	±1			
4	观察井	主排盐（渗水）管入井管底标高	设计要求	0 -5	每座	3	测量量测
		观察井至排盐（渗水）管底距离		±2			
		井盖标高		±2			

（3）隔淋（渗水）层：

监理控制要点：

1）隔淋（渗水）层的材料及铺设厚度应符合设计要求；

2）铺设隔淋（渗水）层时，不得损坏排盐管；

3）隔淋层材料中石粉和含泥量是监理控制的主要方面。石屑淋层材料中石粉和泥土含量不得超过10％，其他淋层材料中也不得掺杂黏土、石灰等粘结物；

4）隔淋（渗水）层铺设厚度，允许偏差应符合表23-2的要求；

5）隔淋层必须在常水位以上。排盐隔淋（渗水）层完工后，应对观察井主排盐（渗水）管与市政排水管网沟通进行检查。雨后检查积水情况，对雨后24小时仍有积水地段应增设渗水井与隔淋层沟通。

3. 设施空间绿化栽植基层（盘）工程

建筑物、构筑物设施的顶面、地面、坡面、立面及围栏的绿化，地下、空中设施覆土绿化，立面垂直绿化，均应属于设施空间绿化。

设施顶面绿化必须根据顶面的结构和荷载能力，在建筑物、构筑物整体荷载允许的范围内进行。设施顶面绿化施工前必须对顶面基层进行蓄水试验及找平层的质量进行验收，并对顶面的荷载进行复核，屋顶绿化荷载进行核算时，植物材料平均荷重和栽植荷载可采用表23-3的相关参数。

植物材料平均荷重和栽植荷载参数　　　　　　　　　表 23-3

植物类型	规格（m）	植物平均荷重（kg）	种植荷载（kg/m²）
乔木（带土球）	$H=2.0\sim2.5$	$80\sim120$	$250\sim300$
大灌木	$H=1.5\sim2.0$	$60\sim80$	$150\sim250$
小灌木	$H=1.0\sim1.5$	$30\sim60$	$100\sim150$
地被植物	$H=0.2\sim1.0$	$15\sim30$	$50\sim100$
草坪	1m²	$10\sim15$	$50\sim100$

（1）防水隔根层：

监理控制要点：

1）防水隔根层的材料品种、规格、性能符合设计及相关标准要求。

2）卷材接缝牢固、严密符合设计要求；施工后应作蓄水或淋水试验，24小时内不得渗漏或积水。

3）防水隔根层材料应见证抽样复验；隔水隔根层细部构造、密封材料嵌实应密实饱满，粘结牢固无气泡、开裂等缺陷；立面防水层应收头入槽、封严；注意成品保护，不得堵塞排水口。

（2）排蓄水层：

监理控制要点：

1）排蓄水材料及铺设要达到设计标准。

2）在隔根层上应设置排水层，排水应集中进入绿地和建筑的排水系统。排水口应定期做好清洁和疏通工作，周围不应种植植物，严禁覆盖和封堵。排水层必须与排水系统连通，保证排水畅通。

3）排水层可采取铺设专用排水材料、排水管、砾石层等方式，若土壤黏重，为保证植物生长，应在植物根系主要分布层以下增设网状排水管，使绿地整体，特别是覆土绿化的周边区域排水顺畅，避免在覆土绿化部分产生地表积水。

4）蓄水和排水功能相反。

（3）过滤层：

监理控制要点：

1）检查过滤层施工过程中有无破损。

2）在排水层上面应铺设过滤层，过滤层应具有较强的渗透性和根系穿透性，可用级配砂石、细沙、土工织物等多种材料。如用双层土工织物材料，下层为具有过滤作用的无纺布材料（聚丙烯或聚酯材料），$100\sim150g/m^2$；上层是兼有蓄水功能的蓄水棉，$200\sim300g/m^2$。搭接宽度不宜小于20cm，覆土时使用器械应注意不损坏土工织物。一般采用既能透水又能过滤的聚酯纤维无纺布等材料，用于阻止基质进入排水层。

3）做好施工保护。防止种植土或栽植基质回填过程中被破坏。

（4）栽植基盘：

监理控制要点：

栽植槽符合植物生长要求，并有排水孔；建筑物立面光滑时，应加设载体。

（5）栽植土：

监理控制要点：

1）种植土质应符合设计要求。

2）种植土的厚度应依据屋顶的承载力和种植植物的种类而变化。不应回填渣土、盐碱土、淤泥土、建筑垃圾土和有污染的土壤。

3）理化性质参考种植土要求。

4. 坡面绿化防护栽植基层工程

应保证稳固安全，清除坡面淤积物、浮石等不稳定物体，同时应打掉突出岩石。不同坡面绿化应根据土壤坡面、岩石坡面、混凝土覆盖面的坡面性质、坡度大小，适当加固，严防水土流失。

栽植层的构造材料和栽植土符合设计要求；混凝土结构、固土网垫、格栅、土工合成材料、喷射基质等施工做法符合设计和规范要求。喷射基质不应剥落或少量剥落，栽植土或基质表面无明显沟蚀、流失，栽植土（质基）的肥效不得少于3个月。

（1）坡面整理：

监理控制要点：

1）回填土土质符合设计要求。施工做法符合设计和规范要求；

2）边坡原有土层及回填土壤应夯实，密实度达到85％以上；

3）边坡绿化应设防雨水冲刷排水设施，排水做法符合设计要求；坡面有明显渗水位置，应钻孔并安装排水管；排水管安装稳固。

（2）混凝土格构：

监理控制要点：混凝土覆盖坡面，应在混凝土块孔更换种植土。施工做法符合设计和规范要求。

（3）固土网垫：

监理控制要点：

1）防护网、锚杆等材料应符合设计要求并进行防腐处理，锚杆深入岩层长度、防护网密度应符合设计要求。

2）防护网间要互相搭接，且搭接宽度不小于10cm，防护网要稳定、坚固地铺设在边坡上。

3）施工做法符合设计和规范要求。

（4）格栅：

监理控制要点：所用基质应为长效营养土，且不松散，不脱落。施工做法符合设计和规范要求。

5. 水湿生植物栽植工程

监理控制要点：

1）栽植槽的材料、结构、防渗应符合设计要求；种植槽有防渗要求的，采用的防渗材料和施工工艺应符合设计要求或相关标准规定。

2）栽植槽的土层厚度应符合设计要求，无要求时栽植土层厚度应≥50cm。老水系宜以原有淤泥作为种植基质，新水系应更换种植基质，当设计无具体要求时，应选择黏性较高的淤泥或水稻土，不可使用土质过轻的培养土。

3）回填的土壤和栽培基质不宜含有污染水质的成分，增施肥料时应注意不能造成水质污染。回填种植泥坡面须控制在20°以下。

4）养护管理植保工程宜采用生物防治，在饮用水源水域实施防治措施时，严禁使用化学农药。

5）水生植物的品种、规格、种植密度必须符合设计要求。

6）主要水生植物的栽植水深应满足最适水深。

7）种植范围应符合设计要求，点景种植配置合理。

（二）栽植工程的质量监理

1. 一般性栽植工程

（1）植物材料：

质量要求：园林植物材料必须生长健壮，枝叶繁茂、冠形完整、色泽正常、根系发达，无病虫害、无机械损伤、无冻害等。苗木必须经过移植和培育，未经培育的实生苗、野地苗、山地苗一般不宜采用。非栽植季节栽植时，为提高栽植成活率，园林植物应选择事先经过处理的容器苗。植物材料按进场批次应填写《苗木、种子进场报验表》。

监理控制要点：

1）植物材料种类、品种、名称及规格必须符合设计要求。

2）严禁使用带有严重病虫害的植物材料，自外地引进的植物材料应有"植物检疫证"。带土球苗木不能散坨。如苗源地土质为砂土，应在土壤未化冻前起苗；如对苗源地土质不能确定，应进行试掘，确保土球完整。

植物材料的外观质量应符合表23-4的要求。

（2）栽植穴（槽）：

质量要求：栽植穴、槽定点放线应符合设计要求。栽植穴、槽直径应大于土球或裸根苗根系展幅40~60cm，深度与土根或裸根苗系相适应或符合表23-5~表23-8的要求。

植物材料外观质量要求和检验方法　　　　　　　　　　　　表 23-4

项次	项　目		等级	质　量　要　求	检 验 方 法
1	乔木灌木	姿态和长势	合格	树干较顺直，树冠较完整，分枝点和分枝合理，生长势较好	检查数量：每 100 株检查 10 株，每株为 1 点，少于 100 株全数检查。检查方法：观察、量测
		病虫害	合格	基本无病虫害	
		土球苗、裸根苗根系	合格	土球规格，根系展幅基本达标；土球较完整，包装较牢靠；裸根苗不劈裂，根系较完整，切口平整	
		容器苗木	合格	规格符合要求，容器完整，苗木不徒长	检查数量：每 100 株检查 10 株，每株为 1 点，少于 100 株全数检查。检查方法：观察、量测
2	棕榈类植物		合格	主干挺直，树冠匀称，土球符合要求，根系完整无病虫害	
3	草卷、草块、草束		合格	草卷、草块长宽尺寸基本一致，厚度均匀，杂草不超过 5%，草高适度，根系好，草芯鲜活，基本无病虫害	检查数量：按面积抽查 10%，3m² 为一点，不少于 5 个点。≤30 m² 应全数检查。检查方法：观察
4	花苗、地被、绿篱及模纹色块植物		合格	株型苗壮，根系基本良好，无伤苗，茎、叶无污染，基本无病虫害	检查数量：按数量抽查 10%，10 株为 1 点，不少于 5 个点。≤50 株应全数检查。检查方法：观察
5	竹类（散生竹、丛生竹、混生竹）		合格	生长健壮、鞭芽饱满、鞭根健壮、分枝较低、枝叶繁茂、无明显病虫害及开花迹象、土球符合要求的母竹，竹龄 1～2 年生；散生竹 1～2 支/株；混生竹 2～4 支/株，丛生竹可挖起后分成 3～5 株/丛	检查数量：每 100 株检查 10 株，每株为 1 点，少于 100 株全数检查。检查方法：观察、量测

常绿针叶乔木类栽植穴规格　　　　　　　　　　　　表 23-5

序号	项　目		土球直径（cm）	栽植穴深度（cm）	栽植穴直径（cm）
1	树高	150cm	40～50	50～60	80～90
2		150～250cm	70～80	80～90	100～110
3		250～400cm	80～100	90～110	120～130
4		400cm 以上	140 以上	120 以上	180 以上

乔木类栽植穴规格　　　　　　　　　　　　表 23-6

序号	项　目		栽植穴深度（cm）	栽植穴直径（cm）
1	干径	＜5cm	50～60	70～80
2		6～10cm	70～80	90～100
3		11～15cm	＞80	＞120
4		16～20cm	＞100	＞140

花灌木类栽植穴规格   表 23-7

序号	项 目		栽植穴深度（cm）	栽植穴直径（cm）
1		50～100cm	40～50	50～60
2	冠径	100～150cm	60～70	70～80
3		150～200cm	70～90	90～110

绿篱类栽植槽规格   表 23-8

序号	项 目		种植方式	
			单行（深×宽，cm）	双行（深×宽，cm）
1		50～80cm	40×40	40×60
2	苗高	100～120cm	50×50	50×70
3		120～150cm	60×60	60×80

监理控制要点：

1）栽植穴、槽必须垂直下挖，上口下底相等。

2）穴（槽）挖出好土、弃土应分别置放，穴底回填适量好土。

3）栽植穴、槽挖掘前，应向有关单位了解地下管线和隐蔽物埋设情况。

4）树木与地下管线外缘及树木与其他设施的最小水平距离应符合相应的绿化规划与设计规范及守则的规定。

5）栽植穴、槽定点遇有障碍物时，应及时与设计单位联系，进行适当调整。

6）栽植穴、槽底部遇有不透水层及重黏土层时，必须采取排水措施，达到通透。土壤干燥时，应于栽植前灌水浸穴、槽。开挖栽植穴、槽，遇有灰土、石砾、有机污染物、黏性土等，应采取扩大树穴、疏松土壤等措施。

（3）苗木运输和假植：

质量要求：起吊机具和装运车辆吨位满足苗木运输需要；并有安全操作措施。苗木装卸车时不得损伤苗木；苗木运到现场，当天不能栽植的应及时假植。裸根苗运输时应进行覆盖，装卸时不得损伤苗木；带土球苗木装卸车排列顺序合理，不得散球；裸根苗可在栽植现场附近选择适合地点，根据根冠大小，挖假植沟假植。假植时间较长时，根系必须用湿土埋严，不得透风，根系不得失水；带土球苗木的假植，可将苗木码放整齐，土球四周培土，喷水保持土球湿润。

监理控制要点：

1）苗木装运前必须仔细核对苗木的品种、规格、数量、质量。外地苗木应先办理苗木检疫手续。

2）苗木运输量应根据现场种植量确定，苗木运到现场后应及时栽植，严禁晾晒时间过长。不能及时栽植完成的苗木应做假植处理。

3）检查吊装、假植的保护措施。

（4）苗木的修剪：

质量要求：苗木修剪整形应符合设计要求，无要求时修剪、整形应保持原树形；苗木必须无损伤断枝、枯枝、严重病虫害枝。落叶树木枝条应从基部剪除，不留木橛，剪口平滑，不得劈裂；枝条短截时，应留外芽，剪口应距留芽位置上方 0.5cm；修剪直径 2cm 以上大枝条及粗根，截口必须削平并涂防腐剂。苗木栽植前应进行苗木根系修剪，将劈裂根、过长根剪除，并对树冠适当修剪，保持树体地上地下部位生长平衡。

监理控制要点：高大乔木必须在栽植前进行修剪，模纹及绿篱应在栽植后修剪。灌木根据工程具体情况及时修剪。有伤流现象苗木，严禁在伤流期修剪。不耐修剪、发枝能力差的苗木，减少重剪，注意留芽。苗木修剪的具体要求如下：

1）落叶乔木修剪

① 具有中央领导干、主轴明显的落叶乔木应保持原有主尖和树形，适当疏枝，对保留的主侧枝应在健壮芽上部短截，可剪去枝条的 1/5～1/3；

② 无明显中央领导干、枝条茂密的落叶乔木，可对主枝的侧枝进行重短截或疏枝，并保持原树形。

2）常绿乔木修剪

① 常绿阔叶乔木具有圆头形树冠的可适量疏枝。枝叶集生树干顶部的苗木可不修剪。具有轮生侧枝，作行道树时，可剪除基部 2～3 层轮生侧枝。

② 松树类苗木宜以疏枝为主

a）剪去每轮中过多主枝，留 3～4 个主枝；

b）剪除上下两层中重叠枝及过密枝；

c）剪除下垂枝、内膛斜生枝、枯枝、机械损伤枝；

d）修剪枝条时基部应留 1～2cm 木橛；

e）柏类苗木不宜修剪，具有双头或竞争枝、病虫枝、枯死枝应及时剪除。

3）灌木及藤蔓类修剪应符合下列要求：

a）有明显主干型灌木，修剪时应保持原有树形，主枝分布均匀，主枝短截长度宜不超过 1/2；

b）丛枝型灌木预留枝条宜大于 30cm；多干型灌木不适宜疏枝；

c）绿篱、色块、造型苗木，在种植后应按设计高度整形修剪；

d）藤蔓类苗木应剪除枯死枝、病虫枝、过长枝。

非栽植季节栽植落叶树木，应根据不同树种的特性在保持树形的前提下适当增加修剪量，可剪去枝条的 1/2～1/3。

（5）树木栽植：

质量要求：栽植的树木品种、规格、位置应符合设计要求；栽植的树木应保持直立，不得倾斜；行道栽植应保持直线，相邻植株规格搭配合理；树木成活率应大于 95%。回填土分层踏实；乔灌木栽植深度应与原种植线持平，常绿树比原土痕高 5cm；带土球树木入穴时不易腐烂的包装物应拆除；绿篱及色块栽植株行距均匀，苗木高度、冠幅均匀搭配。非种植季节、干旱地区及干旱季节树木栽植时有相应的技术措施。

监理控制要点：

1）树木栽植应根据树木品种的习性和当地气候条件，选择最适宜的栽植期进行栽植。

2）非种植季节进行树木栽植时，在阴雨天或傍晚进行苗木栽植为宜，并应根据不同情况采取以下技术措施：苗木必须提前环状断根进行屯苗或在适宜季节起苗用容器假植处理；落叶乔木、灌木类应进行强修剪并应保持原树冠形态，剪除部分侧枝，保留的侧枝应进行短截，并适当加大土球体积；可摘叶的应摘去部分叶片，但不得伤害幼芽；夏季可采取遮阴、树木卷干保湿、树冠喷雾或喷施抗蒸腾剂，减少水分蒸发；冬季应防风防寒；掘苗时根部可喷布促进生根激素，栽植时可加施保水剂，栽植后树体可注射营养剂。

3）干旱地区或干旱季节，树木栽植可在树冠喷布抗蒸腾剂，采用带土球树木，树木根部可喷布生根激素，增加浇水次数等措施。对人员集散较多的广场、人行道、树木种植后，种植池应铺设透气铺装，加设护栏。

4）检查根据苗木习性和土壤特点确定的栽植深度。

（6）竹类栽植：

质量要求：竹类材料品种、规格符合设计要求；放样定位准确；土层深厚、肥沃、疏松、且土层厚度不小于 0.8m，土质应符合种植土要点。散生竹竹苗修剪苗枝 5～7 盘，剪口平滑。丛生竹修剪苗枝 2～3 盘将梢裁除。栽植地深耕 30～40cm 清除杂物，增施有机肥；栽植穴比盘根大 40～60cm，深 20～40cm。竹苗拆除包装物，栽植深度比原土层高 3～5cm，栽植后及时支撑、浇水。

监理控制要点：

1）散生竹应选择一二年生，健壮无病虫害，分枝低、枝繁叶茂、鞭色鲜黄、鞭芽饱满、根鞭健全、无开花枝的母竹。

2）丛生竹应选择竿基芽眼肥大充实、须根发达的 1～2 年生竹丛。

3）母竹应大小适中，大竿竹干径宜 3～5cm；小竿竹胸径宜 2～3cm。竿基应有健芽 4～5 个。

4）竹类栽植最佳时间应根据各地区自然条件进行选择。

（7）草坪及地被播种、分栽、铺草卷及草块：

质量要求：播种时应先浇水浸地，保持土壤湿润，并将表层土搂细耙平，坡度应达到 0.3%～0.5%；用等量沙土与种子拌匀进行撒播，播种后应均匀覆细土 0.3～0.5cm 并轻压；播种后应及时喷水，种子萌发前，干旱地区应每天喷水 1～2 次，水点宜细密均匀，浸透土层 8～10cm，保持土表湿润应无积水，出苗后可减少喷水次数，土壤宜见湿见干。草坪、地被覆盖度应达到 95%。单块裸露面积应小于 10～20cm²。选择优良种子，不得含有杂质，种子纯净度应达到 95% 以上；播种前应对种子进行消毒；整地前应进行土壤处理，防治地下害虫；成坪后不应有杂草、病虫害。

监理控制要点：

1）草坪和草本地被的栽植应根据不同地区、不同地形，选择播种、分株、铺砌草块、草卷等栽植方法。

2）草坪和草本地被栽植地应满足灌水及排水的措施要求。

3）草坪和草本地被栽植地的整理及栽植土应符合规范要求。

（8）花卉栽植：

质量要求：花卉栽植应按照设计图定点放线，在地面准确划出位置、轮廓线。面积较大花坛，可用方格线法，按比例放大到地面。

监理控制要点：花卉栽植地必须符合栽植土标准。栽植地应精细翻整。

1）花卉栽植的顺序应符合下列要求：

①大型花坛，宜分区、分规格、分块栽植；

②独立花坛，应由中心向外顺序栽植；

③模纹花坛应先栽植图案的轮廓线，后种植内部填充部分；

④坡式花坛应由上向下栽植；

⑤高矮不同品种的花苗混植时，应先高后矮的顺序栽植；

⑥宿根花卉与一、二年生花卉混植时，应先种植宿根花卉，后种一、二年生花卉。

2）花境栽植应符合下列要求：

①单面花境应从后部栽植高大的植株，依次向前栽植低矮植物；

②双面花境应从中心部位开始依次栽植；

③混合花境应先栽植大型植株，定好骨架后依次栽植宿根、球根及一二年草花；

④设计无要求时，各种花卉应成团成丛栽植，各团、丛间花色、花期搭配合理；

⑤花卉栽植后，应及时浇水，并应保持茎叶清洁；

⑥栽植放样、栽植图案、栽植密度符合设计要求；

⑦花苗品种、规格、质量应符合设计及《园林绿化工程施工及质量验收规范》表4.3.3.10的要求。株型苗壮，根系基本良好，无伤苗，茎、叶无污染，基本无病虫害；

⑧花苗基本覆盖地面，成活率≥95%。

（9）水湿生植物栽植质量检验：

水湿生植物栽植必须保证近水类、湿生类、挺水类、浮水类植物，对适生水的深度要求。常用的水湿生植物栽培水深度应符合表23-9的要求：

常用水湿生植物栽培水深　　　　　　　　　　　表 23-9

序　　号	中　　名	类　　别	栽培水深（cm）
1	荷花	挺水类植物	60～80
2	睡莲	浮水植物	10～60
3	菖蒲	湿生类植物	5～10
4	千屈类	湿生类植物	5～10
5	凤眼莲	漂浮植物	60～100
6	芡实	浮水植物	<100
7	水葱	挺水植物	5～10
8	慈姑	挺水植物	10～20
9	荇菜	漂浮植物	100～200
10	香蒲	挺水植物	20～30
11	芦苇	挺水植物	无要求

水湿生植物栽植地，土壤不良，可更换种植土，使用的种植土和肥料不得污染水源。

1）水湿生植物栽植地栽植土和肥料不得污染水源。

2）水湿生植物栽植的品种和单位面积栽植数应符合设计要求。

3）水湿生植物栽植后应控制水位，严防浸泡窒息死亡。

监理控制要点：水湿植物的水深要求，特别要考虑夏季盛水期的水位及枯水期的水位，特别对挺水类植物栽植时要充分调查考证。

2. 大树移植

（1）大树移植的范围：

1）落叶乔木：干径在 20cm 以上；

2）常绿乔木：株高在 6m 以上，或地径在 18cm 以上；

3）灌木：冠幅在 3m 以上；

4）因需要必须进行移地栽植的古树名木和有保护价值的树木。

符合上述条件之一的为大树移植。

（2）大树移植的质量要求：

移植前应对移植的大树生长、立地条件、周围环境等进行调查研究，制定技术方案和安全措施；准备移植所需机械、运输设备和大型工具必须完好，操作安全；移植的大树不得有病虫害和明显的机械损伤，应具有较好观赏面。植株健壮、生长正常的树木，并具备起重及运输机械等设备，能正常工作的现场条件；选定的移植大树，应在树干南侧做出明显标识，标明树木的阴、阳面及出土线；移植大树应在移植前一年至二年分期断根、修剪，进行屯苗做好移植准备。

（3）监理控制要点：

1）大树的起挖：

①土球规格应为干径的 6～8 倍，土球高度为土球直径的 2/3，土球底部直径为土球直径的 1/3；

②土台规格应上大下小，下部边长比上部边长少 1/10；

③树根应用手锯锯断，锯口平滑无劈裂并不得露出土球表面；

④土球软质包装应紧实无松动，腰绳宽度应大于 10cm；土球直径 1m 以上的应做封底处理；

⑤土台的箱板包装应立支柱，稳定牢固。

2）大树的修剪：

修剪方法及修剪量应根据树木品种、树冠生长情况、移植季节、挖掘方式、运输条件、种植地条件等因素来确定，修剪后应保留原有树形。修剪应以疏枝、缩冠、短截等方式进行。应避免以节干、抹头等方式进行。

3）大树移植的吊装运输质量检验：

①吊装、运输时，必须对大树的树干、枝条、根部的土球、土台采取保护措施，严防劈裂；

②大树的装卸和运输必须具备承载能力的大型机械和车辆，并应制订安全措施，严格按安全规定操作；

③大树吊装就位时，应注意选好主要观赏面的方向。应及时支撑、固定树体。软包装的泥球起吊绳接触处必须垫木板，吊主干部位必须加厚垫层，吊装过程中注意避免损伤树皮和碰散土球；

④运输前需要勘察运输路线，运输时车上必须有人押运，遇有电线等影响运输的障碍物必须排除后，方可继续运输，以保证运输安全。

4）大树的移栽和养护：

①定点放线符合设计要求；

②栽植深度应保持下沉后原土痕和地面等高或略高，树干或树的重心应与地面保持

垂直；

③栽植穴应根据根系或土球的直径加大 60～80cm，深度增加 20～30cm；

④种植土球树木，应将土球放稳，拆除包装物；种植裸根树木应剪去劈裂断根，根系必须舒展；

⑤栽植回填的栽植土，肥料充分腐熟，回填土分层捣实；

⑥大树栽植后设立支撑必须牢固，进行卷干保湿，应及时浇水；

⑦栽植后进行保养管理，做修剪、剥芽、追肥，及时浇水、排水、防治各种灾害；大树栽植后必须进行固定支撑检查，进行适当修剪，对于大的伤口进行处理；

⑧新移植大树宜有专人负责养护，做好现场管理工作，做好技术档案。

3. 设施绿化栽植工程

（1）植物材料：

质量要求：垂直绿化的植物材料应以抗性强的植物种类为主，充分利用城市小气候特点，多种类、多形式地进行选择和种植。屋顶绿化应以植物造景为主，植物材料应符合设计要求。当设计无具体要求时，应选择适应性强、耐旱、耐贫瘠、喜阳、抗风、不易倒伏、缓生的品种，不宜种植高大的乔木。

监理控制要点：

1）垂直绿化的植物品种、规格必须符合设计要求。

2）攀缘植物的依附物、悬挂绿化的挂架等材料应符合设计要求。对建筑物或构筑物光滑外立面进行垂直绿化应按设计要求加设载体，当设计无要求时，应进行立面糙化处理。

3）屋顶植物应严格按照设计图放线施工，当设计无具体要求时，乔木种植位置距离女儿墙应大于 2.5m。大灌木和乔木应加设固定设施；高于 2.5m 的植物均应采取防风固定处理。

（2）牵引固定：

质量要求：垂直绿化植物栽植后应牵引、固定、浇水。挂网、挂架材料符合设计要求，用于攀缘绿化作依附物的挂网需牢固安装在立面上，挂网与挂网间互相搭接，不留空隙；用于悬挂绿化的挂架结构需牢固，挂架平面应平整，防锈漆应涂刷均匀。

监理控制要点：植物种植符合设计要求，攀缘植物应做牵引和固定处理。树木固定牵引装置符合设计要求，树木支撑牢固。

（3）栽植：

质量要求：植物材料的种类、品种和植物放置方式应符合设计要求；树木栽植成活率及地被覆盖应大于 95%。

监理控制要点：植物栽植定位符合设计要求；植物养护管理及时，不得有严重枯黄死亡、裸露及明显病虫害。

（4）垂直绿化的栽植槽：

监理控制要点：种植槽或盆应符合设计要求，无破损、不积水，应配有浇灌设施。

4. 坡面绿化栽植

植物材料：

（1）质量要求：植物材料品种、规格应符合设计要求；坡面植物覆盖度应符合约定要求，不应有严重枯黄死亡、植被裸露。应进行施工养护，适时喷灌或覆膜，防治病虫害。

（2）监理控制要点：坡面绿化的植物材料规格、品种应符合设计要求，设计无要求时可根据坡面的构造、性质、功能特点，选择根系发达、株形较低矮、萌蘖性强、耐干旱、耐瘠薄、病虫害少、绿色期长的地被植物。

（三）栽植养护工程

苗木栽植养护：

（1）质量要求：绿化栽植工程应编制养护管理计划，并按计划认真组织实施。加强园林植物病虫害防治，应采用生物防治方法和生物农药及高效低毒农药，严禁使用剧毒农药。

（2）监理控制要点：

1）根据植物习性和土壤墒情及时浇水。对于使用天然沟渠明水，要随时观察水质的变化，干旱季节要经常检测水的含盐量。

2）树干应加强支撑，绑扎，卷干，做好防风、防旱、防涝、防冻害。卷干前先用1‰的硫酸铜溶液刷树干灭菌。树木栽植后，应用石硫合剂或硫悬浮剂对树干进行涂白。

3）根据植物生长情况及时追肥、施肥；花坛、花境应及时清除残花败叶；绿地应及时清除枯枝落叶、杂草、垃圾。对生长不良、枯死、缺株应及时按原规格进行补填、更换。

第二节　园路、广场地面工程

一、园路、广场地面工程范围

园路、广场地面是园林景观的重要组成部分。本书所指的园林地面涉及的范围包括道路、园路、庭院等，根据面层材料的不同分为水泥地面、水磨石地面、板块地面、塑料板地面、竹木地面、嵌草地面、汀步地面、步石地面、混合地面等。

园路、广场地面工程属于园林附属单位工程的一个分部工程；按面层结构和材料种类划分为整体面层、板块面层、木质面层、沥青面层等子分部工程和路基、土方、基层、面层、路缘石等分项工程。

二、园路、广场地面工程监理控制要点

（一）园路、广场地面工程质量要求

（1）园林地面工程在执行国家标准《建筑地面工程施工及验收规范》时，应符合相关的现行国家标准规范的规定。

（2）园林地面各构造层采用的材料、产品的品种、规格、配合比、强度等级应按设计要求选用。对进场砂、石、水泥应抽样复查，确认合格后方可使用。

（3）地面各构造层采用拌合料的配合比或强度等级，按施工规范规定和设计要求，通过试验确定并按规定做好试块的制作养护和强度检验。

（4）园林地面工程下部如电气、管道等工程应待该工程完工、经验收合格、做好隐蔽工程记录，方可进行上部建筑地面工程施工，以免造成不必要的返工而影响工程质量。

（5）园林地面各构造层施工时其下一层质量符合规范的规定，并在有可能损坏其下层的其他工程完工后，方可进行上一层施工。

（6）地面工程完工后，应做好各类面层的保护工作，防止碰撞影响工程质量，造成施工缺陷。

（7）园林地面在施工前应进行施工放样，经有关单位和部门验收后再大面积施工。有些对环境景观效果影响较大的部位，其施工放样要经上级有关领导验收。施工放样尤其应注意交叉路口、不同材质的路面结合处等特殊部位。

（二）基土、基层、面层的质量控制要点

为了确保地面工程质量，在地面工程的施工过程中，监理工程师应按照工程承包合同中有关条款的规定要求承包人严格监督检查各道工序的施工质量，切实做到上道工序未经检查或检测不合格，承包人不得进入下道工序的施工。

1. 基土质量控制

（1）测量放样：监理工程师应审核和检查承包人提交的施工放样报验单及测量资料。对进行检查验收合格的，及时给予书面认可；发现有差错，应及时通知承包人重测，合格后再予以书面认可。

（2）检查基土（路基）必须均匀密实，填料用的土质必须符合设计要求和施工规范规定。淤泥、腐殖土、耕植土、膨胀土和有机质含量大于 8％的土不得用作回填土；填土的压实，宜控制在最优含水量的情况下分层施工，以保证干土质量密度满足设计要求。压实的基土表面应平整，偏差应控制在±15mm 以内。面层与基层结合必须牢固无空鼓。

2. 各种基层质量控制

（1）砂石基层

1）检查砂石基层厚度应符合设计要求，设计无明确要求时，应大于 100mm。

2）检查基层所用砂石应选用级配材料，铺设时不应有粗细颗粒分离现象，天然级配砂石的原材料质量符合设计要求。表面不应有砂窝、石堆等质量缺陷；级配砂石的分层虚铺厚度不大于 300mm，碾压密实；分段、分层施工时应留槎，接槎密实、平整。

3）检查砂石基层的干密度（或贯入度）应符合设计要求。

（2）碎石基层

1）要求碎石垫层施工前应完成与其有关的电气管线、设备管线及埋件的安装。

2）检查碎石基层厚度应符合设计要求，设计无明确要求时，不应小于 100mm；碎石的最大粒径不大于基层厚度的 2/3。

3）要求碎石基层应分层夯实，达到表面坚实、平整。

（3）混凝土基层

1）混凝土基层应铺设在基土上，设计无要求时，基层应设置伸缩缝（道路每 6 延长米，广场铺装每 9m²）。

2）混凝土基层的厚度应符合设计要求，设计无明确要求时，应大于 60mm。

3）混凝土基层铺设前，其下一层表面应湿润，不得有积水及杂物。

4）混凝土施工质量检验应符合《混凝土结构工程施工质量验收规范》GB 50204 的有关规定。

（4）灰土基层

1）灰土基层应采用充分熟化石灰与黏土（或粉质黏土、粉土）的拌合料铺设，其厚度应大于100mm；灰土配料应拌合均匀，分层虚铺厚度不大于250mm，夯压密实，表面无松散、翘皮和裂缝现象；分层接槎密实、平整。

2）灰土基层应铺设在不受地下水浸泡的基土上，施工后应有防止水浸泡的措施。

3）灰土基层应分层夯实，经湿润养护后方可进行下一道工序施工。

4）灰土的配合比应符合设计要求。

5）灰土的压实系数应符合设计要求，设计无要求时，密实度不小于0.90。

（5）双灰（石灰粉、粉煤灰）基层

1）双灰混合料基层的压实度应符合设计要求，设计无要求时不低于0.90。

2）双灰进场后应测定其含灰量，偏差应小于1%，其7d无侧限抗压强度值应大于0.6MPa。

3）双灰基层摊铺应用机械碾压，分层厚度不大于25cm，其含水量宜大于最佳含水量的2%。

4）双灰混合料碾压完成后，养护期内断绝交通，养护期不得少于5d。

3. 各种地面面层质量控制

面层是整个地面工程结构中最上面的一层，也是质量监理工作中的最后一道工序，是确保整个地面工程质量目标实现的关键。

（1）整体地面面层

1）混凝土面层

①监理人员应对原材料配合比，混凝土坍落度进行检测，同意后方可浇筑。混凝土面层厚度应符合设计要求，设计无要求时，厚度不得低于80mm；

②铺设时，按设计要求设置伸缩缝，伸缩缝应与中线垂直，分布均匀，缝内不得有杂物；锯缝（留缝）应及时，宜在混凝土强度达到5～10MPa时进行；再灌注填缝料；

③混凝土面层铺设应一次性浇筑完毕，当施工间隙超过允许时间规定时，应对接槎处进行处理；

④混凝土板面完毕后应及时养护，养护期不少于7d；

⑤面层表面密实光洁，无裂纹、脱皮、麻面和起砂等缺陷；面层表面的坡度应符合设计要求，不倒泛水，无积水；使用彩色强化材料的艺术地坪压印纹理清晰、效果逼真。

2）沥青混凝土面层

①沥青混凝土路面应铺筑在具有足够强度、坚实稳定的基层上。

②摊铺沥青混合料前，基层表面尘土、杂物应清扫干净。

③铺筑细粒式沥青混凝土前应将各种井子调整好，井盖标高、纵横坡度应与设计一致，井体坚固并能承受各种车辆荷载。各种检查井的井框、盖与路面高差不得大于5mm。

④表面应平整，坚实，不得有脱落、掉渣、裂缝、推挤、烂边、粗细料集中等现象；压路机碾压后，不得有明显轮迹。

3）卵石面层

①卵石面层在卵石铺前要冲洗分级，嵌石密度、嵌入深度符合设计及规范要求，粘贴牢固，不出现表面裂纹；

②卵石整体面层坡度、厚度、图案、石子粒径、色泽应符合设计要求；卵石面层表面

应颜色和顺、无残留灰浆，图案清晰，石粒清洁；

③水泥砂浆厚度和强度应符合设计要求，设计无明确要求时，水泥砂浆厚度不应低于40mm，强度等级不应低于M10；

④卵石整体面层无明显坑洼、隆起、积水现象，与相邻铺装面、路缘石衔接平顺自然；

⑤卵石进行铺装时应进行筛选，挑选3～5cm的卵石，色泽均匀，颗粒大小均匀。

4）水洗石面层

①进行施工测量放线，做好平面及高程控制；

②基层应清理干净，铺设找平层；

③面层铺设时，先刷以水灰比为0.4～0.5的水泥浆一遍，并随刷随铺。

（2）板块面层

1）砖面层

①砖料品种、规格、质量、结合层、砂浆配合比和厚度应符合设计要求；

②砖面层的水泥砖、混凝土预制块、青砖、嵌草砖、透水砖等应在砂结合层上粗铺或在水泥砂浆和干硬性砂浆上细铺砌筑；面层与下一层结合（粘结）应牢固、无空鼓；

③嵌草砖铺设应以砂土、砂壤土为结合层，其厚度应满足设计要求，设计无要求时，不得低于50mm；停车场嵌草砖铺设时，结合层下应采用150～200mm级配砂石做基层；

④嵌草砖穴内应填种植土；

⑤砖面层应表面洁净，图案清晰，色泽一致，接缝平整，深浅一致，周边顺直；板块无裂缝纹、掉角和缺棱等现象；

⑥面层表面坡度应符合设计要求，不倒泛水，无积水。

2）料石面层

①料石的材质、规格、质量及强度应符合设计要求；用于汀步的铺装石料宽度不得小于300mm；

②料石面层铺装前，石材应浸湿晾干，面层与下一层结合应牢固，无松动；

③料石面层应组砌合理，无十字缝，铺砌方向和坡度、板块间隙宽度应符合设计要求。

3）花岗石面层

①花岗石的光泽度、外观质量等质量标准应符合《天然花岗石建筑板材》JC205的规定；

②检查基层的平整度和标高是否符合设计要求，偏差较大的事先凿平，并将基层清扫干净，施工前一天洒水润湿基层；

③花岗石在铺设前对板材进行试拼、对色、编号整理；

④检查面层试铺情况，合格后再大面积铺贴；

⑤待铺设的板材干硬后，用与板材同颜色的水泥浆填缝，表面用棉丝擦拭；

⑥养护及成品养护。面层铺设后，可盖一层塑料薄膜，减少水分蒸发，增加砂浆粘结牢度。养护期3～5d，并注意成品保护。

4）冰梅面层

①基层应进行清理、找平；

②进行测设弹线；

③垫层应采用同品种、同强度等级的水泥，并做好养护和保护。

5）透水砖面层

①铺设前必须先按铺设范围排砖，边沿部位形成小粒砖时，必须调整砖块的间距或进行两边切割；

②透水砖施工程序：素土夯实→碎石垫层→砾石砂垫层→反渗土工布→1∶3干拌黄砂→透水砖面层。

6）花街铺地

①花街铺地应以砖瓦作为骨架，进行平面线条的定型和分割，并用石料或碎瓷片等填入砖瓦骨架之间，形成有规律的纹理图案；

②面层铺设前对基层清理、找平，做好测设放线；

③面层的骨架、石料、瓷片一般通过结合层固定在混凝土基层上，水泥砂浆的厚度和强度应符合设计要求。

（3）木铺装面层

1）木铺装面层形式包括原木和木塑，其面层可在基础支架上空铺，也可在基层上实铺；

2）木铺装面层可采用双层和单层铺设，其厚度应符合设计要求；实木铺装面层的条材和块材应采用具有商品检验合格证的产品，其产品类别、型号、检验规则以及技术条件等均应符合GB/T1503的规定；

3）木铺装面层铺设前，基础应验收合格。

（4）路缘石（道牙）

1）路缘石背部应做灰土夯实或混凝土护肩，宽度、厚度、密实度或强度、标高应符合设计要求；

2）路缘石的抗压强度应达到C30标准，外形不翘曲，无蜂窝、麻面、脱皮、裂纹及缺棱少角、外表色泽不一。

（三）广场、地面工程质量控制标准及检验方法

1. 整体地面面层允许偏差和检验方法

混凝土、沥青面层允许偏差和检验方法分别见表23-10、表23-11。

混 凝 土 面 层 　　　　　　　　　　　　　表23-10

项 次	项 目	允许偏差（mm）	检验方法
1	表面平整度	±5	用2m靠尺和楔形塞尺检查
2	分隔缝平直	±3	拉5m线尺量检查
3	标高	±10	用水准仪检查
4	宽度	−20	用钢尺量
5	横坡	±10	用坡度尺或水准仪测量
6	蜂窝麻面	≤2%	用尺量蜂窝总面积

沥 青 面 层   表 23-11

序号	检查项目	规定值及允许偏差	检查数量		检测方法	
			范围		点数	
1	压实度（%）	≥96	2000m²		1	
2	厚度（mm）	总厚度-5 上层面-4	2000m²		1	
3	平整度	均方差（σ）	1.2	每车道20m		
		最大间隙h（mm）	一般道路5	20m		
4	宽度（mm）	不小于设计	20m		1	
5	中线高程（mm）	±10	20m		1	
6	横坡（%）	±0.3	20m		1个断面	
7	井框与路面的高程差（mm）	5	每座		2	

2. 板块地面工程允许偏差和检验方法

砖面层、料石面层、花岗石面层、木铺装面层、踏缘石允许偏差和检验方法分别见表 23-12～表 23-16。

砖 面 层   表 23-12

项次	项目	允许偏差（mm）				检查方法
		水泥块	混凝土预制块	青砖	嵌草砖	
1	表面平整度	5	3	4	5	用2m靠尺和楔形塞尺检查
2	缝格平直	3	2	3	5	拉5m线和钢尺检查
3	接槎高低差	4	2	3	4	用钢尺和楔形塞尺检查
4	板块间隙宽度	3	2	3	4	用钢尺检查

料 石 面 层   表 23-13

项次	项目	允许偏差（mm）	检查方法
1	表面平整度	3	用2m靠尺和楔形塞尺检查
2	缝格平直	3	拉5m线检查
3	板块间隙宽度	2	用钢尺检查
4	接缝高低差	2	用钢尺和楔形塞尺检查

花 岗 石 面 层   表 23-14

项次	项 目	允许偏差（mm）		检验方法
		块石	碎拼	
1	表面平整度	1	3	用2m靠尺和楔形塞尺检查
2	缝格平直	1	—	拉5m线和用钢尺检查
3	接缝高低差	1	1	用钢尺和楔形塞尺检查
4	板块间隙宽度	1	—	用钢尺检查

木铺装面层的允许偏差和检验方法　　　　　　　　　　表 23-15

项次	项　目	允许偏差（mm）	检查方法
1	表面平整度	3	用2m靠尺和楔形塞尺检查
2	板面拼缝平直	3	拉5m线，不足5m拉通线和尺量检查
3	缝隙宽度	2	用塞尺与目测检查
4	相邻板材高低差	1	尺量

路缘石允许偏差和检验方法　　　　　　　　　　　　表 23-16

序号	项　目	允许偏差（mm）	检查方法
1	直顺度	±3	拉10m小线取量最大值
2	相邻块高差	±2	尺量
3	缝宽	2	尺量
4	路缘石（道牙）顶面高程	±3	用水准仪测量

第三节　园林水景工程

一、园林水景工程的组成及分部分项工程的划分

（一）组成

小型水闸、水池、喷泉、溪流、跌水、瀑布、驳岸等工程组成园林水景工程。

（二）分部分项工程划分

小型水闸、水池、喷泉、溪流、跌水、瀑布、驳岸等为园林水景工程分部，各分部又分为土方开挖工程、地基基础工程、砖石砌体工程、防水工程、土工合成材料防渗与防护工程、水景装饰工程、给水排水管道工程及电气设备安装工程等分项工程。

二、园林水景工程质量控制要点

水景是园林工程的景观要素，监理水景工程的质量，首先是其艺术功能的质量，在功能基础上进行质量控制。水景工程是城市园林与理水有关的工程的总称，水景大体分为动、静两大类；水景都是由一定的水型和岸型所构成的景域空间，景观设计师运用型、形、动、静、境、景的水体元素进行有机结合，构设出各种各样的园林景观。

（一）水景工程质量要求

（1）水景与植物栽植工程的衔接，满足植物生长环境。

（2）水景与灯光照明工程的衔接，满足电气设备工程施工质量要求。

（3）水景与景石、置石工程施工工序的搭接与交叉，在造景工程中相辅相成，必须统筹兼顾。

（4）水景工程在造景中，以动、静、空间形体等变化多端的形式表现。质量监理必须满足水景设计的表现主题。

（二）水景工程各分部分项工程的监理控制要点

（1）园林水景工程中的土方开挖工程、地基基础工程、砖石砌体工程、水景装饰工程

施工工艺、施工过程的质量控制与建筑工程基本相同可参照下列规范进行检验：

1）GB 50202—2002《建筑地基基础工程施工质量验收规范》；

2）GB 50203—2002《砌体工程施工质量验收规范》；

3）GB 50204—2002《混凝土结构工程施工质量验收规范》；

4）GB 50242—2002《建筑给水排水及采暖工程施工质量验收规范》；

5）CJJ/T 98—2003《建筑给水聚乙烯类管道工程技术规程》。

（2）小型水闸工程的质量控制

1）检查水闸的施工放样、审核中心轴线桩位置。闸底板放样，闸墩、工作桥等上层结构放样，翼墙圆弧的放样是否符合设计要求，高程控制点的设置是否满足设计和施工的要求。

2）检查水闸施工过程，包括导流工程，基坑开挖、基础处理，混凝土工程，砌石工程，回填土工程，围堰或坝埝的拆除等的工程质量。

3）检查闸门与启闭机的安装质量。

4）组织分部工程验收。

（3）水池、喷泉、溪流、跌水、瀑布工程质量控制

水池、喷泉、溪流、跌水、瀑布代表了城市水景的基本水型，而这种水型无论怎么变化，都由水池、管道与控制系统三部分组成，也是监理工作重点。

1）钢筋混凝土水池池壁

①检查所用水泥强度等级、石子粒径、吸水率、每立方米水泥用量、含砂量及水灰比等，应符合下列要求：

a. 水泥品种应选用普通硅酸盐水泥，且强度等级不得低于 42.5，石子粒径不宜大于 40mm，吸水率不大于 1.5%；

b. 池壁混凝土每立方米水泥用量塑性抗渗混凝土不少于 290kg，流动性抗渗混凝土不少于 320kg，含砂率宜为 35%～40%；灰砂比为 1∶2～1∶2.5；水灰比不大于 0.6。

②固定模板用的铁丝和螺栓不宜直接穿过池壁。当螺栓或套管确需穿过池壁时，应采取加焊止水环，加螺栓堵头或水帽等止水措施。

③池壁混凝土浇筑前，应先将施工缝处混凝土凿毛，清除浮粒和杂物，用水冲洗干净并保持湿润，再铺上一层厚 50～100mm 的水泥砂浆（灰砂比与池壁混凝土相同）。

④浇筑池壁混凝土时，应连续施工，一次浇完，不宜留施工缝；浇筑大型水池池壁混凝土，因施工需要留施工缝时，必须设止水带。

⑤池壁有密集管群穿过，预埋件或钢筋稠密处浇筑混凝土，可采用相同抗渗等级的细石混凝土。

⑥池壁有预埋大管径的套管或面积较大的金属板时，应在其底部开设浇筑振捣孔，以便排气、浇筑振捣。

⑦池壁混凝土凝结后，应立即进行养护，应充分保持湿润，养护时间不得少于 14d，拆模时池壁表面温度与周围气温的温差不得超过 15℃。

⑧池壁抹灰质量要求粘结紧密，加强抹角处抹灰厚度，防止渗漏。

2）砖砌池壁

①砖砌池壁必须做到横圆竖直，灰浆饱满，留槎正确。砖的强度等级不低于 MU7.5，

砂浆配合比应准确，搅拌均匀。

②砖砌池壁抹灰前应洗扫墙面，深刮灰缝并用水冲刷干净。

③抹灰应采用32.5级普通水泥配制水泥砂浆，配合比应为1：2且称量准确，并掺适量防水粉，拌合均匀。

3）底板施工

①检查基土处理是否符合设计要求，如遇潮湿松软基土，可在其上铺设100mm的砾石层并加以夯实，然后浇筑混凝土垫层。

②检查底板放样。

③检查钢筋布置和绑扎质量。

④检查底板浇筑质量。

⑤检查底板与池壁连接处施工缝留放位置是否正确。

⑥检查凹型槽、加金属止水片或加遇水膨胀橡胶带等细部构造防水做法的施工质量。

⑦检查混凝土底板浇筑至终凝前的防护情况。混凝土终凝前严禁振动、扰动，不得在底板上搭放脚手架，并做好混凝土的养护工作。

4）水池试水，检验结构安全性能和施工质量要求

①确定试水时间，试水应在水池全部完工后进行。

②检查试水方案：应包括管道孔封闭，放水部位，分次放水，分次放水高度，观察上下四周及沉降，检查和记录储水高度等。

③检查灌水试验。灌水至设计高度后，观察1d，进行外观检查，做好水面高度标记，连续观察7d，外表无渗漏及水位无明显降落方为合格。

（4）园林驳岸、护坡工程

1）园林驳岸与护坡属于特殊砌体工程，施工质量除应按砖砌体工程、石砌体工程验收规范控制外，还应重视控制施工条件和施工季节，驳岸和护坡的施工必须保持在排干水的条件下进行。

2）灰土地基的施工必须在干燥的季节或不影响灰土固结的条件下进行，北方地区冬期施工应在水泥砂浆中掺拌防冻剂，确保混凝土砂浆与砌石正常混凝。

3）控制组砌工艺，浆砌块的基础石头要砌得密实；缝穴应尽量减少；大缝隙时要用石填实；灌浆必须饱满，并渗入石间空隙；浆砌石块的缝宽控制在20～30mm，勾缝要符合观赏要求。

4）控制砌体的外形尺寸和稳定性，倾斜的岸坡应采用模板施工法。

（5）水景防水工程

水池是水景工程的重要组成部分，水景工程施工成功的关键，是水池结构的防水工程的施工质量，防水工程还应用于园林建筑的地下室、水下构筑物、管沟与检查井等部位，故本条所涉及的防水工程质量监理控制内容，同样适用于园林建筑物的防水施工监理。本条水池防水方案类型包括：防水混凝土、水泥砂浆防水层，卷材防水层（高聚物改性沥青防水卷材和合成高分子防水卷材），涂料防水层，防水混凝土细部构造防水，土工布防水等。

1）防水混凝土

①检查防水混凝土的抗压强度和渗透压力是否符合设计要求。

②检查防水混凝土的变形缝、施工缝、后浇带、穿墙管道、埋设件等设置和构造，均须符合设计要求（底板一般不留施工缝或在后浇带上），严禁有渗漏。

③检查防水混凝土结构表面应坚实、平整，不得有露筋，蜂窝等出现，防水混凝土表面的裂缝宽度不应大于 0.2mm，并不得贯通。

④检查混凝土结构层厚度不应小于 250mm，其允许偏差为＋15mm，－10mm；迎水面保护层厚度应不小于 50mm，其允许偏差为±10mm。

⑤检查冬期施工必须采取的施工措施，应保证混凝土入模温度不低于 5℃，防冻剂应选用经过认证的产品，拆模时混凝土表面温度与环境温度差不大于 15℃。

2) 水泥砂浆防水层

①水泥砂浆防水层是指用于混凝土或砌体结构基层上采用多层抹面的水泥砂浆防水结构层。

②检查普通水泥砂浆防水层的配合比的选用否符合有关规范规定。

③检查水泥砂浆防水层所用材料是否符合有关规范规定。

a. 水泥强度等级应不低于 32.5 级，不得使用过期或受潮结块的水泥；

b. 砂宜采用中砂，粒径 3mm 以下，含泥量不得大于 1％，硫化物和硅酸含量不得大于 1％；

c. 水应采用不含有害物质的洁净水；

d. 聚合物乳液的外观质量，无颗粒、异物和凝固物；

e. 外加剂的技术性能应符合国家或行业标准一级品以上的质量，并应做复试。

④水泥砂浆防水层质量应符合下列规定：

a. 水泥砂浆铺抹前，基层混凝土和砌筑砂浆强度应不低于设计的 80％；

b. 基层表面应坚实、平整、粗糙、洁净，并充分湿润，无积水；

c. 基层表面的空洞、缝隙应用与防水层相同的砂浆填塞抹平；大于 50mm×50mm 的孔洞应用细石混凝土堵严。

⑤检查水泥砂浆防水层施工过程是否符合下列要求。

a. 分层铺抹或喷涂，铺抹时应压实，抹平和表面压光；

b. 防水层各层应紧密贴合，每层宜连续施工，必须留施工缝时采用阶梯坡形槎，但离开阴阳角处不得小于 200mm；

c. 防水层阴阳角处宜做成圆弧形；

d. 水泥砂浆终凝后应及时养护，养护温度不得低于 5℃，并保持湿润，养护时间不得少于 14d；

e. 水泥砂浆防水层的平均厚度应符合设计要求，最小厚度不得小于设计值的 85％。

3) 卷材防水层

① 卷材防水层是指用于受侵蚀性介质或受振动作用的地下主体工程迎水面铺贴的卷材防水层。

② 检查卷材防水层采用高聚物改性沥青防水卷材和合成高分子防水卷材。所选用的基层处理剂、胶粘剂、密封膏等配套材料，均应与铺贴的卷材材性相容。

③ 检查铺贴前找平层是否打扫干净；基面潮湿是否按规定涂刷湿固化型胶粘剂或潮湿界面隔离剂。

④ 检查防水卷材厚度应符合规范规定。

⑤ 检查两幅卷材搭接（搭接宽度应不小于100mm）和多层卷材上下两层和相邻两幅卷材的接缝是否符合规范要求（接缝应错开1/3幅宽，且2层卷材不得相互垂直铺贴）。

⑥ 检查铺贴工艺是否符合有关规范要求。

⑦ 检查卷材防水层完工并经验收合格后是否及时做好保护层，保护层的做法是否符合下列规定：

a. 顶板的细石混凝土保护层与防水层之间宜设置隔离层；

b. 底板的细石混凝土保护层厚度大于50mm；

c. 侧墙宜采用聚苯乙烯泡沫塑料保护层，或砌砖保护墙（边砌边填实）和铺抹30mm厚水泥砂浆。

4）涂料防水层工程

① 审核施工单位涂料防水施工方案是否符合下列要求：

a. 涂料防水层的使用条件和部位应是受侵蚀性介质或受振动作用的地下工程主体的迎水面或背水面的防水；

b. 防水涂料应采用反应型、水乳型、聚合物水泥防水涂料或水泥基渗透结晶型防水涂料。

②检查防水涂料厚度选用是否符合规定。

a. 涂料防水层所用材料及配合必须符合设计要求；

b. 涂料防水层及其抹角处、变形缝、穿墙管道等细部做法均须符合设计要求；

c. 涂料防水层的基层应牢固，基层应洁净、平整，不得有空鼓、松动、起砂和脱皮现象；基层阴阳角处应做成圆弧形；

d. 涂料防水层与基层粘贴牢固，表面平整，涂刷均匀，不得有流淌、褶皱、鼓泡、露胎体和翘边等缺陷；

e. 涂料防水层的平均厚度应符合设计要求，最小厚度不得小于设计厚度的80％；

f. 侧墙涂料防水层的保护层与防水层粘结牢固，结合紧密，厚度均匀一致。

5）细部构造防水工程

①细部构造防水指的是混凝土结构的变形缝、施工缝、后浇带、穿墙管道、埋设件等细部的防水技术设施；其中变形缝、施工缝、后浇带等细部应采用止水带、遇水膨胀橡胶腻子止水条等高分子防水材料和接缝密封材料。

②细部构造防水工程质量控制要点：

a. 细部构造所用止水带，遇水膨胀橡胶腻子止水条和接缝密封材料必须符合要求；

b. 变形缝、施工缝、后浇带、穿墙管道、埋设件等细部构造做法，均须符合设计要求，严禁有渗漏；

c. 中埋式止水带中心线应与变形缝中心线重合，止水带应固定牢靠、平直，不得有扭曲现象；

d. 穿墙管止水环与主管或翼环与套管应连续满焊，并做防腐处理；

e. 接缝处混凝土表面应密实、洁净、干燥；密封材料应嵌填严密、粘结牢固，不得有开裂、鼓泡和下榻现象。

6）土工合成材料防渗与防护工程

①土工合成材料是工程建设中应用的土工织物、土工膜、土工复合材料、土工特种材料的总称。园林工程的挡水、输水、贮水构筑物防漏；建筑物屋面、地下工程防渗和路基隔水、防渗等采用的土工合成材料有土工膜、土工复合材料、土工织物、膨润土垫（GCL）、聚苯乙烯板块（EPS）及复合防水材料。

②园林工程水体和渠道护坡、护底等防护措施采用的土工织物、土工膜、土工格栅、土工网、土工膜袋、土工网垫及聚苯乙烯板块等。土工织物产品有经编定向织物和机织土工布系列产品，详见《土工合成材料应用技术规范》GB 50290—98。

③检查土工织物的搭接：用手提缝纫机合搭量应不小于 25mm；接缝强度以丁缝法和蝶形缝法强度为最好。

④检查土工织物的拼接方法（接元件焊接法、热熔挤压焊接法、溶剂焊接胶结等），其接缝宽度不小于 5cm。

⑤检查土工格栅铺设方法，要求铺设场地平整，无突起杂物；铺设时要求表面张紧，无突起；格栅搭接宽度横向接缝搭接宽度不小于 20cm，纵向接缝搭接宽度不小于 10cm，有上浆要求铺设完成后应立即上浆；检查填满土时根据地基土的软弱情况选用适合的填土和压土方法，以防格栅损坏。

⑥检查土工膜的铺设方法，搭接宽度、接缝强度、平整度是否符合设计要求，如无设计要求，可按精编土工膜的质量要求进行检查。

⑦检查土工膜地下水反渗顶起设施的设置或防范措施是否符合设计和规定要求。

第四节　假山、置石工程

一、假山置石的组成和划分

（一）组成

假山置石的组成包括假山和置石两个部分，假山可观可游，置石则主要是观赏，假山采用的材料有石山、土山、土石山、塑石山；置石的方式有特置、散置和群置等。

（二）划分

假山置石工程分部的划分：假山置石工程属于园林附属工程的一个分部工程；按主要项目划分为地基基础工程、主体工程、假山置石、水电工程等几个分项工程；以一座或一组假山置石为一个分部或子分部工程。

二、假山置石工程监理控制要点

（一）基本要求

（1）审查施工方案和施工前的准备工作，具备施工条件方可批准开工；

（2）审查施工人员的资质，持证上岗，现场吊装必须服从专业人员的指挥；

（3）检查假山、置石工程基础必须牢固，要经设计验算，人工基础受力中心应与主体重心垂直一线；

（4）检查石料摆放必须纹理自然一致，大小配置自然合理；

（5）检查假山所用石料应符合下列要求：

1）石料种类、产地必须统一；

2）石料的单块重量和数量搭配比例应基本合理，符合施工规范要求。

（二）假山、置石的基础工程

（1）基础开挖土方深度必须清除浮土，挖至老土。

（2）假山置石工程基础必须符合设计要求。

（3）单块高度大于1.2m山石与基础，墙基粘接处必须用混凝土窝脚；假山、置石、基础工程必须符合设计要求及土建工程相关的验收规范规定。

（4）基础、柱桩、土方尺寸的允许偏差和检验方法应符合表23-17的规定：

假山置石基础、柱桩、土方尺寸的允许偏差和检验方法　　　　表23-17

项　次	项　　目		允许偏差（mm）	检验方法
			基础、柱桩	
1	基础	标高	0、－50	用仪器检查
		长、宽度	+100、0	用线拉和尺量检查
2	柱桩	长	0、+100	用尺量检查
		粗	0、+20	
		间距	+20、0	
3	土方表面平整度		0、－50	用2米靠尺和楔形塞尺检查

（三）假山、置石的结构工程

（1）检查假山、置石主体工程形体必须符合设计要求，截面必须符合结构要求，无安全隐患。

（2）检查假山、置石石种是否统一，成色纹路有无明显差异。

（3）检查山石堆叠是否符合下列要求：

1）山石堆叠搭处应冲洗清洁；

2）叠石堆置位纹理应基本一致；

3）山石拼叠互相挤压应稳固，刹石（垫片）位置准确得法，每层"填肚"应及时，凝固后应形成整体。

（4）检查叠石堆置走向，嵌缝应符合下列规定：

1）假山石料应坚实不得有明显的裂痕、损伤、剥落现象；

2）叠石堆置纹理基本一致；

3）搭接嵌缝应使用高强度等级水泥砂浆勾嵌缝，砂浆竖向宜嵌暗缝，水平可嵌明缝，嵌缝砂浆宽度应3～4cm，基本平直光滑，色泽应与假山石基本相似。

（5）检查汀步石、壁石应符合下列要求：

1）汀步必须安装稳固，石面平整，不得拼接，相邻两汀步间隔应不大于25cm，高差不大于5cm；

2）壁石不宜过厚，必须嵌入墙体，必须设置预埋铁件钩托石块，使其稳固。

（6）假山瀑布应符合下列要求：

1）瀑布应符合设计要求；

2）出水口应和顺，下水水型应呈瀑布状或符合设计特定要求，水流不应漏渗至其他叠石部位。

（7）塑山及塑石工程：

1）塑山骨架的原材料质量应符合设计要求；钢筋焊接应牢固，间距符合设计要求，钢丝网与钢塑连接牢固；塑山骨架的承载力、表面材料强度和抗风化能力应符合设计要求。

2）塑山的钢骨架焊接、捆扎造型钢筋、盖钢板网等必须牢固，不得松动，安全可靠。骨架体系的密度和外形应与设计的山体形状相似或近似。

3）塑山的钢骨架必须做防腐处理。

4）检查水泥砂浆表面抗拉力量和强度是否满足施工要求，砂浆罩面塑造皱纹是否自然协调，塑形表层石色是否符合设计要求，着色是否稳定耐久。

（8）置石工程：

1）检查采用特置石时，应选择体量大、色彩纹理奇特、造型轮廓突出、颇有动势的山石；布置要点应体现相石立意和山石体量与环境协调。

2）检查特置山石的结构要求稳定耐久，山石的重心应垂直于地。

3）检查散置、群置石料的选择应力求石料一致，体量不可过大和过小。布置应把握的工艺要点有聚有散，有断有续；主次分明，高低曲折，顾盼呼应；疏密有致，着落有根，忌单摆浮搁，或在水中，或从土出。

第五节　园林给水及排水工程

给水及排水是园林绿化工程的重要设施，所有园林植物在整个生命过程中都不能离开水分。必须做到干旱时能及时给植物浇上水，沥涝时能及时排水，防止园林植物长时间浸泡、窒息死亡，在绿化工程中最容易忽视的就是排水问题，应作为监理质量控制要点。

一、园林给水排水工程的特点

（一）园林给水工程的特点

（1）园林中用水管网线路长、面广，用水点较分散；

（2）园林中用水由于用水点分布于起伏的地形上，地形高度不一而导致的用水高程变化大；

（3）园林中用水水质可根据用途不同分别对待处理；

（4）园林中用水高峰期时应采取时间差的供给管理办法。

（二）园林排水工程的特点

（1）园林排水主要是雨水和少量污水；

（2）园林工程大多为起伏的地形和水面，有利于地面排水和雨水的排除；

（3）园林中大量植物可以吸收部分雨水，但是要考虑旱季植物对水的需要，注意保水；

（4）园林排水方式可采取多种形式，在地面上的形式应尽可能结合园林造景。主要是以地面排水为主结合沟渠和管道排水。

二、园林给水排水工程的监理控制要点

(一) 园林给水工程的监理控制要点

(1) 供水管道在埋地敷设时,应当在地层的冰冻线以下,如必须在冰冻线以上铺设时,应做可靠的保温防潮措施。在无冰冻地区,埋地敷设时,管顶的覆土埋深不得小于500mm,穿越道路部位的埋深不得小于700mm。

(2) 供水管道不得直接穿越污水井、化粪池、公共厕所等污染源。

(3) 管道接口法兰、卡扣、卡箍等应安装在检查井或地沟内,不应埋在土壤中。

(4) 供水系统各种井室内的管道安装,如设计无要求,井壁距法兰或承口的距离:管径小于或等于450mm时,不得小于250mm;管径大于450mm时,不得小于350mm。

(5) 管网必须进行水压试验,试验压力为工作压力的1.5倍,但不得小于0.6MPa。管材为钢管、铸铁管时,试验压力下10min内压力降不应大于0.05MPa,然后降至工作压力进行检查,压力应保持不变,不渗不漏;管材为塑料管时,试验压力下,稳压1h压力降不大于0.05MPa,然后降至工作压力进行检查,压力应保持不变,不渗不漏。

(6) 镀锌钢管、钢管的埋地防腐必须符合设计要求。

(7) 供水管道在竣工后,必须对管道进行冲洗。

(8) 管道的坐标、标高、坡度应符合设计要求。

(9) 管道和金属支架的涂漆应附着良好,无脱皮、起泡、流淌和漏涂等缺陷。

(10) 管道连接应符合工艺要求,阀门、水表等安装位置应正确。塑料给水管道上的水表、阀门等设施其重量或启闭装置的扭矩不得作用于管道上,当管径≥50mm时必须设独立的支承装置。

(11) 供水管道与污水管道在不同标高平行敷设,其垂直间距在500mm以内时,供水管管径小于或等于200mm的,管壁水平间距不得小于1.5m;管径大于200mm的,不得小于3m。

(12) 捻口用的油麻填料必须清洁,填塞后应捻实,其深度应占整个环形间隙深度的1/3。

(13) 捻口用水泥强度等级应不低于32.5级,接口水泥应密实饱满,其接口水泥面凹入承口边缘的深度不得大于2mm。

(14) 采用水泥捻口的给水铸铁管,在安装地点有侵蚀性的地下水时,应在接口处涂抹沥青防腐层。

(二) 园林排水工程的监理控制要点

(1) 排水管道的坡度必须符合设计要求,严禁无坡或倒坡。

(2) 管道埋设前必须做灌水试验和通水试验,排水应畅通、无堵塞,管接口无渗漏。

(3) 管道的坐标和标高应符合设计要求,安装的允许偏差应符合表23-18的规定。

(4) 排水铸铁管采用水泥捻口时,麻油填塞应密实,接口水泥应密实饱满,其接口面凹入承口边缘且深度不得大于2mm。

(5) 排水铸铁管外壁在安装前应除锈,涂二遍石油沥青漆。

(6) 承插接口的排水管道安装时,管道和管件的承口应与水流方向相反。

(7) 混凝土管或钢筋混凝土管采用抹带接口时,应符合下列规定:

室外排水管道安装的允许偏差和检验方法 　　　　表 23-18

项次	项	目	允许偏差（mm）	检验方法
1	坐标	埋地	100	拉线尺量
		敷设在沟槽内	50	
2	标高	埋地	±20	用水平仪、拉线和尺量
		敷设在沟槽内	±20	
3	水平管道纵横向弯曲	每5m长	10	拉线尺量
		全长（两井间）	30	

1) 抹带前应将管口的外壁凿毛、扫净，当管径小于或等于 500mm 时，抹带可一次完成；当管径大于 500mm 时，应分二次抹成，抹带不得有裂纹。

2) 钢丝网应在管道就位前放入下方，抹压砂浆时应将钢丝网抹压牢固，钢丝网不得外露。

3) 抹带厚度不得小于管壁的厚度，宽度宜为 80～100mm。

（三）园路及广场收水井、雨水管工程的监理控制要点

（1）地面以下的隐蔽工程，在监理工程师批准之前，不能覆盖或进行下一道工序。

（2）沟槽回填所用材料及压实度应达到设计要求。

（3）井壁砂浆要饱满，灰缝平整，抹面压光不得起鼓、开裂，不得使用干砖砌筑，井外壁应搓缝严密。

（4）中框、井箅、井盖必须完整无损，安装平稳。

（5）井内严禁积有残留杂物，井周还土必须压实，用骨料或砂浆回填必须振捣密实。

（6）收水井口要低于路面与路边保持平行，距路侧缘石不大于 50mm。

（7）支管必须顺直，不得有倒坡和错口，接口严密，管头应与井壁齐，管内不得有杂物。

（8）收水井、支管允许偏差见表 23-19。

收水井、支管允许偏差 　　　　表 23-19

项 目	允许偏差（mm）	检验频率		检验方法
		范围	点数	
井框与井壁吻合	−20～−30	座	1	钢尺量
井框高程	±5	座	2	水准仪测
井位与路边线距离	0～±20	座	2	钢尺量
井内尺寸	±20	座	1	钢尺量
支管高程	符合设计	10m	1	水准仪
砂浆强度（MPa）	符合设计要求	10座	1	—

第六节　园林供电照明工程

园林供电照明工程是园林工程的重要组成部分，涉及人身安全。特别要加强电气设备、材料进场检查验收和各项工序的交接确认。开工前应熟悉了解设计图纸，参加设计交底，制定施工方案。施工现场应有相应的施工技术标准、健全的质量管理体系、施工质量控制和质量检验制度，并按照批准的设计图纸进行施工。安装电工及电气调试人员必须持证上岗。安装和调试的各类计量器具，应检定合格，使用时必须在有效期内。

一、园林供电照明工程的特点

随着社会经济的发展，人们对生活质量的要求越来越高，园林中电的用途已不再仅仅是提供晚间道路照明，而各种新型的水景、游乐设施、新型照明光源的出现等等，无不需要电力的支持。在进行园林有关规划、设计时，首先要了解当地的电力情况：电力的来源、电压的等级、电力设备的装备情况（如变压器的容量、电力输送等），这样才能做到合理用电。

（1）园林供电与园林规划设计等有着密切的联系。

园林供电设计的内容应包括：确定各种园林设施的用电量；选择变电所的位置、变压器容量；确定其低压供电方式；导线截面。

（2）园林照明是室外照明的一种形式，在设置时应注意与园林景相结合，以最能突出园林景观特色为原则。

光源的选择上，要注意利用各类光源显色性的特点，突出要表现的是色彩。在园林中常用的照明电光源除了白炽灯、荧光灯以外，一些新型的光源如汞灯（目前园林中使用较多的光源之一，能使草坪、树木的绿色格外鲜艳夺目，使用寿命长，易维护）、金属卤化物灯（发光效率高，显色性好，但没有低瓦数的灯，使用受到一定限制）、高压钠灯（效率高，多用于节能、照度高的场合，如道路、广场等，但显色性较差）亦在被应用之列。但使用气体放电灯时应注意防止频闪效应。园林建筑的立面可用彩灯、霓虹灯、各式投光灯进行装饰。在灯具的选择上，其外观应与周围环境相配合，艺术性要强，有助于丰富空间层次，保证安全。

二、园林供电照明工程的监理控制要点

（一）低压直埋电缆工程的监理控制要点

电缆品种、规格、质量符合设计要求，电缆的耐压试验结果、泄露电流和绝缘电阻符合规定：

（1）封闭严实、填料灌注饱满，无气泡、渗油现象；芯线连接紧密，绝缘带包扎严密，防潮涂料刷均匀；封铅表面光滑，无沙眼裂纹；

（2）交联聚氯乙烯电缆头的半导体带，屏蔽带包缠不超越应力锥中间最大处，椎体坡度均匀，表面光滑；

（3）电缆头安装、固定牢靠，相序正确，直埋电缆头保护措施完善，标志准确清晰；

（4）电缆直埋时，沿电缆全长上下铺设细土或砂层的厚度及保护板符合设计要求；

（5）直埋电缆沟，沟内无杂物，符合要求；

（6）电缆保护管不应有孔洞、裂缝和明显的凹凸不平，内壁应光滑无毛刺；

（7）电缆最小允许弯曲半径应符合表23-20的要求。

<table>
<tr><td colspan="4" style="text-align:center">电缆最小允许弯曲半径</td><td>表 23-20</td></tr>
</table>

项次	项　　目			允许偏差或弯曲半径	检查方法
1	明设成排支架相互间高低差			10mm	尺量
2	电缆最小值允许弯曲半径	油浸低绝缘电力电缆	单　芯	≥20d	尺量
			多芯	≥15d	尺量
		橡胶绝缘电力电缆	橡皮或聚氯乙烯套	≥10d	尺量
			裸铅护套	≥15d	尺量
			铅护套钢带铠装	≥20d	尺量
		塑料绝缘电力电缆		≥0d	尺量
		控制电缆		≥10d	尺量

（二）电线导管、电缆导管和线槽敷设的监理控制要点

（1）金属的导管和线槽必须接地（PE）或接零（PEN）可靠，并符合下列规定：

1）镀锌的钢导管、可挠性导管和金属线槽不得熔焊跨接接地线，以专用接地卡跨接的两卡间连线为铜芯软导线，截面积不小于 4mm²；

2）当非镀锌钢导管采用螺纹连接时，连接处的两端焊跨接接地线；当镀锌钢导管采用螺纹连接时，连接处的两端用专用接地卡固定跨接接地线；

3）金属线槽不作设备的接地导体，当设计无要求时，金属线槽全长不少于 2 处与接地（PE）或接零（PEN）干线连接；

4）非镀锌金属线槽间连接板的两端跨接铜芯接地线，镀锌线槽间连接板的两端不跨接接地线，但连接板两端少于 2 个有防松螺帽或防松垫圈的连接固定螺栓。

（2）金属导管严禁对口熔焊连接；镀锌和壁厚小于等于 2mm 的钢导管不得套管熔焊连接。

（3）当绝缘导管在砌体上剔槽埋设时，应采用强度等级不小于 M10 的水泥砂浆抹面保护，保护层厚度应大于 15mm。

（4）室外埋地敷设的电缆导管，埋深不应小于 0.7m。壁厚小于等于 2mm 的钢电线导管不应埋设于室外土壤内。

（5）室外导管的管口应设置在盒、箱内。在落地式配电箱内的管口，箱底无封板的，管口应高出基础面 50～80mm。所有管口在穿入电线、电缆后应作密封处理。由箱式变电所或落地式配电箱引向建筑物的导管，建筑物一侧的导管管口应设在建筑物内。

（6）电缆导管的弯曲半径不应小于电缆最小允许弯曲半径，电缆最小允许弯曲半径应符合《建筑电气工程施工质量验收规范》GB 50303—2002 表 12.2.1-1 的规定。

（7）金属导管内外壁应防腐处理；埋设于混凝土内的导管内壁应防腐处理，外壁可不防腐处理。

（8）室内进入落地式柜、台、箱、盘内的导管管口，应高出柜、台、箱、盘的基础面 50～80mm。

（9）暗配的导管，埋设深度与建筑物、构筑物表面的距离不应小于 15mm；明配的导管应排列整齐，固定点间距均匀，安装牢固；在终端、弯头中点或柜、台、箱、盘等边缘的距离 150～500mm 范围内设有管卡，中间直线段管卡间的最大距离应符合表 23-21 的规定。

管卡间最大距离 表 23-21

敷设方式	导 管 种 类	导管直径（mm）				
		15～20	25～32	32～40	50～65	65 以上
		管卡间最大距离（m）				
支架或沿墙明敷	壁厚＞2mm 刚性钢导管	1.5	2.0	2.5	2.5	3.5
	壁厚≤2mm 刚性钢导管	1.0	1.5	2.0	—	—
	刚性绝缘导管	1.0	1.5	1.5	2.0	2.0

（10）线槽应安装牢固，无扭曲变形，紧固件的螺母应在线槽外侧。

（11）绝缘导管敷设应符合下列规定：

1）管口平整光滑；管与管、管与盒（箱）等器件采用插入法连接时，连接处结合面涂专用胶粘剂，接口牢固密封；

2）直埋于地下的楼板内的刚性绝缘导管，在穿出地面或楼板易受机械损伤的一段，采取保护措施；

3）当设计无要求时，埋设在墙内或混凝土内的绝缘导管，采用中型以上的导管；

4）沿建筑物、构筑物表面和在支架上敷设的刚性绝缘导管，按设计要求装设温度补偿装置。

（12）金属、非金属柔性导管敷设应符合下列规定：

1）刚性导管经柔性导管与电气设备、器具连接，柔性导管的长度在动力工程中不大于 0.8m，在照明工程中不大于 1.2m；

2）可挠金属管或其他柔性导管与刚性导管或电气设备、器具间的连接采用专用接头；复合型可挠金属管或其他柔性导管的连接处密封良好，漏液覆盖层完整无损；

3）可挠性金属导管和金属柔性导管不能做接地（PE）或接零（PEN）的接续导体。

（13）导管和线槽，在建筑物变形缝处，应设补偿装置。

（三）电线、电缆穿管和线槽敷线的监理控制要点

（1）三相或单相的交流单芯电缆，不得单独穿于钢导管内。

（2）不同回路、不同电压等级和交流与直流的电线，不应穿于同一导管内；同一交流回路的电线应穿于同一金属导管内，且管内电线不得有接头。

（3）爆炸危险环境照明线路的电线和电缆额定电压不得低于 750V，且电线必须穿于钢导管内。

（4）电线、电缆穿管前，应清除管内杂物和积水。管口应有保护措施，不进入接线盒（箱）的垂直管口穿入电线、电缆后，管口应密封。

（5）当采用多相供电时，同一建筑物、构筑物的电线绝缘层颜色应选择应一致，即保护地线（PE 线）应是黄绿相间色，零线用淡蓝色；相线用：A 相——黄色、B 相——红色。

（6）线槽敷线应符合下列规定：

1）电线在线槽内有一定余量、不得有接头；电线按回路编号分段绑扎，绑扎点间距不应大于2m；

2）同一回路的相线和零线，敷设于同一金属线槽内；

3）同一电源的不同回路无抗干扰要求的线路用隔板隔离，或采用屏蔽电线，且屏蔽护套一端接地。

（四）缆头制作、接线盒线路绝缘测试的监理控制要点

（1）高压电力电缆直流耐压试验必须按 GB 50303—2002《建筑电气工程施工质量验收规范》第3.1.8条的规定交接试验合格。

（2）低压电线和电缆，线间和线对地间的绝缘电阻值必须大于 $0.5M\Omega$。

（3）铠装电力电缆头的接地线应采用铜绞线或镀锡铜编织线。截面积不应小于表23-22的规定。

电缆芯线和接地线截面积（mm²）　　　　　　　　　　　表23-22

电缆芯线截面积	接地线截面积
120 及以下	16
150 及以上	25

注：电缆芯线截面积在16mm²及以下，接地线截面积与电缆芯线截面积相等。

（4）电线、电缆接线必须准确，并联运行或电缆的型号、规格、长度、相位应一致。

（5）芯线与电气设备的连接应符合下列规定：

1）截面积在 10mm² 及以下的单股铜芯线和单股铝芯线直接与设备、器具的端子连接；

2）截面积在 2.5mm² 及以下的多股铜芯线拧紧搪锡或接续端子后与设备、器具的端子连接；

3）截面积大于 2.5mm² 的多股铜芯线，除设备自带插接式端子外，接续端子后与设备或器具的端子连接；多股铜芯线与插接式端子连接前，端部拧紧搪锡；

4）多股铝芯线连接端子后与设备、器具的端子连接；

5）每个设备和器具的端子接线不多于2根电线。

（6）电线、电缆的芯线连接金具（连接管和端子），规格应与芯线的规格适配，且不得采用开口端子。

（7）电线、电缆的回路标记应清晰，编号准确。

（五）成套配电柜、控制柜（屏、台）和动力照明配电箱（盘）安装的监理控制要点

（1）柜、屏、台、箱、盘的金属框架及基础型钢必须接地（PE）或接零（PEN）可靠；装有电器的可开启门，门和框架的接地端子间应用裸编织铜线连接，且有标识。

（2）低压成套配电柜、控制柜（屏、台）和动力、照明配电箱（盘）应有可靠的电击保护。柜（屏、台、箱、盘）内保护导体应有裸露的连接外部保护导体的端子，当设计无要求时，柜（屏、台、箱、盘）内保护导体最小截面积 S_p 不应小于表23-23的规定。

保护导体的截面积 表 23-23

相线的截面积 S（mm²）	相应保护导体的最小截面积 S_p（mm²）
S≤16	S
16＜S≤35	16
35＜S≤400	S/2
400＜S≤800	200
S＞800	S/4

注：S 指柜（屏、柜、箱、盘）电源进线相截面积，且两者（S、S_p）材质相同

（3）手车、抽出式成套配电柜推拉应灵活，无卡阻碰撞现象。动触头与静触头的中心线应一致，且触头接触紧密，投入时，接地触头先于主触头接触；退出时，接地触头后于主触头脱开。

（4）高压成套电柜必须按 GB 50303—2002《建筑电气工程施工质量验收规范》第 3.1.8 条的规定交接试验合格，且应符合下列规定：

1）继电保护元器件、逻辑元件、变送器和控制用计算机等单体校验合格，整组试验动作正确，整定参数符合设计要求；

2）凡经法定程序批准，进入市场投入使用的新高压电气设备和继电保护装置，按产品技术文件要求交接试验。

（5）低压成套配电柜交接试验，必须符合 GB 50303—2002《建筑电气工程施工质量验收规范》第 4.1.5 条的规定。

（6）柜、屏、台、箱、盘间线路的线间和线对地间绝缘电阻值，馈电线路必须大于 0.5MΩ；二次回路必须大于 1MΩ。

（7）柜、屏、台、箱、盘间二次回路交流工频耐压试验，当绝缘电阻大于 10MΩ 时，用 2500V 兆欧表摇测 1min，应无闪络击穿现象；当绝缘电阻值在 1～10MΩ 时，做 1000V 交流工耐压试验，时间 1min，应无闪络击穿现象。

（8）直流屏试验，应将屏内电子器件从线路上退出，检测主回路线间和线对地间绝缘电阻值应大于 0.5MΩ，直流屏所附蓄电池组的充、放电应符合产品技术文件要求；整流器的控制调整和输出特性试验应符合产品技术文件要求。

（9）照明配电箱（盘）安装应符合下列规定：

1）箱（盘）内配线整齐，无铰接现象；导线连接紧密，不伤芯线，不断股；垫圈下螺栓两侧压的导线截面积相同，同一端子上导线连接不多于 2 根，防松垫圈等零件齐全；

2）箱（盘）内开关动作灵活可靠，带有漏电保护的回路，漏电保护装置动作电流不大于 30mA，动作时间不大于 0.1s；

3）照明箱（盘）内，分别设置零线（N）和保护地线（PE 线）汇流排，零线和保护地线经汇流排配出。

（10）基础型钢安装应符合表 23-24 的规定。

基础型钢安装允许偏差 表 23-24

项 目	允 许 偏 差	
	（mm/m）	（mm/全长）
不 直 度	1	5
水 平 度	1	5
不平行度	/	5

（11）柜、屏、台、箱、盘相互间或与基础型钢应用镀锌螺栓连接，且防松零件齐全。

（12）柜、屏、台、箱、盘安装垂直度允许偏差为1.5‰，相互间接缝不应大于2mm，成列盘面偏差不应大于5mm。

（13）柜、屏、台、箱、盘内检查试验应符合下列规定：

1）控制开关及保护装置的规格、型号符合设计要求；

2）闭锁装置动作准确、可靠；

3）主开关的辅助开关切换动作与主开关动作一致；

4）柜、屏、台、箱、盘上的标识器件标明被控设备编号及名称，或操作位置，接线端子有编号，且清晰、工整、不易脱色；

5）回路中的电子元件不应参加交流工频耐压试验；48V及以下回路可不做交流工频耐压试验。

（14）低压电器组合应符合下列规定：

1）发热元件安装在散热良好的位置；

2）熔断器的熔体规格、自动开关的整定值符合设计要求；

3）切换压板接触良好，相邻压板间有安全距离，切换时，不触及相邻的压板；

4）信号回路的信号灯、按钮、光字牌、电铃、电笛、事故电钟等动作和信号显示准确；

5）外壳需接地（PE）或接零（PEN）的，连接可靠；

6）端子排安装牢固，端子有序号，强电、弱点端子隔离布置，端子规格与芯线截面积大小适配。

（15）柜、屏、台、箱、盘间配线：电流回路应用额定电压不低于750V，芯线截面积不小于2.5mm²的铜芯绝缘电线或电缆；除电子元件回路或类似回路外，其他回路的电线应采用额定电压不低于750V、芯线截面不小于1.5mm²的铜芯线绝缘电线或电缆。

二次回路连线应成束绑扎，不同电压等级、交流、直流线路及计算机控制线路应分别绑扎，且有标识；固定后不应妨碍手车开关或抽出式部件的拉出或推入。

（16）连接柜、屏、台、箱、盘面板上的电器及控制台、板等可动部位的电线应符合下列的规定：

1）采用多股铜芯软电线，敷设长度留有适当裕量；

2）线束有外套塑料管等加强绝缘保护层；

3）与电器连接时，端部绞紧，且有不开口的终端端子或搪锡，不松散、断股；

4）可转动部位的两端用卡子固定。

（17）照明配电箱（盘）安装应符合下列规定：

1）位置正确，部件齐全，箱体开孔与导管管径适配，暗装配电箱箱盖紧贴墙面，箱（盘）涂层完好；

2）箱（盘）内接线整齐，回路编号齐全，标识正确；

3）箱（盘）不采用可燃材料制作；

4）箱（盘）安装牢固，垂直度允许偏差为1.5‰；底边距地面为1.5m，照明配电板底边距地面不小于1.8m。

(六) 园林照明灯具安装的监理控制要点

1. 室外彩灯安装的监理控制要点

(1) 建筑物顶部彩灯采用有防雨性能的专用灯具，灯罩要拧紧。

(2) 彩灯配线管路按明配管敷设，且有防雨功能。管路间、管路与灯头盒间螺纹连接，金属导管及彩灯的构架、钢索等可接近裸露导体接地 (PE) 或接零 (PEN) 可靠。

(3) 垂直彩灯悬挂挑壁采用不小于 1 号的槽钢。端部吊挂钢索用的吊钩螺栓直径不小于 10mm，螺栓在槽钢上固定，两侧有螺帽，且加平垫及弹簧垫圈紧固。

(4) 悬挂钢丝绳直径不小于 4.5mm，底面圆钢直径不小于 16mm，地锚采用架空外线用拉线盘，埋设深度大于 1.5m。

(5) 垂直彩灯采用防水吊线灯头，下端灯头距离地面高于 3m。

(6) 建筑物顶部彩灯灯罩完整。

(7) 彩灯电线导管防腐完好，敷设平整、顺直。

2. 园林景观灯安装的监理控制要点

(1) 每套灯具的导电部分对地绝缘电阻值大于 2MΩ。

(2) 在人行道等人员来往密集场所安装的落地式灯具，无围栏防护，安装高度距地面 2.5m 以上。

(3) 金属构架和灯具的可接近裸露导体及金属软管的接地 (PE) 或接零 (PEN) 可靠，且有标识。

(4) 水池和喷泉灯具的等电位联结应可靠，且有明显标识，其电源的专用漏电保护装置应全部检测合格。自电源引入灯具的导管必须采用绝缘导管，严禁采用金属或有金属护层的导管。

(5) 景观照明灯具构架应固定可靠，地脚螺栓拧紧，备帽齐全，灯具螺栓紧固、无遗漏。灯具外露的电线或电缆应有柔性金属导管保护。

(6) 水下照明灯具应具有抗蚀性和耐水结构，并具有一定机械强度。

3. 园林庭院灯具安装的监理控制要点

(1) 每套灯具的导电部分对地绝缘电阻值大于 2MΩ。

(2) 立柱式路灯、落地式路灯、特种园艺灯等灯具与基础固定牢靠，地脚螺栓备帽齐全，灯具的接线盒或熔断器以及盒盖的防水密封垫完整。

(3) 金属立柱及灯具可接近裸露导体接地 (PE) 或接零 (PEN) 可靠，接地线单设干线，干线沿庭院灯布置成环网状，并不少于 2 处与接地装置引出线连接。由干线引出支线与金属灯柱及灯具的接地端子连接，并有标识。

(4) 灯具的自动通、断电源控制装置动作准确，每套灯具熔断器盒内熔体齐全，规格与灯具适配。

(5) 架空线路电杆上的路灯，固定牢靠，紧固件齐全、拧紧，灯位正确；每套灯具配有熔断器保护。

(6) 落地式灯具底座与基础应吻合，预埋地脚螺栓位置准确，螺纹完整无损伤。

(7) 落地式灯具预埋电源接线盒宜位于灯具底座基础内。

(8) 灯具内留线的长度适宜，多股软线头应搪锡，接线端子压接牢固可靠。

（七）园林建筑物、构筑物的插座、开关安装的监理控制要点

（1）当交流、直流或不同电压等级的插座安装在同一场所时，应有明显区别，且必须选择不同结构、不同规格和不能交换的插座；配套的插头应按交流、直流或不同电压等级区别使用。

（2）插座接线应符合下列规定：

1）单项两孔插座，面对插座右孔或上孔接相线，左孔或下孔与零线连接；单项三孔插座，面对插座的右孔与相线连接，左孔与零线连接，上孔接地线；

2）单相三孔、三相四孔及三相五孔插座的接地（PE）或接零（PEN）线接在上孔；插座的接地端子不与零线端子连接；同一场所的三相插座，接线的相序一致；

3）接地（PE）或接零（PEN）线在插座间不串联连接。

（3）插座安装应符合下列规定：

1）当不采用安全型插座时，幼儿园、小学等儿童活动场所所安装的高度不小于1.8m；

2）暗装的插座面板紧贴墙面，四周无缝隙，安装牢固，表面光滑整洁、无碎裂、划伤，装饰帽齐全；

3）车间及试（实）验室的插座安装高度距地面不小于0.3m；特殊场所暗装的插座不小于0.15m；同一室内插座安装高度一致。

（4）特殊情况下插座安装应符合下列规定：

1）当接插有触电危险家用电器和电源时，采用能断开电源的带开关插座，开关断开相线；

2）潮湿场所采用密封型并带保护地线触头的保护型插座，安装高度不低于1.5m。

（5）照明开关安装应符合下列规定：

1）同一建筑物、构筑物的开关采用同一系列的产品、开关的通断位置一致，操作灵活、接触可靠；

2）相线经开关控制，民用住宅无软线引至床边和床头开关；

3）地插座面板与地面齐平或紧贴地面，盖板固定牢固，密封良好。

（6）照明开关安装应符合下列规定：

1）高度2～3m，层高小于3m时，拉线开关距顶板不小于100mm，拉线出口垂直向下；

2）相同型号并列安装及同一室内开关安装高度一致，且控制有序不错位；并列安装的拉线开关的相邻间距不小于20mm；

3）暗装的开关面板应紧贴墙面，四周无缝隙，安装牢固，表面光滑整洁，无碎裂、划伤，装饰帽齐全。

（八）接地装置安装的监理控制要点

（1）人工接地装置或利用建筑物基础钢筋的接地装置必须在地面以上按设计要求位置设测试点。

（2）测试接地装置的接地电阻值必须符合设计要求。

（3）防雷接地的人工接地装置的接地干线埋设，经人行通道处埋地深度不应小于1m，且应采取均压措施或在其上方铺设乱石或沥青地面。

（4）接地模块顶面埋深不应小于 0.6m，接地模块间距不应小于模块长度的 3～5 倍。接地模块埋设基坑，一般为模块外形尺寸的 1.2～1.4 倍，且在开挖深度内详细记录地层情况。

（5）接地模块应垂直或水平就位，不应倾斜设置，保持与原土层接触良好。

（6）当设计无要求时，接地装置顶面埋设深度不应小于 0.6m。圆钢、角钢及钢管接地极应垂直埋入地下，间距不应小于 5m。接地装置的焊接应采用搭接焊，搭接长度应符合下列规定：

1）扁钢与扁钢搭接为扁钢宽度的 2 倍，不少于三面施焊；

2）圆钢与圆钢搭接为圆钢直径的 6 倍，双面施焊；

3）圆钢与扁钢搭接为圆钢直径的 6 倍，双面施焊；

4）扁钢与钢管、扁钢与角钢焊接，紧贴角钢外侧两面，或紧贴 3/4 钢管表面，上下两侧施焊；

5）除埋设在混凝土中的焊接接头外，有防腐措施。

（7）当设计无要求时，接地装置的材料采用为钢材，热浸镀锌处理，最小允许规格、尺寸应符合表 23-25 的规定。

（8）接地模块应集中引线，用干线把接地模块并联焊接成一个环路，干线的材质与接地模块焊接点的材质应相同，钢制的采用热浸镀锌扁钢，引出线不小于 2 处。

最小允许规格、尺寸 表 23-25

种类、规格及单位		敷设位置及使用类别			
		地上		地下	
		室内	室外	交流电流回路	直流电流回路
圆钢直径（mm）		6	8	10	12
扁钢	截面（mm²）	60	100	100	100
	厚度（mm）	3	4	4	6
角钢厚度（mm）		2	2.5	4	6
钢管管壁厚度（mm）		2.5	2.5	3.5	4.5

（九）照明通电试运行监理控制要点

查验须做接零、接地的部分：

（1）电气装置的下列金属部分，均应作接零或接地保护（PE、PEN）

1）变压器、配电柜（箱、盘）等的金属底座或外壳；

2）室内外配电装置的金属构架及靠近带电部位的金属遮拦和金属门；

3）电力电缆的金属护套、接线盒和保护管；

4）配电和路灯的金属塔杆；

5）其他因绝缘可能使其带电的外露导体。

（2）在中性点直接接地的路灯低压网中，金属灯杆、配电箱等电气设备的外壳宜采用低压接零保护。

（3）保护接零时，在线路分支、首端及末端应安装重复接地装置，接地装置的接地电阻值按设计要求做（一般应小于4Ω或10Ω）。

（4）树木与架空线的距离应符合下列规定：

1）电线电压380V，树枝至电线水平距离及垂直距离均不小于100cm；

2）电线电压3.300千伏至10.000千伏，树枝至电线水平距离及垂直距离均不小于300cm。

第七节　园林工程新技术的应用

一、园林绿化工程

植物营养液的应用，对与在非栽植季节栽植和大树移植提高苗木的成活率起到一定作用。目前常用营养液主要分为两类：一是益微制剂类，主要成分是芽孢杆菌活菌制剂，作用机理是通过调节植物的微生态环境，达到促进植物生长的目的。二是树木营养液，根据人体输液原理而发明使用的营养液，目的是打破植物休眠，促进植物生长。

质量要求：输液部位的选择较小树体，可选在根颈部1至2孔输液，全株均匀分布药液；树体高大，根颈部输液路程较远，可在主干中上部位及主枝上打孔，让药液均匀分布全株，相邻两个孔要上下错开5cm以上，在树干呈45°角钻孔，孔深5～6cm（不超过干径2/3为宜）。输液孔的多少和孔径大小根据树木胸径及输液器插头确定。根据树木情况选择适宜的营养液品种，输液量要根据树木胸径、冠幅大小、树体高度、移栽季节等因素确定。输液的时间掌握，一般是树木移植前，运输过程中和栽植后要及时输液，能促进伤口恢复、根系和新芽萌发。

营养液在使用过程中监理应控制的要点是：对于使用活菌类制剂，灌根使用时要根据土壤墒情调整水量的使用。对于叶面喷施的需要避开中午高温时段，宜在傍晚使用。有条件的情况下要试验检测制剂活菌数。对于树木输液中要检查打孔的角度宜在45°左右，检查打孔的位置，检查输液袋是否开透气孔，输液12h后要检查输液袋内液体数量，可以在两次输液间隙输入清水3～4袋。一定要尽量让输入液温和树体温度相差不大，避免吊袋暴晒，必要时要进行遮阴降温处理。输液袋要及时检查，不得空袋在树上悬挂。输液完毕后要及时对输液孔进行封堵处理，防止病害发生。

二、园林附属工程

透水性材料在园林中的应用，对于建设"节约型园林"有着重要的意义。目前园林中应用的透水透气性材料分为两种类型：一是本身具有透水透气性的材料，二是应用形式上具有透水透气性的材料（这里不做介绍）。目前常用的透水材料有透水混凝土路面、透水沥青混凝土路面、透水砖、透水橡胶地面等。

质量要求：透水水泥混凝土路面应符合《透水水泥混凝土路面技术规程》CJJ/T 135—2009的规定；透水水泥混凝土路面的弯拉强度、抗压强度、透水系数要符合设计要求。彩色透水水泥混凝土路面颜色应均匀一致。

监理的控制要点：宜采用平整压实机或采用低频平板振动器和专用滚压工具滚压。注意不能使混凝土过于密实而减少孔隙率进而降低透水效果。施工过程中不能使用高频振捣器。目前透水材料在使用中存在的主要问题：一是施工单位对透水透气性铺装的特殊要求缺乏足够的了解；二是我国目前还没有制定出完整的透水性铺装施工规范；三是透水透气性铺装的透水性能随使用年限的增加呈递减趋势，一般采用高压水柱冲洗法进行清洁，以恢复透水路面的透水性能，以确保该构造体系的透水需求；四是在车辆动载反复作用下，易诱发面层裂缝。

第二十四章　园林绿化工程监理案例

天津市××会展中心景观工程

一、工程概况

本工程占地面积 700000m²，规模较大、建设周期较短、施工季节性强，质量要求高。本工程充分利用了现有的地形地貌特征，重塑、保护、提升整体的生态环境，为现代城市的人们提供一个亲近自然的优美空间。以突出绿色、生态、人文的主题，打造四面荷风、梨花沐雨、绿屿芳汀、竹影泉音、云岭丹霞、海棠花坞、长堤春晓、平湖览胜八大美景。本工程主要由绿化栽植基础工程，重盐碱地排盐、隔淋层工程，常规栽植工程，草坪建植工程，大树移栽工程，水生植物栽植工程，园林建筑、亭廊、喷泉叠水、景观桥、堤岸、假山置石工程，园路及广场工程，给水排水工程，园林用电工程等十个分部工程组成。

二、项目目标

（一）投资控制目标
投资控制在 1.7 亿元以内。

（二）工期控制
2010 年 1 月 19 日～2010 年 5 月 31 日，共 132d（日历日）。

（三）质量目标
合格率 100%，优良率 95%。

三、监理业务范围

（一）工程监理阶段
施工阶段全过程监理。

（二）工程监理范围
土方地形整理栽植土工程、浇灌给水和排水工程、排盐工程、植物材料工程、绿化栽植工程、园林建筑及小品工程、电气工程等设计图纸所要求的内容。

四、工程监理组织结构

为使本项目施工监理工作在独立、公正、科学、诚信的原则下有序开展工作，依据建设工程委托监理合同，针对本工程特点，组建项目监理部，配置项目总监、专业监理工程师、监理员、资料员等人员。现场监理机构采用直线职能制组织形式，并根据工程的进展情况，适当地补充和调整监理人员的配备。

五、工程施工监理程序（参考监理规程 此略）

六、园林绿化工程监理工作内容方法和措施

（一）质量控制

（1）审查施工单位质量体系，在监理过程中，充分发挥质量保证体系的自检、交接检查的作用，以确保工程质量符合承包合同规定的质量目标。

（2）审查施工单位编制的施工组织设计，并依此检查、督促施工单位贯彻于施工全过程，如有改变必须取得总监理工程师审核同意。

（3）制订工程主要项目质量控制实施计划。针对监理项目的具体情况、施工工艺过程的质量控制应按表 24-1 中的内容组织实施。

主要项目施工工艺过程质量控制实施计划　　　　　　　　　　　　　表 24-1

序号	工程项目	工 程 量	质量控制点	控制手段
1	绿化栽植基础工程	机械挖运 9 万 m^3；栽植土填垫 72.57 万 m^3；改良肥 17.2t	1. 填土范围及边线 2. 地形整理 3. 种植土 pH 值、含盐量	1. 测量 2. 测量 3. 审核化验报告单
2	排盐工程	淋水层铺设 12 万 m^3；盲管铺设 3.87 万 m	1. 排盐管网开槽 2. 盲管铺设 3. 淋水层铺设 4. 砂石井设置	1. 量测 2. 现场检查 3. 现场检查 4. 现场检查
3	常规栽植工程	栽植乔木、灌木、藤本 147650 株；花卉 0.8 万 m^2	1. 栽植材料品种、数量、规格、检疫情况 2. 栽植苗木景观特征 3. 植物材料种植成活率 4. 灌溉水质	1. 现场检查 2. 现场检查 3. 现场检查 4. 审核化验报告单
4	草坪建植工程	草坪 10.1 万 m^2	1. 草坪覆盖率 2. 植物材料种植成活率 3. 灌溉水质	1. 现场检查 2. 现场检查 3. 审核化验报告单
5	水生植物栽植工程	水生植物 8000 株	1. 栽植材料品种、数量、规格、检疫情况 2. 栽植苗木景观特征 3. 植物材料种植成活率	1. 现场检查 2. 现场检查 3. 现场检查
6	园林建筑	390m^2	基础工程 1. 位置（轴线、高度） 2. 外形尺寸 3. 与柱连接钢筋型号、直径、数量 4. 混凝土强度 砌体工程 5. 承重墙砂浆强度等级 6. 灰缝、错缝 7. 预埋件、埋设管线 外墙面 8. 材料颜色、规格、品种 9. 室外抹灰	1. 测量 2. 测量 3. 现场检查、量测 4. 审核配合比，现场取样制作试件，审核实验报告 5. 砂浆配合比、旁站 6. 旁站 7. 现场检查、量测 8. 观测测量 9. 现场检查

序号	工程项目	工 程 量	质量控制点	控制手段
7	园路及广场	鹅卵石板岩路面 9100m² 混凝土路面 1200m²	1. 园林路基、路面 2. 坡度 3. 高程 4. 面层材料、水平度、颜色、规格、花样 5. 表面平整度 6. 缘石、侧石顺直、平直	1. 观察、量测 2. 测量 3. 测量 4. 观察、量测 5. 观察、量测 6. 观察、量测
8	给水排水	—	1. 打压 2. 灌水试验	1. 观察、量测 2. 观察、量测
9	园林用电	—	1. 电缆直埋 2. 电阻测试、调试 3. 接地保护	1. 现场检查 2. 复核测试 3. 现场检查

1）见证采土取样送检和现场土样复试工作，检验用于排盐工程材料和园林植物材料、给水排水管材料购配件、设备等的合格证、质保证书及检验报告。对质量有疑问时，项目监理机构有权采取实物抽样复试。对不合格材料、购配件、设备等不得用于工程。

2）监督施工单位严格按设计文件、图纸、规范、标准、规程、规定要求施工，并严格进行检查验收。凡经检查不合格者，应立即以口头或书面形式通知施工单位进行整改。未经整改或整改后仍有不合格者，不予验收。情节严重者，令其停工整顿，直至符合要求为止。

3）对栽植基础工程地形塑造、栽植土回填和排盐、土壤局部改良、乔木栽植等样板段施工和重要景点的施工过程，监理人员要实施旁站监理。在监理过程中监理人员要做检测记录，必要时抽样试验并填写施工监理日志。样板段施工验收合格后，要求施工单位按样板组织施工。

4）严格执行隐蔽工程质量验收制度，对排盐工程中的渗水管敷设、隔淋层铺设、给水排水管网的敷设、供电电缆直埋敷设等以上隐蔽工程，进行严格验收，并办理签认手续。

5）督促施工单位按设计要求及时做好土方回填沉降量测量和土壤渗透系数现场测试工作，监理及时分析数据并将结果及时在监理例会上报告，对有质量隐患问题的，告知有关单位采取措施整改。

6）复验测量基线和标高，并在承包单位的报验单上签字。

7）审查承包单位园路的混凝土浇筑方案，并督促其认真实施。

8）对水、电各种管道的预留预埋进行严格检查，安装后分别进行打压试验，电阻测试、调试和各种参数测试。

9）督促施工单位进行分项工程质量检验评定，监理人员做到及时检验核定签认，并做好各分项工程评估记录，进行动态控制；监理单位根据施工单位报送的资料，及时组织对基础工程、排盐工程、栽植工程等进行中间验收。

10）质量问题与事故的处理。

①本工程质量问题出现过多次，质量问题多是绿化工程的共性（如苗木规格不符合设计要求，苗木种植方式、修剪方式不科学等）。主控项目采取事前控制为主的措施；一般

项目则采取事中和事后控制的办法加以解决。

②本工程一般施工质量事故均在初发期得到防范和制止。

③本工程未出现重大施工质量事故。

a. 复查施工单位提供的竣工图和竣工资料,为建设单位提供完整的工程技术档案资料,并参与建设单位主持的工程项目竣工验收工作。

b. 遇有下列情况之一者,总监理工程师有权签发工程暂停令。

(a) 建设单位要求且工程需要暂停施工的;

(b) 施工过程存在违反强制性标准的行为或合同约定需要进行停工处理的;

(c) 施工过程存在安全隐患或安全问题需要进行停工处理的;

(d) 承包单位未经许可擅自施工,或拒绝项目监理机构管理的;发生必须暂停施工的紧急事件。

c. 园林建设工程的监理质量(略)。

d. 工程质量监理方法:

(a) 测量复线;

(b) 巡视检查旁站监理;

(c) 抽样检查;

(d) 植物材料、建筑原材料和中间产品的质量监理。

e. 绿化栽植基础工程的质量监理控制要点。

(a) 填方区的监理控制要点:

填土前地表清理,应将场地内宿根杂草和表层杂草清除干净,在填土前,填垫范围内的坑洞积水应排放晾干;软土淤泥和不透水层的处理完成;局部回填地段应整平压实,检查填垫胎土、栽植土的质量和密实度应符合设计和规范要求,控制回填土的含水量、分层铺放(厚度)和碾压(层次),注意碾压厚度和边缘碾压,以满足削坡要求,在满足设计的土壤渗透系数的前提下,确保土壤的压实度。

(b) 挖方区的监理控制要点:

监督施工单位按设计坡度进行挖方,并做好边坡的保护或支护。对有利用价值的表土剥离和保存。要求施工单位选择合理的开挖方法并做好填挖衔接处的施工质量,以保证基础压实均匀和适宜的土壤硬度;检查施工单位的施工措施,保持排水畅通,以保证土方不受地下水浸托,不出现塌方和滑坡;栽植土的回填范围和回填厚度。根据规范要求和图纸注释等检查地形回填和栽植土回填范围是否与设计相符,栽植土的填垫范围是否与设计相符,栽植土的填垫厚度是否符合规范要求;检查采土点和运土环节。采土点和采土深度是否与确认的相符,必要时,平行检验采土点土样的理化性质;运距较长时,应检查施工单位对运土环节的控制是否严密;栽植前对栽植层土壤的质量进行抽检检验。应监督施工单位按设计和施工要求,对施工范围内的淤泥、软土以及不宜作填土材料的,应做清除和处理工作,该过程进行旁站监理。应监督施工单位按设计要求或规范对局部土壤改良的工程质量,要求施工单位在旁站监理下先作出样板段,待样板段检查达标后,再按样板推广施工并与样板质量基本一致。

f. 绿化栽植工程的质量监理控制要点:

(a) 常规栽植工程质量监理控制要点:

植物材料的监理要点：严禁使用带有病虫害的材料；当发现有害性杂草随植物材料侵入绿地时，应立即清除；植物材料种类、品种规格的选备必须符合设计要求，备苗数量应留有余地，就地设假植区屯苗、缓苗。

(b) 乔木栽植的监理控制要点：

乔木栽植成活率应按树种或品种分别进行检查考核；将种植后的观赏质量列为检查和考核的重点；乔木栽植的定点放线原则符合设计要求，放宽掌握，但允许偏差和检查方法应符合要求。对自然式栽植配置的节点部位，定点放线应主要控制其种植方式，重在体现艺术效果。栽植穴（槽）、定向排列、栽植深度、浇水、培土、切边草、支撑、修剪质量符合要求。

(c) 灌木、藤本、绿篱植物栽植的监理要点：

栽植树种、品种应符合设计要求，栽植定点放线位置应符合《天津市城市绿化工程施工技术规范》；自然式栽植灌木定向及排列应符合《天津市园林绿化工程质量检查评定和验收标准》要求；浇水边梗培筑或水圈切变应大小一致顺直、美观、可靠。

(d) 林下植草的监理控制要点：

审查建植施工方案：重点检查草种选择与搭配，草坪选择与搭配必须符合设计要求，建植工艺要确保观赏效果；坪床栽植土层或基质层厚度符合要求；监督检查坪床整体夯实和床面整理质量。要求施工单位采用合理的工艺措施对坪床进行夯实；坪床夯实后进行精细整地，整理质量应达到要求；检查坪床相对标高，排水坡降和平整度。坪床夯实和整理后，应进行测量检查，质量应达到要求；加强成坪及成坪后的养护管理监理，监督检查施工单位是否按规程要求进行浇水、除杂草、草坪修剪、病虫防治管理，确保草坪草生长苗长、草色纯正、质感好。

(e) 栽植工程养护的监理控制要点：

按监理工程师与施工单位确认的工程养护计划检查工程养护工作质量；重点监督施工单位对病虫害防治、防干热、防寒防冻、防沥涝技术措施的实际效果评价并对失养失管问题及时整改；日常的工程养护以控制杂草和突发性病虫灾害为重点；重点控制对树木生长起主要作用的水分管理工作质量；对花坛、花境、花卉生长、花期控制以满足景观与欣赏要求为目的。

（二）进度控制

总监理工程师审核，认可由施工单位按施工合同条款约定的工期，编制科学、切实可行的施工进度计划，以横道图表示，在横道图原基础上增设工程量及工程量单位栏，上墙公布，每日必填，每周例会点评。

按总监理工程师要求，在每天上午9时，组织甲方现场负责人、施工单位负责人、专业监理工程师及监理相关人员在现场召开现场办公会议，有效落实当日工程量，解决施工过程中的难点、重点工序。每周周末将周报上报总监理工程师，总监理工程师每月向建设单位通过月报报告施工进度情况，并在公告栏里的横道图绘制实际施工进度水平线与计划施工进度水平线相对照，向工程参与各方公示。

为保证达沃斯世界经济论坛成功召开，协调建设单位与施工单位在工期紧、工程量大的客观因素，采用合理的施工技术，多开工作面，形成流水段，交叉作业，保证工程有序开展，确保工程进度、质量。

（三）投资控制

熟悉施工图纸、设计要求、合同规定等是进行投资控制的必要准备。当工程款拨付时，要根据工程实际进度审核施工单位提交的工程款支付申请，要严格控制不合理项，把好签字关，对影响到投资的工程设计便要严格分析其技术、经济的合理性，认真审核由此而引起的增减工程费用并征求业主同意，特别是涉及合同价外的绿化变更工程，要认真审核工程量及单价，严格控制工程投资。

（四）信息与文档资料管理

（1）项目监理部设置专职人员负责信息与文档资料管理，信息做到及时收集、整理、分类，并及时提供给有关人员，利用信息资源做好监理工作。

（2）技术档案按政府质检部门规定的要求督促施工单位随时进行收集、管理、整理、存档。监理部设专人汇集有关工程文件档案资料进行编目、整理、装订成册、存档，并在监理过程中注意对文档资料的利用。

（3）在监理过程中，档案人员随时向建设单位、施工单位、设计单位索取下列资料归档：

1）工程开工报告，工程竣工报告；

2）工程设计变更通知单或设计变更图；

3）测量放线记录，施工放样报验单；

4）栽植土化验单、浇灌用水化验单；

5）外埠进入苗木检疫证，本地苗木出圃单；

6）原材料质量合格证书，有关设备的合格证书；

7）混凝土配合比、混凝土强度、抗渗试验报告；

8）钢筋机械强度试验报告及钢筋接头（对焊、电渣焊、套筒连接）试验报告；

9）隐蔽工程验收记录，混凝土浇筑申请报告；

10）工程计量报审及付款申请证；

11）工程阶段验收及竣工验收记录；

12）各项索赔申请和监理签证；

13）土建和安装工程施工组织设计及专项施工方案；

14）土方工程沉降观测记录；

15）设计图纸会审记录；

16）植物成活率统计记录；

17）施工竣工图；

18）其他文件。

做好周报、月报工作，每月末将本月中投资、进度、质量等控制及合同管理方面的信息通过月报上报建设单位、监理单位、建委；每周末将周报上报监理公司（技术档案一式两份），工程竣工后，一份交建设单位，另一份由监理公司存档。

（五）工程合同其他事项管理

1. 工程变更管理

对原工程形式、数量、质量和内容上的改变都应属于工程变更。工程变更应符合国家现行规范、规程和技术标准，内容准确，图示规范。任何工程变更必须以监理工程师签发的工程变更指令为准，由监理工程师监督承包单位实施；工程变更的内容应及时反映在施工图纸上。

工程变更的办理程序：

（1）受理变更意向：监理工程师应将承包单位提出的工程变更意向上报建设单位。监理工程师本身提出的变更意向由总监理工程师审核后上报建设单位。

（2）变更通知：工程变更文件包括工程变更的项目、部位和图纸编号，变更的原因、依据和因变更引起的增减费用的计算书以及有关文件、图纸和资料。

（3）监督工程变更的执行：监理工程师应监督承包单位按工程变更指令的要求实施变更工程，工程变更涉及总体施工进度计划和施工方案的调整时，应及时督促承包单位与监理工程师共同协商确定，报建设单位批准。

（4）工程变更后：变更资料应齐全，变更费用确定，依据合同规定进行发布。

2. 工程暂停及复工管理（本案例未涉及）

3. 工程延期处理（本案例未涉及）

4. 费用索赔的管理（本案例未涉及）

5. 合同争议的调解（本案例未涉及）

6. 违约处理与合同的解除（本案例未涉及）

（六）工程组织协调

组织协调工作对工程进度、质量管理起着至关重要的作用。工作难度大，大量的人际关系，利害冲突，若不讲究工作技巧，有可能适得其反。组织协调工作包括日常监理工作中的口头协调和组织施工、建设单位召开会议协调及监理签发书面指令协调等。无论哪种形式的协调，都应该注意到工作技巧。编者在工作实践中感到行之有效的办法："严于始终、晓之以理、治之以法、持之以恒、形式灵活"。严于始终，是指组织协调工作从工程监理开始至工程竣工验收为止，始终坚持严格要求。协调会由总监理工程师主持，会后签发会议纪要，会上定的，会后一定要兑现。不能兑现的，一定要说明原因，要提倡批评与自我批评，要追究失误的责任。晓之以理，是指工作中要以理服人，不能强迫命令，不能以权势压人。组织协调时，一定要向大家说清楚为什么要这样做，让大家听明道理，相信大家会通情达理的。治之以法，是指工作上的治理要有依据。协调工作中凭依据办事，依据就是图纸、技术资料、规范、规定、规程和有关理论与实践方面的经验。依据是大家统一认识的基础，是防止争论不休的尺度。有了依据就有了权威，有了依据就有了法。依法办事能分清是非，分清责任。持之以恒，是指对上述三点坚持不懈。作为监理工程师能在监理工作中坚持上述三点，相信组织协调工作的效果一定是比较好的。形式灵活，就是指经常召开诸如工地现场会、讲评会、简报、阶段小结等会议，工作方法采取多表扬、少挑刺、客观公正、对事不对人的策略等等。

七、各级人员的责任和权限（略）

八、监理工作制度（略）

九、安全管理及文明施工

本工程规模庞大，参建人员众多，我们本着安全第一的原则，从始至终狠抓安全工作，诸如召开安全例会，下发安全提示单，定期进行现场安全大检查等工作，随时进行安全隐患排查，消除隐患，为工程顺利开展铺平道路，未发生任何安全问题，圆满完成安全工作。

十、会展中心景观工程绿化工程质量全程监控程序

（一）审核工作人员工作资质

认真审核施工人员工作证书，确保人证合一。

（二）必备相关标准规范

（1）《城市绿化施工及验收规范》	CJJ/T 82—99
（2）《天津市城镇绿化养护管理技术规范》	TBJ 11—95
（3）《天津市城市绿化工程施工技术规范》	DB 29—68—2004
（4）《天津市园林绿化工程质量检查评定和验收标准》	DB 29—81—2004
（5）《天津城市园林植物保护技术规范》	DB 29—36—2002
（6）《天津市城市绿化工程施工技术规程》	DB 29—68—2004
（7）《天津市城市绿化养护管理技术规程》	DB 29—68—2004
（8）《天津市草坪建植与养护管理技术规程》	DB 29—27—2002
（9）《天津市园林植物保护技术规程》	DB 29—36—2002

（10）《建设工程安全生产管理条例》

（11）国家或天津市颁布的新的质量检验标准

（三）分项控制

根据本工程的特点，分为 63 个分项工程进行质量控制

1. 备苗

（1）标准：采购苗木的品种、规格，严格按"工程量清单"和设计文件要求执行。所有植物材料的变更必须经总监工程师签认后方可执行。

（2）外埠进苗必须上报《检疫证明书》。本地苗要有苗木出圃单。

（3）应注意的问题及对策：

1）苗源落实：督促施工单位在 2010 年 2 月前按工程量清单规定和设计文件要求的树种、规定与数量落实苗源产地，并以正式文件报告项目监理部。

2）用苗按树种的数量到产地选苗、号苗。乔木用量在 1000 株以上的必须到产地选苗和号苗。桧柏、云杉、银杏、法桐、合欢、新疆杨，毛白杨、金枝槐等重点树种，建设单位现场负责人、监理人员、施工人员共同到产地看苗、定苗、号苗。花灌木苗与上述选苗结合进行。

3）常绿乔木要求施工单位到产地与供苗商签订质量协议书，并按当场拍摄影像资料，留底备查。

4）对落叶乔木的质量控制：施工单位将所需苗木标准清单提前通知供苗商，要求其在产地严格按规定号苗，同时标明苗木的栽植线（贴地面 5cm 处画线）。

2. 栽植土改良与栽植穴的局部改良

（1）质量控制要点：

1）对改良肥、草炭土、牛粪肥料与基质，必须上报出厂合格证及检验报告，监理人

员认可后方可使用。

2）施肥量：按总监理工程师审批的施工方案要求执行。

草炭土：复合肥：牛粪＝4：1：1比例混合制作为底肥，乔木树穴：40kg/个，灌木树穴：20 kg/个，绿篱：5kg/m²。

（2）质量问题的防治及对策：

1）施肥量不足：要求施工单位先准确计算出施肥总量，按比例计算出各种肥料的数量，进行均匀混合，进行施肥，施工单位自检合格后填表上报项目监理机构，监理人员当场抽检，确认合格后，施工单位方可进行下一工序。

2）施肥后包装物必须随时集中清理出现场。

3）搅拌：在肥料均匀施撒后，施工单位可进行机械（要求用悬耕犁）翻拌，施工单位自检合格后填表上报，监理人员按翻拌面积的15％进行巡视检查，合格后进入下道工序。

3. 放线定位

（1）质量标准：按《天津市城市绿化工程施工技术规程》DB29—68—2004执行。

（2）质量问题的防治与对策：

1）点位不准确：施工单位必须严格按图放线，以方格网为依据，放出苗木林缘线的准确位置。施工单位自检后填表上报，监理人员现场抽检工程量的10％（量测），监理人员抽查合格后方可进入下一工序。

2）自然式配置不合理：要求放线人员掌握有关树木配置栽植的知识和实际经验，先放样设样板段进行配置栽植，符合要求后再推广施工并达到排列自然，观赏面丰满完整、搭配合理。

4. 种植树穴（槽）韵施工

（1）质量标准：按《天津市城市绿化工程施工技术规范》DB29—68—2004要求执行。

（2）具体检验与对策：

1）施工单位完成一部分树穴挖掘工作，自检合格后报验，监理人员采用目测与尺量的方法，对所完成工作量中15％进行抽检，符合规格要求后方可进入下一工序。

2）在施工过程中采取巡视随机抽检，抽检工作量不少于15％，分部工程完成后，由负责绿化专业的监理工程师组织统一检查验收，达到合格要求后签证确认。

5. 苗木进场

（1）质量标准：按《城市绿化施工及验收规范》CJJ/T82—99执行。

注：外埠苗木必须上报"检疫证明书"。

（2）验收允许偏差：按《城市绿化施工及验收规范》规定执行。

（3）质量问题及对策：

1）品种与设计不符：提前要求施工单位有关技术人员，熟悉工程中所有树种的形态与习性。对每批进场苗木采取施工单位技术人员与监理人员卸车共同验苗把关，对树种或品种不对的苗木应当场退回。

2）规格偏小：施工单位质量员供苗现场验收与施工现场把关监理人员抽查的控制方法。对个别漏检苗木，先假植，事后向供苗单位更换。

3）要求裸根苗在产地必须进行沾浆处理，否则不准进场。

4）对大宗落叶乔木供苗实行刨苗约定，即不通知不得刨苗，做到随刨、随运、随栽。

5）运输中不遮盖：严格执行供苗协议，要求供苗单位运输中采取有效的遮盖措施，确保运输过程中苗木不失水分。质量员与监理人员对进场苗木特别是根系的含水量要认真检验，如确认苗木已经严重失水，则不应使用。

6）施工单位必须按监理和建设单位的规定在现场设立苗木假植区，监理人员巡视检查苗木假植工作的质量。

6. 苗木栽植

（1）质量标准：按《天津市城市绿化工程施工技术规程》DB29—68—2004规定执行。

（2）质量问题及对策：

1）种植土沉降：在验坑合格后苗木栽植前，将改良后的种植土回填，大水渗透浸坑，应以坑等苗，苗到即栽，尽量减少苗木根部的暴露时间，提高成活率。

2）栽植深度：（因在产地已画好栽植线）可以此为标准随时巡视查看，尽量避免栽植过深不易缓苗。待施工单位报验后，监理人员按栽苗量的20％抽检，过深、过浅苗必须在浇水前返工后方可浇水。

3）斜坡上栽苗的水圈控制：要求施工单位对单株苗树穴按照水平，模纹和绿篱的要求采取水平梯田整地栽植法，便于浇水均匀。

4）苗木配置不妥：会展中心景观工程大多苗木是以自然栽植，树穴多呈不等边三角形放线，要求施工单位对树穴间距根据苗木的高度、冠幅、整体景观效果适当调整，搭配科学、合理、自然美观。

7. 苗木修剪

（1）质量标准：按《天津市城市绿化工程施工技术规程》DB29—68—2004规定执行。

（2）质量问题及对策

1）对甲方要求不可做截干栽植的落叶乔木，如毛白杨、新疆杨、泡桐、元宝枫、白蜡、梨树等应严格要求施工单位执行。

2）对观赏性要求高的树种和果树要实施整形、疏剪和适量短截的修剪方法，且不得截干重剪，如：金丝楸、栾树、山楂、五角枫、杜仲、柿子树、银杏、蝴蝶槐等。

3）对绿篱类树种的修剪要求：平剪整齐、边缘顺畅、起伏自然、模纹美观。

8. 浇水、支撑与防干化

（1）质量标准：按《天津市城市绿化工程施工技术规程》DB29—68—2004规定执行。

（2）质量问题与对策：

1）浇水不透：浇第1遍透水后，监理与施工单位技术负责人共同检查浇水质量，采用"钢筋条插探"，对没浇透的树穴要返工补浇。

2）苗木歪斜：浇第1遍透水后，由于沉降或风吹必然出现歪斜现象，应适时培土扶正、整理踩实后，随即加补加固支撑。

3）落叶乔木（带冠）、常绿、大型花灌木，栽植后均应支撑，可采取双支柱、三支柱，连环支撑（防风吹晃动影响成活）。

4）常绿树、绿篱等苗木栽植浇水后，要经常叶面喷水（因天津市春天空气湿度小、风大，所以必须经常喷水）。

9. 病虫等防治

（1）要求施工单位在 2 月 1 日前，将该工程植保工作计划上报项目监理机构，审核通过后方可执行。

（2）具体方法：可采取在苗产地、进场栽植后和生长期 3 个时期进行防治。

注：在防治病虫害过程中，尽量少使用低毒化学农药，提倡使用生物防治，避免造成环境污染。

10. 绿化栽植成活率初查结果

（1）本工程施工期主要集中在 3 月上旬至 5 月上旬，此时间段是绿化栽植最有利时机，绿化栽植工程于 5 月 10 日告一段落，6 月下旬进行苗木栽植发芽率检查，成活率在 98％左右，成活率初验结果见表 24-2：

绿化栽植成活率 表 24-2

序号	植物名称	种植数量	成活数量	成活率	备注
1	桧柏	953	937	98.3％	树木花卉按株统计；模纹单位为 m²
2	法桐	3672	3610	98.5％	
3	107 杨	1854	1817	98％	
4	国槐	2640	2632	99.7％	
5	毛白杨	1400	1387	99.1％	
6	千头椿	3270	3235	98.92％	
7	旱柳	1300	1300	100％	
8	金枝槐	3260	3217	99.4％	
9	金银木	6270	6257	99.8％	
10	茶条槭	2540	2497	98.3％	
11	连翘	3100	3057	98.6％	
12	紫叶小檗（模纹）	27000	26784	99.2％	

（2）调查结果说明

1）上述数据由专业工程师现场调查整理，与实际相符，本工程成活率为 98.99％。

2）本工程施工时间有利于苗木成活，是提高成活率的重要原因。

3）因篇幅有限，此处只是本工程部分苗木成活率调查表。

（四）工期目标控制效果

本工程工期控制目标为 2010 年 1 月 19 日开工，2010 年 5 月 31 日竣工，共计 132d（日历日），为保证达沃斯世界经济论坛成功召开，我方加强力度控制工期、工程质量，协调建设单位与施工单位在工期紧、工程量大的客观因素，采用周报、月报、每天上午 9 时在工地召开现场会，用小会解决实际问题的有效措施，从而有效保证本工程按时、优质完工，交出满意的答卷。

十一、监理工作总结

（一）工程概况

见前部分。

（二）监理概况

1. 项目监理部组织机构

我公司根据委托监理合同规定的监理范围和控制目标，并结合本工程实际情况、考虑项目监理人员的年龄层次、专业水平等条件，决定任命贾X同志担任本项目工程总监理工程师，并组建了一个技术过硬、业务熟练的项目监理部进驻现场开展监理工作。

2. 监理工作制度

（1）根据监理规划的有关要求，项目部在总监理工程师主持下订立了监理例会制度、岗位责任制、旁站监理制度、文件档案管理制度、交接班制度等各项规章制度，并将各项制度上墙公布，督促项目部所有成员努力工作，为建设单位热情服务、为工程尽职尽责。

（2）各专业监理人员都必须每天认真填写监理日志。

（3）各专业监理工程师每天对施工现场巡检不少于四次（上、下午各二次），关键工序、关键部位要全过程旁站监理。

（4）每周周五下午4点由总监理工程师负责召开工程例会，总结上周工作计划完成情况，审查下周工作任务，协调解决工作中出现的矛盾和问题，并对突出的重点问题进行专项协调、重点解决。

（5）每月召开一次由建设单位和施工单位参加的工程质量、安全、进度、文明施工总结会议，对成绩突出的方面给予肯定和表扬，对出现的问题进行分析、查找原因，并督促其及时解决改正。

（6）每月由总监组织编写监理月报，总结本月内各专业监理情况，及时向建设单位及公司汇报。

（7）总监理工程师指定资料员负责编制整理监理内业资料，并负责管理公司、建设单位下发的工程文件，以及对施工单位发出的指令性文件，并形成收发文记录备查。

（8）项目监理部在总监理工程师主持下对整个项目工程的监理工作进行一次全面的工作总结。

3. 项目部内部管理制度

（1）项目部所有监理人员进入现场工作时，必须佩戴有公司统一标识的胸卡、安全帽，宜统一着装。

（2）按时上、下班，避免迟到或早退；工作时间坚守工作岗位，做到不脱岗、不离岗。

（3）办公室内计算机、打印机、饮水机等一应俱全，保持办公室内清洁卫生。

（三）委托监理合同履行情况

1. 工程质量控制

工程质量控制是我方履行监理合同的核心内容，也是我们项目监理部的主要工作目标。为此，项目监理部各专业监理工程师在总监理工程师的带领下，从影响工程质量的五个因素入手，运用主动控制与被动控制相结合的方法，对施工质量采取事前、事中与事后控制，确保工程质量达到施工承包合同、设计文件、施工规范以及相关工程质量验收评定标准的要求。

（1）对施工单位及施工人员的控制

施工单位进场后，对施工单位的企业资质以及营业范围进行审查，同时重点审查其管理人员及特殊工种作业人员的上岗资质，对其上岗执业资格予以确认。

（2）对原材料、构配件的质量控制

工程监理过程中，我专业监理工程师要求各专业工程材料进场时必须附有产品出厂合格证、产品检验报告等质保资料，并及时向建设、监理单位进行进场材料报验，对按要求需做二次复试的原材料要及时进行见证取样、送法定检测单位检测。对外观检验及质量保证资料均符合要求的材料方允许在工程中使用。对于外观检验和检测结果不合格的材料，要求承包单位立即清出现场、不得使用。同时在监理过程中对使用的材料采取跟踪监督，杜绝施工单位在使用材料时"以次充好，偷梁换柱"的现象发生。

（3）施工方法、技术措施的质量控制

严格按照审核通过的"施工组织设计"施工。

（4）对施工机械设备及环境的控制

进入现场的施工机械设备，我方除了对其书面保证资料进行核查外，而且在现场对其运转时的工作能力进行检查，以保证机械设备满足现场的施工要求；同时核对施工单位是否将投标文件中承诺的拟采用设备进场使用。监理过程中，我们对其采用的机械设备的实用性、安全性进行了全面监控。

（5）在环境控制方面，我们针对本工程特点及其周边环境的特点，充分考虑施工中可能发生的情况，提前书面通知施工单位充分做好施工前准备工作，充分考虑生产环境、劳动环境、周边环境对施工的影响，避免工作准备不充分或保证措施、防护措施不力而影响正常施工进度或施工质量。

2. 施工进度控制

（1）工程进度的快慢直接关系到工程建设项目能否按期竣工和投入使用问题。我项目监理部结合现场实际情况，对施工单位编制的施工进度计划进行提前审查，经与建设单位协商并征得同意，对施工单位不合理的工序安排提出意见，要求其合理调整，使进度计划满足实际工程需要。

（2）现场监理过程中，监理部要求施工单位每月末提前编报下月份的施工进度计划，把许多存在的工程问题放在事前进行考虑解决。同时，项目监理部全体人员也积极协助，为施工单位创造有利条件；从而确保施工工序连续有序进行，确保施工进度按计划完成。

3. 投资控制

工程量计量：对施工单位完成的工程量进行现场核实，合格工程量予以计量；不合格工程不予计量，整改合格后方可计量。

工程增项签证：对因变更设计或增加的工程项目，核实工程计量后，予以签证。

工程款支付证书签认：在签认时全面考虑该工程的总造价，在合理范围内，进行签认。

4. 合同管理

现场监理过程中，项目监理部根据施工合同的约定对工程工期、质量进行监督、管理；监督材料采购合同的订立和履行情况；掌握合同的具体内容，进行合同跟踪管理，检查合同执行情况，及时准确反映合同信息。认真检查施工合同的履行情况，实现科学管理。并按合同的规定，在工程达到竣工验收条件时，组织各相关单位进行竣工初验，同时提出验收意见，并形成工程初验报告。

5. 信息管理

项目监理部通过建立信息交流网络，及时准确地组织项目内部以及与业主、施工单位进行信息交流，掌握现场施工质量、进度和安全施工动态，同时与外部环境进行信息交流，了解有关建设工程方面法律法规的发布、执行情况。

6. 资料管理

(1) 由监理人员下达给施工单位的开工、停工、返工等文件，都是以书面形式由项目监理部签发，避免以往工程建设中的口头通知，后期难以核实而引起的不必要纠纷，真正把工程问题反映到书面上，使得现场监理人员能够有理有据地开展监理和审查工作。

(2) 现场的内业资料管理过程中，根据国家和地方政府主管部门的有关要求及工程实际情况的需要，我公司严格执行《天津市园林建设工程监理规定》中监理资料格式如：图纸会审记录表、分项报验表、旁站监理记录表、施工现场质量管理检查记录等等。从而确保了工程资料实现规范化、表格化，并实行文件随时发送、随时登记的收发文台账制度。

（四）项目监理部工作方法及原则

项目监理部进入施工现场后，在总监理工程师的带领下，项目监理部各专业监理工程师从工程建设项目实际出发，以贯彻、落实有关政策，严格履行《建设工程委托监理合同》认真执行有关技术标准、规范和各项法规为原则，以建设质量高、投资合理、进度快的工程为控制目标，以"守法、诚信、公正、科学"为行业标准，以事前督促指导、事中跟踪检查、事后验收评比等为工作方法，全面地开展监理工作。同时，在工作中，各专业监理工程师严格行使《建设监理委托合同》、《监理规范》赋予的权利，以精干的业务知识、实事求是的敬业精神、一丝不苟的科学态度和公正廉洁的工作作风，从严、依法、科学监理，在工作中不断加强监理内部组织管理，积极探索总结监理工作经验，使监理工作真正体现出它的科学性、公正性。

在对建设单位的服务方面，监理部在不超出监理合同规定的监理范围内尽量满足业主提出的要求，努力做好业主的参谋和代理人。在对施工单位的管理方面，以"帮、教、管、学"相结合的原则开展工作，同时督促施工单位推行全面质量管理，促进工程建设管理水平不断迈向新台阶。

（五）监理工作小结

(1) 受甲方委托，我项目监理部于 2010 年 X 月进驻工程施工现场。我方监理人员在现场监理过程中，始终秉承"守法、诚信、公正、科学"执业准则，牢记"安全重于泰山、质量高于一切、进度就是效益"的现场管理宗旨，认真、细致做好质量、进度、信息与合同的控制与管理工作。如今，通过我们项目监理部全体监理人员的全面协调和督促，及施工单位的共同努力，最终促使在施工承包合同范围内的所有工程于 2010 年 X 月一次性通过竣工验收。至此，本工程监理工作已按《委托监理合同》所规定的内容全面完成。

(2) 在公司领导和项目总监理工程师的正确领导下，经过项目部的全体人员的共同努力，本项目监理部的现场监理工作取得了一定的成效，同时在本工程施工建设中发挥了较大的作用。总结监理工作成绩的取得，是和建设方的理解与支持分不开的。为此，我们项目监理部全体人员对建设单位诸位领导的大力支持和帮助表示深深的谢意!

（3）随着我国建设事业的蓬勃发展，下一阶段，我们将会继续贯彻执行"严格监理、热情服务"，"科学、公正、独立、诚信"的监理工作方针，进一步提高自身业务能力，提升监理服务工作水平，严格按《监理规范》和有关施工规范、及国家相关法律法规进行工程建设的"三控、三管、一协调"监理工作，提升我公司综合实力，为我市园林建设和城市绿化工作贡献力量。

十二、监理工程中的难题和采取的对策及措施

（1）评验分离，强化验收，经常受到施工单位的习惯性抵制，施工单位习惯于不经过自检评定，将分步工程直接报监理验收，使质量系统控制的首要环节形成失控。本工程一开始便推行"评验分离强化验收"的方针，但多次出现反复和回潮，由于建设单位的强有力的支持，建立分步工程自检合格率报验百分考核制度，对不进行自检的报验项目，监理工程师有权拒验，后果由施工单位负责。

（2）会展中心景观工程的成败取决于栽植基础施工的质量控制。本工程土方的填垫量近 70 万 m^3，土方外形尺寸验收与土壤的渗透系数的控制以及最终计量很难把握。分层碾压过细会导致土壤不透水不透气，对植物生长不利；垫填过松则会出现沉降量过大，地形尺寸达不到要求，最终导致土方严重偏差，计量不实。项目总监理工程师参考类似案例，依据相关技术标准提出了填方到位、雨后现场处理、预验收 3 个阶段的监理方案，明确每一阶段的验收标准和抽样方法，得到建设单位的同意和施工方的认可。

（3）排盐工程中大面积的种植穴局部改良和拌肥；大规模的淋层和盲管网施工，机械施工与人工作业的交叉；分散多点施工与结合部衔接等无疑是加大了施工与监理的难度。现场监理机构采取样板施工与结合部旁站；规范施工方法；雨后现场急查；检查观察井记录；排盐管、排盐井全部检查等措施，保证了此项重要分部工程的质量和功能效果。

（4）一般绿化工程的苗木栽植成活率 95％为验收合格，本工程是市重点绿化工程，根据施工合同相关事项要求，苗木栽植成活率 98％以上为验收合格。我方通过召开专题讨论会，制定科学、详细的栽植方案和报告，取得建设单位的认同，及时地进行调整，采用容器苗等措施，实现了竣工验收合格率达标。

十三、问题与建议

（1）天津市土壤多为退海之地，在暖温带半湿润气候下，春季蒸发作用强烈，地下水中的盐分沿土壤毛细管，随水分上升到地表，水散盐存，易在地表引起积盐。尤其是滨海地区，成土母质含有大量盐分，加之海水的入侵，土壤在强烈蒸发下，表层强烈积盐。因之，历史上盐渍化土壤较多。除上述自然因素外，渠边渗漏、大水漫灌、稻田和旱田的插花种植以及排灌不配套等等。治理盐碱地的主要措施：水利改良措施（灌溉、排水、放淤、种稻、防渗等）；农业改良措施（平整土地、改良耕作、施客土、施肥、播种）；生物改良措施（种植耐盐植物和牧草、绿肥、植树造林等）；化学改良措施（施用改良物质，如石膏、磷石膏、亚硫酸钙等）四个方面。由于每一个措施都有一定的适用范围和条件，因此必须因地制宜，综合治理。

（2）竹子根系密集，竹竿生长快，生长量大，既需要充足的水湿条件，又不耐积水，且对土壤的要求高于一般树种，土壤 pH 值在 4.5～7.0，因此在本地不太适宜种植或大面积种植，建设可选用耐盐碱相对较强的灌木，如木槿、金银木等。

（3）在工程养护期间，由于人员的散漫、重视度不够、养护措施不规范等等造成工程质量受损，因此要制定出一套合理、高效、科学、全面的绿化养护管理制度，标准化、科学化管理园林绿化养护工作，实行班组承包或个人岗位承包责任制，建立完善的园林绿化养护管理质量检查、考评制度，奖惩分明，提高职工积极性。

第七篇　地　铁　工　程

第二十五章　地铁工程的建设特点及常用施工方法

地铁是在城市中修建的快速、大运量、用电力牵引的轨道交通。线路通常设在地下隧道内，也有的在城市中心以外地区从地下转到地面或高架桥上。国际隧道协会将地铁定义为轴重较重、单方向输送能力在 3 万人次/h 以上的城市轨道交通系统。

地铁具有运量大、速度快、污染小、能耗低、占地省的特点，是缓解现代城市人多、车多带来的交通拥挤、交通环境污染严重两大难题的必由之路，但其也有投资规模大、建设周期长、投资回报慢、赢利水平低等不足，是一个城市有史以来最大的公益性基础设施，同时也是现代化城市的象征。

第一节　地铁工程建设特点

地铁建设规模大，投资高、周期较长、技术复杂，对工程质量的要求高，是土建及机电设备复杂的综合性系统工程。地铁工程建设具有如下特点：

（1）工程风险大

地铁工程不仅技术复杂，而且建设环境也十分复杂，包括：地下水文地质环境、地下管网环境、地下建筑物环境、地面交通环境、周边的环境等。施工难度大，特别需要工程风险管理。

（2）控制标准严

区间隧道采用浅埋暗挖法和盾构法修建，大部分在城市干道下或构筑物下修建，且穿越河流、铁路及多种地下管线等，为确保地面不发生过量沉降和坍塌，确保建筑物、道路、铁路、河流及地下管线等安全，沉降控制标准严。

（3）防水标准高

地铁工程结构防水涉及工程使用寿命及运营安全，地铁工程交付运营后，一旦发生渗漏水，后果十分严重，不仅腐蚀钢轨扣件，危及行车安全，降低结构物使用寿命，而且破坏了站容、站貌，站台积水还会摔伤乘客。因此，必须加强工程防水设计与施工管理，严把材料质量关、施工工艺关、检查验收关。

（4）协调内容多

地铁涉及专业多、项目多、环节多、接口多，对于土建工程施工阶段要与设备安装等环节密切配合，要预埋好各种管线及预埋件、预留好孔洞，组织协调难度大。

第二节 地铁工程常用施工方法

地铁工程中大量的工程属于地下工程，因此，这里所说的地铁工程主要是指地下工程。

一、地下工程基本作业

地下工程基本作业包括降水、开挖、支护、防水和衬砌等技术。

降水技术是确保地下工程在无水情况下作业施工所采取的技术措施。实施降水施工，必须按当地政府建设主管部门要求的规程或文件严格控制实施。

支护技术是为了地下工程开挖的安全，一般分为临时支护和永久支护两类；形式上有木支撑、钢支撑、格栅支撑、锚杆、喷射混凝土及其组合等。

衬砌技术有现浇混凝土和预制混凝土两类。

根据开挖方式的不同，地下工程可以分为不同的施工方法。开挖方法主要根据施工范围内的工程地质和水文地质勘探资料，工程埋置深度、结构形状和规模、使用功能、工期要求、周围环境及交通等情况进行技术、经济综合比较后确定。

目前，我国地铁工程采用的施工方法主要包括明挖法和暗挖法。暗挖法中包括传统矿山法（钻爆法）、新奥法、浅埋暗挖法、盾构法和沉管法等，如图 25-1 所示。

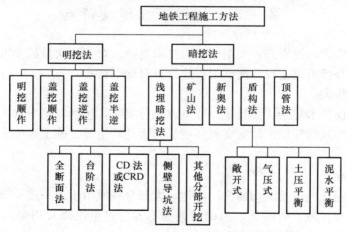

图 25-1 地铁工程常用施工方法

（一）明挖法

明挖法是指由地面挖开的基坑中修筑隧道的方法。主要施工工序为拆除和恢复道路、土石方开挖和运输、降水、钢筋混凝土结构制作、结构防水、地基加固和监测等。

1. 明挖法的种类

明挖法包括敞口开挖法、盖挖顺作法、盖挖逆作法、盖挖半逆作法。围护结构采用的手段包括地下连续墙、人工挖孔桩、钻孔灌注桩、SMW 工法桩、工字钢桩、加木背板和钢板桩围堰等。

由于明挖方式存在占用场地大，较长时间的隔断地面交通，挖方量及填方量大等不利因素，故采用半明挖方式，即盖挖法。

（1）盖挖顺作法。在地面修筑维持地面交通的临时路面及其支撑后，自上而下分层开挖土方至坑底设计标高，再自下而上分层修筑结构。

（2）盖挖逆作法。开挖地面修筑结构顶板及其竖向支撑后，在顶板的下面自上而下分层开挖土方分层修筑结构。

（3）盖挖半逆作法。类似于逆作法，其区别仅在于车站顶板完成及恢复路面后，向下挖土至设计标高后先建筑底板，再依次向上逐层建筑侧墙、楼板，在半逆作法施工中，一般都必须设置横撑并施加预应力。

2. 明挖法的特点及适用范围

明挖法具有施工作业面多、速度快、工期短、易于保证工程质量和工程造价低等优点。明挖法一般用于车站施工，车站结构施工对地下构筑物、地下管线及地面交通影响不明显，具备明挖施工场地条件的车站，宜采用明挖顺作法施工；盖挖法适用于松散的地质条件下及隧道处于地下水位以上时。当隧道处于地下水位线以下时，需附加施工排水设施。地面交通需要尽快恢复时，宜采用盖挖顺作法、盖挖逆作法或盖挖半逆作法施工。盖挖法的缺点是盖板上不允许留过多的竖井，故后继开挖的土方，需要采取水平运输，工期较长，作业空间小。与基坑开挖、支挡开挖相比，费用高。

（二）传统矿山法（钻爆法）、新奥法和浅埋暗挖法

1. 传统矿山法

是指用钻眼爆破修筑隧道的暗挖施工方法。

2. 新奥法

其基本思想是充分利用围岩的自承能力和开挖面的空间约束作用，采用锚杆和喷射混凝土为主要支护手段，及时对围岩进行加固，约束围岩的松弛和变形，并通过围岩和支护的测量、监控来指导工程的设计施工。

3. 浅埋暗挖法

即松散地层的新奥法施工，是针对埋置深度较浅、松散不稳定的上层和软弱破碎岩层施工而提出来的，具有灵活多变、适用复杂多变的地层及隧道断面结构、设备简单、不干扰交通及周边环境的特点，目前已成功应用于北京、广州、南京和深圳等已建成或在建地铁工程。

浅埋暗挖法大多应用于第四纪软弱地层中的地下工程，设计思想可以概括为"管超前、严注浆、短进尺、强支护、早封闭、勤量测、速反馈"。初期支护必须从上向下施工，二次模筑衬砌必须通过变位量测，当结构基本稳定时，才能施工，而且必须从下向上进行施工，决不允许先拱后墙施工。

（三）盾构法

盾构法施工是以盾构机为隧道掘进设备，以盾构机的盾壳作支护，用前端刀盘切削土体，由千斤顶顶推盾构机前进，以开挖面上拼装预制好的管片作衬砌，从而形成隧道的施工方法。盾构法施工的内容包括盾构的始发和到达、盾构的掘进、衬砌、压浆和防水等。

盾构机主要有五部分组成：壳体、排土系统、推土系统、衬砌拼装系统和辅助注浆系统。盾构机的壳体由切口环、支撑环和盾尾三部分组成，并与外壳钢板连成一体；排土系统主要是由切削土体的刀盘、泥土仓、螺旋出土器、皮带传送机、泥浆运输电瓶车等部分组成。

盾构法施工具有施工速度快、洞体质量比较稳定、对周围建筑物影响较小等特点。

（四）沉管法

在水底预先挖好沟槽，将陆地上特殊场地预制的适当长度的管段浮运到沉放现场，顺序地沉放到沟槽中并进行连接，然后回填覆盖成的隧道。主要用于跨越江、河、湖、海的隧道工程施工。

不同的施工方法具有不同的适用条件，应综合分析各种施工方法对地质条件的适应性、对周边环境的影响，以及综合分析其安全性、经济性和工期要求等。

不同施工方法的工程风险是不同的。一般说来，对于明挖法施工，主要有基坑支撑失稳、断桩、管涌等工程风险；对于暗挖法施工，主要有洞内塌方、地面沉陷、涌水等工程风险；对于盾构法施工，主要有盾构机故障停机、换刀、俯仰、蛇形、泥水压力过大导致地面隆起等工程风险。几种主要施工方法各有优缺点，见表25-1。

地铁主要施工方法的特点比较 表 25-1

对比指标	明（盖）挖法	盾构法	浅埋暗挖法
地质	各种地层均可	各种地层均可	有水地层需做特殊处理
场所	占用道路面积较多	占用道路面积较少	不占用街道路面
断面变化	适应不同断面	适应性差	适应于不同断面
埋置深度	浅	需要一定深度	浅埋
防水施工	较容易	容易	较难
地表下沉	小	较小	较大
施工噪声	大	小	小
交通影响	很大	除竖井外，不影响	不影响
地面拆迁	大	小	小
水处理	降水、疏干	堵、降结合	堵、降或堵、排结合
进度	受拆迁干扰大，总工期较短	前期工程复杂，总工期一般	开工快，总工期偏长

二、地下工程辅助工法

目前采用的辅助工法主要有：

（一）降水（和回灌）

有井管降水、真空降水、电渗降水等。北京及北方地区多采用基坑外地面深井降水和回灌，也有采用洞内轻型井点降水；上海及南方地区则多采用基坑内井管降水，也有采用真空或电渗降水的。

（二）注浆

在浅埋暗挖法施工中，当围岩的自稳能力在12h以内，甚至没有自稳能力时，为了稳定工作面，确保安全施工，需要进行注浆加固地层，以防坍陷沉或结构止水。注浆方式主要有软土分层注浆、小导管注浆、TSS管注浆、帷幕注浆等，注浆材料有普通水泥、超细水泥、水泥水玻璃、改性水玻璃、化学浆等。

（三）高压旋喷或搅拌加固

高压旋喷注浆法将带有特殊喷嘴的注浆管插入土层的预定深度后，以 20MPa 左右的高压喷射流强力冲击，破坏土体，使浆液与土搅拌混合，经过凝结固化后，便使土中形成固结体。

高压旋喷主要用于地层加固，适用于有水软弱地层，对于砂类土、流塑黏性土、黄土和淤泥等常规注浆难以堵水加固的地层等。如采用浅埋暗挖法或矿山法施工的隧道局部特别软弱的地层或有重要建、构筑物需要特殊保护时采用，盾构法隧道的始发和到达端头常用高压旋喷或搅拌加固，联络通道也常用此法加固地层。近年来也开发了隧道内施作的水平旋喷或搅拌加固技术。

（四）钢管棚

用于暗挖隧道的超前加固，布置于隧道的拱部周边，常用的规格主要有：42mm 直径、4～6m 长，108/159mm 直径、20～40m 长，前者采用风镐顶进，后者则用钻机施作。近几年来，也有采用 300～600mm 直径的钢管棚，采用定向钻或夯锤施作。管棚一般都要进行注浆，以获得更好的地层加固效果。

（五）锚索或土钉

预应力锚索主要用于基坑维护结构的稳定，以便提供较大的基坑内作业空间。

（六）冷冻法

它是利用人工制冷技术，在地下开挖体周围需加固的含水软弱地层中钻孔铺管，安装冻结器，然后利用压缩机提供冷气，通过低温盐水在冻结器中循环，带走地层热量，使地层中的水结冰，将天然岩土变为冻土，形成完整性好、强度高、不透水的临时加固体，从而达到加固地层、隔绝地下水与地下工程联系的目的。冷冻法主要用于止水和加固地层，多用在盾构隧道出发、到达端头、联络通道和区间隧道局部具流塑或流沙地层的止水与加固，既可用于各类不稳定土层，又可用于含水丰富的裂隙岩层，在涌水量较大的流沙层中，更能显示出冻结法的优越性。

冻结法可采用的类型有三种，即水平、垂直和倾斜。浅埋隧道多采用水平冻结为主，工作竖井或盾构出入口的施工，可采用垂直或倾斜冻结。

第二十六章　地铁工程施工风险及监理工作要点

第一节　地铁车站工程施工风险及监理工作要点

一、地铁车站及其施工方法

(一) 地铁车站及其分类

对地铁车站的分类主要可以从其所处的城市位置、功能、运营性质、场所导向及施工方法进行考虑。地铁车站按照不同分类标准，可以划分为不同类别。

（1）按照线路上的运输功能及位置划分。可以分为：通过（中途）站、交汇（换乘）站和终点站。

（2）按照城市功能和相对位置划分。可以分为：市中心站、交通枢纽站、居住区站、城市外围区（郊区）站和田园站。

（3）按照地铁车站运营性质划分。可以分为：中间站（一般站）、区域站（折返站）、换乘站、枢纽站、联运站、终点站。

（4）按照场所导向型划分。可以分为：公共中心区、交通枢纽区、成熟居住区、城市外围区。

（5）按照地铁车站与地面位置的关系划分。可以分为：地下车站、浅埋车站、地面车站、高架车站。

（6）按照车站站台形式划分。可以分为：岛式站台车站、侧式站台车站、岛侧混合式站台车站。

（7）按照施工方法划分。主要可分为：明挖法、盖挖法、暗挖法车站。暗挖法中又可分为矿山法、新奥法和盾构法等。

一般施工和监理人员关心的主要是按第（5）种和第（7）种方法的地铁车站分类。因为这些分类与所采取的施工方法密切相关。

(二) 地下车站施工方法

从目前国内外地下车站采用的施工方法来看，主要有明挖法、盖挖法和暗挖法三种。

1. 明挖法

明挖法是目前在国内地铁工程施工中运用最多最成熟的工艺，已在软土地层中成功修建了深埋车站，如上海明珠线二期西藏南路车站（地下四层，最大开挖深度约 25m）和 M8 线江浦路车站（地下四层，最大开挖深度约 30m）。

2. 盖挖法

盖挖法根据基坑开挖与结构浇筑顺序的不同，又分为三种基本的施工方法：盖挖顺作法、盖挖逆作法和盖挖半逆作法。

（1）盖挖顺作法。适用于位于路面交通不能长期中断的道路下地铁车站施工。

（2）盖挖逆作法。适用于开挖面较大、覆土较浅、周边建筑物过于靠近，为防止因开挖基坑而引起邻近建筑物的沉陷；或路面交通繁忙，但又缺乏定型覆盖板的地下车站施工。

（3）盖挖半逆作法。盖挖半逆作法类似于逆作法，其区别仅在于顶板完成及恢复路面后，由上而下挖土至设计标高后先浇筑车站底板，再依次向上逐层完成车站结构。在半逆作法施工中，一般须设置临时横撑并施加预应力。

盖挖法大部分土方在顶板及围护墙体结构范围内开挖；适宜于软弱土质地层，特别适合于城市中心人口、交通密集繁忙之处。但由于我国缺少定型覆盖板，一定程度上限制了盖挖车站的推广，但是盖挖法在我国已有成功运用实例，如上海地铁 1 号线黄陂南路车站（盖挖逆作法）和广州地铁公园前站（盖挖半逆作法）。

3. 暗挖法

暗挖法车站主体一般是通过矿山法、新奥法或者盾构法施工完成。在岩石地层中宜采用矿山法、新奥法施工，软土地层中宜采用盾构法施工。

暗挖法施工是边挖边支护，约束周围岩土变形，使土体和支护结构共同形成支护环、实施稳定的掘进作业。暗挖法施工自始至终处于暗挖土体与车站结构置换的动态过程，周边岩土始终处于稳定与失稳两种态势的交变过程之中，因此，在软土层中暗挖法施工风险较高。采用暗挖法施工的地下车站多采用地下一层车站，以减少风险。实际运用中，较少采用全暗挖施工车站，多是车站两端为明挖或盖挖的站厅层，中间为两个并列的暗挖隧道所组成的端进式车站。这样既降低了全暗挖车站的施工风险，也解决了跨路口设置车站施工时交通疏导的困难。如南京 1 号线南京火车站站（穿越不能中断行车的京沪铁路）和广州 2 号线越秀公园站。这种端进式车站已经在北京地铁 4、10 号线中得到推广。

地下车站采用暗挖法施工，与区间隧道工程施工基本类似，不同之处在于地铁车站比地铁区间结构空间更大，往往由两个甚至三个并列的暗挖隧道组成。故此处主要讨论明挖法和盖挖法。

二、地下车站工程明（盖）挖法施工风险分析

（一）支护结构施工风险分析

地铁车站工程支护结构的类型较多。支护结构的质量，对于基坑开挖的安全至关重要。几种主要支护结构的施工风险如下：

1. 地下连续墙施工风险

地下连续墙作为结构的一部分，主要起承重、挡土及截水抗渗等作用，同时也作为建筑物空间分割的外墙，如作为地铁车站结构的侧墙、高层建筑的地下室外墙等。地下连续墙在施工过程中，可能遇到的风险如图 26-1 所示。

2. 钻孔灌注桩施工风险

钻孔灌注桩是通过钻孔、沉放钢筋笼、灌注混凝土而形成的柱列式挡土墙，常与搅拌桩联合使用作为围护结构。钻孔灌注桩在施工过程中，可能遇到的风险如图 26-2 所示。

3. SMW 工法施工风险

SMW 工法是在深层搅拌桩工法和地下连续墙工法基础上发展起来的一种深基坑支护技术，其主要特点是利用水泥土的特性就地在地下深处注入水泥系固化剂，经机械搅拌，将软土与固化剂拌合形成致密的水泥土地下连续墙，并在墙体内插入受力钢材成复合材料

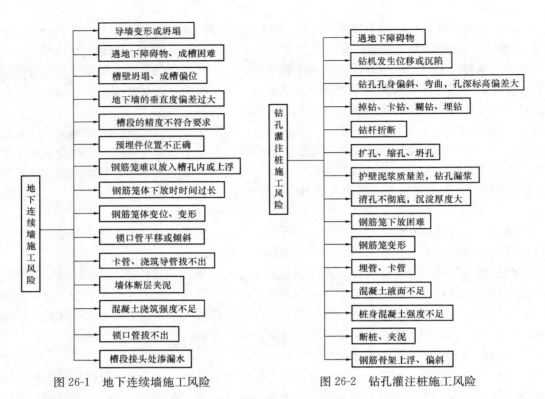

图 26-1　地下连续墙施工风险　　　　　图 26-2　钻孔灌注桩施工风险

共同抵抗侧向水压力。SMW工法在施工过程中,可能遇到的风险如图26-3所示。

4. 土钉支护施工风险

土钉支护是由土钉、原位土体和钢筋混凝土面层三个主要部位组成。它是依靠土钉与周围土体之间的摩擦力,使土体拉结成整体,并在沿坡面铺设的并与土钉相连的钢筋网片上喷射混凝土面层。这样,土体、土钉和钢筋混凝土面层三者形成一体,共同作用,提高了边坡稳定性。土钉支护在施工过程中,可能遇到的风险如图26-4所示。

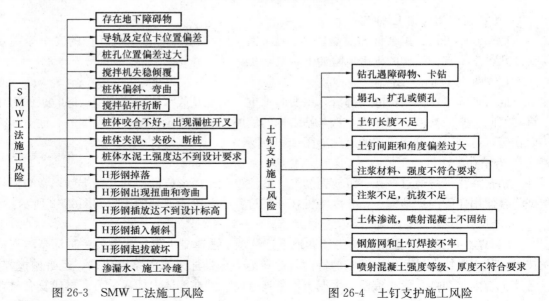

图 26-3　SMW工法施工风险　　　　　图 26-4　土钉支护施工风险

（二）支撑体系施工风险分析

在基坑工程中，支撑结构是承受围护墙所传递的土压力、水压力的结构体系。支撑结构包括围檩、支撑、立柱及其他附属构件。支撑体系在施工过程中，可能遇到的风险如图26-5所示。

（三）基坑降水施工风险分析

基坑降水的目的是为了降低坑内地下水位，疏干土体，便于开挖施工，对于含水丰富的土层，基坑降水是基坑工程施工不可或缺的步骤。尤其是对于有含水砂层和承压含水层的场地，基坑降水对于防止流沙、管涌，确保基坑稳定有着极其重要的作用。但是基坑降水控制不当，也会对基坑周边环境造成不利影响，如降水漏斗过大导致周围土体下沉，危及邻近建筑。基坑降水中可能遇到的风险如图26-6所示。

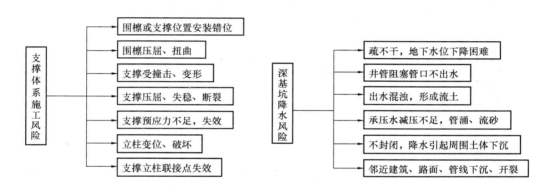

图26-5　支撑体系施工风险　　　　　　　图26-6　深基坑降水风险

（四）基坑加固施工风险分析

基坑加固分为主动区加固和被动区加固。主动区加固的目的是为了改善主动区土质，减少围护结构承受的主动土压力。当为封闭加固时，其又可以作为防渗帷幕。被动区加固的目的是为了改善被动区土质条件，提高被动区土体抗力。对于软土层中的基坑，被动区的加固对于确保基坑稳定具有十分重要的作用。因此基坑加固的风险主要在于其加固的有效性是否得到保证。其可能遇到的风险如图26-7所示。

图26-7　深基坑加固风险

（五）基坑开挖施工风险分析

深基坑开挖往往施工条件很差，周边建筑物密集，地下管线众多，交通网络纵横，环境保护要求高，施工难度大。设计、施工不当，往往容易产生基坑严重位移甚至整体失稳等重大工程事故，这种事故不仅造成工程的直接损失和工期延误，同时对周围环境造成危害。深基坑开挖中可能会出现的风险事故如图26-8所示。

（六）其他常见风险

其他常见风险见表26-1。

序号	危险源		可能造成后果
1	灌注桩施工	桩机、吊机安全	路基不坚实引起倾翻
		钻桩	地下管线损坏
		吊运钢筋	吊运过程中钢筋跌落伤人
2	土方开挖		机械伤害、倾覆
3	模板工程（搭、拆）		架体失稳、坍塌。拆模顺序不当引起模板塌落伤人，杆件倒下或掉下伤人。吊运钢模时钢模散落伤人。支架搭设过程中施工人员坠落
4	大型机械（起重机、桩机）		地基不坚实不平引起倾覆。超载引起倾覆。变幅过位引起把杆倾覆。制动失灵，引起吊物坠落。由于吊钩、索具不合格或吊物捆扎不当引起吊物坠落等
5	中小型机械		机械伤人
6	施工用电		触电伤人
7	脚手架、排架		高处坠落。脚手倒塌
8	到作业点无施工通道		高处坠落。途中绊脚跌伤
9	高处作业、洞口临边		高处坠落。落物打击
10	违章指挥、作业、违反安全纪律		造成自我伤害；造成伤害他人；造成财产损失
11	施工用动火		发生火灾、财产损失、人员伤亡
12	危险品仓库		爆炸、中毒、火灾
13	就餐、饮水		食物中毒
14	高温		中暑
15	恶劣天气		财产损失、人员伤亡
16	污水排放		地下管道淤积、堵塞、污染城市道路
17	地下管线		管线损坏、煤气中毒、供水中断

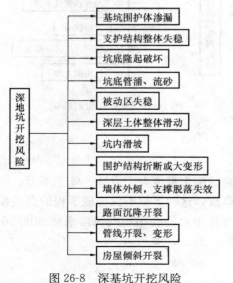

图 26-8　深基坑开挖风险

（深基坑开挖风险 → 基坑围护体渗漏 / 支护结构整体失稳 / 坑底隆起破坏 / 坑底管涌、流砂 / 被动区失稳 / 深层土体整体滑动 / 坑内滑坡 / 围护结构折断或大变形 / 墙体外倾，支撑脱落失效 / 路面沉降开裂 / 管线开裂、变形 / 房屋倾斜开裂）

三、地铁车站工程明（盖）挖法监理工作要点

（一）施工准备阶段监理工作要点

（1）复核地质资料，熟悉场地工程地质和水文地质条件；

（2）研究施工场地环境，掌握邻近建筑、管线分部与基坑相对关系；

（3）熟悉消化施工图纸，参与图纸会审。深基坑设计方案均须组织专家论证，监理人员应特别关注设计对专家意见的落实情况；

（4）审查施工组织设计和施工单位的质量、安全保证体系；

（5）审查各分包单位资质；

（6）审查各专项施工方案，着重审查施工方案中各项安全技术措施并编制准对性的各项监理细则；

（7）审查主要施工管理人员的资质及各专业特种工上岗资格；

（8）检查施工"人、机、物、料"的准备情况和场地开工条件；

（9）审查开工用原材料质保资料及监理见证取样复试报告；

（10）审查施工用各种大型施工机械有效期内的检测合格证明；

（11）审查针对可能遇到的重大安全事故的应急预案；

（12）审核基坑监测方案。审查重点：监测单位及其人员资质、监测仪器、测点布置、监测项目及其控制值、监测频率等。

（二）施工阶段监理工作要点

1. 基坑围护结构工程监理工作要点

（1）地下连续墙：

1）导墙检查：复核测量放样的中心线精度和标高误差；检查沟槽土体土质及其稳定性；检查导墙成型后内支撑水平间距、竖向间距、牢固程度和控制支撑拆除时间；检查内墙面与地墙纵轴线平行度、垂直度、平整度及导墙净间距是否符合要求。

2）泥浆检查：泥浆配合比满足现场地质要求；每幅槽段对泥浆指标（比重、黏度、pH 值、含砂率）检查不少于 4 次，即成槽前、成槽中、第一次清孔、第二次清孔（浇混凝土前）；控制对循环（废弃）泥浆的处理。

3）成槽检查：单元槽段分幅位置测定；成槽过程中观测周围地面变形情况、槽段内泥浆液面高度；及时检查槽段深度、宽度、垂直度和长度等；检查刷壁次数和刷壁结束时刷壁器的清洁程度；检查第一次清孔后槽底泥浆指标。

4）钢筋笼制作和吊放检查：纵横向钢筋点焊质量、钢筋桁架焊接质量、吊点焊接质量、吊筋长度等；预埋件（如钢筋接驳器）位置、数量、规格和安装固定情况；保护层垫块位置、数量；混凝土导管位置、通道是否顺畅；钢筋笼入槽是否顺利、入槽后平面位置、标高和固定情况。

5）吊放接头管检查：接头管入槽位置、深度符合要求，入槽顺利；开始拔管时间、每次拔管长度、最终拔管时间符合要求。

6）混凝土浇筑。混凝土导管总长度、第一次使用前气（水）密性试验；导管吊放拼接顺利，位置正确固定；混凝土浇筑前第二次清孔；混凝土初灌量满足要求；确保连续浇筑，控制浇筑面高差、浇筑速度和最终混凝土面标高；试块制作批次、数量。

（2）灌注桩：

1）桩位放样复核；护筒埋设深度和中心位置。

2）泥浆检查：方法同连续墙。

3）成孔检查：观测钻头位置、钻盘水平度、钻杆垂直度；钻孔作业顺利、连续；钻孔深度符合要求；清孔后孔底沉渣厚度、孔底泥浆指标符合要求。

4）钢筋笼制作和吊放检查：纵向钢筋和箍筋点焊质量、加强箍筋焊接质量、吊点焊接质量、上下节接头处主筋错开长度、保护层垫块放置情况；上下节钢筋笼主筋焊接质量（焊缝长度、厚度）、接头处后加箍筋、下笼过程顺畅、钢筋笼总长度、钢筋笼顶标高。

5）混凝土浇筑检查：混凝土导管总长度、第一次使用前气（水）密性试验；导管吊放拼接顺利，位置正确固定；混凝土浇筑前第二次清孔；混凝土初灌量满足要求；确保连续浇筑，控制最终混凝土面标高；试块制作。

（3）支撑立柱桩：

钻孔灌注桩部分：同前。

钢立柱制作安装：钢立柱截面几何尺寸、焊接质量、扭转变形等；检查钢立柱与钢筋笼搭接长度、焊接质量、平面转角、垂直度、中心位置和顶标高。

（4）SMW 工法：

1）原材料检验。浆液拌制选用的水泥、外加剂等原材料的技术指标应符合设计要求并按相关要求取样复试。浆液水灰比、水泥掺量应符合设计和施工工艺要求，浆液不得离析。型钢规格、焊缝质量应符合设计要求。

2）水泥土搅拌桩桩身强度检验。

① 水泥土搅拌桩的桩身强度应采用试块试验确定。试验数量及方法：每台班抽查 2 根桩，每根桩制作水泥土试块三组，取样点应取沿桩长不同深度处的三点，最上点应低于有效桩顶下 3m，采用水中测定 28d 无侧限抗压强度。

② 地铁车站工程宜结合 28d 龄期后钻孔取芯等方法综合判定。取芯数量及方法：抽取单桩总数量的 1%，并不少于 3 根。单根取芯数量不应少于 5 组，每组 3 件试块。钻取桩芯宜采用 Φ110 钻头，连续钻取全桩长范围内的桩芯。

3）型钢插入时注意检查插入机械、插入方式和插入质量。

4）型钢拔除回收时必须确认地下室外墙与搅拌墙之间已回填实。

2. 降水工程监理工作要点

（1）管井成孔：同钻孔灌注桩成孔。

（2）井管制作安装：检查井管长度、直径、壁厚、滤管孔径、滤管长度、滤管滤网包裹情况；滤管位置、井管接头连接质量、井管安装居中情况。

（3）封井、洗井：回填滤料数量、顶面标高、井管四周均匀回填、孔口回填密实；提拉活塞次数、活塞密封效果、洗井后井内水质等。

（4）井点运行：单井出水情况、井内真空情况、观测井水位变化情况；收集井点降水资料并观察其水位变化规律。

3. 土体加固监理工作要点

搅拌桩（旋喷桩）桩位放样复测。

浆液配备：浆液配合比满足要求，浆液指标，浆液是否离析。

喷浆成桩：钻管下沉深度、垂直度；连续喷浆成桩；喷浆压力、喷气压力、喷浆量、浆液比重、提升速度和转速。

水泥搅拌桩复搅时，搅拌头的下沉和提升速度。

加固深度检查和加固质量检验。

4. 基坑开挖监理工作要点

做好开挖条件验收，特别是方案审批、围护墙体强度、地基加固强度、降水水位情况。

严格遵循"时空效应"理论监控开挖，控制分层分段开挖、临时放坡坡度、坑底以上30cm 土体人工开挖、坑底是否扰动、坑底标高和平整度等。

集水井位置、构造；集水井按要求封闭，封闭后是否有渗漏情况。

第一道支撑系统安装。

混凝土支撑制作同混凝土结构，注意支撑与围护墙体连接构造。

钢支撑预拼装总长度、活络头长度、挠曲度。

钢支撑及时安装，平面位置、竖向位置、挠曲度，与立柱桩连接，与围檩或围护墙体连接构造处理，及时施加预应力。

支撑轴力施加设备的检定，压力值，根据监测数据及时调整复加预应力。

钢围檩型钢规格、质量，型钢接头焊接，围檩与围护墙体和支撑端头的细部构造处理。

根据结构混凝土强度，按方案拆除支撑。

每完成一段及时浇筑垫层，保证垫层混凝土面标高、平整度。

组织协调挖土与支撑的关系，不但控制基坑的无支撑暴露时间，同时也要控制基坑的有支撑暴露时间。

5. 主体结构监理工作要点

（1）车站结构。同一般建筑工程，钢筋工程中杂散电流构造处理。

（2）车站防水。基坑开挖阶段对围护墙体渗漏进行修补。

橡胶止水带质量保证资料及复试报告、安装位置、固定方式、接头构造处理、施工中是否有破损等。

钢板止水带钢板厚度、宽度、接头焊接质量、埋设位置、固定方式等。

施工缝表面凿除清理情况、止水条质量保证资料及复试报告、止水条敷设位置、固定方式、混凝土浇筑前是否有膨胀变形情况等。

顶板防水层基层处理情况、诱导缝嵌防水腻子、阴角及阳角的处理、诱导缝处附加防水层、涂刷范围、材料配比、涂层厚度等。

隔离层材料质量保证资料和隔离层搭接宽度等。

特殊部位涂刷水泥基结晶防水材料时基层处理、涂刷范围、材料配比、涂层厚度等。

结构完成后及时绘制渗漏展开图，据此堵漏，跟踪检查。

加强对支撑端头、穿墙管（杆）等薄弱环节堵漏。

对防水施工按工序隐蔽验收。

第二节　地铁区间隧道工程施工风险及监理工作要点

地铁区间隧道工程的施工方法可归纳为明挖法（盖挖法）、暗挖法（矿山法、新奥法、浅埋暗挖法等）、盾构法、沉管法、顶管法等类型，其中比较常见的是盾构法和浅埋暗挖法，这里将着重讨论这两种工法的施工风险及监理工作要点。

一、盾构法施工风险及监理工作要点

（一）盾构法的施工工艺及分类

1. 盾构法施工工艺

盾构是在隧道施工期间，进行地层开挖及衬砌拼装时起支护作用的施工设备。由于开挖方法及开挖面支撑方法的不同，盾构种类很多，但其基本构造均由盾构壳体与开挖系统、推进系统和衬砌拼装系统三大部分组成，其构造如图 26-9 所示。盾构壳体由切口环、支撑环和盾尾三部分组成，盾构开挖系统设于切口环中；盾构的推进系统有液压设备和千斤顶组成；衬砌拼装是在盾尾随着盾构的推进将预制管片纵向依次拼接成环。盾构施工及设备布置如图 26-10 所示。

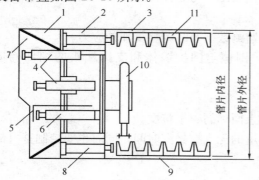

图 26-9　盾构构造简图

1—切口环；2—支撑环；3—盾尾部分；
4—支撑千斤顶；5—活动平台；6—活动
平台千斤顶；7—切口；8—盾构推进千斤顶；
9—盾尾空隙；10—管片拼装器；11—管片

盾构法施工工艺为：

（1）在盾构法隧道的起始端和终端各建一个工作井；

（2）盾构在起始端工作井内安装就位；

（3）依靠盾构千斤顶推力（作用在已拼装好的衬砌环和工作井后壁上）将盾构从起始井的墙壁开孔处推出；

（4）盾构在地层中沿设计轴线推进，在推进的同时不断出土和安装衬砌管片；

（5）及时向衬砌背后的空隙注浆，防止地层移动和固定衬砌环位置；

（6）盾构进入终端工作井并被拆除，如施工需要，也可穿越工作井再向前推进。

2. 盾构的分类

盾构的分类方式较多，根据工作原理不同，一般分为手掘式盾构、挤压式盾构、半机械式盾构、机械式盾构（机械开胸式盾构、局部气压盾构、泥水加压盾构、土压平衡盾构、混合型盾构、异型盾构等）。

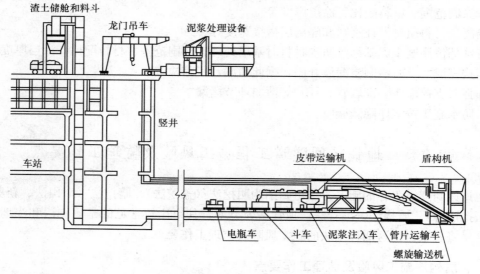

图 26-10　盾构施工及设备布置示意图

3. 盾构始发与到达突发风险事件

（1）盾构始发与到达是盾构法施工中较容易发生事故的施工工序。发生的主要原因有端头土体加固设计不合理。

（2）盾构始发与到达施工过程中所发生的事故大部分是由洞口土体不稳定和渗漏所致。这类风险事故发生的特征：围护结构开始局部拆除时，开始有水或沙从洞口加固段土体中渗漏出来，此时如果不及时采取止水措施，会产生大的水土流失，引起地层损失和地表沉陷，甚至造成盾构始发或到达的失败。

盾构始发与到达事故造成的严重后果主要有地表塌陷，始发/到达的失败，重要管线破裂、建/构/筑物倾斜、失稳，大量水土涌入盾构始发/到达区域。

（二）盾构始发监理工作要点

1. 盾构始发（接收）井监理工作要点

（1）审查施工单位提交的施工组织设计，内容包括：进度计划，施工工艺，质量保证措施，防水措施，安全措施，监测方案，地层加固方案，应急预案等。

（2）盾构始发井是用于组装、调试盾构，隧道施工期间作为管片、其他施工材料、设备、出渣的垂直运输及作业人员的出入通道。井的平面尺寸必须满足上述各项的要求。一般情况下在盾构两侧各留 1.5m 作为盾构安装作业的空间。盾构的前后应留出洞口封门拆除、初期推进时出渣、管片运输和其他作业所需的空间，始发井的长度应大于盾构主机长度 3.0m。盾构接收井的井宽应大于盾构直径 1.5m，长度应大于盾构主机长度 2.0m。

（3）由于盾构的安装、拆除作业、洞口与隧道的接头处理作业等需要，因此，决定始发（接收）井的井底板宜低于进、出封门底标高 700mm。

（4）洞口封门及其他预埋件等应在盾构始发或接收前按要求完成，并符合质量要求。

2. 盾构始发（接收）端土体加固监理工作要点

（1）盾构工作井施工时对周围土体进行了一次扰动，盾构始发或到达时再次对工作井周围土体扰动，使这一区域很容易发生土体失稳。国内外盾构施工多次因工作井周围土体加固不到位而发生大小事故。因此，盾构掘进前，必须对洞门外一定范围内的土体进行加固处理。围岩的加固，可根据地质状况、周围环境及盾构的特点确定，近年来多采用高压喷射搅拌法，这种方法强度较高，能长时间稳定，且与连续墙能充分粘接。在审查土体加固专项方案时，应审查施工单位是否在方案中有相应的措施，一般可采用注浆、旋喷等方法封闭该间隙，并督促施工单位予以落实。

（2）当洞口处于砂性土或有承压水地层时，应采取降水、堵漏等防止涌水、涌砂措施。

（3）采用多排搅拌桩加固土体，应确保桩体成三角形互相搭接。打桩前应先探查地下管线。监理人员在掘进前一定要采取钻芯取样检测的方式，对洞口段土体现场取芯做强度、抗渗和土工试验对加固效果加以验证，并对钻芯取样过程进行见证，确保取样工作的真实性。如不能满足设计要求，应分析原因并采取补强措施，以保证盾构始发和接受的安全。

（4）监理人员应对加固土体的均匀性进行检查。检验加固土体的均匀性目前尚无相应的工具、手段，可通过打探孔方式进行观察。但是，监理人员应监督施工单位在洞口割除围护结构背土面钢筋及凿除混凝土后，合理布置探孔（选择有代表性部位、数量一般不少于 5 个），现场观察探孔有无渗漏或流沙等异常情况，作为判断土体加固效果的辅助手段。

（5）掘进前应钻孔检验开挖面土体的稳定效果，对洞口段土体现场取芯做强度、抗渗和土工试验验证加固效果，如不能满足设计要求，应分析原因并采取补强措施，以保证盾构始发和接收的安全。

　　3. 管片制作监理工作要点

　　(1) 管片制作质量好坏是确保管片拼装质量的首要环节,一般管片制作均由预制构件厂提前生产,以满足现场盾构掘进施工的需要。《地下铁道工程施工及验收规范》GB 50299—1999 第 8.11 条对管片制作质量提出明确的要求。监理人员在监督管片制作过程中应严把质量关,监理人员要驻场监理,对管片预制生产质量进行检查验收。

　　(2) 用于管片制作的水泥、钢筋、砂、石等材料必须符合设计及规范要求,并按有关文件要求提供出厂质量证明和进厂复试检验报告,特别应注意所用混凝土必须符合防止混凝土工程碱集料反应技术管理规定。

　　(3) 钢筋混凝土管片应采用高精度的模具制作,模具必须具有足够的承载能力、刚度、稳定性和良好的密封性能,并应满足管片的尺寸和形状要求。其宽度及弧弦长允许偏差为 ±0.4mm,并在使用中经常维修、保养。

　　(4) 管片混凝土的配合比必须经过试验合格后才可使用。在常规条件下,混凝土抗压、抗渗及耐久性指标取决于水泥强度等级、用量、水灰比、骨料的种类以及硬化时间等。水灰比的大小与混凝土的强度成正比,水灰比越小,强度越高。混凝土坍落度为 2～3cm,每次搅拌需做好记录。

　　(5) 管片钢筋笼制作的精度控制。由于管片生产选用的钢筋,在种类、直径以及尺码上较为繁多,故应当根据其类别堆放,并且应保证钢筋不受外界影响而引起腐蚀。钢筋的加工主要有以下相继的工序:钢筋的调直、校正、切断、弯曲、钢筋网片成型以及总体骨架的焊接成型。管片钢筋骨架的装配在钢筋成型架上进行,在装配钢筋骨架时,应严格控制电焊机的电流量,尽量以较小的电流来加以焊接成型,以防止钢筋接头"咬肉"现象的产生。钢筋制作应符合表 26-2、表 26-3 的规定。

钢筋加工允许偏差和检验方法　　　　表 26-2

项目	允许偏差(mm)	检验工具	检验数量
主筋和构造筋长度	±10	钢卷尺	每班同设备生产 15 环同类型钢骨架,应抽检不少于 5 根
主筋折弯点位置	±10		
箍筋内净尺寸	±5		

钢筋骨架制作、安装允许偏差和检验方法　　　　表 26-3

项目		允许偏差(mm)	检验工具	检验数量
钢筋骨架	长	+5,-10	钢卷尺	按日生产量的 3% 进行抽检,每日抽检不少于 3 件,且每件检验 4 点
	宽	+5,-10		
	高	+5,-10		
主筋	间距	±5		
	层距	±5		
	保护层厚度	+5,-3		
箍筋间距		±10		
分布筋间距		±5		

（6）严格混凝土搅拌、灌注、振捣、养护施工工艺。按砂、水泥、石子顺序倒入料斗，同时加水搅拌，时间严格控制在 $1\sim2$ min，坍落度应为 $2\sim3$ cm，并要求施工人员做好记录。先两侧后中间，分层摊铺，振捣应先中间后两侧，两侧振捣后盖上压板再加料振捣。10min 后才可拆除压板。混凝土终凝后应及时进入养护池进行 7d 水养护，然后进堆场水喷淋养护至 28d。

（7）按有关要求进行混凝土抗压、抗渗试验，确保混凝土强度、抗渗性能符合设计要求。同一配比每灌注 5 环制作抗压试件一组，每 10 环制作抗渗压力试件一组。

（8）严格控制管片的外形尺寸以及预埋件、预留螺栓孔位置、尺寸。对加工或采购的钢模的尺寸进行严格检查，尺寸偏差必须在允许偏差范围内，不合格的严禁使用。钢筋混凝土管片尺寸应符合表 26-4 的规定。

钢筋混凝土管片尺寸允许偏差和检验方法　　　　　　　　　　　表 26-4

项　　目	允许偏差（mm）	检验工具	检验数量
宽　度	±1	卡尺	3 点
弧、弦长	±1	样板、塞尺	3 点
厚　度	+3，−1	钢卷尺	3 点

（9）采取有效措施，做好管片的成品保护，严防管片堆放、运输时损坏。堆放管片的场地，地坪必须坚实平整。管片应侧立堆放整齐，堆放高度以四块为宜，并应堆成上大下小状。运输时管片应侧向平稳地放于运输车辆的车箱内，严禁叠放，管片之间应附有柔性材料的垫料。

（10）管片每生产一环应抽查一块做检漏测试；生产 100 环应抽查 3 环做水平拼装检验。其水平拼装检验标准应符合表 26-5 的规定。

钢筋混凝土管片水平拼装检验允许偏差值　　　　　　　　　　表 26-5

项　　目	允许偏差（mm）	检测点数	检测手法
环向缝间隙	2	每缝测 6 点	塞尺
纵向缝间隙	2	每缝测 2 点	塞尺
成环后内径	±2	测 4 条（不放衬垫）	钢卷尺
成环后外径	+6，−2	测 4 条（不放衬垫）	钢卷尺

（11）管片出场前应进行检查控制，在满足以下条件的前提下才能允许管片出场：强度、抗渗性达到设计要求；管片无缺角掉边，无麻面露筋；管片预埋件、预埋孔完好，位置正确；管片型号和生产日期标志醒目、无误。

4. 盾构始发掘进监理工作要点

（1）始发前应对盾构机定位、反力架安装、洞口橡胶密封条和端墙凿除、临时管片固定方式、盾构机操作方式、同步和衬背注浆方式进行检查。

（2）应检查洞门位置尺寸，检查验收基座和反力装置是否符合设计。按照检查验收内容对盾构机进行井下验收。

（3）始发掘进前，应对洞门经改良后的土体进行质量检查，合格后方可始发掘进；应制定封门围护结构破除方案，采取适当的密封措施，保证始发安全。

（4）始发掘进时应对盾构机的出井位置和角度进行复核。开始掘进前，监理人员要确认盾构机的姿态位置正确无误，为防止盾构出井后出现"栽头"现象，可根据地质状况，预留 1～3cm 的沉降量。应对盾构的始发姿态进行检查，盾构机的垂直姿态应略高于设计轴线的 0～30mm，防止"栽头"，尤其是进入软土时，考虑到盾构可能下沉，水平标高应按预计下沉量抬高；检查负环的安装，保证负环正确定位，确保盾构始发进入地层沿设计的轴线水平推进。

（5）洞门钢筋割除工作从最后一层钢筋割除，应自下而上进行才比较安全。钢筋割除后，监理人员和质检人员到掌子面确认盾构机进洞的范围内没有残余钢筋后，盾构机方可始发。

（6）始发掘进过程中应保护盾构的各种管线，及时跟进后配套台车，并对管片拼装、壁后注浆、出土及材料运输等作业工序进行妥善管理。

（7）应重点对洞门密封措施检查，帘布橡胶板上所开螺孔位置、尺寸进行复核，对出洞装置安装的牢固情况进行检查，确保帘布橡胶板能紧贴洞门，防止盾构出洞后同步注浆浆液泄露。

（8）始发掘进过程中应严格控制盾构的姿态和推力，并加强监测，根据监测结果调整掘进参数。

（三）盾构正常掘进监理工作要点

1. 盾构机姿态控制监理工作要点

（1）根据盾构姿态测量数据进行监理控制。姿态测量数据包括自动测量数据（盾构机装有自动测量系统，能反映盾构运行的轨迹和瞬时姿态，动态监测盾构姿态数据）和人工测量复核数据（对自动测量数据正确性进行检测和校正），监理人员可对两类数据综合分析、比较，动态掌握数据变化情况，正确指导盾构正确、安全的推进。

（2）尽可能的由调整盾构推力大小及合力作用位置的方式来控制盾构的推进轴线，即合理的编定千斤顶组数及其油压值。在施工中要用控制盾构纵坡达到调整盾构高程，控制两侧对称千斤顶伸出差值调整盾构的平面位置。

（3）当采用压浆方法来调整管片与盾构两者相对位置关系，以改善盾构的纠偏条件时，要注意对地表隆陷的影响。

（4）盾构每环的纠偏幅度应从小到大到小的规律控制，以免造成管片开裂和影响下一环管片的拼装。由以往施工经验可知，这三个阶段的划分，一般为每环推进距离各 1/3 范围为最佳。

（5）盾构轴线控制纠偏必须要按"及时、连续"的原则，在施工时发现盾构轴线偏移应及时采取措施进行纠正，决不能到量大时再进行。一旦纠偏应连续进行直到纠正为止。

（6）当施工产生过大偏移时，其纠偏要合理，逐步纠正，使盾构纠偏轴线和顺。

（7）盾构掘进中发现下列问题之一，即令停止掘进，并会同施工单位分析原因，采取对策：盾构前方坍塌；盾构自转角度过大；盾构位置偏离过大；盾构推力较预计增大较多；可能危及管片防水及注浆遇到事故等。

2. 管片拼装管理监理工作要点

（1）监理人员对进场管片进行质量检查，检查应在施工单位对管片质量自检合格后进行。重点检查管片出厂质量证明，主要材料质量证明、复试报告，混凝土强度、抗渗试验报告及管片的外形尺寸、预埋件、螺栓预留孔位置和尺寸。管片拼装的螺栓型号、规格、材质、外观应符合设计要求，并有出厂证明。

（2）拼装前，应检查管片是否贴好接缝弹性密封垫，检查前一环环面防水材料是否完好，还应结合前环拼装的纠偏量，必要时提出新一环采用的纠正措施。

（3）组装管片时，应依照组装管片的顺序，从下部开始逐次收回千斤顶，防止围岩压力及工作面泥浆压力使盾构后退。

（4）纵向螺栓以设计标准测力扳手检测拧紧程度，在掘进时，依次拧紧将出工作车架的纵向螺栓。

（5）拼装过程中要保持已成环管片环面及拼装管片各面的清洁。

（6）曲线段时，各块管片的环向定位要正，以保证衬砌环符合设计轴线要求，同时注意管片形式的选择。

（7）管片拼装后无贯穿裂缝，裂缝宽度不得超过设计和规范要求，不许有混凝土剥落现象。环向、纵向螺栓必须全部拧进，每环相邻管片允许高差 10mm，纵向相邻管片允许高差 15mm。衬砌环直径椭圆度小于 5‰D。

3. 刀具更换监理工作要点

（1）应预先确定刀具更换的地点与方法，并做好相关准备工作。

（2）刀具更换宜选择在工作井或地质条件较好、地层较稳定地段进行。

（3）在不稳定地层更换刀具时，必须采取地层加固或压气法等措施，确保开挖面稳定。

（4）带压进仓更换刀具前，必须完成下列准备工作：

1）对带压进仓作业设备进行全面检查和试运行；

2）采用两种不同动力装置，保证不间断供气；

3）气压作业严禁采用明火。当确需使用电焊气割时，应对所用设备加强安全检查，还必须加强通风并增加消防设备。

（5）带压更换刀具必须符合下列规定：

1）通过计算和试验确定合理气压，稳定工作面和防止地下水渗漏；

2）刀盘前方地层和土仓满足气密性要求；

3）由专业技术人员对开挖面稳定状态和刀盘、刀具磨损状况进行检查，确定刀具更换专项方案与安全操作规定；

4）作业人员应按照刀具更换专项方案和安全操作规定更换刀具；

5）保持开挖面和土仓空气新鲜；

6）作业人员进仓工作时间符合表 26-6 的规定。

进仓工作时间 表 26-6

仓内压力（MPa）	工 作 时 间		
	仓内工作时间（h）	加压时间（min）	减压时间（min）
0.01～0.13	5	6	14
0.13～0.17	4.5	7	24
0.17～0.255	3	9	51

（6）应做好刀具更换记录。

4. 壁后注浆监理工作要点

（1）注浆材料的选择。注浆材料要完全适合围岩条件和盾构形式，要具有完全填充首尾空隙的流动性，浆液压注后不产生离析且强度很快超过围岩的强度，具有不透水性质。

（2）注浆时机。盾构推进时，应进行同步注浆；衬砌管片脱出盾尾后，应配合地面量测及时进行壁后注浆。为控制地表沉陷，要特别注意同步注浆和壁后及时注浆的效果，必要时要根据土体固结和隧道稳定状况以及地表监控情况适当进行二次注浆或多次注浆。

（3）注浆方法。注浆前应对注浆孔、注浆管路和设备进行检查并将盾尾封堵严密。注浆过程中严格控制注浆压力，使壁后空隙全部充填密实，注浆量应控制在 $130\% \sim 180\%$。壁后注浆应从隧道两腰开始，注完顶部再注底部，注浆后应将壁孔封闭。完工后及时将管路、设备清洗干净。

在注浆施工中尤其要注意管片与管片接头的变形、盾尾密封环损伤等问题，要严格控制管片拼装的质量，注重对压浆的管理，确保盾尾密封效果。

5. 防水施工监理工作要点

（1）监理的重点放在管片防水材料的进场验收、拼装过程中的保护、嵌缝施工以及注浆孔的封堵上。防水密封垫应按管片的型号施工，严禁尺寸不符或有质量缺陷。

（2）钢筋混凝土管片拼装前，应逐块对粘贴的防水密封条进行检查验收，检查重点放在粘贴是否牢固、平整、严密，位置是否正确，对有起鼓、超长和缺损等现象的一律禁止使用。

（3）管片采用嵌缝防水材料时，槽缝应清理，应使用专用工具填塞平整、密实。

（4）采用注浆孔进行注浆时，注浆结束后应对注浆孔进行密封防水处理。

（5）拼装时不得损坏防水密封装置，尤其注意管片拼装"T"形部位处的防水质量，若在该处施工时存在疏忽，往往给隧道防水带来隐患。

（6）隧道与工作井、联络通道等附属构筑物的接缝防水处理应按设计要求进行。

6. 控制地表变形的监理工作要点

（1）密封舱压力的正确选择，以及与之相适应的工作面稳定条件。

（2）控制排土量，推进速度和螺旋输送机转速的匹配问题。

（3）严格控制开挖面的挖土量，防止超挖。

（4）加强盾构与衬砌背面间建筑间隙的充填措施。保证压注工作及时，衬砌环脱出盾构后立即压注充填材料。

（5）提高隧道施工速度，减少盾构在地下的停搁时间，尤其要避免长时间停搁。

（6）为了减少纠偏推进对土层的扰动，应限制盾构推进时每环的纠偏量。

（7）为了防止由于隧道下沉而使竣工后的隧道高程偏离设计轴线，影响隧道的正常使用，通常按经验估计一个可能的沉降值，施工时可适当提高隧道的施工轴线，以使产生沉降后的轴线接近设计轴线。

（四）盾构接收监理工作要点

1. 盾构接收阶段监理工作要点

（1）盾构机在到站之前，应提前考虑与车站施工单位的施工接口要求，以便及时解决。

（2）盾构在到站之前，监理人员应审查施工单位提交的盾构机到站的进度计划和接收方案，包括：接收掘进，管片拼装，壁后注浆，洞门外土体加固，洞门围护破除，洞口钢圈密封等。

（3）审核施工单位提供的对盾构机进站过程产生的不良后果的补救方案，如管片破裂、隧道漏水、地面沉陷等。

（4）在轴线控制方面由于进井时往往会产生盾构"上飘"现象，因此要进行动态控制，根据盾构姿态相应调节土压力设定值、推进速度、进出土量等，保证轴线的正常。盾构到达接收井100m前，必须对盾构轴线进行测量并作调整，保证盾构准确进入接收洞门。

（5）盾构到达接收井10m内，应控制盾构掘进速度，开挖面压力等，当切口离洞门0.3～0.5m时盾构应停止掘进，并使切口正面土压力降到最低值，确保洞门破除施工安全。

（6）接收井到达面井壁的安全。由于土压平衡或盾构密封土舱内充满土体，故在近洞口处将有一个较大的力作用于接收井到达面的挡土墙上，因此在进井前应根据隧道掘进情况对井壁（封门）进行强度验算，决定是否需补强措施。

（7）盾构主机进入接收井后，应及时密封管片环与洞门间隙。

（8）盾构到达接收井前，应采取适当措施，使拼装管片环缝挤压密实，确保密封防水效果。

（9）洞门钢筋割除后，监理人员和质检人员到掌子面确认盾构机出站的范围内没有残余钢筋后，盾构机慢速进站，直到盾构安全上到托架。

（10）盾构接收全过程进行地面构筑物变形监测。

2. 盾构机调头和过站监理工作要点

（1）盾构机在过站之前，审查施工单位提供的盾构机过站的进度计划和施工方案。调头和过站设备必须满足盾构安全调头和过站要求。

（2）盾构调头和过站时必须有专人指挥，专人观察盾构转向或移动状态，避免方向偏离或碰撞。

（3）审查施工单位提供的盾构机过站或调头期间盾构机的维修保养方案，如刀具的更换与保养、螺旋输送机耐磨块的更换和盾尾密封刷的更换、千斤顶的维修等。

（4）施工单位的检查维修工作完成后进行检查，合格后才能进入下一道工序。

（5）盾构机调头、过站完毕后应重新按始发前的检查要求进行检查，符合要求后才能再次始发。

（五）盾构特殊地段施工监理工作要点

1. 浅覆土层地段应符合的规定

（1）控制掘进参数，减少施工对环境的影响；

（2）控制盾构姿态，防止发生突变。

2. 小半径曲线地段应符合的规定

（1）控制推进反力引起的管片环变形、移动、渗水等；

（2）使用超挖装置时，应控制超挖量；

（3）壁后注浆应选择体积变化小、早期强度高、速凝型的注浆材料；

（4）增加施工测量频率；

（5）采取措施防止后配套车架脱轨或倾覆；

（6）防止管片错台和严重开裂。

3. 大坡度地段应符合的规定

（1）选择牵引机车时，应进行必要的计算，车辆应采取防溜措施；

（2）上坡时应加大盾构下半部分推力，对后方台车应采取防止脱滑措施；

（3）壁后注浆宜采用收缩率小、早期强度高的浆液。

4. 地下管线与地下障碍物地段应符合的规定

（1）应详细查明地下管线类型、位置、允许变形值等，制定专项施工方案；

（2）对受施工影响可能产生较大变形的管线，应根据具体情况进行加固或改移；

（3）应及时调整掘进速度和出渣量，减少地表的沉降和隆起，确保管线安全；

（4）施工前应查明障碍物，并制定处理方案；

（5）从地面处理地下障碍物时，应选择合理的处理方法，处理后应进行回填，确保盾构安全通过；

（6）在开挖面拆除障碍物时，可选择带压作业或加固地层的施工方法，控制地层的开挖量，确保开挖面的稳定，并应配备所需的设备及设施。

5. 建（构）筑物地段应符合的规定

（1）盾构施工前，应对建（构）筑物地段进行详细调查，评估施工对建（构）筑物的影响，并应采取相应的保护措施，控制地表变形；

（2）根据建（构）筑物基础与结构的类型、现状，可采取加固或托换措施；

（3）应加强地表和建（构）筑物变形监测及反馈，调整盾构掘进参数；

（4）壁后注浆应使用快凝早强注浆材料，并保证质量。

6. 小净距隧道应符合的规定

（1）施工前，分析施工对已建隧道的影响或平行隧道掘进时的相互影响，采取相应的施工措施；

（2）施工时，应控制掘进速度、土仓压力、出渣量、注浆压力等，减少对邻近隧道的影响；

（3）对先行和既有隧道应加强监控量测；

（4）可采取加固隧道间的土体、先行隧道内支设钢支撑等辅助措施控制地层和隧道变形。

7. 江河地段应符合的规定

（1）应详细查明工程地质和水文地质条件和河床状况，设定适当的开挖面压力，加强开挖面管理与掘进参数控制，防止冒浆和地层坍塌；

（2）必须配备足够的排水设备与设施；

（3）应采用快凝早强注浆材料，加强壁后同步注浆和二次注浆；

（4）穿过江河前，应对盾构密封系统进行全面检查和处理；

（5）长距离穿越江河时，应根据地层条件预测刀具和盾尾密封的磨损，制定更换方案；

（6）应采取措施防止对堤岸的影响。

8. 地质条件复杂地段和砂卵石地段应符合的规定

（1）穿过复杂地层、地段（软硬不均互层），应优先选择复合式盾构；

（2）应综合考虑所穿过地段地质条件，合理选择刀盘形式和刀具配制方式、数量；

（3）应选择适当地点，及时更换刀具或改变其配置，以适应前方地层的掘进；

（4）应根据开挖面地质预测信息，调整掘进参数、壁后注浆参数和土仓压力，保证开挖面的稳定和掘进速度；

（5）采用土压平衡盾构通过砂卵石地段时，应进行渣土改良；

（6）采用泥水平衡盾构通过砂卵石地段时，应根据砾石含量和粒径确定破碎方法和泥浆配比；

（7）遇有大孤石影响掘进时，应采取措施排除。

二、浅埋暗挖法施工风险及监理工作要点

（一）浅埋暗挖法及其施工工艺

早期的隧道暗挖施工采用传统的矿山法，即以人工开挖、小型机械化开挖、钻孔爆破开挖等方法为主。根据围岩的稳定状况，在横断面上采用分部开挖，在纵断面上采用正台阶或反台阶开挖；在支护手段上采用圆木、型钢、钢轨等形成支护，对开挖面围岩形成强力支承。传统矿山法的理论依据是"松弛理论"，其认为围岩可能由于扰动而产生坍塌，支护需要支承围岩在一定范围内由于松弛可能坍塌的岩体重量。

1948年，奥地利学者拉布采维茨提出新奥地利隧道施工方法，简称新奥法。其开挖作业强调尽量减少对围岩的扰动，对完全的土质隧道可以采用机械或人工挖掘，对石质隧道多采用光面爆破和预裂爆破开挖。而在支护手段上，采用喷射混凝土和锚杆作为初期支护，把喷锚衬砌和围岩看作是一个相互作用的整体，既发挥围岩的自承能力，又使锚喷衬砌起到加固围岩的作用。新奥法的理论依据是"岩承理论"，其核心内容是：稳定的围岩自身具有承载能力，而不稳定围岩丧失稳定有一个时间过程，如果在这个过程中提供必要的帮助和限制，则围岩仍然能够进入稳定状态。硬岩隧道与软岩（土）隧道的新奥法应有区别：在软岩（土）地层中隧道在近地表的情况下，地层薄，覆盖土的重力作用较大，如果仍用柔性支护，隧道的变形会很快反映到地表沉降，因此，开挖和支护必须在短时间内完成，初期支护必须很快闭合。

中铁隧道工程局于1986年第一次将新奥法技术引入北京市复兴门地铁折返线工程，成功地完成了隧道最大跨度达14.5m的折返线工程，并由此总结出包括十八字诀（管超前、严注浆、短开挖、强支护、快封闭、勤量测）在内的基本经验。该项成果经鉴定取名为"浅埋暗挖法"。

浅埋暗挖法的施工风险主要来源于初衬施工阶段，超前加固不当，进尺过大、降水措施不当等，都易产生工程事故。

（二）地层超前支护及加固监理工作要点

1. 超前导管注浆监理工作要点

（1）严格控制材料质量，对用于工程的钢管的规格、材质和注浆材料进行严格检查验收，合格后方可用于工程。

（2）全数检查小导管的长度、数量、间距、安置角度、搭接长度是否符合设计，且检查安置牢固度。

（3）检查小导管的长度、数量、间距、安置角度、搭接长度及安置牢固度。

（4）注浆浆液材料、配比根据地质土质和试验确定。

（5）要求施工单位通过试验确定注浆压力。

（6）要求施工单位在注浆过程中认真做好注浆记录，确保设计要求的注浆加固范围和加固效果。

（7）对加固地层效果，会同施工单位，进行一定数量的检查（可采用钻取岩心或其他方法）。

（8）初期支护完成后，要按设计要求进行其背后注浆，注浆材料符合设计要求，注浆压力通过试验确定，但不得过大，以防破坏初期支护、注浆过程中认真做好记录。

2. 管棚超前支护监理工作要点

（1）管棚安装前应将工作面封闭严密、牢固，清理干净，并测放出钻设位置后方可施工。

（2）管棚施工应符合下列规定：

1）钻孔的外插角允许偏差为 5‰；

2）钻孔应由高孔位向低孔位进行；

3）钻孔孔径应比钢管直径大 30～40mm；

4）遇卡钻、坍孔时应注浆后重钻；

5）钻孔合格后应及时安装钢管，其接长时连接必须牢固。

（3）管棚注浆应符合下列规定：

1）注浆浆液宜采用水泥或水泥砂浆，其水泥浆的水灰比为 0.5～1，水泥砂浆配合比为 1：0.5～3；

2）注浆浆液必须充满钢管及周围的空隙并密实，其注浆量和压力应根据试验确定。

（三）隧道开挖及初期支护监理工作要点

1. 隧道开挖监理工作要点

（1）要求开挖必须在降水后进行，确保在无水时施工。

（2）要求施工单位在开挖前制定防坍塌、流沙、涌水、下沉过量等方案，备好抢险物资，并在现场堆码整齐。

（3）要求施工单位在开挖前确定实际开挖断面尺寸，设计已充分考虑合理的施工误差，变形量等因素，施工单位还应在此基础上，根据通道的功能和施工单位自身的施工技术能力，对设计断面给予适当外放，确定断面实际开挖尺寸。

（4）严格控制开挖断面尺寸，不得欠挖，超挖值应控制在 150mm 以内。

（5）必须坚持先加固后开挖的原则，坚决杜绝不注浆加固地层就开挖的蛮干现象。

（6）施工必须坚持挖、支、喷三环节紧跟的原则，即开挖一步，格栅架支一步，喷射混凝土一步，严禁开挖二步或多步后再施工初期支护的现象。严格按设计或规范要求控制循环开挖步距，采用台阶法开挖时应在拱部初期支护基本稳定，混凝土强度达设计强度 70% 以上进行。台阶的留置长度、核心土的留置范围应符合规范的有关规定。

（7）要求施工单位在开挖全过程中进行地质和水文地质的观测，做好记录，并利用地质推断法预测掌子面前方一段距离内的地质和水文地质情况，为下步开挖作好预案，遇有不良地质和水文地质时要及时做好反馈和采取有效的处理措施。

（8）加强地质超前勘探，开挖过程中一旦发生坍塌、流沙、涌水、地下管线损坏、洞体裂纹、异常的超允许值（速率）下沉和变形等立即停止开挖，封闭掌子面，查明原因采取有效措施，减少损失，保证安全。

2. 初期支护钢格栅监理工作要点

（1）检验格栅、纵向联结筋、钢筋网所用材料及连接配件的种类、型号、规格是否符合设计要求，对不符合要求的材料、配件严禁使用。

（2）要求施工单位在格栅加工前，确定格栅加工尺寸，设计已充分考虑了合理的测量误差、施工误差、变形等因素，施工单位要在此基础上，根据通道的功能和施工单位自身的施工技术能力，给予适当外放，确定其加工尺寸。

（3）格栅第一榀制作好后要进行试拼，经施工单位自检，监理人员验收后方可进行批量生产。

（4）对加工的格栅，监理人员应分批进行检查验收，格栅加工应符合如下规定：拱架应圆顺，直墙架应直顺；允许偏差：拱架矢高及弧长＋20mm，墙架长度＋20mm；拱、墙架横断面尺寸：（高宽）＋10mm；格栅组装后应在同一平面内，允许偏差：高度±30mm；宽度±20mm、扭曲度20mm，施焊符合设计及焊接标准的规定，并按规范要求进行焊接试验检验。

（5）格栅架立后，监理人员要严格进行安装和连接质量的隐蔽检查。

格栅架立应符合下列要求：格栅位置允许偏差：横向±30mm、纵向±50mm、高程±30mm、垂直度5‰、扭曲度20mm，格栅每片间必须连接良好、节点板顶实、栓接紧密、螺栓数量应符合设计要求；焊接节点必须焊接牢固，符合焊接规范有关要求，相邻格栅纵向筋连接牢固、纵向筋长度、间距、搭接长度符合设计要求；格栅与壁面间应楔紧。格栅不得置于浮渣上。钢筋网片安装是否正确、搭接尺寸和牢固程度。上台阶格栅脚是否支垫牢固。

浅埋暗挖隧道施工，一般都是以循环节进行开挖，为防止围岩应力变化引起塌方和地面下沉，故要求挖、支、喷三环节紧跟。喷射混凝土不密实是影响初期支护效果的关键因素。在钢筋密集地段实施喷射混凝土是一件比较困难的事，回弹大，而且钢筋背后不容易密实，所以规范规定双层钢筋网喷混凝土必须喷完一层，再挂第二层网喷第二层。挂在格栅表面的喷混凝土要清除后再喷，不然钢筋背后是无法喷实的。不密实的初期支护存在严重隐患，而且地下水极易锈蚀钢筋，影响初期支护的寿命。

3. 初期支护喷射混凝土监理工作要点

（1）严格控制喷射混凝土的材料和配比。

要求用于喷射混凝土的水泥、砂、石、外加剂、外掺料、水等材料，必须符合规范的各项要求。材料进场后按规定进行检验、复试和见证试验。要特别注意：要进行外加剂与水泥的相容性试验及水泥的净浆凝结效果试验，做好各项试验。材料进场施工单位自检合格后，监理进行检验，合格后方可使用。喷射混凝土的配合比要通过试验确定，监理人员检查确认符合设计和规范要求后方可使用。

（2）受喷面不得有滴水、淋水现象，如有滴水、淋水现象首先做好治水工作。

（3）钢筋网的网格尺寸、布设位置要符合设计或规范要求，并搭接绑扎牢固。

（4）喷射作业要分段、分片自下而上进行，喷头与受喷面要垂直。

（5）喷射混凝土应分层进行喷射，且应密实（特别应注重格栅与壁面间），一次喷射厚度以混凝土不滑移、坠落为准。分层喷射时，后一层喷射应在前一层混凝土终凝后进行，若超过终凝 1h 以上时，则受喷面应用水、风清洗。

（6）对喷射混凝土的回弹料要及时给予清除，严禁将回弹料堆积于喷射混凝土内。

（7）重视养护，混凝土终凝后 2h，应洒水养护，养护时间不得小于 14d；洒水次数以能保持混凝土充分湿润为度。气温低于 +5℃时，不得浇水养护。

（8）喷射混凝土冬期施工应符合下列规定：

1）喷射作业区的气温不低于 5℃；

2）混合料和水进入喷射机的温度不应低于 5℃；

3）混凝土强度未达到规范要求的数值前，不得受冻。

（9）喷混凝土厚度要符合设计和规范要求，在喷混凝土前，要设置喷射混凝土厚度标志，喷混凝土面要基本平整，圆顺。

（10）做好喷射混凝土强度的质量检查。

（四）防水层铺贴及二次衬砌监理工作要点

1. 防水层铺贴监理工作要点

（1）铺贴防水层的基面应坚实、平整、圆顺、无漏水现象，基面平整度为 50mm。阴阳角处理应符合以下规定：

1）基层面应洁净；

2）基层面必须坚实、平整，其平整度允许偏差为 3mm，且每米范围内不多于一处；

3）基层面阴、阳角处应做成 100mm 圆弧或 50×50mm 钝角；

4）保护墙找平层，永久与临时保护墙分别采用水泥或白灰砂浆抹面；

5）基层面应干燥，含水率不宜大于 9%。

（2）防水层的衬层应沿隧道环向由拱顶向两侧依次铺贴平顺，与基面固定牢固，其长、短边搭接长度均不应小于 50mm。

（3）防水层塑料卷材铺贴应符合下列规定：

1）卷材应沿隧道环向由拱顶向两侧依次铺贴，其搭接长度为长、短边均不应小于 100mm；

2）相邻两幅卷材接缝应错开，错开位置距结构转角处不应小 600mm；

3）卷材搭接处应采用双焊缝焊接，焊缝宽度不应小于 10mm，且均匀连续，不得有假焊、漏焊、焊焦、焊穿等现象；

4）卷材应附于衬层上，并固定牢固，不得渗漏水。

（4）隧道结构采用其他卷材和涂膜防水层施工时，应按下列规定执行：

1）涂膜防水层应采用耐水、耐裂和耐腐蚀、无毒（或低毒）、刺激性小的合成高分子或高聚物改型沥青涂料。施工前应进行涂布试验，合格后方可正式施工；

2）涂膜防水层基层面必须坚实、平整、清洁，不得有渗水、结露、凸角、凹坑及起砂现象。采用油溶性或非湿固性涂料时，基层面应保持干燥；

3）涂膜防水层采用夹铺胎体增强材料时，除应符合规范的规定，其胎体搭接宽度，长边应为 50mm，短边应为 70mm。

（5）防水施工的成品保护和渗漏点处理补救措施。防水施工应严格按设计要求进行，结构钢筋施工过程中要监督施工单位采取防水保护措施。二次结构完成后，发现渗漏点要求施工单位及时查明原因，制定可行方案，经项目监理机构审批后严格实施。

2. 二次衬砌施工监理工作要点

（1）二次衬砌施作时间应符合：初期支护周边收敛速度有明显减缓趋势，收敛速度小于 0.15mm/d，拱顶下沉速度小于 0.1mm/d。累计收敛量已达到总量的 80%。初期支护表面如有裂纹，应不再发展。满足上述条件方可进行混凝土施工。

（2）在灌注衬砌混凝土之前，检查开挖断面是否符合设计要求。

（3）模板台车就位后，要求施工单位进行位置、尺寸的检查。

（4）预留误差量和预留沉落量应保证二次衬砌不侵入区间隧道建筑限界。

（5）混凝土宜采用输送泵输送，坍落度应为：墙体 100～150mm，拱部 160～210mm；振捣不得触及防水层、钢筋、预埋件和模板。

（6）衬砌混凝土达到设计强度后，向拱顶部位进行压浆处理，以使衬砌与围岩全面紧密接触，以限制围岩后期变形，改善衬砌受力状态。

三、联络通道风险及监理工作要点

联络通道断面一般跨度为 2.0～3.0m，墙高 2.5～3.5m，断面一般为直墙拱形。隧道长度通常只有 6～15 m。土体开挖量较小，一般小于 200m³。联络通道工程量虽小，但风险较大，如施工方法选择不当，不但会引发联络通道本身的工程事故，还会影响主隧道的稳定。2003 年某隧道联络通道因大量流沙涌入，引起隧道受损及周边地区地面沉降，造成建筑物严重倾斜，以及防汛墙出现裂缝、沉陷等险情。由此可见，应充分重视联络通道施工。

（一）联络通道常用工法及其比较

联络通道施工方法主要有：土体加固暗挖法（矿山法）、顶管法等。土体加固暗挖法又分为矿山法侧向暗挖施工、矿山法竖井开挖施工、冻结加固矿山法施工等。联络通道常用工法比较见表 26-7。

联络通道常用工法综合指标比较　　　　　　　　　表 26-7

施工方法	适用范围、施工特点	进度	造价	环境影响
矿山法侧向暗挖施工	1. 适用于冲积软黏土地区、工艺成熟； 2. 土体加固质量好时，施工安全快速风险小	较快	较高	土体搅拌加固时要封锁交通，有泥浆、噪声污染及地面沉降
矿山法竖井开挖施工	1. 施工中不占用隧道，且具有两个工作面，施工速度快； 2. 施工到最后才打开钢管片，对主隧道影响小	快	较高	土体搅拌加固时以及开挖过程中要封锁交通，有泥浆、噪声污染及地面沉降
冻结加固矿山法施工	1. 主要用在含水量较高的土层中； 2. 土体加固强度高、止水性能好，且不占用地面场地； 3. 施工周期长、造价高	较慢	最高	地面无污染无噪声，冻融控制不好会引起地面的隆起或下沉
顶管法	1. 适用于含水量小、自立性好的土层； 2. 须对主体隧道进行加固处理并设置合理的后顶装置	较快	较高，但顶进设备可重复使用	地面地下无污染，地表可能稍有沉降。顶力控制不好、会引起主体隧道的位移

(二) 联络通道施工风险及监理工作要点

地铁区间隧道和联络通道连接处，因施工时在主隧道一侧拆除部分原结构，造成周围土体的二次扰动，使主体结构受力发生变化。如果施工措施不当，可能引起开口处的结构坍塌。同时接口处由于防水施工比较复杂，容易成为渗漏点。

1. 矿山法侧向暗挖施工监理工作要点

（1）严格控制搅拌桩垂直度，以确保搅拌加固的均匀性，降低地面隆起的程度。

（2）优化桩的直径和间距布置，可以有效地减小之后的整修工作，并可以降低临时支撑的要求。

（3）在现场的地质条件下，对搅拌桩的有效直径和相关的注浆参数进行测试，在现场条件允许的情况下，应尽量多进行几组测试。应按要求进行足量的测试。

（4）施工过程中，应保证及时支撑，并应保证临时支撑的足够刚度。

（5）在施工过程中，应加强对隧道的变形监测，以及地表沉降的监测。

2. 矿山法竖井开挖施工监理工作要点

（1）加强井壁位移和地表沉降的监测。

（2）严格控制加固土体的质量，这是保证竖井施工的关键。

3. 冻结加固矿山法施工监理工作要点

（1）冻结过程中，严格控制冻结管的间距，确保冻结质量；并加强进回路盐水温度监测，冻土温度监测。卸压孔压力监测，隧道变形监测，以及地表变形监测。

（2）为了减小冻胀对隧道的影响，在冻结前隧道内应安装预应力隧道支架，施工中可根据观测到的隧道变形情况调整支撑点的预应力，以控制隧道的变形。

（3）在主隧道开口处一旦发现土体有异常现象，应立即采取稳定结构的措施，继续冻结土体；用探孔来判断冻土壁是否冻结稳定正常时，探孔应设在冻结壁薄弱处，探孔处应无大量涌砂、喷水现象。

（4）若在土体开挖过程中，出现流沙等异常现象，应立即停止开挖施工，并封闭工作面，加大制冷量。

（5）为减小土体解冻产生的沉降量，可通过隧道及联络通道预留的注浆孔，采取跟踪注浆的形式，根据观测到的隧道及地层沉降情况，及时地对地层进行补偿注浆。

4. 顶管法施工监理工作要点

（1）采用高精度顶管方向控制仪器，加强监测，以确保顶管的方向正确。

（2）采用合理的注浆材料，来最大限度地减少摩阻力，避免顶力过大引起主隧道结构变形破坏。

第二十七章　地铁工程施工监测

地铁工程施工监测包括施工单位的监测和第三方监测单位的监测。

施工单位的监测目的，是了解施工中围岩与结构的受力变形情况，以便及时采取有效措施控制围岩的稳定性，指导日常施工；了解工程施工对地下管线、周边建筑物等周围环境条件的影响程度，以便及时采取有效措施确保周边环境的安全。

第三方监测单位的监测是指在土建施工过程中对周边环境和工程自身关键部位实施独立、公正的监测，基本掌握周边环境、围护结构体系和围岩的动态，验证施工单位的监测数据，为建设单位、监理单位、设计单位、施工单位提供参考依据。

第三方监测单位作为独立的监测方，其监测数据和相关分析资料可成为处理风险事务和工程安全事故的重要参考依据。

需要说明的是，施工监测和第三方监测的目标是一致的，都是为了保证工程质量和安全等，在施工过程中，两个单位的数据需要互相对比印证，作为施工的重要参考依据。

第一节　检测的项目和方法

一、监测的项目和方法

监测测点布置原则：观测点类型和数量的确定，应结合工程性质、地质条件、设计要求、施工特点等因素综合考虑，并能全面反映被监测对象的工作状态。

为验证设计数据而设的测点，布置在设计中最不利位置和断面上，为结合施工而设计的测点，布置在相同工况下的最先施工部位，其目的是及时反馈信息、指导施工。

需对场区内及周围环境进行日常的常规监测，主要有地表沉降、地面建筑物沉降、倾斜及裂缝、地下管线沉降、隧道拱顶下沉及水平收敛、桩顶位移、衬砌结构内力、临时支护内力、墙背土压力、地下水位、地中土体垂直位移、地中土体水平位移等。各种观测数据相互印证，确保监测结果的可靠性，为确保周围建筑物的安全，合理确定施工参数提供依据，达到反馈指导施工的目的。

一般说来，监测项目包括变形监测和应力监测。变形监测仪器主要采用全站仪、水准仪和测斜仪等，应力监测仪器主要采用应变计、钢筋计等。主要监测周边环境和土建施工结构及围护体系。

(1) 建（构）筑物沉降、倾斜监测项目监测范围，一般选取基坑两侧各 $1.5 \sim 2.0H$（H 为基坑开挖深度）范围。

(2) 地下管线仅对污水、雨水、上水、燃气等管线进行沉降及差异沉降监测，监测范围一般选取基坑两侧各 $1.0H$ 范围。

（3）道路及地表沉降监测范围一般选取基坑两侧各 1.0H 范围。

二、明挖法基坑监测

明挖基坑监测旨在基坑开挖过程中，借助仪器设备和手段对围护结构、周围环境的应力、位移等的动态变化进行综合监测。施工监测内容与一般城市深基坑工程相类似，包括围护结构的监测和周边既有建筑物的变形控制监测两大部分。

一般情况下，明挖车站检测项目、仪器及目的见表 27-1。

明挖车站检测项目、仪器及目的   表 27-1

序号	监测项目	监测仪器	监测目的
1	地表沉降	全自动电子水准仪、铟钢尺	掌握基坑开挖过程对周围土体、地下管线、围护结构和周围建筑物的影响程度及影响范围
2	地下管线沉降		
3	围护桩顶垂直位移		
4	建筑物沉降		
5	建筑物倾斜	全站仪、反射片	
6	围护桩水平位移	测斜管、测斜仪	掌握基坑开挖过程对周围土体、围护结构及地下水位的影响
7	围护桩钢筋应力	钢筋计、频率接收仪	
8	地下水位	水位孔、水位计	
9	水平支撑轴力	轴力计、频率接收仪	了解施工过程支撑受力
10	坑底隆起	深层沉降标	了解基坑稳定性
11	地表、建筑物、支护结构裂缝	以观测为主 必要时用裂缝仪	掌握裂缝的发生、发展过程分析施工的影响程度

一般说来，明挖车站及围护结构监测的布点原则见表 27-2 和表 27-3。

明（盖）挖法车站监测布点原则   表 27-2

监测项目	布 点 原 则
建（构）筑物沉降	在建筑物的四角、拐角处及沿外墙；高低悬殊或新旧建（构）筑物连接处、伸缩缝、沉降缝、和不同埋深基础的两侧，框架（排架）结构的主要柱基或纵横轴线上，受堆载和震动显著的部位，基础下有暗沟、防空洞处布置测点，沿外墙每 10～20cm 处或每隔 2～3 根柱基上设置一个
建（构）筑物倾斜	在重要的高层、高耸建（构）筑物上垂直于基坑或隧道方向的结构顶部及底部布置测点，同一断面顶部及底部各设置 1 个
地下管线沉降及差异沉降	在管线的接头处，或者对位移变化敏感的部位，隧道下穿范围内对应管线管顶布置测点，其他情况布置在管线对应地表，1 倍开挖深度范围内测点间距 5～20cm，1～2 倍开挖深度范围内测点间距 20～30cm
道路及地表沉降	明挖基坑四周，沿基坑边设 2 排沉降测点，排距 3m，点距 20cm，明（盖）挖车站设置 2 个横断面，每侧横断面 3～5 个点

明（盖）挖法围护结构体系监测布点原则   表 27-3

监测项目	布 点 原 则
围护结构桩（墙）顶水平位移	测点布置于基坑四周围护桩顶，沿基坑四周围护结构顶每 20m 布置 1 点；沿坑长边设置 3～4 个主测断面，断面在基坑两侧的围护桩顶设测点

监测项目	布 点 原 则
围护结构桩（墙）体位移	测点布置于基坑四周围护桩体内，沿基坑长边围护结构桩每40m布置1个监测孔，在基坑短边各布置1个监测孔
支撑轴力	测点布置于基坑内钢支撑端部，沿主体基坑长边支撑体系每40m布置1点，在同一竖直面内每道支撑应布设测点

三、暗挖法监测

暗挖法施工过程中，围岩（地层）的变形和松动可能传到地表，影响到地表建筑物的安全，因此，除需要对围岩（地层）和支护结构监测外，还需对地表及地面建筑（构筑）物的变形进行观测。

以竖井和暗挖区隧道监测为例，其监测项目、方法及工具、测点布置及监测频率见表27-4和表27-5。

竖井检测项目表 表 27-4

序号	监测项目	方法及工具	测点布置	监测频率
1	竖井周围地表沉降	水准仪钢钢尺	竖井外2倍深度以内的范围，测点间距实际情况确定	竖井外10m内，1~2次/d；竖井外10~20m，1次/2d；竖井外20~30m，1次/3d；竖井外30m，1次/周。基坑开挖深度H≤5m，1次/3d；5m<H≤15m，1次/d；15m<H，2次/d；基坑开挖完成后：1~7d，1次/d；8~15d，1次/2d；16~30d，1次/3d；30d后1次/周。经分析数据稳定，1次/月
2	竖井周围建筑物沉降及倾斜			
3	竖井周围地下管线沉降			
4	钢管支撑应力	表面应变计	选有代表性的3~4个断面，测点视具体情况定	

暗挖区隧道监控量测项目表 表 27-5

序号	监测项目	方法及工具	测点布置	监测频率
1	地质和支护状况观察	利用肉眼对围岩情况、支护结构裂缝观察描述	开挖后及初期支护完成后	每次开挖后进行
2	净空水平收敛	收敛计	每10m一个断面，与拱顶下沉、地表沉降断面同在一竖直面上	变形速度（mm/d）>2，1~2次/d；变形速度（mm/d）>0.5~2，1次/d；变形速度（mm/d）>0.1~0.5，1次/2d；变形速度（mm/d）<0.1，1次/周
3	拱顶下沉及地表隆起	水准仪钢钢尺	每10m一个断面，与净空收敛、地表沉降断面同在一竖直面上	拱顶变形速度（mm/d）>2，1~2次/d；变形速度（mm/d）>0.5~2，1次/d；变形速度（mm/d）>0.1~0.5，1次/2d；变形速度（mm/d）<0.1，1次/周
4	地表沉降	水准仪钢钢尺	每10m一个断面，与拱顶下沉、地表沉降断面同在一竖直面上	测量应在开挖工作前方H（H为地面标高到结构底板标高的距离）处开始，直至衬砌结构封闭、下沉基本停止为止。地表：L≤2B，1~2次/d；2B<L≤5B，1次/2d；L>5B，1次/周；基本稳定，1次/月

说明：

（1）地质和支持状况观察。记录观察开挖、支护进尺和工况，记录测绘掌子面剖面地质、水文地质状态和支护厚度，开裂或挤压破损等状态，并按每周绘制洞室纵向工程地质和水文地质剖面；观察记录地中埋设物的不良变形、开裂破损和渗漏水情况。

（2）净空水平收敛位移。量测断面每5m设置一个净空收敛量测断面；每一收敛量测断面设两条水平测线，分别设在上半断面两侧起拱线处，采用球杆式埋设件，末端焊接于格栅或格栅纵向连接钢筋头上，对测杆螺纹或测球应包裹保护，采用收敛计量测。观测时间直至洞室变形稳定为止。

（3）拱顶下沉及底板隆起测量。观测断面与净空收敛量测断面同断面布置，即洞室纵向每5m一个量测断面。每一量测断面在拱顶设置1个拱顶沉降观测点，位于隧道中心线至拱顶相交处，采用精密水准仪和铟钢尺进行水准法测量。

底板隆起主要指当洞室土体开挖后造成地应力释放，基坑内的隔水层及其上土体地压力不足以抵消承压水头，从而造成承压水突涌，洞室底部土层隆起。沿区间隧道纵向每5m设置一个量测断面，每一断面在仰拱底部设置1个测点，该测点位于隧道中线与仰拱相交处，采用精密水准仪和铟钢尺进行水准法测量。

（4）地表沉降。每5m设置一个地表下沉量测断面，根据地面沉降的一般规律，量测断面中部测点布置较密，外侧较稀。对于已硬化的路面，用风钻打孔，水泥浆埋设钢筋测桩，对于未硬化的路面或其他部位，用挖坑法埋设钢筋测桩，用水泥浆固定，露出地面端磨圆。采用精密水准仪和钢尺进行水准法测量。

（5）管线监测。地下管线测点重点布设在煤气管线、给水管线、污水管线、大型的雨水管及电力方沟上，测点布置时要考虑地下管线与隧道的相对位置关系。有检查井的管线应打开井盖直接将监测点布设到管线上或管线承载体上；无检查井但有开挖条件的管线应开挖暴露管线，将观测点直接布到管线上；无检查井也无开挖条件的管线可在对应的地表埋设间接观测点。管线沉降观测点的设置可视现场情况，采用抱箍式或套筒式安装。每根监测的管线上最少要有3～5个测点。

（6）土体分层垂直位移的测量。可以了解暗挖施工对周围土体的扰动情况，找出变化规律，为决策控制沉降的技术施工提供可靠的依据。

（7）基坑围护桩及土体水平位移监测。可掌握土体的运动规律及预测对地面的影响，据以研究减小施工扰动的施工措施，以保护地面建筑物和地下管线。

四、盾构法监测

盾构推进引起的地层变形可以通过地表的横向和纵向沉降来分析。横向沉降槽的研究，大多采用Peck的经验公式或基于随机介质理论的沉降分布。盾构施工引起地表的纵向沉降一般分为四个阶段：前期变形、盾构通过时的沉降、盾尾与衬砌脱离后的变形、后续沉降。

盾构到达观测点之前，由于顶进速度或出土量的原因，会导致前方地表下沉或隆起。从盾构开挖面到达观测点的正下方开始至盾尾即将脱离该点为止，这一阶段产生的沉降为盾构通过时的沉降。产生这部分下沉的原因，主要是盾壳对土体的摩擦力破坏了土体结构强度，降低了土体的模量，并使土体产生挤压和剪切变形，从而引发地层沉降。

盾尾与管片衬砌脱离之后，采用注浆来弥补盾尾的空隙，当注浆不够或注浆填充率不足时，由于地层损失将产生地层沉降；反之，当注浆超量时，将引发地层隆起。

后续沉降阶段指注浆结束后，地层发生的那部分下沉，其主要原因是土体的固结变形和蠕变。地层的超孔隙水压的逐渐消散，土体产生固结变形，因而地表发生固结沉降。另外，蠕变变形包括土体的蠕变变形和管片的蠕变变形两种。

盾构法区间隧道施工监测项目、仪器及目的见表 27-6。

盾构法区间隧道监测项目、仪器及目的   表 27-6

序号	监测项目	监测仪器	监测目的
1	地表沉降	精密水准仪、钢钢尺	掌握隧道施工过程对周围土体、地下管线和周围建筑物的影响程度及影响范围
2	地下管线沉降		
3	建筑物沉降		
4	建筑物倾斜	全站仪、反射片	
5	隧道拱顶下沉	全站仪、反射片	了解隧道施工过程初期支护结构变位规律及大小
6	隧道净空收敛		
7	土体分层沉降	沉降仪，沉降管	掌握隧道施工过程周围土体的变位规律
8	土体水平位移	测斜管、测斜仪	
9	地表、建筑物、支护结构裂缝	以观测为主必要时用裂缝仪	掌握裂缝的发生、发展过程分析施工的影响程度

五、监测信息反馈

（一）监理单位的监控信息

监理单位的监控信息是指各种巡视信息，具体包括：周边环境巡视信息、支护体系巡视信息、开挖面巡视信息、施工工艺设备巡视信息及施工组织管理与作业状况巡视信息等。监理单位监控及预警信息报送的内容要求：

（1）日报：包括周边环境巡视信息、支护体系巡视信息、开挖面巡视信息及其预警建议信息的报送（在对施工单位报送信息核查基础上进行）和施工工艺设备巡视信息、施工组织管理与作业状况巡视信息的报送（自身巡检后填报）。

（2）预警快报：报送内容主要包括风险时间、地点、风险概况、原因初步分析、变化趋势、风险处理建议等。其中快报给施工单位时，还应根据预警级别下达安全隐患报告书、整改通知书、停工令等先期处理方式。

（3）周报、月报：内容应分别主要包括近一周、近一月的安全巡视的异常情况、监理周月例会情况、风险预警情况、反馈意见落实情况及风险事务处理、效果、变化趋势、存在问题、下一步风险处理建议等。

（二）报警制度

根据设计阶段确定的监控量测控制指标值，将施工过程中监测点的预警状态按严重程度由小到大分为不同的等级，如北京地铁分为三级，分别是黄色监测预警、橙色监测预警和红色监测预警。

（1）黄色监测预警："双控"指标（变化量、变化速率）均超过监控量测控制值的70%时，或双控指标之一超过监控量测控制值的85%时。

（2）橙色监测预警："双控"指标均超过监控量测控制值的 85％时，或双控指标之一超过监控量测控制值时。

（3）红色监测预警："双控"指标均超过监控量测控制值，或实测变化速率出现急剧增长时。

第二节　施工监测监理要点

一、监测方案及其审查

监测方案是指导现场监测的重要文件，监理单位需要对该方案进行认真审查并提出审查意见，积极参加建设单位组织的监测方案专家论证会。切实做到方案可行，保证方案和措施的可靠性。

（一）监测方案的内容

监测方案应包括设计说明和图纸两部分内容：

（1）设计说明包括工程概况、监测设计依据、监测目的、监测范围、监测对象、监测项目、监测方法及精度要求、监控方法、监控量测测点布设原则；各监测项目的监测周期和频率；监测控制指标；监测注意事项和其他要求；信息反馈的要求；工作量清单等。

（2）图纸主要包括：平面总图；各监测项目测点布置平面图；各监测项目测点布置剖面图；基点、测点大样图。

（二）监测方案的审查

重点审查如下内容：

（1）方案的编制依据是否全面、正确、充分。

（2）布点的布置位置、范围、频率等是否符合规范和设计、施工要求。

（3）监测方法是否正确。

（4）组织机构、人员的核查。监测方案中组织机构是否完善，人员的资质是否符合相关要求。

（5）监测方案需要经监测单位技术负责人审批。

二、监测过程的监控

过程控制主要采取巡检手段进行，监理人员要定期、不定期到现场进行巡视检查，对关键部位、关键工序要加强巡视频率。

检查监测单位是否按照监测方案组织实施，人员和设备等是否与方案一致，重点检查人员的资质、仪器是否经过标定。

检查监测报告上报是否及时。

在具体实施中，还需要注意如下问题：

表面变形测点的位置既要考虑反映监测对象的变形特征，又要便于应用仪器进行观测，还要有利于测点的保护。埋测点不能影响和妨碍结构的正常受力，不能削弱结构的刚度和强度。在实施多项内容测试时，各类测点的布置在时间和空间上应有机结合，力求使一个监测部位能同时反映不同的物理变化量，找出内在的联系和变化规律。

根据监测方案预先布置好各监测点，以便监测工作开始时，监测元件进入稳定的工作状态。如果测点在施工过程中遭到破坏，应尽快在原来位置或尽量靠近原来位置补设测点，保证该测点观测数据的连续性。盾构区间隧道以洞内、地表、管线和房屋监测为主布点；车站以地表、管线、房屋和基坑变形监测为主布点。

三、监测数据的判定

量测数据分析与反馈，可用于修正设计支护参数、指导施工、调整施工措施等，这是监控测量的重要环节。作为监理人员，需要了解监测单位的量测数据的处理与分析过程，能够根据监测数据的处理分析结论反馈施工。

（一）监测数据处理

监测单位取得各种监测资料后，需及时进行处理，排除仪器、读数等操作过程中的失误，剔除和识别各种粗大、偶然和系统误差，避免漏测和错测，保证监测数据的可靠性和完整性，采用计算机进行监控量测资料的整理和初步定性分析工作。

根据现场量测数据绘制位移—时间曲线（或散点图）。在测量数据整理中，一般可选用位移—时间曲线和散点图两种方法中的任意一种。位移（μ）—时间（t）关系曲线的时间横坐标下应注明施工工序和开挖工作面距量测断面的距离。

根据现场量测数据绘制成的 μ—t 时态曲线（或散点图）和空间关系曲线，可以做出如下判断：

（1）当位移—时间关系趋于平缓时，应进行数据处理和回归分析，以推算最终位移和掌握位移变化规律。

（2）当位移—时间关系曲线出现反弯点时，则表明围岩和支护已呈不稳定状态，此时应密切监视围岩动态，并加强支护，必要时应立即暂停开挖，采取停工加固并进行支护处理。

（二）监测数据分析

（1）取得监测数据后，监测单位应及时进行整理和校对。各类监测数据均应及时绘制时程曲线，同时应注明相应的工况信息。

（2）监控量测数据的计算分析工作中除应对每个项目进行单项分析外，还应进行多项目的对比综合分析。

（3）当监测时程曲线呈现收敛趋势时，应根据曲线形态选择合适的函数，对监测结果进行回归分析，以预测该测点可能出现的最终位移值和预测结构的安全性，据此判定施工方案的科学性、合理性。

（4）当实测数据出现任何一种预警状态时，监测组应立即向施工单位、监理单位、建设单位及设计单位等电话或口头报告，并尽快提交书面预警报告。

（三）监测数据的分析及应用

（1）地质预报：隧道施工中的地质预报，是在探测或预测开挖工作面前方几米至几十米，甚至几百米以上的围岩工程地质和水文地质条件的基础上，结合掘进中地质条件的变化情况，根据监控量测中地质描述、岩石结构面调查和涌水观测等及时提出预测预报。

（2）地下管线：根据施工进度，将各测点变形值绘成管线变形曲线图。即绘制位移—时间曲线散点图，据以判定施工措施的有效性；位移—时间曲线趋于平缓时，可选取合适的函数进行回归分析，预测管线的最大沉降量；沿管线沉降槽曲线，判断施工影响范围、最大沉降坡度、最小曲率半径等。

（3）地中土体分层垂直位移监测：每次量测后应绘制不同深度的位移—历时曲线、孔深—位移关系曲线。当位移速率突然增大时应立即对各种量测信息进行综合分析，判断施工中出现了什么问题，并及时采取保证施工安全的对策。

（4）基坑围护桩及地中土体水平位移监测：每次量测后应绘制位移—历时曲线，孔深—位移曲线。当水平位移速率突然过分增大是一种报警信号，收到报警信号后，应立即对各种量测信息进行综合分析，判断施工中出现了什么问题，并及时采取保证施工安全的对策。

（5）地下水位观测：根据水位变化值绘制水位随时间的变化曲线，以及水位随施工的变化曲线图。

（6）隧道拱顶沉降及水平收敛监测：根据变形值绘制变形—时间曲线图和变形—开挖距离的曲线变化图，在隧道横断面图上按不同的施工阶段，以一定的比例把变形值画在分布位置上，并以连线的形式将各点连接起来，成为隧道支护变形分布形态图。并与设计计算值进行比较，验证设计结构形式的合理性。

（7）管片结构裂缝观测：裂缝开展状况的监测通常采用直接观测的方法，并将裂缝进行编号划出测读位置，必要时通过裂缝观测仪进行裂缝宽度测读。监测数量和位置根据现场情况确定。

（8）水平支撑轴力：量测所得水平支撑轴力的数值绘成应力变化曲线，及时报主管工程师。注意事项：轴力计的量程要满足设计轴力的要求。在需要埋设轴力计的钢支撑架设前，将轴力计焊接在支撑的非加力端的中心，在轴力计与钢围图、钢支撑之间要垫设钢板，以免轴力过大使围图变形，导致支撑失去作用。支撑加力后，即可进行监测。

（9）围岩稳定性判定：隧道施工时，常用围岩和支护位移值或速率作为判定围岩稳定性的标志。若超过某一临界值，则表示围岩不稳定，需要加强支护衬砌。容许位移值或速率值与隧道断面尺寸、埋深、地质条件及地表建筑物类型等因素有关。